烟草检疫性有害生物

陈德鑫　吴品珊　许家来　编著

中国农业科学技术出版社

图书在版编目（CIP）数据

烟草检疫性有害生物／陈德鑫，吴品珊，许家来编著．—北京：中国农业科学技术出版社，2015.12

ISBN 978－7－5116－1839－9

Ⅰ.①烟…　Ⅱ.①陈…②吴…③许…　Ⅲ.①烟草－有害动物－外来种－国境检疫②烟草－有害植物－外来种－国境检疫　Ⅳ.①S435.72

中国版本图书馆 CIP 数据核字（2014）第 224533 号

责任编辑　白姗姗
责任校对　马广洋

出 版 者　中国农业科学技术出版社
　　　　　北京市中关村南大街 12 号　邮编：100081
电　　话　（010）82106638（编辑室）　（010）82109702（发行部）
　　　　　（010）82109709（读者服务部）
传　　真　（010）82106650
网　　址　http://www.castp.cn
经 销 者　各地新华书店
印 刷 者　北京富泰印刷有限责任公司
开　　本　787 mm×1 092 mm　1/16
印　　张　18.75　　彩插　36 面
字　　数　484 千字
版　　次　2015 年 12 月第 1 版　2015 年 12 月第 1 次印刷
定　　价　80.00 元

《烟草检疫性有害生物》编著名单

主 编 著 陈德鑫 吴品珊 许家来

副主编著 雷 强 黄国联 李现道 陈瑞忠 刁超强

参编人员（以姓氏拼音为序）

陈彦春 邓海滨 杜洪忠 冯长春 侯婉莹
胡 军 黄择祥 蒋长春 匡传富 李宏光
李立新 李茂业 李锡宏 刘 勇 马 菲
马 莹 马永瑾 孟 鹤 穆耀辉 彭曙光
孙剑萍 王凤龙 王龙宪 王文杰 王 旭
吴树成 徐 晗 严 进 曾庆宾 战徊旭
张静秋 张俊华 张立猛 张瑞平 张 顺
张 伟 张 毅 张 瀛 张永江 赵文军
周本国 周 贤 朱先志

审 稿 严 进 王凤龙

前　　言

自20世纪初烟草在我国推广种植，到目前我国已成为世界上最大的烟叶生产和消费国。烟草是我国重要的经济作物之一，栽培烟草的目的主要是收获烟叶，供卷烟工业加工各种烟草制品，烟叶是生产各种烟草制品的主要原料，优质安全的烟叶原料是生产出优质烟草制品的前提。据有关统计资料，当今世界上有15亿左右的人吸烟，约占世界总人口的1/4。我国13亿多人口中，吸烟人数约为3.4亿。可见，烟草制品虽非生活必需品，但已成为人们普遍需要的消费品。因此，烟叶生产的好坏，直接影响着几亿人的日常消费需求。

烟草有害生物主要有烟草真菌病、细菌病、病毒病、线虫、有害昆虫和烟田杂草等，烟草有害生物的为害历来是影响烟草生产和烟叶质量的重要因素之一。新中国成立初期，烟草病害有30多种，主要为黑胫病、炭疽病、病毒病、白粉病等12种；主要害虫仅40多种，为害较重的为烟蚜、烟青虫、小地老虎等。20世纪90年代初，全国烟草侵染性病害和害虫调查研究结果显示，有害生物达600多种，每年造成产值损失达数十亿元，给我国烟草生产带来严重影响。根据全国烟草有害生物调查编制的全国烟草有害生物名录显示，目前我国烟草病害99种，害虫377种，杂草426种，有害生物种类达到902种。其中检验检疫性病害8种，烟草检疫性线虫有10个属，检疫性杂草9种，检疫性害虫9种（含烟贮昆虫）。

近年来，我国常年种植烟草100万hm^2左右，在积极防治的情况下，烟草病虫害常年发生面积80万hm^2左右，直接经济损失13亿元上下，间接损失估计在62.8亿元，可见烟草病虫害发生强度之大，给烟叶生产造成了巨大的经济损失。受全球气候变暖、种植业结构调整、农业耕作制度改变等因素影响，烟草病虫害发生更加严重和复杂，防治更为困难，这是烟草有害生物造成巨大为害的重要原因。全国烟草有害生物调查课题组的调查研究表明，一些外来入侵生物和烟草有害生物的传播是造成烟草病虫草害猖獗和为害严重的主要原因。如近年来在西南烟区逐渐蔓延的番茄斑萎病毒（Tomato spotted wilt virus，TSWV）、甜菜曲顶病毒（Beet curly top virus，BCTV）、西花蓟马［*Frankliniella occidentalis*（Pergande）］、烟粉虱（*Bemisia tabaci* Gennadius）、紫茎泽兰（*Eupatorium adenophora* Spreng.）、牛膝菊（*Galinsoga parviflora* Cav.）等外来入侵生物严重影响了烟叶生产安全。同样属于国内检疫对象的寄生性杂草列当、菟丝子，烟草环斑病毒等也在国内呈现蔓延、为害范围不断扩大的趋势，国内检疫的危险性病虫草的为害也不容忽视。

随着全球性贸易的发展，交通运输业越来越发达，对外开放程度的不断扩大，以及出入境人员的逐年爆炸式增长，全球气候变化以及土地使用模式的改变，外来入侵生物更是呈现传入数量增多、传入频率加快、蔓延范围扩大、发生为害加剧、经济损失加重等趋势。由此看出，对外来有害生物防控愈发显得重要。

国际自然及自然资源保护联盟有关报告指出，生物入侵每年给世界各国造成的经济损失在4 000亿美元左右；给美国、英国、澳大利亚、南非、印度和巴西6个国家带来的损失和防治费用每年合计超过3 140亿美元，仅美国的费用就超过1 370亿美元/年。据我国农业部统计，目前已经至少有380种外来植物、40种外来动物、23种外来微生物入侵我国，每年对经济和环境造成的损失至少约2 000亿元，使我国成为全球遭受外来生物入侵最为严重的国家之一。通过有意引种传入我国的外来生物占总数的39.6%，通过随人类活动（主要形式为贸易、交通、旅游等）而无意传入我国的外来生物占总数的49.3%，由风或物种迁徙等自然原因越境传入我国的外来生物占总数的11.1%。因此，人类活动成为外来有害生物入侵我国的主要方式。随着经济的全球化，我国与全球100多个国家和地区发生贸易和人员交往，进出口人员每年超过2亿人次，货物上亿批次，海量的出入境人员和货物需要快速通关和外来有害生物需严格检验监控的矛盾日益凸显。

我国是世界上烟草生产和消费大国。20世纪80年代后期以来，西欧的烟草贸易保护措施逐渐取消，亚洲的日本、韩国、泰国等国家和地区烟草市场相继对外开放，发达国家的烟草产品（主要是卷烟）得以大批量地涌向新开放市场。为满足国内消费和生产的需求，加强同世界各国的经济交流，我国和世界各国烟草的双边贸易十分活跃。我国烟草制品和烟叶均有出口，烟叶的出口量相对较大，烟草制品的进口量相对较小。我国每年从国外进口一定数量的烟草制品，同时也要进口烤烟、白肋烟和香料烟等烟叶原料，其中，以烤烟进口量最大，约占进口总量的80%。其中，津巴布韦、巴西、美国等已经成为我国重要的烟叶进口国。再者由于烟叶科技大发展和烟草育种的需要，我国每年都要从多个国家引种一定数量的烟草种质资源。因此，在全球经济一体化使得国际、国内贸易往来越来越频繁的今天，除与烟草及烟草制品直接相关的产品贸易外，越来越多和越来越频繁的人类各种活动，大大增加了外来有害生物入侵我国烟草种植区的几率，烟草检疫性有害生物不仅会像普通有害生物影响烟草产量、品质，对烟草农田生态环境和生物多样性以及烟叶生产造成严重的不利影响，给国家和烟农带来经济损失，而且还会危及本地物种生存，破坏当地生态环境，甚至引起严重社会问题。

为了让广大烟草从业者、植保人员和植物检疫人员更好地了解可能与烟草相关的外来有害生物入侵种类、入侵途径、分布、机制，探索生物入侵规律，明确最具威胁性的有害生物物种和它们在我国最有可能生存和暴发的区域，了解外来入侵生物在原产国的生态特点、防治方法、天敌生物等信息，以其对入侵或者可能入侵我国的有害生物进行预防和治理提供参考，提高对外来生物入侵、扩散、为害的防控技术，大幅提高烟草从业者对生物入侵的认识和对有害生物入侵的防范意识，我们组织长期从事烟草有害生物研究和从事植物检验检疫科学研究的专家编写了本书。

本书包括6个部分，分为有害生物—病菌（毒）篇、有害生物—线虫篇、有害生物—昆虫篇、有害生物—杂草篇、中国进出镜植物检疫制度与烟草检疫以及重要会录。

烟草有害生物病毒病菌篇概述了烟草霜霉病菌、油棕猝倒病菌、棉花黄萎病菌、花生矮化病毒、辣椒脉斑驳病毒、马铃薯X病毒、番茄环斑病毒、烟草环斑病毒、番茄斑萎病毒9种主要检疫性病害的分布为害情况、形态学和生态学特性、传播和侵染方式、检验和防治方法。烟草有害生物线虫篇概述了菊花滑刃线虫、鳞球茎茎线虫、烟草球孢囊线虫、长针线虫属、根结线虫属、最大拟长针线虫、拟毛刺线虫、短体属、毛刺线虫、剑线虫属10个属线虫的分布为害情况、形态学和生态学特性、传播途径及检验方法。烟草有害生物昆虫篇概述了美国马铃薯跳甲、马铃薯甲虫、南方灰翅夜蛾、草地夜蛾、海灰翅夜蛾、烟芽夜蛾、烟草天蛾、棉短翅懒蝗、非洲柚木杂色蝗9种有害昆虫分类情况、形态学和生态学特性、传播和侵染方式、检验和防治方法。烟草有害生物杂草篇概述了薄叶日影兰、葶苈独行菜、印度草木樨、墙生藜、飞机草、菟丝子属、列当属、独脚金、豇豆独脚金、假高粱10种杂草分类、分布、生物学特性及检验检疫方法。附录主要有：烟草主要病害识别简表、中国田间烟草病害名录、中国田间烟草害虫及天敌名录、中国烟田杂草名录、植物检疫术语核心词汇表、国际植物保护公约（IPPC）、中华人民共和国进出境动植物检疫法和中华人民共和国进出境动植物检疫法实施条例等，方便读者查阅。

本书是国家烟草专卖局重点科技项目“国外危险性烟草病虫草害风险评估及烟草霜霉病的适生性分析研究”成果的部分总结，由中国烟草总公司青州烟草研究所组织编写并统稿。编写过程中参阅吸收了前辈和时贤的不少研究成果，参阅了目前诸多论著以及网络资料，在此深表谢忱！青岛农业大学2011级本科生潘克俭、龙磊、任玲玲，2011级硕士研究生张晓菲，中国农业科学院研究生院2014级研究生徐同伟、2015级研究生杨艺炜等参与了研究课题的工作，并在书稿统稿、校对等方面做了大量工作。本书可供基层植物检疫人员、植保人员和相关烟草从业者、农业院校烟草种植专业学生等使用。由于编写人员水平有限，不当之处在所难免，敬请读者批评指正。

编　者

2015年10月

目　　录

概　述

第一节　检疫性有害生物

检疫一词源自拉丁文 Quarantum，原意为“四十天”，最初是在 14 世纪中叶欧洲大陆国际港口为防范流行黑死病、霍乱、黄热病等疾病而对旅客执行卫生检查的一种措施。对要求入境的外来船舶和人员采取在进港前一律在锚地滞留、隔离 45d 的防范措施。在此期间，如未发现船上人员感染传染性疾病，就允许船舶进港和人员上岸。这种带有强制性的隔离措施，对阻止疫病的传播蔓延起到了很大的作用。此后，此方法在国际上被普遍采用，并逐渐形成了“检疫”的概念。这种始于人类防范疫病的隔离检疫措施（即卫生检疫），给人类以启迪，被人们逐步运用到阻止动物、植物危险性病虫害和杂草的传播方面，于是渐渐出现了动物检疫和植物检疫。

世界上最早的植物检疫是 1660 年法国鲁昂地区为了小麦秆锈病，提出铲除小蘖，并禁止传入的法令。随后，英国、德国、奥地利、丹麦等一些国家也先后采取了这项检疫措施。

中国植物检疫的正式记载是 1928 年的《农产品检查条例》，至今有近 80 多年的历史，期间几起几落，直到 1980 年以后，中国的植物检疫才得到了迅速发展。

随着植物保护科学的发展和植物检疫工作的广泛开展，人们对植物危险性有害生物的认识不断提高，植物检疫的概念也不断得到发展，日趋完善。不同的教科书对植物检疫概念的解释也不尽相同。植物检疫是通过法律、行政和技术的手段，防止危险性植物病害、害虫、杂草和其他有害生物的人为传播，保障农林业的安全，促进贸易发展的措施。它是人类同自然长期斗争的产物，也是当今世界各国普遍实行的一项制度。由此可见，植物检疫是一项特殊形式的植物保护措施，涉及法律规范、国际贸易、行政管理、技术保障和信息管理等诸多方面，是一个综合的管理体系。

有害生物（Pest）是泛指为害或可能为害动植物及其产品的任何有生命的有机体（IPPC）。有害生物包括限定的有害生物和非限定的有害生物两类。限定的有害生物又包括检疫性有害生物和限定的非检疫性有害生物两种。

非限定的有害生物（Non - Regulated Pest，NRP），也就是已经广泛发生或普遍分布的有害生物，有些是日常生活中常见的，它们在植物检疫中没有特殊的重要性。有些危害性很大，但是，各国都有发生，且大多为气流传播，一旦有少量发现，一般也不必采取检疫措施来处理。

限定的非检疫性有害生物（Regulated non - Quarantine Pest，RNQP），是一种在进口国虽有广泛分布，但存在于进境的种植材料上，并将对其原有用途造成不可接受的损害的非检疫性有害生物，因而进口方的法律、法规可规定对其采取检疫措施。

国际上对“检疫性有害生物”（Quarantine Pest，QP）定义为：对某一地区具有潜在经济重要性，但在该地区尚未存在，或虽已发生但分布不广，并正在由官方防控的有害生物。该定义包括了国内的检疫性有害生物和国家之间检疫性有害生物的内容。

检疫性有害生物（Quarantine Pest）不同于非限定的有害生物（Non - Regulated Pest）、限定的有害生物（Regulated Pest）、限定的非检疫性有害生物（Regulated Non - Quarantine Pest），它对人类和自然生态更具破坏性，特别是在经济方面所造成的损失更大，它是指一个受威胁国家目前尚未分布，或虽有分布但分布不广，且正在被官方控制的、对该国具有潜在经济重要性的有害生物。其入侵途径包括：①为商业、观赏及生物控制等目的有意引进物种（例如，用于水产养殖的鱼类、投放牧场的草地物种、装饰性物种或其他园艺物种）；②通过商品贸易，特别是农产品、木材、牲畜等的贸易在无意间引进病虫害以及其他物种；③国际间人员交往如旅游、商务活动的无意携带；④船只、飞机等交通工具携带；⑤军事活动；⑥走私活动；⑦自然迁移。从目前的情况看，最值得警惕的是“有意引进”。目前我国已有的180多个外来入侵物种，大约50%是有意引进后扩散成灾的。

《植物检疫条例》将国内检疫性有害生物定义为：局部地区发生，危险性大，能随植物及其产品传播的病、虫、杂草。两者基本意思相一致，《植物检疫条例》的解释更适合对国内检疫性有害生物的理解，更通俗易懂，也有人将“检疫性有害生物”称作“植物检疫对象”，只不过“检疫性有害生物”的称呼更与国际接轨。

植物检疫的范围包括：进出境植物及植物产品检疫（进境、出境、过境）、运输工具检疫（车、船、飞机等）、装载容器（集装箱等）、铺垫材料（托盘等）、包装材料检疫（木质包装）、旅客携带物检疫（口岸）和邮寄物检疫（国际邮件互换局）。

检疫性有害生物具有分布有限、危险性大、防治困难、人为传播的特点。检疫性有害生物与常规病虫的主要区别有：一是发生范围不同。检疫性有害生物一般发生在局部地区，而常规病虫发生分布比较普遍。二是防控要求不同。检疫性有害生物必须按照国家检疫法规的要求进行防治，而常规病虫指未列入国家植物检疫性有害生物名单的有害生物，由国家植保机构指导相关单位或个人开展防治。三是防治策略不同。对检疫性有害生物，主要采取封锁、控制、消灭措施，在控制危害的同时，重点阻止其传播扩散；对常规病虫，主要开展农业防治、物理防治、生物防治和化学防治等相结合的综合治理，将其为害程度控制在防治指标以下，重点控制其危害。

第二节 检疫性有害生物种类

植物检疫的对象有：检疫性害虫、检疫性病害（真菌、原核生物、病毒及类病毒、线虫等）、检疫性杂草（恶性杂草：假高粱、毒麦；寄生性种子植物：菟丝子、列当）和其他检疫性有害生物（软体动物：如蜗牛）。具体的检疫对象为《中华人民共和国进境植物检疫性有害生物名录》（农业部第［862］号公告，2007年5月29日发布）和农业部发布新的

《全国农业植物检疫性有害生物名单》（农业部第［1216］号公告，2009年6月4日发布）中所列有害生物种类。《中华人民共和国进境植物检疫性有害生物名录》中所列435种有害生物，其中昆虫146种，软体动物6种，真菌125种，原核生物58种，线虫20种，病毒及类病毒39种，杂草41种。《全国农业植物检疫性有害生物名单》中所列29种有害生物，其中昆虫9种，真菌6种，细菌6种，线虫2种，病毒3种，杂草3种。同时《中华人民共和国进境植物检疫禁止进境物名录》的规定，禁止携带以下植物、植物产品入境：玉米，大豆种子，马铃薯块茎及其繁殖材料，榆属苗与插条，松属苗与接穗，橡胶属苗芽籽，烟属繁殖材料，烟叶，小麦（商品），水果，以及茄子、辣椒和番茄等茄科蔬菜，植物病原体（包括菌种、毒种），害虫，有害生物体及其他转基因生物材料和土壤（表1、表2）。

表1　中华人民共和国进境植物检疫性有害生物名录

昆虫	
1.	*Acanthocinus carinulatus* （Gebler） 白带长角天牛
2.	*Acanthoscelides obtectus* （Say） 菜豆象
3.	*Acleris variana* （Fernald） 黑头长翅卷蛾
4.	*Agrilus* spp. （non – Chinese） 窄吉丁（非中国种）
5.	*Aleurodicus dispersus* Russell 螺旋粉虱
6.	*Anastrepha* Schiner 按实蝇属
7.	*Anthonomus grandis* Boheman 墨西哥棉铃象
8.	*Anthonomus quadrigibbus* Say 苹果花象
9.	*Aonidiella comperei* McKenzie 香蕉肾盾蚧
10.	*Apate monachus* Fabricius 咖啡黑长蠹
11.	*Aphanostigma piri* （Cholodkovsky） 梨矮蚜
12.	*Arhopalus syriacus* Reitter 辐射松幽天牛
13.	*Bactrocera* Macquart 果实蝇属
14.	*Baris granulipennis* （Tournier） 西瓜船象

（续表）

昆虫	
15.	*Batocera* spp. （non – Chinese） 白条天牛（非中国种）
16.	*Brontispa longissima*（Gestro） 椰心叶甲
17.	*Bruchidius incarnates*（Boheman） 埃及豌豆象
18.	*Bruchophagus roddi* Gussak 苜蓿籽蜂
19.	*Bruchus* spp. （non-Chinese） 豆象（属）（非中国种）
20.	*Cacoecimorpha pronubana*（Hübner） 荷兰石竹卷蛾
21.	*Callosobruchus* spp. ［*maculatus*（F.） and non-Chinese］ 瘤背豆象（四纹豆象和非中国种）
22.	*Carpomya incompleta*（Becker） 欧非枣实蝇
23.	*Carpomya vesuviana* Costa 枣实蝇
24.	*Carulaspis juniperi*（Bouchè） 松唐盾蚧
25.	*Caulophilus oryzae*（Gyllenhal） 阔鼻谷象
26.	*Ceratitis* Macleay 小条实蝇属
27.	*Ceroplastes rusci*（L.） 无花果蜡蚧
28.	*Chionaspis pinifoliae*（Fitch） 松针盾蚧
29.	*Choristoneura fumiferana*（Clemens） 云杉色卷蛾
30.	*Conotrachelus* Schoenherr 鳄梨象属
31.	*Contarinia sorghicola*（Coquillett） 高粱瘿蚊
32.	*Coptotermes*spp. （non – Chinese） 乳白蚁（非中国种）
33.	*Craponius inaequalis*（Say） 葡萄象
34.	*Crossotarsus* spp. （non – Chinese） 异胫长小蠹（非中国种）
35.	*Cryptophlebia leucotreta*（Meyrick） 苹果异形小卷蛾
36.	*Cryptorrhynchus lapathi* L. 杨干象

（续表）

昆虫	
37.	*Cryptotermes brevis*（Walker） 麻头砂白蚁
38.	*Ctenopseustis obliquana*（Walker） 斜纹卷蛾
39.	*Curculio elephas*（Gyllenhal） 欧洲栗象
40.	*Cydia janthinana*（Duponchel） 山楂小卷蛾
41.	*Cydia packardi*（Zeller） 樱小卷蛾
42.	*Cydia pomonella*（L.） 苹果蠹蛾
43.	*Cydia prunivora*（Walsh） 杏小卷蛾
44.	*Cydia pyrivora*（Danilevskii） 梨小卷蛾
45.	*Dacus* spp.（non – Chinese） 寡鬃实蝇（非中国种）
46.	*Dasineura mali*（Kieffer） 苹果瘿蚊
47.	*Dendroctonus* spp.（*valens* LeConte and non – Chinese） 大小蠹（红脂大小蠹和非中国种）
48.	*Deudorix isocrates* Fabricius 石榴小灰蝶
49.	*Diabrotica* Chevrolat 根萤叶甲属
50.	*Diaphania nitidalis*（Stoll） 黄瓜绢野螟
51.	*Diaprepes abbreviata*（L.） 蔗根象
52.	*Diatraea saccharalis*（Fabricius） 小蔗螟
53.	*Dryocoetes confusus* Swaine 混点毛小蠹
54.	*Dysmicoccus grassi* Leonari 香蕉灰粉蚧
55.	*Dysmicoccus neobrevipes* Beardsley 新菠萝灰粉蚧
56.	*Ectomyelois ceratoniae*（Zeller） 石榴螟
57.	*Epidiaspis leperii*（Signoret） 桃白圆盾蚧
58.	*Eriosoma lanigerum*（Hausmann） 苹果绵蚜

（续表）

昆虫	
59.	*Eulecanium gigantea*（Shinji） 枣大球蚧
60.	*Eurytoma amygdali* Enderlein 扁桃仁蜂
61.	*Eurytoma schreineri* Schreiner 李仁蜂
62.	*Gonipterus scutellatus* Gyllenhal 桉象
63.	*Helicoverpa zea*（Boddie） 谷实夜蛾
64.	*Hemerocampa leucostigma*（Smith） 合毒蛾
65.	*Hemiberlesia pitysophila* Takagi 松突圆蚧
66.	*Heterobostrychus aequalis*（Waterhouse） 双钩异翅长蠹
67.	*Hoplocampa flava*（L.） 李叶蜂
68.	*Hoplocampa testudinea*（Klug） 苹叶蜂
69.	*Hoplocerambyx spinicornis*（Newman） 刺角沟额天牛
70.	*Hylobius pales*（Herbst） 苍白树皮象
71.	*Hylotrupes bajulus*（L.） 家天牛
72.	*Hylurgopinus rufipes*（Eichhoff） 美洲榆小蠹
73.	*Hylurgus ligniperda* Fabricius 长林小蠹
74.	*Hyphantria cunea*（Drury） 美国白蛾
75.	*Hypothenemus hampei*（Ferrari） 咖啡果小蠹
76.	*Incisitermesminor*（Hagen） 小楹白蚁
77.	*Ips* spp.（non – Chinese） 齿小蠹（非中国种）
78.	*Ischnaspis longirostris*（Signoret） 黑丝盾蚧
79.	*Lepidosaphes tapleyi* Williams 芒果蛎蚧
80.	*Lepidosaphes tokionis*（Kuwana） 东京蛎蚧
81.	*Lepidosaphes ulmi*（L.） 榆蛎蚧

（续表）

昆虫	
82.	*Leptinotarsa decemlineata*（Say） 马铃薯甲虫
83.	*Leucoptera coffeella*（Guérin – Méneville） 咖啡潜叶蛾
84.	*Liriomyza trifolii*（Burgess） 三叶斑潜蝇
85.	*Lissorhoptrus oryzophilus* Kuschel 稻水象甲
86.	*Listronotus bonariensis*（Kuschel） 阿根廷茎象甲
87.	*Lobesia botrana*（Denis et Schiffermuller） 葡萄花翅小卷蛾
88.	*Mayetiola destructor*（Say） 黑森瘿蚊
89.	*Mercetaspis halli*（Green） 霍氏长盾蚧
90.	*Monacrostichus citricola* Bezzi 桔实锤腹实蝇
91.	*Monochamus*spp.（non – Chinese） 墨天牛（非中国种）
92.	*Myiopardalis pardalina*（Bigot） 甜瓜迷实蝇
93.	*Naupactus leucoloma*（Boheman） 白缘象甲
94.	*Neoclytus acuminatus*（Fabricius） 黑腹尼虎天牛
95.	*Opogona sacchari*（Bojer） 蔗扁蛾
96.	*Pantomorus cervinus*（Boheman） 玫瑰短喙象
97.	*Parlatoria crypta* Mckenzie 灰白片盾蚧
98.	*Pharaxonotha kirschi* Reither 谷拟叩甲
99.	*Phloeosinus cupressi* Hopkins 美柏肤小蠹
100.	*Phoracantha semipunctata*（Fabricius） 桉天牛
101.	*Pissodes* Germar 木蠹象属
102.	*Planococcus lilacius* Cockerell 南洋臀纹粉蚧

（续表）

昆虫	
103.	*Planococcus minor*（Maskell） 大洋臀纹粉蚧
104.	*Platypus* spp.（non – Chinese） 长小蠹（属）（非中国种）
105.	*Popillia japonica* Newman 日本金龟子
106.	*Prays citri* Milliere 桔花巢蛾
107.	*Promecotheca cumingi* Baly 椰子缢胸叶甲
108.	*Prostephanus truncatus*（Horn） 大谷蠹
109.	*Ptinus tectus* Boieldieu 澳洲蛛甲
110.	*Quadrastichus erythrinae* Kim 刺桐姬小蜂
111.	*Reticulitermes lucifugus*（Rossi） 欧洲散白蚁
112.	*Rhabdoscelus lineaticollis*（Heller） 褐纹甘蔗象
113.	*Rhabdoscelus obscurus*（Boisduval） 几内亚甘蔗象
114.	*Rhagoletis* spp.（non – Chinese） 绕实蝇（非中国种）
115.	*Rhynchites aequatus*（L.） 苹虎象
116.	*Rhynchites bacchus* L. 欧洲苹虎象
117.	*Rhynchites cupreus* L. 李虎象
118.	*Rhynchites heros* Roelofs 日本苹虎象
119.	*Rhynchophorus ferrugineus*（Olivier） 红棕象甲
120.	*Rhynchophorus palmarum*（L.） 棕榈象甲
121.	*Rhynchophorus phoenicis*（Fabricius） 紫棕象甲
122.	*Rhynchophorus vulneratus*（Panzer） 亚棕象甲
123.	*Sahlbergella singularis* Haglund 可可盲蝽象

（续表）

昆虫	
124.	*Saperda* spp.（non – Chinese） 楔天牛（非中国种）
125.	*Scolytus multistriatus*（Marsham） 欧洲榆小蠹
126.	*Scolytus scolytus*（Fabricius） 欧洲大榆小蠹
127.	*Scyphophorus acupunctatus* Gyllenhal 剑麻象甲
128.	*Selenaspidus articulatus* Morgan 刺盾蚧
129.	*Sinoxylon* spp.（non – Chinese） 双棘长蠹（非中国种）
130.	*Sirex noctilio* Fabricius 云杉树蜂
131.	*Solenopsis invicta* Buren 红火蚁
132.	*Spodoptera littoralis*（Boisduval） 海灰翅夜蛾
133.	*Stathmopoda skelloni* Butler 猕猴桃举肢蛾
134.	*Sternochetus* Pierce 芒果象属
135.	*Taeniothrips inconsequens*（Uzel） 梨蓟马
136.	*Tetropium* spp.（non – Chinese） 断眼天牛（非中国种）
137.	*Thaumetopoea pityocampa*（Denis et Schiffermuller） 松异带蛾
138.	*Toxotrypana curvicauda* Gerstaecker 番木瓜长尾实蝇
139.	*Tribolium destructor* Uyttenboogaart 褐拟谷盗
140.	*Trogoderma* spp.（non – Chinese） 斑皮蠹（非中国种）
141.	*Vesperus* Latreile 暗天牛属
142.	*Vinsonia stellifera*（Westwood） 七角星蜡蚧
143.	*Viteus vitifoliae*（Fitch） 葡萄根瘤蚜
144.	*Xyleborus* spp.（non – Chinese） 材小蠹（非中国种）

（续表）

昆虫	
145.	*Xylotrechus rusticus* L. 青杨脊虎天牛
146.	*Zabrotes subfasciatus*（Boheman） 巴西豆象
软体动物	
147.	*Achatina fulica* Bowdich 非洲大蜗牛
148.	*Acusta despecta* Gray 硫球球壳蜗牛
149.	*Cepaea hortensis* Müller 花园葱蜗牛
150.	*Helix aspersa* Müller 散大蜗牛
151.	*Helix pomatia* Linnaeus 盖罩大蜗牛
152.	*Theba pisana* Müller 比萨茶蜗牛
真菌	
153.	*Albugo tragopogi*（Persoon）Schröter var. *helianthi* Novotelnova 向日葵白锈病菌
154.	*Alternaria triticina* Prasada et Prabhu 小麦叶疫病菌
155.	*Anisogramma anomala*（Peck）E. Muller 榛子东部枯萎病菌
156.	*Apiosporina morbosa*（Schweinitz）von Arx 李黑节病菌
157.	*Atropellis pinicola* Zaller et Goodding 松生枝干溃疡病菌
158.	*Atropellis piniphila*（Weir）Lohman et Cash 嗜松枝干溃疡病菌
159.	*Botryosphaeria laricina*（K. Sawada）Y. Zhong 落叶松枯梢病菌
160.	*Botryosphaeria stevensii* Shoemaker 苹果壳色单隔孢溃疡病菌
161.	*Cephalosporium gramineum* Nisikado et Ikata 麦类条斑病菌
162.	*Cephalosporium maydis* Samra，Sabet et Hingorani 玉米晚枯病菌
163.	*Cephalosporium sacchari* E. J. Butler et Hafiz Khan 甘蔗凋萎病菌
164.	*Ceratocystis fagacearum*（Bretz）Hunt 栎枯萎病菌

（续表）

真菌	
165.	*Chrysomyxa arctostaphyli* Dietel 云杉帚锈病菌
166.	*Ciborinia camelliae* Kohn 山茶花腐病菌
167.	*Cladosporium cucumerinum* Ellis et Arthur 黄瓜黑星病菌
168.	*Colletotrichum kahawae* J. M. Waller et Bridge 咖啡浆果炭疽病菌
169.	*Crinipellis perniciosa* （Stahel） Singer 可可丛枝病菌
170.	*Cronartium coleosporioides* J. C. Arthur 油松疱锈病菌
171.	*Cronartium comandrae* Peck 北美松疱锈病菌
172.	*Cronartium conigenum* Hedgcock et Hunt 松球果锈病菌
173.	*Cronartium fusiforme* Hedgcock et Hunt ex Cummins 松纺锤瘤锈病菌
174.	*Cronartium ribicola* J. C. Fisch. 松疱锈病菌
175.	*Cryphonectria cubensis* （Bruner） Hodges 桉树溃疡病菌
176.	*Cylindrocladium parasiticum* Crous， Wingfield et Alfenas 花生黑腐病菌
177.	*Diaporthe helianthi* Muntanola – Cvetkovic Mihaljcevic et Petrov 向日葵茎溃疡病菌
178.	*Diaporthe perniciosa* É. J. Marchal 苹果果腐病菌
179.	*Diaporthe phaseolorum* （Cooke et Ell. ） Sacc. var. *caulivora* Athow et Caldwell 大豆北方茎溃疡病菌
180.	*Diaporthe phaseolorum* （Cooke et Ell. ） Sacc. var. *meridionalis* F. A. Fernandez 大豆南方茎溃疡病菌
181.	*Diaporthe vaccinii* Shear 蓝莓果腐病菌
182.	*Didymella ligulicola* （K. F. Baker， Dimock et L. H. Davis） von Arx 菊花花枯病菌
183.	*Didymella lycopersici* Klebahn 番茄亚隔孢壳茎腐病菌
184.	*Endocronartium harknessii* （J. P. Moore） Y. Hiratsuka 松瘤锈病菌
185.	*Eutypa lata* （Pers. ） Tul. et C. Tul. 葡萄藤猝倒病菌

（续表）

真菌	
186.	*Fusarium circinatum* Nirenberg et O'Donnell 松树脂溃疡病菌
187.	*Fusarium oxysporum* Schlecht. f. sp. *apii* Snyd. et Hans 芹菜枯萎病菌
188.	*Fusarium oxysporum* Schlecht. f. sp. *asparagi* Cohen et Heald 芦笋枯萎病菌
189.	*Fusarium oxysporum* Schlecht. f. sp. *cubense*（E. F. Sm.）Snyd. et Hans （Race 4 non – Chinese races） 香蕉枯萎病菌（4 号小种和非中国小种）
190.	*Fusarium oxysporum* Schlecht. f. sp. *elaeidis* Toovey 油棕枯萎病菌
191.	*Fusarium oxysporum* Schlecht. f. sp. *fragariae* Winks et Williams 草莓枯萎病菌
192.	*Fusarium tucumaniae* T. Aoki，O' Donnell，Yos. Homma et Lattanzi 南美大豆猝死综合征病菌
193.	*Fusarium virguliforme* O' Donnell et T. Aoki 北美大豆猝死综合征病菌
194.	*Gaeumannomyces graminis*（Sacc.）Arx et D. Olivier var. *avenae*（E. M. Turner）Dennis 燕麦全蚀病菌
195.	*Greeneria uvicola*（Berk. et M. A. Curtis）Punithalingam 葡萄苦腐病菌
196.	*Gremmeniella abietina*（Lagerberg）Morelet 冷杉枯梢病菌
197.	*Gymnosporangium clavipes*（Cooke et Peck）Cooke et Peck 榅桲锈病菌
198.	*Gymnosporangium fuscum* R. Hedw. 欧洲梨锈病菌
199.	*Gymnosporangium globosum*（Farlow）Farlow 美洲山楂锈病菌
200.	*Gymnosporangium juniperi-virginianae* Schwein 美洲苹果锈病菌
201.	*Helminthosporium solani* Durieu et Mont. 马铃薯银屑病菌
202.	*Hypoxylon mammatum*（Wahlenberg）J. Miller 杨树炭团溃疡病菌
203.	*Inonotus weirii*（Murrill）Kotlaba et Pouzar 松干基褐腐病菌
204.	*Leptosphaeria libanotis*（Fuckel）Sacc. 胡萝卜褐腐病菌
205.	*Leptosphaeria maculans*（Desm.）Ces. et De Not. 十字花科蔬菜黑胫病菌
206.	*Leucostoma cincta*（Fr.：Fr.）Hohn. 苹果溃疡病菌

（续表）

真菌	
207.	*Melampsora farlowii*（J. C. Arthur） J. J. Davis 铁杉叶锈病菌
208.	*Melampsora medusae* Thumen 杨树叶锈病菌
209.	*Microcyclus ulei*（P. Henn.） von Arx 橡胶南美叶疫病菌
210.	*Monilinia fructicola*（Winter） Honey 美澳型核果褐腐病菌
211.	*Moniliophthora roreri*（Ciferri et Parodi） Evans 可可链疫孢荚腐病菌
212.	*Monosporascus cannonballus* Pollack et Uecker 甜瓜黑点根腐病菌
213.	*Mycena citricolor*（Berk. et Curt.） Sacc. 咖啡美洲叶斑病菌
214.	*Mycocentrospora acerina*（Hartig） Deighton 香菜腐烂病菌
215.	*Mycosphaerella dearnessii* M. E. Barr 松针褐斑病菌
216.	*Mycosphaerella fijiensis* Morelet 香蕉黑条叶斑病菌
217.	*Mycosphaerella gibsonii* H. C. Evans 松针褐枯病菌
218.	*Mycosphaerella linicola* Naumov 亚麻褐斑病菌
219.	*Mycosphaerella musicola* J. L. Mulder 香蕉黄条叶斑病菌
220.	*Mycosphaerella pini* E. Rostrup 松针红斑病菌
221.	*Nectria rigidiuscula* Berk. et Broome 可可花瘿病菌
222.	*Ophiostoma novo – ulmi* Brasier 新榆枯萎病菌
223.	*Ophiostoma ulmi*（Buisman） Nannf. 榆枯萎病菌
224.	*Ophiostoma wageneri*（Goheen et Cobb） Harrington 针叶松黑根病菌
225.	*Ovulinia azaleae* Weiss 杜鹃花枯萎病菌
226.	*Periconia circinata*（M. Mangin） Sacc. 高粱根腐病菌
227.	*Peronosclerospora* spp.（non – Chinese） 玉米霜霉病菌（非中国种）

（续表）

真菌	
228.	*Peronospora farinosa*（Fries：Fries）Fries f. sp. *betae* Byford 甜菜霜霉病菌
229.	*Peronospora hyoscyami* de Bary f. sp. *tabacina*（Adam）Skalicky 烟草霜霉病菌
230.	*Pezicula malicorticis*（Jacks.）Nannfeld 苹果树炭疽病菌
231.	*Phaeoramularia angolensis*（T. Carvalho et O. Mendes）P. M. Kirk 柑橘斑点病菌
232.	*Phellinus noxius*（Corner）G. H. Cunn. 木层孔褐根腐病菌
233.	*Phialophora gregata*（Allington et Chamberlain）W. Gams 大豆茎褐腐病菌
234.	*Phialophora malorum*（Kidd et Beaum.）McColloch 苹果边腐病菌
235.	*Phoma exigua* Desmazières f. sp. *foveata*（Foister）Boerema 马铃薯坏疽病菌
236.	*Phoma glomerata*（Corda）Wollenweber et Hochapfel 葡萄茎枯病菌
237.	*Phoma pinodella*（L. K. Jones）Morgan – Jones et K. B. Burch 豌豆脚腐病菌
238.	*Phoma tracheiphila*（Petri）L. A. Kantsch. et Gikaschvili 柠檬干枯病菌
239.	*Phomopsis sclerotioides* van Kesteren 黄瓜黑色根腐病菌
240.	*Phymatotrichopsis omnivora*（Duggar）Hennebert 棉根腐病菌
241.	*Phytophthora cambivora*（Petri）Buisman 栗疫霉黑水病菌
242.	*Phytophthora erythroseptica* Pethybridge 马铃薯疫霉绯腐病菌
243.	*Phytophthora fragariae* Hickman 草莓疫霉红心病菌
244.	*Phytophthora fragariae* Hickman var. *rubi* W. F. Wilcox et J. M. Duncan 树莓疫霉根腐病菌
245.	*Phytophthora hibernalis* Carne 柑橘冬生疫霉褐腐病菌
246.	*Phytophthora lateralis* Tucker et Milbrath 雪松疫霉根腐病菌
247.	*Phytophthora medicaginis* E. M. Hans. et D. P. Maxwell 苜蓿疫霉根腐病菌
248.	*Phytophthora phaseoli* Thaxter 菜豆疫霉病菌

（续表）

真菌	
249.	*Phytophthora ramorum* Werres, De Cock et Man in' t Veld 栎树猝死病菌
250.	*Phytophthora sojae* Kaufmann et Gerdemann 大豆疫霉病菌
251.	*Phytophthora syringae* (Klebahn) Klebahn 丁香疫霉病菌
252.	*Polyscytalum pustulans* (M. N. Owen et Wakef.) M. B. Ellis 马铃薯皮斑病菌
253.	*Protomyces macrosporus* Unger 香菜茎瘿病菌
254.	*Pseudocercosporella herpotrichoides* (Fron) Deighton 小麦基腐病菌
255.	*Pseudopezicula tracheiphila* (Müller-Thurgau) Korf et Zhuang 葡萄角斑叶焦病菌
256.	*Puccinia pelargonii-zonalis* Doidge 天竺葵锈病菌
257.	*Pycnostysanus azaleae* (Peck) Mason 杜鹃芽枯病菌
258.	*Pyrenochaeta terrestris* (Hansen) Gorenz, Walker et Larson 洋葱粉色根腐病菌
259.	*Pythium splendens* Braun 油棕猝倒病菌
260.	*Ramularia beticola* Fautr. et Lambotte 甜菜叶斑病菌
261.	*Rhizoctonia fragariae* Husain et W. E. McKeen 草莓花枯病菌
262.	*Rigidoporus lignosus* (Klotzsch) Imaz. 橡胶白根病菌
263.	*Sclerophthora rayssiae* Kenneth, Kaltin et Wahl var. *zeae* Payak et Renfro 玉米褐条霜霉病菌
264.	*Septoria petroselini* (Lib.) Desm. 欧芹壳针孢叶斑病菌
265.	*Sphaeropsis pyriputrescens* Xiao et J. D. Rogers 苹果球壳孢腐烂病菌
266.	*Sphaeropsis tumefaciens* Hedges 柑橘枝瘤病菌
267.	*Stagonospora avenae* Bissett f. sp. *triticea* T. Johnson 麦类壳多胞斑点病菌
268.	*Stagonospora sacchari* Lo et Ling 甘蔗壳多胞叶枯病菌
269.	*Synchytrium endobioticum* (Schilberszky) Percival 马铃薯癌肿病菌

（续表）

真菌	
270.	*Thecaphora solani*（Thirumalachar et M. J. O' Brien） Mordue 马铃薯黑粉病菌
271.	*Tilletia controversa* Kühn 小麦矮腥黑穗病菌
272.	*Tilletia indica* Mitra 小麦印度腥黑穗病菌
273.	*Urocystis cepulae* Frost 葱类黑粉病菌
274.	*Uromyces transversalis*（Thümen） Winter 唐菖蒲横点锈病菌
275.	*Venturia inaequalis*（Cooke） Winter 苹果黑星病菌
276.	*Verticillium albo-atrum* Reinke et Berthold 苜蓿黄萎病菌
277.	*Verticillium dahliae* Kleb. 棉花黄萎病菌
原核生物	
278.	*Acidovorax avenae* subsp. *cattleyae*（Pavarino） Willems et al. 兰花褐斑病菌
279.	*Acidovorax avenae* subsp. *citrulli*（Schaad et al.） Willems et al. 瓜类果斑病菌
280.	*Acidovorax konjaci*（Goto） Willems et al. 魔芋细菌性叶斑病菌
281.	Alder yellows phytoplasma 桤树黄化植原体
282.	Apple proliferation phytoplasma 苹果丛生植原体
283.	Apricot chlorotic leafroll phtoplasma 杏褪绿卷叶植原体
284.	Ash yellows phytoplasma 白蜡树黄化植原体
285.	Blueberry stunt phytoplasma 蓝莓矮化植原体
286.	*Burkholderia caryophylli*（Burkholder） Yabuuchi et al. 香石竹细菌性萎蔫病菌
287.	*Burkholderia gladioli*pv. *alliicola*（Burkholder） Urakami et al. 洋葱腐烂病菌
288.	*Burkholderia glumae*（Kurita et Tabei） Urakami et al. 水稻细菌性谷枯病菌
289.	*CandidatusLiberobacter africanum* Jagoueix et al. 非洲柑桔黄龙病菌
290.	*CandidatusLiberobacter asiaticum* Jagoueix et al. 亚洲柑桔黄龙病菌

（续表）

原核生物	
291.	*Candidatus* Phytoplasma australiense 澳大利亚植原体候选种
292.	*Clavibacter michiganensis* subsp. *insidiosus* （McCulloch） Davis et al. 苜蓿细菌性萎蔫病菌
293.	*Clavibacter michiganensis* subsp. *michiganensis* （Smith） Davis et al. 番茄溃疡病菌
294.	*Clavibacter michiganensis* subsp. *nebraskensis* （Vidaver et al.） Davis et al. 玉米内州萎蔫病菌
295.	*Clavibacter michiganensis* subsp. *sepedonicus* （Spieckermann et al.） Davis et al. 马铃薯环腐病菌
296.	Coconut lethal yellowing phytoplasma 椰子致死黄化植原体
297.	*Curtobacterium flaccumfaciens* pv. *flaccumfaciens* （Hedges） Collins et Jones 菜豆细菌性萎蔫病菌
298.	*Curtobacterium flaccumfaciens* pv. *oortii* （Saaltink et al.） Collins et Jones 郁金香黄色疱斑病菌
299.	Elm phloem necrosis phytoplasma 榆韧皮部坏死植原体
300.	*Enterobacter cancerogenus* （Urosevi） Dickey et Zumoff 杨树枯萎病菌
301.	*Erwinia amylovora* （Burrill） Winslow et al. 梨火疫病菌
302.	*Erwinia chrysanthemi* Burkhodler et al. 菊基腐病菌
303.	*Erwinia pyrifoliae* Kim，Gardan，Rhim et Geider 亚洲梨火疫病菌
304.	Grapevine flavescence dorée phytoplasma 葡萄金黄化植原体
305.	Lime witches’ broom phytoplasma 来檬丛枝植原体
306.	*Pantoea stewartii*subsp. *stewartii* （Smith） Mergaert et al. 玉米细菌性枯萎病菌
307.	Peach X – disease phytoplasma 桃 X 病植原体
308.	Pear decline phytoplasma 梨衰退植原体
309.	Potato witches’ broom phytoplasma 马铃薯丛枝植原体
310.	*Pseudomonas savastanoi* pv. *phaseolicola* （Burkholder） Gardan et al. 菜豆晕疫病菌
311.	*Pseudomonas syringae* pv. *morsprunorum* （Wormald） Young et al. 核果树溃疡病菌

（续表）

原核生物	
312.	*Pseudomonas syringae* pv. *persicae* （Prunier et al. ） Young et al. 桃树溃疡病菌
313.	*Pseudomonas syringae* pv. *pisi* （Sackett） Young et al. 豌豆细菌性疫病菌
314.	*Pseudomonas syringae* pv. *maculicola* （McCulloch） Young et al. 十字花科黑斑病菌
315.	*Pseudomonas syringae* pv. *tomato* （Okabe） Young et al. 番茄细菌性叶斑病菌
316.	*Ralstonia solanacearum* （Smith） Yabuuchi et al. （race 2） 香蕉细菌性枯萎病菌（2 号小种）
317.	*Rathayibacter rathayi* （Smith） Zgurskaya et al. 鸭茅蜜穗病菌
318.	*Spiroplasma citri* Saglio et al. 柑橘顽固病螺原体
319.	Strawberry multiplier phytoplasma 草莓簇生植原体
320.	*Xanthomonas albilineans* （Ashby） Dowson 甘蔗白色条纹病菌
321.	*Xanthomonas arboricola* pv. *celebensis* （Gaumann） Vauterin et al. 香蕉坏死条纹病菌
322.	*Xanthomonas axonopodis* pv. *betlicola* （Patel et al. ） Vauterin et al. 胡椒叶斑病菌
323.	*Xanthomonas axonopodis* pv. *citri* （Hasse） Vauterin et al. 柑橘溃疡病菌
324.	*Xanthomonas axonopodis* pv. *manihotis* （Bondar） Vauterin et al. 木薯细菌性萎蔫病菌
325.	*Xanthomonas axonopodis* pv. *vasculorum* （Cobb） Vauterin et al. 甘蔗流胶病菌
326.	*Xanthomonas campestris* pv. *mangiferaeindicae* （Patel et al. ） Robbs et al. 芒果黑斑病菌
327.	*Xanthomonas campestris* pv. *musacearum* （Yirgou et Bradbury） Dye 香蕉细菌性萎蔫病菌
328.	*Xanthomonas cassavae* （ex Wiehe et Dowson） Vauterin et al. 木薯细菌性叶斑病菌
329.	*Xanthomonas fragariae* Kennedy et King 草莓角斑病菌
330.	*Xanthomonas hyacinthi* （Wakker） Vauterin et al. 风信子黄腐病菌
331.	*Xanthomonas oryzae* pv. *oryzae* （Ishiyama） Swings et al. 水稻白叶枯病菌
332.	*Xanthomonas oryzae* pv. *oryzicola* （Fang et al. ） Swings et al. 水稻细菌性条斑病菌

（续表）

原核生物	
333.	*Xanthomonas populi*（ex Ride）Ride et Ride 杨树细菌性溃疡病菌
334.	*Xylella fastidiosa* Wells et al. 木质部难养细菌
335.	*Xylophilus ampelinus*（Panagopoulos）Willems et al. 葡萄细菌性疫病菌
线虫	
336.	*Anguina agrostis*（Steinbuch）Filipjev 剪股颖粒线虫
337.	*Aphelenchoides fragariae*（Ritzema Bos）Christie 草莓滑刃线虫
338.	*Aphelenchoides ritzemabosi*（Schwartz）Steiner et Bührer 菊花滑刃线虫
339.	*Bursaphelenchus cocophilus*（Cobb）Baujard 椰子红环腐线虫
340.	*Bursaphelenchus xylophilus*（Steiner et Bührer）Nickle 松材线虫
341.	*Ditylenchus angustus*（Butler）Filipjev 水稻茎线虫
342.	*Ditylenchus destructor* Thorne 腐烂茎线虫
343.	*Ditylenchus dipsaci*（Kühn）Filipjev 鳞球茎茎线虫
344.	*Globodera pallida*（Stone）Behrens 马铃薯白线虫
345.	*Globodera rostochiensis*（Wollenweber）Behrens 马铃薯金线虫
346.	*Heterodera schachtii* Schmidt 甜菜胞囊线虫
347.	*Longidorus*（Filipjev）Micoletzky（The species transmit viruses） 长针线虫属（传毒种类）
348.	*Meloidogyne*Goeldi（non-Chinese species） 根结线虫属（非中国种）
349.	*Nacobbus abberans*（Thorne）Thorne et Allen 异常珍珠线虫
350.	*Paralongidorus maximus*（Bütschli）Siddiqi 最大拟长针线虫
351.	*Paratrichodorus* Siddiqi（The species transmit viruses） 拟毛刺线虫属（传毒种类）
352.	*Pratylenchus* Filipjev（non – Chinese） 短体线虫（非中国种）
353.	*Radopholus similis*（Cobb）Thorne 香蕉穿孔线虫

（续表）

线虫	
354.	*Trichodorus* Cobb（The species transmit viruses） 毛刺线虫属（传毒种类）
355.	*Xiphinema* Cobb（The species transmit viruses） 剑线虫属（传毒种类）
病毒及类病毒	
356.	African cassava mosaic virus，ACMV 非洲木薯花叶病毒（类）
357.	Apple stem grooving virus，ASPV 苹果茎沟病毒
358.	Arabis mosaic virus，ArMV 南芥菜花叶病毒
359.	Banana bract mosaic virus，BBrMV 香蕉苞片花叶病毒
360.	Bean pod mottle virus，BPMV 菜豆荚斑驳病毒
361.	Broad bean stain virus，BBSV 蚕豆染色病毒
362.	Cacao swollen shoot virus，CSSV 可可肿枝病毒
363.	Carnation ringspot virus，CRSV 香石竹环斑病毒
364.	Cotton leaf crumple virus，CLCrV 棉花皱叶病毒
365.	Cotton leaf curl virus，CLCuV 棉花曲叶病毒
366.	Cowpea severe mosaic virus，CPSMV 豇豆重花叶病毒
367.	Cucumber green mottle mosaic virus，CGMMV 黄瓜绿斑驳花叶病毒
368.	Maize chlorotic dwarf virus，MCDV 玉米褪绿矮缩病毒
369.	Maize chlorotic mottle virus，MCMV 玉米褪绿斑驳病毒
370.	Oat mosaic virus，OMV 燕麦花叶病毒
371.	Peach rosette mosaic virus，PRMV 桃丛簇花叶病毒
372.	Peanut stunt virus，PSV 花生矮化病毒
373.	Plum pox virus，PPV 李痘病毒
374.	Potato mop－top virus，PMTV 马铃薯帚顶病毒

（续表）

病毒及类病毒	
375.	Potato virus A，PVA 马铃薯 A 病毒
376.	Potato virus V，PVV 马铃薯 V 病毒
377.	Potato yellow dwarf virus，PYDV 马铃薯黄矮病毒
378.	Prunus necrotic ringspot virus，PNRSV 李属坏死环斑病毒
379.	Southern bean mosaic virus，SBMV 南方菜豆花叶病毒
380.	Sowbane mosaic virus，SoMV 藜草花叶病毒
381.	Strawberry latent ringspot virus，SLRSV 草莓潜隐环斑病毒
382.	Sugarcane streak virus，SSV 甘蔗线条病毒
383.	Tobacco ringspot virus，TRSV 烟草环斑病毒
384.	Tomato black ring virus，TBRV 番茄黑环病毒
385.	Tomato ringspot virus，ToRSV 番茄环斑病毒
386.	Tomato spotted wilt virus，TSWV 番茄斑萎病毒
387.	Wheat streak mosaic virus，WSMV 小麦线条花叶病毒
388.	Apple fruit crinkle viroid，AFCVd 苹果皱果类病毒
389.	Avocado sunblotch viroid，ASBVd 鳄梨日斑类病毒
390.	Coconut cadang-cadang viroid，CCCVd 椰子死亡类病毒
391.	Coconut tinangaja viroid，CTiVd 椰子败生类病毒
392.	Hop latent viroid，HLVd 啤酒花潜隐类病毒
393.	Pear blister canker viroid，PBCVd 梨疱症溃疡类病毒
394.	Potato spindle tuber viroid，PSTVd 马铃薯纺锤块茎类病毒
杂草	
395.	*Aegilops cylindrica* Horst 具节山羊草

（续表）

杂草	
396.	*Aegilops squarrosa* L. 节节麦
397.	*Ambrosia* spp. 豚草（属）
398.	*Ammi majus* L. 大阿米芹
399.	*Avena barbata*Brot. 细茎野燕麦
400.	*Avena ludoviciana* Durien 法国野燕麦
401.	*Avena sterilis* L. 不实野燕麦
402.	*Bromus rigidus*Roth 硬雀麦
403.	*Bunias orientalis* L. 疣果匙荠
404.	*Caucalis latifolia* L. 宽叶高加利
405.	*Cenchrus*spp. （non – Chinese） 蒺藜草（属）（非中国种）
406.	*Centaurea diffusa* Lamarck 铺散矢车菊
407.	*Centaurea repens* L. 匍匐矢车菊
408.	*Crotalaria spectabilis* Roth 美丽猪屎豆
409.	*Cuscuta*spp. 菟丝子（属）
410.	*Emex australis* Steinh. 南方三棘果
411.	*Emex spinosa*（L.） Campd. 刺亦模
412.	*Eupatorium adenophorum* Spreng. 紫茎泽兰
413.	*Eupatorium odoratum* L. 飞机草
414.	*Euphorbia dentata* Michx. 齿裂大戟
415.	*Flaveria bidentis*（L.） Kuntze 黄顶菊
416.	*Ipomoea pandurata*（L.） G. F. W. Mey. 提琴叶牵牛花

（续表）

杂草	
417.	*Iva axillaris* Pursh 小花假苍耳
418.	*Iva xanthifolia* Nutt. 假苍耳
419.	*Knautia arvensis*（L.） Coulter 欧洲山萝卜
420.	*Lactuca pulchella*（Pursh） DC. 野莴苣
421.	*Lactuca serriola* L. 毒莴苣
422.	*Lolium temulentum* L. 毒麦
423.	*Mikania micrantha* Kunth 薇甘菊
424.	*Orobanche* spp. 列当（属）
425.	*Oxalis latifolia* Kubth 宽叶酢浆草
426.	*Senecio jacobaea* L. 臭千里光
427.	*Solanum carolinense* L. 北美刺龙葵
428.	*Solanum elaeagnifolium* Cay. 银毛龙葵
429.	*Solanum rostratum* Dunal. 刺萼龙葵
430.	*Solanum torvum* Swartz 刺茄
431.	*Sorghum almum* Parodi. 黑高粱
432.	*Sorghum halepense*（L.） Pers. （Johnsongrass and its cross breeds） 假高粱（及其杂交种）
433.	*Striga* spp. （non – Chinese species） 独脚金（属）（非中国种）
434.	*Tribulus alatus* Delile 翅蒺藜
436.	*Xanthium*spp. （non – Chinese species） 苍耳（属）（非中国种）

备注：1. 非中国种是指中国未有发生的种；

2. 非中国小种是指中国未有发生的小种；

3. 传毒种类是指可以作为植物病毒传播介体的线虫种类

表2　全国农业植物检疫性有害生物名单

昆虫		
1	菜豆象	*Acanthoscelides obtectus*（Say）
2	蜜柑大实蝇	*Bactrocera tsuneonis*（Miyake）
3	四纹豆象	*Callosobruchus maculates*（Fabricius）
4	苹果蠹蛾	*Cydia pomonella*（Linnaeus）
5	葡萄根瘤蚜	*Daktulosphaira vitifoliae* Fitch
6	美国白蛾	*Hyphantria cunea*（Drury）
7	马铃薯甲虫	*Leptinotarsa decemlineata*（Say）
8	稻水象甲	*Lissorhoptrus oryzophilus* Kuschel
9	红火蚁	*Solenopsis invicta*Buren
线虫		
10	腐烂茎线虫	*Ditylenchus destructor* Thorne
11	香蕉穿孔线虫	*Radopholus similes*（Cobb）Thorne
细菌		
12	瓜类果斑病菌	*Acidovorax avenae* subsp. *citrulli*（Schaad, et al.）Willems, et al
13	柑橘黄龙病菌	*Candidatus liberobacter asiaticum* Jagoueix, et al
14	番茄溃疡病菌	*Clavibacter michiganensis*subsp. *michiganensis*（Smith）Davis, et al
15	十字花科黑斑病菌	*Pseudomonas syringae* pv. *maculicola*（*McCulloch*）*Young*, et al
16	柑橘溃疡病菌	*Xanthomonas axonopodis*pv. *citri*（Hasse）Vauterin, et al
17	水稻细菌性条斑病菌	*Xanthomonas oryzae* pv. *oryzicola*（Fang, et al.）Swings, et al
真菌		
18	黄瓜黑星病菌	*Cladosporium cucumerinum* Ellis & Arthur
19	香蕉镰刀菌枯萎病菌4号小种	*Fusarium oxysporum* f. sp. *cubense*（Smith）Snyder & Hansen Race 4
20	玉蜀黍霜指霉菌	*Peronosclerospora maydis*（Racib.）C. G. Shaw
21	大豆疫霉病菌	*Phytophthora sojae* Kaufmann & Gerdemann
22	内生集壶菌	*Synchytrium endobioticum*（Schilb.）Percival
23	苜蓿黄萎病菌	*Verticillium albo－atrum* Reinke & Berthold
病毒		
24	李属坏死环斑病毒	Prunus necrotic ringspot ilarvirus
25	烟草环斑病毒	Tobacco ringspot nepovirus
26	黄瓜绿斑驳花叶病毒	Cucumber Green Mottle Mosaic Virus
杂草		
27	毒麦	*Lolium temulentum* L.
28	列当属	*Orobanche* spp.
29	假高粱	*Sorghum halepense*（L.）Pers.

应施检疫的植物及植物产品有以下种类。一是稻、麦、玉米、高粱、豆类、薯类等作物的种子、块根、块茎及其他繁殖材料和来源于发生疫情的县级行政区域的上述植物产品；二是棉、麻、烟、茶、桑、花生、向日葵、芝麻、油菜、甘蔗、甜菜等作物的种子、种苗及其他繁殖材料和来源于发生疫情的县级行政区域的上述植物产品；三是西瓜、甜瓜、香瓜、哈密瓜、葡萄、苹果、梨、桃、李、杏、梅、沙果、山楂、柿、柑、橘、橙、柚、猕猴桃、柠檬、荔枝、枇杷、龙眼、香蕉、菠萝、芒果、咖啡、可可、腰果、番石榴、胡椒等作物的种子、苗木、接穗、砧木、试管苗及其他繁殖材料和来源于发生疫情的县级行政区域的上述植物产品；四是花卉的种子、种苗、球茎、鳞茎等繁殖材料及切花、盆景花卉；五是蔬菜作物的种子、种苗和来源于发生疫情的县级行政区域的蔬菜产品；六是中药材种苗和来源于发生疫情的县级行政区域的中药材产品；七是牧草、草坪草、绿肥的种子种苗及食用菌的种子、细胞繁殖体和来源于发生疫情的县级行政区域的上述植物产品；八是麦麸、麦秆、稻草、芦苇等可能受检疫性有害生物污染的植物产品及包装材料。

第三节　烟草危险性有害生物

检疫性有害生物入侵对人类及当地自然生态环境，包括物种组成、种群结构、食物链结构、水土流失控制、土壤营养循环、生物多样性保护等生态学方面的改变或丧失，以及环境污染等方面产生了极大的危害和影响。

危害特点主要有：一是对生态系统产生的破坏性不可逆转；二是形成优势种群，并危及本地物种的生存，引起物种的消失和灭绝；三是威胁人类健康；四是引起国际社会的关注而影响贸易的发展。例如，2004 年入侵我国的红火蚁，不仅为害农作物根、茎、叶和果实，破坏建筑物和电器等设施，而且可蛰刺人、畜等动物。在美国，有报道称红火蚁袭击树鸭、水鸟、长腿兀鹰、崖燕和濒临绝种的小燕鸥的卵和幼雏。一些海龟和蜥蜴的卵和幼仔、一些小型哺乳动物如啮齿类动物等也受到了红火蚁的攻击。红火蚁还能使小牛、小猪等家畜致死，并且还捕食为植物传粉的蜜蜂个体。据估算，红火蚁在美国破坏建筑和电器所造成的损失每年达 1 120万美元。估计仅得克萨斯州因红火蚁危害造成的财政损失每年高达 3 亿美元，其中，包括牲畜、野生动植物和公共卫生上的伤害。红火蚁造成的医疗费用估计为每年 790 万美元。红火蚁对美国南部受害地区造成的总损失每年估计达 10 亿美元。

我国是遭受外来入侵物种为害最严重的国家之一。据不完全统计，入侵到我国的外来生物有：杂草 108 种，动物（包含害虫）约 50 种，微生物或病害 30 余种，其中，大多为检疫性有害生物。国内专家对其中危害最严重的一些外来有害生物进行了粗略的损失估计，仅松材线虫、水葫芦、薇甘菊、强大小蠹、美洲斑潜蝇等每年造成 500 亿元人民币的直接经济损失，保守估计，这些有害生物每年给我国至少带来数千亿元的经济损失。

全国烟草有害生物调查项目组确定（2014 年）目前我国烟草有害生物种类达到 902 种，

病害99种，害虫377种，杂草426种。近年来，我国常年种植烟草1 500万亩*左右，在积极防治的情况下，烟草病虫害常年发生面积1 200万亩左右，直接产值损失13亿元上下，间接损失估计在62.8亿元，可见烟草病虫发生强度之大，给烟叶生产造成了巨大的经济损失。病虫害大爆发后发生严重时还会造成一些社会问题，甚至于贸易问题，如国际上的霜霉病问题。具体来讲，烟草病害可导致烟叶、根、茎受损，生长受阻，造成烟叶产量、质量和品质的下降，从而影响烟叶的生产。烟草害虫会在烟草生产中取食烟草和传播烟草病害，并造成超过经济阈值的经济损失。烟田杂草一是与烟草争夺水、肥、阳光和生存空间，致使烟叶产量和品质明显下降；二是作为烟草病虫害的中间寄主，传播病虫害，增加了病虫害的危害程度和防治难度。

根据《中华人民共和国进境植物检疫性有害生物名录》（农业部第［862］号公告，2007年5月29日发布）、农业部发布新的《全国农业植物检疫性有害生物名单》，以及国外烟草发生的重要病害、虫害和杂草，可能侵染烟草的有害生物种类，结合我国烟草种植区域土壤、气候、农业生产、经济发展以及我国烟草上发生的烟草有害生物种类，确定烟草霜霉病菌等几种有害生物为烟草检疫性有害生物（表3）。

表3　检疫性烟草有害生物种类

病菌（毒）	
1	*Peronospora hyoscyami* de Bary f. sp. *tabacina*（Adam）Skalicky 烟草霜霉病菌
2	*Pythium splendens* Braun 油棕猝倒病菌
3	*Verticilliumdahliae* Kleb. 棉花黄萎病菌
4	Peanut stunt virus（PSV） 花生矮化病毒
5	Pepper veinal mottle virus（PVMV） 辣椒脉斑驳病毒
6	Potato virus X（PVX） 马铃薯X病毒
7	Tomato ringspot virus（ToRSV） 番茄环斑病毒
8	Tomato spotted wilt virus（TSWV） 番茄斑萎病毒
线虫	
9	*Aphelenchoides ritzemabosi*（Schwartz，1911）Steiner & Buhrer，1932 菊花叶枯线虫
10	*Ditylenchus dipsaci*（Kühn，1857）Filipjev，1936 鳞球茎茎线虫

* 1亩≈667平方米，全书同

（续表）

线虫	
11	*Globodera tabacum*（Lownsbery & Lownsbery，1954）Behrens，1975 烟草球孢囊线虫
12	*Longidorus*（Micoletzky，1922）Filipjev，1934（传毒种） 长针属
13	*Meloidogyne* Goeldi，1892 根结线虫属
14	*Paralongidorus maximus*（Bütschli，1874）Siddiqi，1964 最大拟长针线虫
15	*Paratrichodorus*Siddiqi，1974（传毒种） 拟毛刺线虫
16	*Pratylenchus*Filipjev，1936 短体属
17	*Trichodorus*Cobb，1913（传毒种） 毛刺线虫属
18	*Xiphinema* Cobb，1913 剑线虫属
昆虫	
19	*Epitrix cucumeris*（Harris） 美国马铃薯跳甲
20	*Leptinotarsa decemlineata*（Say） 马铃薯甲虫
21	*Spodoptera eridania* Stoll 南方灰翅夜蛾
22	*Spodoptera frugiperda* J. E. Smith 草地夜蛾
23	*Spodoptera littoralis*（Boisduval） 海灰翅夜蛾
24	*Heliothis virescens*（Fabricius，1777） 烟芽夜蛾
25	*Manduca sexta*（Linnaeus，1763） 烟草天蛾
26	*Zonocerus elegans*（Thunberg） 棉短翅懒蝗
27	*Zonocerus variegatus*（Linnaeus，1758） 非洲柚木杂色蝗
杂草	
28	*Asphodelus tenuifolius* Cav. 薄叶日影兰
29	*Lepidium draba* L. 葶苈独行菜（灰白独行菜）
30	*Melilotus indica*（L.）All. 印度草木樨

（续表）

杂草	
31	*Chenopodium murale* L. 墙生藜
32	*Chromolaena odorata* L. 飞机草
33	*Cuscuta* L. 菟丝子属
34	*Cuscuta approximata* Bab. 苜蓿菟丝子（细茎菟丝子）
35	*Cuscuta australis* R. Br. 南方菟丝子
36	*Cuscuta campestris* Yuncker 田野菟丝子
37	*Cuscuta chinensis* Lam. 菟丝子（中国菟丝子）
38	*Cuscuta epilinum* Weihe 亚麻菟丝子
39	*Cuscuta japonica Choisy* 日本菟丝子（金灯藤）
40	*Cuscuta monogyma* Vahl. 单柱菟丝子
41	*Cuscuta pentagona* Engelm. 五角菟丝子
42	*Orobanche* L. 列当属
43	*Orobanchecumana* Wallr. 向日葵列当（直立列当、柯曼那列当、毒根草）
44	*Orobanche aegyptiaca* Pers. 瓜列当（埃及列当）
45	*Orobanche ramosa* L. 分枝列当（大麻列当）
46	*Orobanche crenata* Forsk 锯齿列当
47	*Striga asiatica*（L.） O. Kuntze 独脚金
48	*Striga gesnerioides*（Willd.） Vatke 豇豆独脚金
49	*Sorghum halepense*（L.） Pers. 假高粱

第一篇　有害生物——病菌（毒）篇

第一节　烟草霜霉病菌

学名： *Peronospora hyoscyami* de Bary f. sp. *tabacina*（Adam）Skalicky

异名： *Peronospora tabacina* D. B. Adam

Peronospora hyoscyami de Bary

Peronospora nicotianae Speg.

Peronospora effusa var. *hyoscyami* Rabenh.

英文名： Tobacco blue mold

分类地位： 藻物界（也称假菌界）Chromista，卵菌门 Oomycota，霜霉目 Peronosporales，霜霉科 Peronosporaceae，霜霉属 *Peronospora*。

分布： 现广泛分布，中国大陆尚未发现。

亚洲——亚美尼亚、阿塞拜疆、伊朗、伊拉克、以色列、约旦、黎巴嫩、缅甸、叙利亚、中国台湾（台湾检疫官员对此否认）、土耳其、阿拉伯联合酋长国、也门；

欧洲——阿尔巴尼亚、奥地利、贝拉、比利时、波斯尼亚和黑塞哥维那、塞浦路斯、保加利亚、捷克、斯洛伐克、法国、德国、希腊、匈牙利、意大利、拉脱维亚、立陶宛、卢森堡、马其顿、摩尔多瓦、荷兰、波兰、葡萄牙、罗马尼亚、俄罗斯、塞尔维亚和黑山、西班牙、瑞士、英国、乌克兰；

非洲——阿尔及利亚、埃及、利比亚、摩洛哥、突尼斯；

美洲——加拿大、墨西哥、美国、哥斯达黎加、古巴、多米尼加共和国、萨尔瓦多、危地马拉、海地、洪都拉斯、牙买加、尼加拉瓜、波多黎各、阿根廷、巴西、智利、乌拉圭。

寄主： 烟草霜霉菌是一种专性寄生的真菌，其寄主范围较窄，主要为害烟草属中的栽培烟草，栽培烟草中的两个种——红花烟草（*Nicotiana tabacum*）和黄花烟草（*N. rustica*）均可受害。病菌还侵染烟草属中的其他一些植物，其中，易感病的有黏毛烟（*N. glutinosa*）、粉绿烟（*N. glauca*）、裸茎烟（*N. nudicaulis*）、长花烟（*N. longiflora*）、白花丹叶烟（*N. plumbaginifolia*）、浅波烟（*N. repanda*）、*N. pauciflora*、*N. miersii*、*N. corymbosa*、*N. arentsii*、*N. otophora*、*N. benthamiana*、*N. linearis* 等；病菌也能侵染若干茄科植物的幼苗，如茄子、辣椒、番茄等的幼苗；人工接种还能侵染矮牵牛（*Petunia* sp.）、甜椒（*Capsicum annuum*）、酸浆（*Physalis alkekangi*）、灯笼果（*P. peruviana*）等。

为害情况： 烟草霜霉病可在烟草的苗床期和大田期为害，主要在苗期，大田期也发生。

蔓延速度极快，引起大量植株枯死，是烟草的毁灭性病害。主要为害叶片。因病原菌的生理型不同，受害部位也有差异，如美国流行的是美国生理型，主要为害幼苗，成株感染较少，不易感染茎部；欧洲流行提澳洲生理型，其为害特点是除危害烟草幼苗外，还能为害烟茎和成株。气候干燥时，病苗叶尖微黄，类似缺氮，叶背有小斑，皱缩、扭曲。湿度大时，叶上产生淡黄色小斑，叶背生白色霉层，之后微蓝，故又称蓝霉病。严重时烟苗凋萎，整株死亡。成株：局部侵染时，叶背生霉层，干燥时穿孔，系统侵染时，叶狭小，黄色斑驳，随后脱落成光秆，植株矮化、萎蔫，维管束有褐色条斑。

苗期发病首先在叶上有直径为 1～2mm 浅黄色小斑，然后病斑呈水浸状，互相愈合，在叶背生有起初为白色，后为微蓝色或淡灰色的霉层，故也有“蓝霉病”之称，如气候适宜病菌生长，病叶迅速变黄，凋萎，甚至全株死亡。大田受害，局部侵染型的症状主要表现在叶部，首先是下部叶片上有 1～2cm 浅黄色病斑，如气候潮湿背面可见灰白霉层，病斑逐渐变褐、坏死、穿孔。烟株的芽、花器、根、茎和果实也均可受害。系统侵染可使植株矮化，叶片狭小呈黄绿斑驳，茎部维管束有褐色条斑，严重时根部受害，烟株有时枯死。

烟草霜霉病于 1891 年首次在澳大利亚栽培烟上发现并被报道，之后逐渐向澳大利亚各栽培烟区传播蔓延，多次造成严重为害。1970 年，该病使邦达伯格地区的烟草损失 30%～80%。美国于 1921 年首次在佛罗里达和佐治亚州的烟草苗床上发现此病，当时曾以消毒、铲除手段进行防治，随后的几年很少再见到发病；但在 1931 年此病突然再次爆发，5 年间蔓延到美国东部所有烟区，并进一步传播到中部、南部和西部烟区。随后，美洲的其他国家也相继发现了烟草霜霉病，1938 年在加拿大和巴西，1939 年在阿根廷，1953 年在智利，1957 年在古巴都开始报道该病害的发生。在 1979 年和 1980 年年初，烟草霜霉菌由古巴和牙买加烟区随气流传播侵袭了海地、洪都拉斯和尼加拉瓜，于春季到达美国佛罗里达，并随风北上沿美国东海岸各州袭击了全美各烟叶产区，秋季到达加拿大，造成了美洲烟草的巨大损失。美国和加拿大 1979 年因此病损失 2 500万美元，1980 年损失 840 万美元；古巴 1979 年烟草减产 1/3，1980 年 90% 的烟草受害，政府为此关闭了卷烟厂，造成 26 000人失业，严重打击了古巴的经济。

此病于 1960 年开始在欧洲大规模流行，最早的发病中心在德国和比利时，病害以每周 22～25km 的速度向周边国家蔓延，很快到达了法国、前苏联和东欧等国，使该年法国、德国和比利时烟区损失 80%～90%，全欧洲损失 285 万 kg 干烟叶，相当于 250 万美元，仅法国就损失 100 万 kg 干烟叶，相当于 80 万美元。1961 年病害传播更广，为害更重，病菌进一步向南蔓延，到达了北非、中东和近东，同时也几乎传遍了整个欧洲。当年全欧洲（不包括前苏联和罗马尼亚）损失干烟叶达 1 000万 kg，希腊还为此动用了军队和教会的力量。1962 年此病继续扩展到摩洛哥、叙利亚、黎巴嫩和伊朗，所到之处损失惨重。

1979 年烟草霜霉病大规模洲际流行后，病害在美国逐年有发生。据美国专家介绍，1980 年以后由于使用了瑞多霉（metalaxyl），病害得到了一定的控制。1991 年病菌开始对瑞多霉产生抗性，随着病菌抗药性的出现，1992 年病害开始趋于严重。1995 年、1996 年、1997 年及 2000 年病害都有一定程度的流行。

烟草霜霉病是美国烟草的第一大病害，北卡罗来纳州的白肋烟因烟草霜霉病引起的损失，1995 年为 30%，1996 年为 30%，1997 年为 15%，1997 年北卡州的 18 个白肋烟产区都受到霜霉病的侵害，经济损失约 90 万美元；肯塔基州的白肋烟 1993 年因此病经济损失 120 万美元，1994 年 150 万美元，1995 年 750 万美元，到 1996 年损失达 2 000万美元，相当于大流行年造成的损失。北卡罗来纳州的烤烟，在 1997 年有 75% 的田块受到霜霉病的严重为害。

2000 年 8 月底到 9 月初，中国植物检疫技术考察团赴美国主要烟区考察，在北卡罗来纳州的烤烟和白肋烟、弗吉尼亚州的烤烟、肯塔基州的白肋烟上都见到了霜霉病。

北卡罗来纳州 2000 年有 3 个温室发病严重，3 月 21 日最早出现。4 月 Moore 县（穆尔县）30 个温室中有 2 个温室有病，其中，5% ~6% 的烟苗死亡，5 月移栽后，有 10% 烟株发病；1999 年该县发病田块为 5%。Surry 县的 150 ~200 个农场中，2000 年有 3 ~5 个农场发病。在 Surry 县的一个位于河边的烤烟田，霜霉病发生极重，由于未施农药，发病率几乎 100%，每株的病叶率达 25% ~30%，每张病叶的病斑数可达 20 ~40 个。在北卡山区 Alleghany 县的 1 块白肋烟田，霜霉病发生也很重，每个烟株都有病，每株的病叶率有 50% 以上。在肯塔基州 Clark 县（克拉克县）和 Shelby 县（谢尔比县）的 2 个地势较低洼的烟田，白肋烟的发病相当严重。Clark 县的 James 农场发病率为 25%，它旁边的 1 个已收获的白肋烟田，长有许多自生烟苗，这些自生苗 100% 染有霜霉病。Shelby 县的 Howard 农场在 6 月 22 日始现霜霉病，据估计 5 月 10 日移栽时可能就有，烟株发病率 100%，病斑面积占烟叶面积的 50% 以上，严重影响烟的等级。

美国专家推测，每年美国发病的最初侵染来源，都是从古巴和墨西哥随气流传来的分生孢子囊引起的。病害一般于每年的 3、4 月首次出现在佛罗里达州，然后病害逐步从南到北出现在其他烟区。温室或苗床发病，也被推测是气传的孢子囊在温室或苗床通风透气时侵入的。

形态特征：病菌为专性寄生菌，具有孢子囊、孢囊梗和卵孢子。菌丝无色透明，无隔膜，生长于叶肉细胞组织之间，由很多的球形吸器伸入细胞。孢子囊、孢囊梗生于烟叶背面，树枝状，400 ~750μm，具有 5 ~8 次双分叉分枝，基部分枝呈锐角，向上部的分枝呈直角，顶端弯曲，分枝顶端削尖，上生孢子囊，产孢时孢囊梗生长停止。孢子囊柠檬形，无色半透明，（16 ~28）μm ×（13 ~17）μm，大多（18 ~22）μm ×16μm，每个孢子含 8 ~22 核；孢子成熟后，由于孢囊梗顶端膨压降低而脱落，孢子囊遇到适宜环境，很快即能萌发，萌发时在孢子囊顶部或两则形成芽管后侵入寄主组织。

卵孢子通常在死亡叶片、叶柄和茎的叶肉中产生和大量存在。坏死组织内，卵孢子周围由光滑或粗糙的、有时有皱纹的外壁包围，干燥时收缩成棱角状皱纹，中心为卵球，黄褐色到红褐色，球形，直径变化较大，24 ~75μm。病菌的菌丝无色透明，无隔膜，生长于叶肉组织间。

卵孢子形成需要高湿度，因此多在稠密烟株靠近地面的下部叶片上产生，病叶如被表土覆盖，有时更易发生。

生物学特性：回顾百年来烟草霜霉病在世界各不同地理气候区域的流行和不断的发生情况，可知烟草霜霉病在冷凉潮湿的气候条件下极易发生和流行。致病性分化：本病菌的美国生理型和澳洲生理型致病性不同。澳洲生理型存在有3个生理小种。美国生理型，主要为害幼苗，不易感染茎部，很少侵染成株；澳洲生理型，既为害烟草幼苗，还能为害烟茎和成株，并能造成系统侵染。

烟草霜霉菌的生长繁殖，与环境条件尤其是温度和湿度条件密切相关。根据章正等1993年的研究，病菌孢子囊萌发所需最低温度为1~2℃，最适温度为14~21℃，最高温度为35℃；孢子囊在5℃可发生侵染，侵染的适宜温度为14~21℃，在35℃，8h内仍有侵染活性；叶面饱和湿度达4h时，可发生侵染，叶面饱和湿度期越长侵染率越高；在适宜温湿度条件下5~6个孢子囊侵染率可达30%，单个孢子囊侵染率可达12%。Cruikshank（1958年）证明孢子囊对湿度要求较高，在最适温度下，孢子囊形成所需叶面相对湿度为97%~100%，当叶面湿度低于97%时，产孢率大大下降，相对湿度为90%时，产孢几乎停止。

从烟草霜霉病在世界的分布和发生的情况看，此病既可在春夏冷凉潮湿的西欧蔓延，也能在夏季干燥炎热的地中海流域和北非定殖，说明该病菌的抗逆性和对环境条件的适应性很强，它的这些特性是病害在世界不同地域广泛传播的关键因素。

Hill（1962年）证明当RH（相对湿度）30%~40%，温度为5℃时，病叶上的孢子囊能存活131d；当RH10%~20%，温度为20℃时，孢子囊仍能存活106d；Jankowski（1968年）指出，在RH40%的0~5℃冰箱中病菌的某一株系可存活580d，另一株系可存活424d；Cohen（1984年）测试，烟叶上的分生孢子囊在温度为（15±3）℃，RH20%时，113d后仍有较高的侵染率。可见病菌孢子囊对低温干燥具有很强的耐受力。章正等（1993年）证明，孢子囊在40℃、1~2h的短暂高温后，经15℃诱发48h，仍具有萌发能力，此结果证实了孢子囊对高温的耐受力。这些事实说明孢子囊能经受的温湿度范围很广，对外界环境条件的转变有高度的适应能力，抗逆性强。

章正等在1993年经试验证实，烟草霜霉菌的孢子囊热致死温度为50℃，5min。像白肋烟是在遮阴的晾房或晾棚中晾制的，晾制的一般温度为20~32℃，时间为6~8周。晾制的温度低于孢子囊热致死温度，其上的孢子囊具有存活的风险。因此我国从霜霉病疫区进口白肋烟或香料烟时，重点关注霜霉病菌孢子囊的活性风险。

病菌的菌丝体对低温和高温的耐受力也很强。前苏联的Borovskaya（1969）发现，烟草根部和根颈中的菌丝体在积雪覆盖的条件下（-7℃）可存活过冬。寒冷的温度只能消灭烟株的地上部分，不能杀死病菌，病菌可以菌丝体的形式在植株的地下部分存活。植株茎内的菌丝体在高温条件下也能存活。Person于1959年观察，烟株中的病菌在温室温度高达46℃数星期后，温度下降时仍可发生霜霉病。

病菌的有性繁殖器官卵孢子具有更强的抵抗外界恶劣条件的能力。Krober 1969年在欧洲证明，卵孢子在天然土壤中贮存8、12、24、48及50个月后，仍有一定的萌发活性。Borovskaya 1968年报道，常在摩尔多瓦的夏季和秋季形成的卵孢子，在2年、3年和4年后仍可萌发，并可在烟草生长的各阶段进行侵染。可见卵孢子的抗逆性是极强的。

据陈善铭1978年报道，前东德烟草所将带病烟叶200kg在80℃下烘烤4d，然后在35℃和RH50%～60%条件下发酵，病菌的卵孢子尚有侵染能力。前苏联的D'Jachkin（1962）指出，烟草调制过程不可能保证灭活此病菌，卵孢子经80℃，7d后方可失活；前苏联Markhaseva（1962年）将带有卵孢子的烟叶在70～80℃、RH80%条件下烤制5d，证明卵孢子仍可存活（以卵孢子是否已质壁分离判定死活），他还证明烟草植物组织中的卵孢子在145℃的干燥器中可存活3～4min。

卵孢子超强的抗逆性是我国关注进口疫区烟叶霜霉病菌卵孢子的主要依据。疫区进口烟叶在装卸、运输过程中有可能被散落遗失，在加工成烟丝或卷烟的过程中其粉尘有可能飞散到户外，烟叶加工后的余料也有被混入其他材料中带出工厂扩散到异地的可能。如果烟叶带有霜霉菌的卵孢子或具有活性的孢子囊，它们可随这些遗漏飞散的烟叶、余料或粉尘扩散到各地。如遇到寄主植物，一旦气候条件适合，卵孢子或孢子囊就可萌发产生芽管，侵染寄主植物，从而在中国定殖下来。因此，烟草霜霉病菌是风险性极高的检疫性有害生物，一旦进入我国将会给我国经济带来毁灭性打击。

传播途径：烟草霜霉菌有自然传播方式和人为传播方式。

1. 烟草霜霉菌的自然传播方式——随气流传播扩散

气流传播是烟草霜霉病快速蔓延造成重大危害的主要途径。病菌的孢子囊具有非凡的繁殖能力（每平方厘米可产生10万个孢子囊）和相当短的繁殖周期、在低积累量甚至单孢条件下造成侵染的能力以及对环境条件适应能力，是随气流进行传播扩散的主要病原体形式。

孢子囊除了可随风和雨水传到附近的地块外，还可随气流上升至1～3km高的云层，与云层一起漂流，因云层的作用，使孢子囊避免了被太阳紫外线杀死的可能。随气流移动的孢子囊或自然沉降或随雨水沉降到地面，遇到寄主即可进行侵染，从而进行远距离的传播，据推断传播距离最远可达5 000km。另据测定，烟草霜霉菌的孢子囊在2h内可传播200km。

目前，世界上很多科学家认为烟草霜霉病近年的发生流行主要是由孢子囊随气流从温暖的越冬地区传来引起的。北美近些年的发病被认为是从墨西哥和古巴西部传来的，即在墨西哥和古巴西部越冬的病菌，早春产生孢子囊随气流逐步向北扩散传入的；1979和1980年此病在美洲的大流行，据报道病害是首先于当年的初春出现在古巴、牙买加等国家，由于当年气候适合发病，病害于春季传到美国佛罗里达州，再随气流北传，侵染了美国东部的各个烟区，秋季出现在加拿大。此病在南欧的发生流行也被认为是病菌在温暖的南欧和北非的野生烟草和自生烟苗上越冬，早春的孢子囊成为初侵染源，随气流逐渐向北进行传播扩散的。

2. 烟草霜霉菌的人为传播方式——随烟草植物及其产品进行传播扩散

（1）随种苗传播。带病烟苗的异地种植是人为传播病害的一个重要途径。由于此病也是苗期病害，故病菌可随商品烟苗的买卖交易、运输和移栽等人为的行动，进行传播扩散。1979年加拿大因引进了美国佛罗里达州的受烟草霜霉菌感染的烟苗，致使当年烟草发病严重，经济损失巨大，即为一个很好的实例。

（2）随种子传播。澳大利亚曾报道，在烟草的花和蒴果上可以找到典型的霜霉菌丝体，因而认为种子可以传病；Borovskaya（1966年）经试验指出，菌丝体在裂片上混杂到种子中也有可能传病，并发现某些受侵染的种子含有卵孢子和菌丝体。因此，病株上的种子通过买卖交易也可传播病害。

（3）随烟叶传播。烟草霜霉病主要为害烟草叶片，染病烟叶上的孢子囊和卵孢子随烟叶运输到异地，是该病进行人为远距离传播的另一途径。烟叶由采摘地到烤房或晾晒场，再到拍卖场、烟草加工厂，以及烟厂对烟叶剩余边角料的处置等环节，均为此病的传播扩散提供了条件。由于病菌的孢子囊有在低温下长期存活的记录，使它可随烟叶进行传播扩散。

据报道，病叶中的卵孢子经长期贮存后仍有侵染活性，故通常存在于烟株下部叶片中的卵孢子，也是随烟叶进行远距离传播的重要病原体形式。近年有关卵孢子的报道比较少，在北美烟草霜霉病流行年份中，加拿大的 Patrick 和 Singh 于 1979 年在安大略省 4 000张受感染的烟叶样品中，找到 50 张（即 1.25%）含有典型的成熟卵孢子的叶片样品，每份样品中卵孢子的数量极大。美国的 Nesmith 于 1982 年在肯塔基州的白肋烟上发现过典型的卵孢子。他 1982 年每天检查 20～30 个病斑，近 1% 的病斑含有卵孢子，有时 1 张烟叶仔细找就可发现卵孢子。由此可见，卵孢子在病害传播扩散中的作用是不容忽视的。

在美国东南部烟区，存在于病土中的卵孢子和存在于病残烟组织中的越冬菌丝的旧苗床是翌年春季侵染来源，在加拿大甚至中欧和北欧，卵孢子也是翌年侵染的主要来源，Krober 曾报告 50 个月的卵孢子仍可造成较低的侵染率，但田间发病则很稀少。在南欧，卵孢子在初侵染上的传播一直未能肯定。虽然如此，由于卵孢子所具有的特殊抗逆性，存在于烟株下部叶片的卵孢子，可能是病害远地传播的另一途径。

发病规律：越冬：菌丝体在田间或温室的病株、自生烟苗、野生烟草上越冬；卵孢子能在病株残体和土壤中越冬。

发病条件：温度和湿度是影响病害发生和流行的主要因素，夜间温度 10℃，白天 21℃，有间歇小雨或结露时间长或叶面湿润，光照弱等有利于病害发生。

侵染循环：烟草霜霉菌在世界不同区域的越冬形式不同，侵染循环的方式也有差异。在澳大利亚、南欧和北非等许多温暖的地区，病菌主要以菌丝体的形式在病残株、自生烟苗、或烟草野生种上越冬，病菌在这些地区的侵染循环过程为：在春季温湿度适宜的条件下，越冬的菌丝体产生新的营养体，继而发育成孢子囊→孢子囊随风或气流传播到烟草植株上→萌发侵入植物组织中，即进行初侵染→罹病组织表面长出孢囊梗→孢囊梗上形成孢子囊→孢子囊释放到空中→随风或气流传播到其他烟株上→孢子囊在烟株上萌发、侵入到植物组织中，即进行再侵染→经多次再侵染后，病菌在冬季再以菌丝体的形式越冬。

在冬季严寒的地区，病菌以卵孢子的形式越冬。在美国、德国、前苏联和保加利亚，多次记载卵孢子发生的事实。Wolf（1936 年）根据在美国东南部烟区连续 7 年的观察，认为虽然病菌的有性世代卵孢子的萌发条件尚不完全清楚，但根据有病史的苗床通常在第 2 年早春时比健康苗床提前 9～17d 出现烟草霜霉病的事实，推断出卵孢子是病菌越冬的病原体，是次年病害发生的初侵染来源；美国的 Mcgrath 等经多次观察，证明了卵孢子的初侵染作用。病菌在这些地区的侵染循环过程为：在春季温湿度适宜的条件下，越冬的卵孢子萌发侵入植物组织中，即进行初侵染→罹病组织表面长出孢囊梗→孢囊梗上形成孢子囊→孢子囊释放到空中→随风或气流传播到其他烟草植株上→孢子囊在烟株上萌发、侵入到植物组织中，即进行再侵染→经多次再侵染后，病菌在冬季再以卵孢子的形式越冬。

Cohen 等（1980 年）证明，烟叶上的孢子囊经 -20℃冷冻和 25℃解冻的多次循环后仍能保持活性，推断出病菌的孢子囊也具有越冬的能力。

虽然烟草霜霉病发生近百年，但目前对病菌卵孢子的形成、侵染、萌发等生物学特性仍不明确。能成功的促使卵孢子萌发和侵染的研究报道不多，有限的报告表明，卵孢子的萌发率较低。

美国在 20 世纪 30 年代、40 年代，欧洲在 60 年代，加拿大在 80 年代有过一些卵孢子的研究报道。美国的 Wolf 在 1934 年经研究得出，卵孢子的萌发率为 0.2% 左右；德国的 Krober 在 60 年代系统的做过卵孢子侵染试验，结果证明卵孢子具有侵染能力。虽然卵孢子的侵染率很低，但他在 11 次接种试验中，有 5 次接种成功；保加利亚和前苏联（60 年代）的一些研究显示，卵孢子的萌发侵染似乎不是难题；在北美洲烟草霜霉病大流行的 80 年代，加拿大的 Patrick 从 1980 年起，用卵孢子做了 3 年的接种侵染实验，未见侵染成功的数据；美国的 Nesmith 也做过卵孢子的接种，未能成功。所以，卵孢子在病害侵染循环中的作用尚待深入研究。

1995—1997 年美国的 Spurr 教授在北卡、肯塔基、佛罗里达、宾夕法尼亚、康涅狄格和马里兰等州共 157 个农场的烤烟和白肋烟的烟株、烟苗、自生烟苗上寻找卵孢子，共查了 785 个病斑，未见到卵孢子。中国植物检疫技术考察团在 2000 年和 2010 年在美国北卡州、弗吉尼亚州和肯塔基州的烟田农场采集了百余张病叶，检查病斑上百个，未发现卵孢子。

据美国的 Spurr 教授和 Main 教授分析，北美的烟草霜霉菌从 1992 年起，开始对瑞多霉产生抗药性，其内部的遗传基因发生了变化，可能形成新的菌系或生物型，因此自 1992 年以后就没有再出现卵孢子。

综上可见，烟霜霉病的孢子及其无性循环，在病害传播和二次侵染中起着极为重要的作用，由于孢子旺盛的繁殖能力，相当短的繁殖周期，结合孢子所具有的气传特性，形成了烟霜霉病所特有的极大破坏性，遇到了较长期的适宜环境条件，和相对密集的感病寄主，其强大的流行潜能，就可能一次又一次地造成灾害性损失，而卵孢子在烟霜霉病侵染循环中的作用，是一个有待于深入研究的问题。

烟草霜霉病与其他病害的症状区别：烟草霜霉病的病斑有时容易与烟草黑胫病叶部症状相混淆。因黑胫病叶部病斑圆形，表现青褐色大斑，呈水渍状，背面霉层稀少，毛短色白，与霜霉病仍有区别。

另外，烟草霜霉病染病部位产生霜状霉层，不仔细观察与烟草白粉病产生的白色粉状霉层也易于混淆，但因霜霉病的霜状霉层大多局限于病叶背面，而白粉病的粉状霉层则在叶片的正反两面都产生，只要仔细观察也不难区别。

适生区域：中国大部分烟草种植区。

检验检疫方法：烟霜霉病的检验重点是各种加工类型的烟叶（如烤烟、晒烟、晾烟等）；种子和各种用途的烟苗，观赏烟株，烟属植物及来自疫区的感病茄科植物（如辣椒、番茄）的幼苗及生活植物。

1. 烟叶检查

根据现行抽样规定，对每批烟叶按上、中、下3层以对角线抽取烟叶，来自烟霜霉病疫区的烟叶，每品种每批抽样总数应不少于5万张，每品种各等级烟叶抽样总数应为1万～2万张。

抽取的烟叶样品，应在杜绝污染的条件下适当回潮，使叶面舒张，然后在（4×40）W～（5×40）W白色荧光灯照射下检查病斑，病斑淡褐黄色，常受叶脉所限，呈不规则圆形，易于透光，叶背面可见霜霉霉层，可以直接用立体显微镜（50×）观察孢子梗及孢子囊群体，也可在光学显微镜下鉴定病原。

对烤烟及某些晒烟或晾烟类，应根据情况，除检查病原无性世代外，还应检查有无卵孢子存在，尤其对烟叶等级较低的样品，在发现病斑后，应重点检查有无卵孢子。卵孢子大多聚生于叶脉附近，可剪取小块病斑组织（约0.5mm见方），经10% KOH或乳酚油加热煮沸5～10min，使叶组织褪色并透明后观察。

组织透明法检验卵孢子：卵孢子大多聚生于叶脉附近，可剪取小块病斑组织（约0.5cm）滴加少许pH值为7磷酸缓冲液（0.02M）在－20℃冻融过夜，然后用0.02MPBS（pH值为7）匀浆，匀浆液经80μm及90μm双层筛过滤并清洗取集20μm筛上物离心，检查沉淀液。也可在密闭条件下有高速粉碎机（10 000rpm）粉碎，再将粉碎后的叶组织用网目约80μm的细目筛过后取筛下物，经乳酚油透明后检查。

2. 种子检查

洗涤检查：根据送检样品数量，称取1～10g种子，加水适量，加1滴吐温－20液，充分振荡5min，然后按常规洗检操作，离心全部洗涤液，在最终沉淀液内加数滴席尔氏液，调节至1ml，浸泡至少4小时后镜检，观察有无病原孢囊梗及孢子囊或卵孢子。

试植检查：为了观察子叶或幼苗期的症状，可将种子用0.2% NaOCl灭菌后植入盛有2%琼脂培养基，或任何用于植物水培的盐类培养基的三角瓶内，每200ml培养基平面可播养1 000粒种子，在20℃光照条件下培养，种子出苗后的2周内，观察烟种幼苗有无染病迹象，对可疑幼苗所生成的霉层进行镜检鉴定。

植株检查：对来自疫区以科研为目的烟株种苗，包括观赏烟植物幼苗的引进和交换，应在隔离圃内进行试种检查，直到确认系健康种苗时，才能交给收货人。

3. 烟丝检查

仔细挑选带有暗绿色或灰褐色病斑的烟丝碎片，在双筒解剖镜下检查，选取有霜霉层病斑的碎片，置于载玻片上，滴上2～3滴苯胺兰乳酚油，用解剖针挑开铺平，加盖玻片，在酒精灯上离火焰几厘米高缓缓加热煮沸，注意不要过火，以免液体喷出玻片外，并从盖玻片外补充苯胺兰乳酚油，保持不干。煮沸5～10min，待玻片冷却后，用吸水纸吸去多余液体即可镜检。叶片组织染成淡蓝色，卵孢子呈淡黄色至黄褐色，孢子囊和梗染成蓝色。如叶片透明度不够，还可重复加热煮沸，直至完全透明。如果需要检查的病叶较多，也可以在凹玻片上煮沸，待透明后再转到玻片上镜检。

防治方法：

1. 检疫

1966 年我国政府公布烟霜霉病为对外检疫对象，1990 年又颁布法令，禁止从疫区进口烟叶及种子和有关易感植物，对因科研需要自疫区引进烟属植物幼苗的，应在指定的隔离检疫圃隔离试种，以严防此病传入。

2. 灭除病原

任何新区一旦发生烟霜霉病，应立即采取封锁病区、根除发病点的措施，除灭菌处理苗床或病田外，也要消灭病菌的各种越冬场所，包括消灭感病烟株病残体、观赏烟属和野生烟属植物，禁止病区温室栽种试验用的烟属植物。

3. 药剂防治

目前，多采用瑞毒霉（Ridomyl 或 Metalaxyl）结合代森锌、代森锰共同使用，由于瑞毒霉内吸作用，可以延长药效期，取得增效的防治作用。

4. 抗病育种

栽培烟草品种间，虽然感病性存在着差异，但迄今未发现稳定的高抗品种，目前采取栽培烟与澳大利亚及南美的当地烟种，如与 *N. debneyi*、*N. excelsior* 等进行种间杂交，获得较好的结果。

5. 栽培防治

种子播种前消毒，加强苗木管理，对发病苗木应采用蒸气灭菌，或用 2% 福尔马林进行土壤熏蒸，或更换新苗床，烧毁病株及残体；清除粉兰烟及野生烟，定期进行田间调查，发现病株及时拔除，消灭带病昆虫，防止人为携带等措施。

症状和有害生物照片或绘图详见彩图 1-1、彩图 1-2、彩图 1-3、彩图 1-4、彩图 1-5、彩图 1-6、彩图 1-7。

第二节　油棕猝倒病菌

学名： *Pythium splendens* Braun

英文名： Pythiym rot, blast of oil palm, damping-off, root rot

分类地位： 真菌界 Fungi，卵菌门 Oomycota，卵菌纲 Oomycetes，腐霉目 Pythiales，腐霉科 Pythiaceae，腐霉属 *Pythium*。

分布： 病菌主要分布在温带和亚热带地区。

亚洲——越南、老挝、柬埔寨、新加坡、中国台湾；

欧洲——法国、德国、意大利、荷兰、葡萄牙；

非洲——科特迪瓦、尼日利亚、马达加斯加，坦桑尼亚、南非；

大洋洲——澳大利亚、新西兰、斐济、新喀里多尼亚、巴布亚新几内亚、所罗门群岛；

美洲——美国、牙买加。

寄主： 有草本植物也有木本植物，寄主范围广泛。可为害大麦、小麦、玉米、蚕豆、豌豆、豇豆、绿豆、菜豆、木豆、洋刀豆、番薯、向日葵、甘蔗、萝卜、菠菜、莴苣、芋、黄瓜、胡椒、辣椒、番木瓜、酸橙、菠萝、芦荟、秋海棠、万年青、木薯、亚麻、烟草、紫苜蓿、百合、兰属、钩树、高乔木、日本柳杉、香杉、茶、细叶茶、油茶、木麻黄、银木麻黄、樟、杜仲、凤仙花、银合欢、枫香树、西番莲、杨桃、黄柏、日本黄柏、台湾黄柏、琉球松、台湾二叶、日本黑松、湿地松、爆竹红、鹅掌蘖、江某、胡卢巴、三色堇、桉树、油棕等数十种植物。

为害情况：幼苗受害时常发生腐烂、猝倒、根腐、茎腐、叶腐及植株地上部分变色、萎蔫等症状。往往棕苗的幼根先发病，根部变黑，皮层腐烂脱落，自下而上会陆续出现茎腐，因缺乏水分供给导致叶片呈现黄色、红棕色、紫色、褐色。外部老叶片往往先于内部新叶发病死亡。

形态特征：在不同的培养基上，菌落成薄棉絮状至水渍状。菌丝膨大体球形，直径25～29μm，萌发可形成一至数个芽管。藏卵器球形，直径24～38μm，一般由两个菌株交配融合形成，有时单株菌株也可形成藏卵器。

生物学特性：该病菌以孢子囊的形态在土壤中存活。孢子囊可以在寄主上萌发产生一至数个芽管。病菌常侵染植物籽苗和根部。生长温度5～31℃，最适温度25℃。

传播途径：风、雨水、灌溉、土壤、繁殖材料等均是病菌传播扩散的途径，病菌可随寄主的繁殖材料以及黏附在植物组织上的土壤远距离传播。

检验检疫方法：

（1）利用选择性培养基（5% V8* 汁，0.02% $CaCO_3$，2% 琼脂，100mg/L 氨苄青霉素，50mg/L 制霉菌素和 10mg/L 五氯硝基苯），从被侵染的植物组织中分离病原菌。先将被侵染植物组织表面消毒，然后放于选择培养基平板上培养。

（2）应用环介导等温扩增（loop－mediated isothermal amplification，LAMP）技术建立了一种快速敏感的油棕猝倒病菌检测方法。灵敏度试验结果表明引物最低检出限为0.12 ng/μl，比普通PCR高100倍。该方法能够快速、灵敏、特异地检测油棕猝倒病菌，只需一台水浴锅就可以开展检测，非常适合基层现场检测。

（3）实时荧光PCR检测方法。根据P. splendem rDNA ITS区序列，设计了实时荧光PCR引物pyspF/pyspR及荧光探针pyspT，建立P. splendens荧光PCR检测方法，检测灵敏度为0.012pg/μl。利用荧光信号的积累实时监测整个PCR过程，具有检测周期短、特异性与灵敏度高以及无需PCR后处理等优点，适合口岸检测快速、准确的要求。

防治方法：

（1）在温室中可以通过高温和巴氏消毒法清除病菌。

（2）用化学杀菌剂防治，如土菌灭（Etridiazole）、乙磷铝（Fosetyl－aluminium）和甲霜灵（Metalaxyl）。

（3）防止病菌传播扩散。

---

* V8汁：为培养基的一种

症状和有害生物照片或绘图详见彩图1－8、彩图1－9、彩图1－10、彩图1－11。

第三节　棉花黄萎病菌

学名： *Verticillium dahliae* Kleb.

异名： *Verticillium ovatum* G. H. Berk. & A. B. Jacks，*Verticillium albo－atrum* var. medium Wollenw，*Verticillium trachiephilum* Curzi

英文名： Verticillium wilt，early dying（potato），tracheomycosis，verticilliosis

分类地位： 有丝分裂孢子真菌 Mitosporic Fungi，轮枝孢属 Verticillium。有性阶段属子囊菌门 Ascomycota，子囊菌纲 Ascomycetes，肉座菌目 Hypocreales，肉座菌科 Hypocreaceae，菌寄生菌属 Hypomyces。

分布： 棉花黄萎病广泛分布于世界五大洲的各产棉区。1914 年首先在美国弗吉尼亚州的陆地棉上发现，随后在密西西比、阿肯色、得克萨斯、新墨西哥和加利福尼亚等州陆续报道了黄萎病发生和危害情况。目前，已遍布于秘鲁、巴西、阿根廷、委内瑞拉、墨西哥、乌干达、刚果（布）、突尼斯、阿尔及利亚、坦桑尼亚、莫桑比克、澳大利亚、土耳其、叙利亚、以色列、伊拉克、伊朗、印度、保加利亚、希腊、西班牙。前苏联主要分布于乌克兰、阿塞拜疆、哈萨克斯坦、乌兹别克斯坦、吉尔吉斯斯坦、塔吉克斯坦等。

棉花黄萎病是全球性毁灭性病害，我国的棉花黄萎病是 1935 年由美国引进棉种而传入。新中国成立初先后在陕西省泾阳、山西省运城、山东省高密和河南省安阳等地发生危害。据全国植保总站 1982 年统计，棉花黄萎病分布于河南、河北、山东、陕西、新疆维吾尔自治区（全书简称新疆）、湖北、山西、江苏、湖南、辽宁、浙江、安徽、甘肃、四川、云南、天津、北京、上海、广东 19 省（区、市）478 个县（市），除江苏省为枯萎病区外，其他均为枯萎病、黄萎病混生区。

寄主： 棉花黄萎病菌（*Verticillium dahliae*. Kleb.）是世界性的土传植物病原菌，棉花黄萎病菌的寄主范围很广，可侵染一年生、多年生双子叶植物和单子叶植物，包括世界上多种主要农作物。其中包括十字花科的 23 种，蔷薇科的 54 种，茄科的 37 种，唇形花科的 23 种，菊科 64 种。660 种寄主植物中农作物为 184 种，占 28%；观赏植物 323 种，占 49%；杂草植物为 153 种，占 23%。1980 年 William M. Johnson 等的研究还明确了黄萎病菌为害侵染杂草，积累棉田里的微菌核，是导致轮作防治效果不好的一个重要原因。在我国受黄萎菌为害的植物，早期报道的有棉花、茄子、马铃薯、烟草、辣椒、芝麻、南瓜、蚕豆、茼麻、向日葵、甜菜、丁香、糖槭、龙葵、酸浆、苍耳等，1982—1984 年，江苏省农业科学院植物保护研究所和江苏省沿江地区农科所协作研究，通过病株分离鉴定和接棉花黄萎病菌试验，明确棉花黄萎病菌可以从 16 科 53 种植物上分离到。正芬（1987）在 8 科 31 种栽培植物和 31 种 87 科杂草上进行寄主种类鉴定，查明 13 种栽培植物和 48 种杂草是棉花黄萎病菌的寄主。山西省农业科学院棉花研究所（1981）和江苏省沿江地区农科所（1985）先后报道，禾本科作物包括小麦、裸大麦、大麦、玉米和看麦娘禾本科杂草均未分离到大丽轮枝菌，认为小麦、玉米均不是棉花黄萎病菌的寄主或宿主，可与棉花进行轮作倒茬，作为综合防治体系中的重要措施之一。

为害情况：棉花感染黄萎病后，生长受阻，严重的表现植株矮化，叶片变黄、干枯，落蕾落铃多，果枝减少甚至有果枝。一般情况下结铃少，脱落率高，单铃重减轻，品质变，减产20%～30%。棉花黄萎病在国外以前苏联为害最严重，曾因此病5次全国性地更换棉花品种。我国20世纪50～60年代以黄萎病为主，70～80年代枯萎病危害严重，80年代由于大面积推广抗枯萎病品种，至80年代末枯萎病已基本得到控制。但黄萎病逐年加重，1993年黄萎病在全国南北棉区暴发成灾，尤其是北方棉区出现大面积落叶成光秆的严重病田，皮棉减产可达50%～70%。据中国农业科学院植物保护研究所估计1993年全国黄萎病发病面积达266.7万hm^2，发病严重的病田约66.7万hm^2，损失皮棉10万t以上。1997年全国因黄萎病危害棉花减产10.7%，损失皮棉43万t，折合人民币60.5亿元，2002年棉黄萎病发病面积达300万hm^2，2003—2005年棉花黄萎病在陕西东部棉区暴发，棉花植株呈现大量落叶光秆现象，产量损失相当严重。2009年8月中下旬以来，黄萎病在江苏省一些主要产棉市县暴发，大丰植棉55万亩，近40万亩有黄萎病，其中，3万亩棉花死亡，病情严重的田块将减产七成；如东植棉18万亩，90%受害，减产40%～50%；射阳植棉55万亩，其中，30万亩出现黄萎病，10多万亩受害严重。

症状特点：棉花黄萎病菌能在棉花整个生育期侵染危害，在自然条件下，黄萎病较枯萎发病时间晚，苗期一般不表现症状，棉花现蕾以后才逐渐发病，在7、8月开结铃期达到发病高峰，常见的症状是病株由下部叶片开始发病，逐渐向上发展，发病始期，病叶边缘和叶片主脉间叶肉部分出现淡黄色斑块，形状不规则，随着病势的发展，病斑颜色逐渐加深，呈黄色以至褐色，病叶边缘向上卷曲，主脉和主脉附近的叶肉仍然保持绿色，整个叶片呈掌状枯斑，像花西瓜皮的花斑，感病严重棉株，整个叶片枯焦破碎，脱落成光秆，有时在病株的茎基部或落叶的叶腋处可生出芽枝叶。黄萎病一般不矮缩，还能结少量棉铃，而且提前开裂，常误认为早熟。棉花铃期的病株，在盛夏久旱后遇暴雨或经大水浸泡之后，叶片突然萎垂，呈水烫状，随即脱落成光秆，这是一种急性型黄萎病的症状剖视根、茎、叶柄，维管束均显褐色病变。此外，1980年在江苏省南通县恒兴乡局部棉田还发现一种强致病类型的黄萎病叶型菌丝，经陆家云等1982年的鉴定，在落叶症状、发病强度等方面与美国的黄萎病落叶型菌系－T－9很相似，首次定名为棉花落叶型的黄萎病菌。1993年北方棉区出现大面积落叶成光秆的严重病田，是否北方棉区也出现强致病力的落叶型菌系，有待今后进一步研究。

棉花黄萎病症状主要分为两种类型，即普通型和落叶型。

普通型：发病初期在叶缘和叶脉间出现不规则形淡黄色斑块，病斑逐渐扩大，从病斑边缘到中心的颜色逐渐加深，病株自下而上扩展，叶缘和斑驳组织逐渐枯萎，呈现“花西瓜皮”症状；开花结铃期间，在灌水或下大雨之后在病株主叶脉间产生水浸状退绿斑块，较快变成青枯或黄褐色枯斑，出现急性失水萎蔫型症状，棉花重病株至后期叶片由下向上逐渐脱落。

落叶型：症状主要特点是顶叶下卷曲褪绿、叶片突然萎垂，呈水渍状，随即脱落成光秆，这种症状在长江流域和黄河流域棉区都已普遍发现，危害性十分严重，甚至植株枯死，对产量造成极大的损失。黄萎病除表现早期病株可导致严重矮化和早期死亡外，一般都不引起严重矮化和死亡，大部分叶片呈现块状斑驳或掌状枯斑的典型萎病症状。但顶端叶片皱缩、叶色加深，有时个别叶片也出现黄色网纹的典型枯萎症。黄萎维管束变色较浅，维管束变色是鉴定田间棉株是否发生枯、黄萎病的最可靠方法，也是区分枯、黄病与红（黄）叶茎枯病等生理病害的重要标志，因此对其怀疑时，应剖开茎秆或掰下枝（或叶柄）检查维管束是否变色。

形态特征：该菌的形态特征是具有轮枝状的分生孢子梗，分生孢子梗常由 2 ~ 4 层轮生小枝构成，每层有 3 ~ 5 根小枝，小枝顶端长出数个椭圆形分生孢子，单胞，大小为（4 ~ 44）μm ×（1.7 ~ 4.2）μm。遇上不良环境时，菌丝变粗分隔，胞壁变厚转黑褐色，并芽殖成一堆，形成核状，称微菌核，即培养基上长出的小黑点，此时菌落颜色常由白色变为黑色，由于黄萎病菌的高度变异性，产生生理上的分化而形成不同的生理小种（生理型）。

生物学特性：棉花黄萎菌的种名问题，长期存在着争论，同时，各国学者从病菌形态、培养性状、生理特性、致病性、寄主范围和凝胶电泳等方面进行了研究，已确认是两个不同的种，即大丽轮枝菌（*Verticilium dahliae* Kied）和黑白轮枝菌（*Verticilli – um albo-atrum* Reinke et Berth）。1979—1981 年河北省植保土肥所、中国农业科学院植物保护研究所、山东省、安徽省、西南农业大学单位对河北、江苏、山东、四川等省的 13 个主产棉县（市、区）的菌种单孢菌系进行菌落及休眠结构的观察、温度反应、致病力测定等试验，经鉴定证明全是大丽轮枝菌。

美国的 P，J. I. 1969 年依据致病力的差异，划分为 2 个生理小种：落叶型 T－9 和非落叶 SS－4。T－9 的毒力比 SS－4 型强 10 倍；苏联的 II_{ONOE}等 1974 年也鉴定出致病力显著差异的 3 个生理小种：生理小种 0 号、1 号和 2 号。我国的姚耀文、李庆基等 1977—1978 年将已经鉴定为大丽轮枝菌的 8 个省 10 个菌系接种在属于 3 大棉种的 9 个棉花品种上进行鉴定，根据其致病力最弱的生理型 2 号（新疆和田、车排子 2 个菌系）；致病力中等的生理型 3 号（河南省安阳等 7 个菌系）。

致病机制：棉花黄萎病是一种土传性的维管束病害。关于黄萎病菌的致病机制，目前主要以堵塞学说和毒素学说讨论最多。李正理（1980）等对棉花黄萎病叶的解剖，吕金殿等对 86－1 品种 3 级黄萎病株的根、茎、果枝及叶片的解剖均发现不同部位的维管束被堵塞情况。棉花病株导管常因菌丝和孢子的大量繁殖，同时刺激临近的薄壁细胞产生胶状物质及侵填体而堵塞导管，使水分运输发生困难，从而导致棉株萎蔫。20 世纪 60 年代人们对该病菌致病机制的认识是由于菌体在导管内定殖，促使胚状物质的形成导致堵塞导管，并且阻碍水分的运转，从而导致棉花植株萎蔫；然而正常的次生木质部导管的潜在输水能力已经远远超过植株的总需水量，而且被堵塞的导管数占整个维管束的比例非常小，因此认为堵塞并不是导致棉花萎蔫的主要原因。

Talboys（1958）研究表明，正常的次生木质部导管的潜在输水能力已远远超过棉株的总需水量，堵塞不应该是导致棉花萎蔫的主导原因。因此，病菌侵入棉株后导致导管堵塞，仅是导致棉花萎蔫的部分原因。Hyhob（1980）等研究认为，黄萎病菌会分泌一种轮枝菌素。该轮枝菌素属于衍生氢氧酸类化合物，严重时破坏寄主的代谢作用，可改变寄主蛋白质成分、促使碳水化合物合成下降，破坏叶绿体的功能，最后导致叶片变色、组织坏死甚至全株萎蔫枯死。Porter 等研究认为，轮枝菌培养液的毒素可能与多糖复合体有关。Dubery 等研究发现黄萎病菌分泌的毒素与棉花细胞质膜具有高度亲和的位点。吕金殿等（1979）对棉花黄萎病菌毒素的性质、纯化方法、致萎活性等进行了连续研究，明确了致萎毒素是引起棉花黄萎病病害的重要原因。陈旭升等（2000）用落叶型菌系 VD8 的外泌毒素处理棉苗，致萎棉苗电镜切片观察发现，黄萎菌外泌毒素本身可以诱发棉苗维管束系统的堵塞，导管堵塞很可能只是棉株对毒素产生的一种诱导防卫反应，而棉株过度防卫反应的结果，却导致维管束系统变得异常狭窄乃至堵塞萎蔫。

此外，果胶酶也曾一度被看作是黄萎病菌致萎的主导生化因子。Leal、Mussel 等（1962）研究表明，致病力强的黄萎菌系产果胶酶的量高，但弱致病菌一般不产生果胶酶。由于果胶酶可以降解寄主细胞壁产生果胶体，从而导致输导系统堵塞。然而，Keen 等（1971）对果胶酶在棉花黄萎病菌致萎过程中的决定性作用提出质疑。Puhalla 等（1975），Howell，Durrands（1976）等通过更深入的研究发现，不产果胶酶的黄萎菌突变株依然对棉花具有定殖与致病的能力，从而明确果胶酶对于棉花感病品种发生黄萎病也许是必要的，但这并不是很重要的。

传播途径：

1. 病原菌的传播途径

①种子传播：病棉株的种子带菌是病菌远离传播的主要途径。病原菌既能附着于种子表面，又能潜伏在种子内部，以菌丝体和微菌核的形式在棉籽内外越冬。中国科学院微生物研究所于 1964 年对黄萎病株种子的带菌检查，得出种子带黄萎病菌的带菌率为 1.3% ~ 6.7%。②病残体传播：感染黄萎病的棉株残体，如根、茎、叶、叶柄、铃壳、棉籽加工下脚料与棉籽饼等都不同程度地带有病原菌，是传播病害的重要途径。中国农业科学院植物保护研究所与河北省农业科学院对大田病株落叶传病进行了试验，证实 6 ~ 7 月间发生黄萎病棉株落的叶片，是当年增加土壤菌源，造成再侵染，促使猖獗危害的重要因素。③土壤传播：棉花黄萎病为土传病害，土壤和粪肥混有带菌的种子和病株残体，一旦在田间定殖后，经种植棉花或其他寄主作物，加上施有菌粪肥，导致棉田土壤菌源累积，形成“病土”，成为病菌密集的栖息地。

2. 侵染循环

枯枝、落叶、铃壳等病株残体上的棉花黄萎病病菌于土壤内越冬，棉花播种发芽后，遇到适合的温湿度，病菌的分生孢子或微菌核开始萌发，长出菌丝，直接从棉株幼苗根系侵入或从伤口侵入，病菌在棉株体内生长繁殖，扩展到茎、枝、叶片、铃柄等部位，阻碍棉株生长发育，致使棉株表现症状。秋季病株残体再落入土壤内形成年复一年的侵染循环。

3. 发病规律

黄萎病的发生发展，除与病菌致病力、土壤菌源数量、生理型有关外，病害严重程度及消长规律还与气候条件、生育期、棉花品种、栽培管理等因素关系密切。①发病与气温的关系：多年的实践与试验证明，棉花黄萎病发病最适宜气温为25～28℃，低于22℃或高于30℃不利于发病，超过35℃不表现症状。②发病与棉花生育期的关系：在自然生态条件下，田间的棉花开始出现黄萎病一般都是接近棉花现蕾期，在棉花4～5片真叶阶段。以后病害逐渐扩展，直到棉花铃期达到发病高峰后为止。③发病与棉花品种的关系：不同的棉花品种，在相同环境条件下，对黄萎病的感染程度有差异，一般海岛棉抗病性强，陆地棉感病者居多，中棉普遍容易感病。三大棉种抗黄萎病能力的顺序为海岛棉、陆地棉、中棉。在陆地棉中品种不同，抗耐黄萎病差异明显。④发病与耕作栽培的关系：在染上黄萎病的棉田，连作棉花感病品种年限越长，土壤中病菌积累的密度越大，病害发生也就越重。

检验检疫方法：用琼脂培养基（不加马铃薯和甘蔗）比较容易分离到黄萎病菌，在22～25℃温箱里，培养10～15d，在显微镜低倍视野下，检查每粒棉籽上有无轮枝状的分生孢子梗和微菌核的形成，来确定是否带有黄萎病菌及其带菌率。

防治方法：棉花黄萎病之所以猖獗为害且难以防治，主要是由于它能以休眠结构—微菌核在土壤中、作物病残体上长期存活。微菌核是棉花黄萎病菌重要的休眠体和病害的主要侵染源，其数量和越冬存活率直接影响着黄萎病菌病害的发生程度。因此，对黄萎病菌微菌核的生态学及其防治等进行研究，具有重要的理论及现实意义。

棉花枯黄萎病的防治应采取强化检疫，以预防为先导，抗病、耐病品种为基础，轮作倒茬、严禁病区棉种调出，无病区对调入的棉种要用硫酸脱绒或药剂处理，在常温下，浸棉籽12～14h也可消灭种子内的病菌，改善土壤环境及诱导棉株抗病性相结合的综合控制策略。

1. 农业防治

不同棉花品种间对黄萎病的抗性有着显著差异，一般应种植最近选育出来的抗病品种，而不要种植感病品种（如泗棉3号）。美国通过培育Acala、Deltapine和SP等系列抗黄萎病品种，澳大利亚通过培育Sicala1及随后系列的抗黄萎病品种，使黄萎病的危害逐年下降。但这些国外抗黄萎病品种对我国主要的黄萎病菌系大部分仅能达到耐病水平。新疆陆地棉品种的研究也表明，对于非落叶型和落叶型黄萎病，均没有免疫品种；开展健株栽培。深翻土壤、培肥地力、播前种子处理、平衡施肥、及时灌排、合理整枝、缩节安化控、清洁田园；施用有机改良剂。Uppal等在生长棚和大田条件下研究了加拿大油菜、油菜籽、海藻和加拿大紫云英4种植物提取液对马铃薯黄萎病的防效，结果表明，加拿大紫云英提取液最为有效，发病率可减少55%～84%。其既可混入土壤使用，也能进行种子包衣。Yangui等用富含水合酪氨酸的橄榄油加工废水浇入土壤防治番茄黄萎病，盆栽条件下发病率减少86%，受害程度下降86%。这些研究结果对棉花黄萎病防治也有一定的借鉴作用；实行田间轮作，对于病株率超过5%的棉田，可与禾本科作物、绿肥等进行3年以上轮作，有条件的可实行轮作，起到防病防虫的效果；铲除零星病区，控制轻病区，改造重病区；要做好苗床土壤消毒工作，可用75%五氯酚钠可湿性粉剂100倍液于制钵前15d喷施上壤消毒，用地膜覆盖来达到杀菌效果；加强棉田管理，清洁棉田，减少土壤菌源，降低田间湿度，及时清沟排水，增施有机肥、磷肥、钾肥和微量元素肥料，严格控制氮肥过量施用。在棉花花蕾期、花铃期，应及时喷洒缩节胺等生长调节剂，让植株健壮生长，增强抗病能力。

2. 化学防治

在发病初期，及时用50%多菌灵可湿性粉剂500倍液或70%甲基托布津可湿性粉剂800倍液，也可以使用5%菌毒清水剂300倍液灌根，还可以让70%甲基托布津可湿性粉剂200倍液、57.6%冠菌清细粒剂800倍液交替使用，同时药剂中加适量植物活力素，这样才能有效控制或减轻病害的危害，最好进行叶面喷肥，每隔7d用药1次，连灌或连喷2~3次。在棉花花铃期喷施优质钾肥，可以增强植株抗病抗逆性，提高秋桃结铃率，增加产量。

3. 生物防治

在目前情况下的生物防治是能够对棉花黄萎病产生拮抗作用的生物防治因子主要有真菌、细菌和一些放线菌。真菌主要有顶枝孢霉（*Acremonium* spp.）曲霉（*Aspergillus* spp.），粘帚霉（*Gliocladium* spp.），球毛壳菌（*Chaetomium globosum*），镰刀菌（*Fusarium* spp.）和木霉（*Trichoderma* spp.）等，其中，研究报道最多的是木霉和黄色蠕形霉（*Talaromyces flavus*）。放线菌主要是围绕链霉素（*Streptomyces* spp.）进行研究。细菌主要有芽孢菌（*Bacillus* spp.）、荧光假单胞菌（*Fluoresent Pseudomonas*）等，其中，以芽孢杆菌研究报道为主。一些生物因子可使棉花产生诱导抗病性，利用非致病性或弱致病菌可以诱导棉花对黄萎菌的抗病性。预先接种黄萎菌和弱素系可减轻黄萎菌对棉花的为害，并且发现弱毒素菌株和强毒素菌株之间的接种间隔为5d时，其交互保护作用可保持两个月之久。其中的原因可能是诱导植株产生植物保卫素，起到了抑菌作用，同时也可能是黄萎病弱毒素菌株抑制和阻止了强毒素菌株在导管中的定殖和蔓延，同时进一步刺激产生形成侵填体，迅速封锁木质部导管，阻止病菌孢子的扩散蔓延。

症状和有害生物照片或绘图详见彩图1-12、彩图1-13。

第四节　花生矮化病毒

中文名：花生矮化病毒

学名/英文名：Peanut stunt virus（PSV）

异名：Robinia mosaic virus；Black locust true mosaic virus；Clover blotch virus；Peanut stunt cucumovirus；Peanut common mosaic virus；Groudnut stunt disease virus；Groundnut stunt virus。

分类地位：雀麦花叶病毒科（Bromoviridae），黄瓜花叶病毒属（*Cucumovirus*）。

分布：

欧洲——法国、匈牙利、意大利、波兰、西班牙、比利时、乌克兰；

亚洲——印度、日本、朝鲜半岛、中国（河北、山东、河南、江苏等省）；

非洲——摩洛哥、苏丹；

美洲——美国。

寄主：自然寄主烟草包括普通烟（*Nicotiana tabacum*）；接种寄主烟草包括克利夫兰烟（*Nicotiana clevelandii*）、心叶烟（*Nicotiana glutinosa*）、黄花烟（*Nicotiana rustica*）。许多双子叶植物可通过磨擦接种。试验的菜豆（*Phaseolus vulgaris*）的所有变种（Aaumeyer and Goth，1967），豆科植物对病毒敏感。Chenopodiaceae，Compositae，Cucurhitaceae 和 Solanaceae 科的一种或两种植物对病毒也敏感。

诊断种寄主：

苋色藜和昆诺藜（*Chenopdium amaranticolor*，C. quinoa）：局部初绿斑，系统斑点。

Spenacia max：系统褪绿，斑驳。

Phaseolus vulgaris：褪绿或局部坏死斑，系统褪绿花叶或仅有花叶症状（不同栽培种上的症状也不同。）

P. vulgaris cv. *Bountiful*：长的未成形小三叶。

Vigna uguiculata：局部褪绿斑；系统脉明并变形。

Pisum sativum：系统褪绿斑驳矮化。

Datura stramonium：系统褪绿斑驳，有绿色组织突起。

Nicotiana tabacum：接种叶上有直径 5 ~ 10mm 的线黄绿色环，系统感染的新叶上有褪绿区。豇豆（*Vigna sinensis*）：第一叶接种后的 4 ~ 5d 产生褪绿斑，2 ~ 3d 后小三叶表现脉明和向上束起。

法国豆（*Phaseolus vulgaris*）：症状取决于品种，最初接种的叶片上出现褪绿斑或坏死斑；系统侵染的小三叶表现褪绿斑驳或花叶。

变种 *Bountiful* 是有效的指示寄主，小三叶变长或不定形。

Datura stramonium（jimson weed）：系统褪绿斑驳，绿色组织分隔孤立。

番茄（*Lycopersicon esculentum*）：表现为类似感染黄瓜花叶病毒或番茄不孕病毒所引起的蕨叶的叶片呈带状。

烟草（*Nicotiana tabacum*）：接种叶上为直径 5 ~ 10cm 宽边缘的浅黄绿色环，新叶上有褪绿区。

繁殖种：*Vigna sinensis* 适合用来保持病毒和提纯病毒的材料。

鉴别种：*Vigna sinensis*，*Phaseolus vulgaris*，*Chenopodium amaranticolor* 和 *C. quinoa* 适合作枯斑寄主。

PSV 自然感染豆科植物的几个种（*Vicia faba*，*Glycine max*，*Pisum sativum*，*Vigna unguiculata*，*Coronilla varia*，*Tephrosia* sp. and *Lupinus luteus*），一或多种茄科植物（*Nicotiana tabacum*，*Lycopersicon esculentum* and *Datura stramonium*）。

其实验性寄主范围包括豆科、苋科、*Compositae* 和葫芦科的多种双子叶植物。

为害情况：PSV 影响寄主植物的整个生长期，中期感染的症状与番茄斑萎病毒属引起的症状相似。早期感染的植株几乎不产生种子或种子不明显。PSV 的症状根据寄主植物和病毒株系的不同而变化。自然感染的植物持久显症。花生感病引起植株矮小，果实畸形，造成

10% ~50% 的损失。病毒侵染白三叶草引起减产。温室试验在菜豆（*Phaseolus* spp.）上，小三叶表现褪绿斑驳和花叶，受害菜豆损失 50% 的花和 90% 的荚。PSV 在我国一般年份可引起花生减产 5% ~10%，大流行年份可引起花生减产 20% ~30%。三叶苜蓿（*Trifolium* spp.）严重的花叶，有时伴有坏死斑和叶片畸形。羽扇豆（*Lupinus luteus* and L. albus），叶片、花器畸形，植株矮化。烟草（*Nicotiana* spp.），表现严重的斑驳，整株植物褪绿，或有褪绿斑并有橡树叶状的叶片 oak - leaf line patterns，典型症状为节间缩短、叶片变小、褪绿、畸形。

PSV 在我国北方花生生产区广泛发生，20 世纪 70 年代以来，曾数次在河北、河南、江苏和山东等省爆发，给当地花生生产造成严重损失。鉴于 PSV 的严重危害和局限分布，我国已将其列为检疫性有害生物。

生物学特征：PSV 的粒子为 25 ~30nm 的正二十面体。PSV 的外壳蛋白是分子量为 26kDa 单体多肽（Karasawa et al.，1991；Naidu et al.，1991）。PSV 的化学的构成是 16% 核酸和 84% 蛋白质，分子量为 6.8×10^6。PSV 的基因组有 3 部分组成，即 3 条正意单链 RNA（从大到小排列为 RNA1，2 和 3）。A260 = 4.8，A260 /A280 透析前为 1.64，透析后在冷的 0.01M 磷酸盐缓冲液（pH 值 8.0）中的值为 1.58。沉降系数 98S（S20，w）。

除了基因组 RNA 外，病毒粒子还包壳了第四种 RNA 称 RNA4，是亚基因组，它的功能是作为病毒外壳蛋白的 mRNA（Lot and Kaper，1976；Naidu et al.，1995；Xu et al.，1986）。存在 3 种自然的病毒粒子，每一种都具有相同的蛋白外壳，但是，蛋白所包被的 RNA 种类各不相同。其中，第一种粒子含有基因组 RNA1，第二种含 RNA2，第三种含 RNA3 和亚基因组 RNA4。所有的病毒粒子都具有相同的沉降系数（S20，w）。基因组 RNA1，2 和 3 是侵染必不可少的。与 PSV 有关的卫星 RNA，是 391 ~393 个核苷酸单链 RNA 分子，它们完全依赖 PSV RNAs 才能复制和包壳。依靠病毒株系和寄主种之间的相互作用，卫星 RNA 能够调整由 PSV 引起的症状。

根据寄主范围、血清学关系和病毒粒体稳定性划分的株系主要有：美国东部株系（PSV-E）、美国西部株系（PSV-W）、匈牙利株系及中国轻型株系。病毒具有强的免疫原性，与黄瓜花叶病毒及番茄不孕病毒有血清学关系。粒体为等轴对称二十面体，直径 29nm。基因组为三分体基因组，每个病毒粒子包裹有单分子的 RNA1 或 RNA2，或者 RNA3 和 RNA4。钝化温度为 50 ~70℃。稀释终点为 10^{-4} ~10^{-2}。体外存活期长短因毒株而异，可保持4h ~10d。

传播途径：花生矮化病毒主要靠蚜虫以非持久性方式在田间传播，远距离传播则依赖于种子、种苗的运输。可通过花生（*Arachis hypogaea*）和大豆种子传给下一代植株，PSV 从花生的种子传给幼苗的百分比低（ca 0.1%），大豆上的种传率为 3% ~4%，也有报道是 13% ~18%。尚无有关除花生和大豆外的植物种子传播 PSV 的报道；扁豆蚜（*Aphis craccivora*）、绣线菊蚜（*Aphis spiraecola*）和桃蚜（*Myzus persicoe*）以非持久性方式传毒，介体的获毒时间不到 1min，传毒时间不到 1min；菟丝子可以传毒；田间汁液可以传毒。潜伏期，病毒不传给幼蚜。

在美国病毒可在白三叶草、烟草，菜豆上越冬，这几种植物是感染源；在中国刺槐 *Ro-*

binia pseudoacacia（刺槐花叶病树 the black locust mosaic tree）是病毒 PSV 的主要来源。实验室条件下蚜虫 *Aphis craccivora* 可以传播病毒。

检验检疫方法：

1. 生物学检测

在室温（20～25℃）条件下，栽种于检疫隔离温室中的苋色藜或昆诺藜（*Chenopdium amaranticolor*，*C. quinoa*）、菜豆（*Phaseolus vulgaris*）、普通烟（*N. tabacum*）、豇豆（*Vigna unguiculata* = *Vigna sinensis*）、番茄（*Lycopersicon esculentum*）等鉴别寄主植物第一对真叶长出后可作为指示植物用于摩擦接种，进行生物学检测。

2. 免疫电镜检测

按照 SN/T 1840 中的方法进行电镜观察病毒粒子形态。在免疫电镜下可观察到直径为 29nm 的病毒球状粒子。

3. 血清学检测

用于检测病毒 PSV 的几种血清学方法：酶联免疫法（ELISA），这种方法较灵敏，常用来检测植物和种子中的 PSV。（DAS）- ELISA 和直接法 ELISA 都可以检测 PSV。混合液检测有絮状沉淀。环形接触和凝胶扩散的方法可以检测到病毒和病毒的株系。对种苗叶片或由种子催生长出的第一对真叶研磨，并按植物组织重量和抽提缓冲液 1∶10 的比例稀释，制备的汁液分别盛装于 Eppendorf 管中，低速离心后吸取上清液用于 ELISA 检测。

4. 分子生物学检测

RT－PCR 技术已是成熟的方法，也多有报道。SYBR Green I realtime RT－PCR 技术最近几年发展最快的技术之一，它由荧光技术和普通 PCR 扩增系统相结合，克服了普通 PCR 技术的不足，且简化了检测过程，与实时荧光相比则又省去了另外设计引物和探针的步骤，整个检测过程只需 70min 左右，且只需要在加样时打开一次盖子，其后的过程完全是闭管操作。SYBR Green I realtime RT－PCR 技术为花生矮化病毒的快速诊断及分子生物学研究提供了有力的手段。

防治方法：

（1）加强检疫。花生和大豆的种子必须来自没有 PSV 发生的地区，不从疫区引种。

（2）PSV 在花生上不是重要的病害，还没有可利用的控制方法。但是，除掉感染源，用质量好的种子来防止病毒的扩散仍是明智之举。

就作为饲料的豆科植物来说，各多年生的三叶苜蓿，应选用耐性品种。

第五节 辣椒脉斑驳病毒

中文名：辣椒脉斑驳病毒

学名/英文名：Chilli veinal mottle virus（ChiVMV）

异名：Chilli vein－banding mottle viru（CVbMV），Pepper vein banding virus（PVBV）

分类地位：马铃薯 Y 病毒科（Potyviridae）马铃薯 Y 病毒属（*Potyvirus*）。

分布：

非洲——尼日利亚、加纳、科特迪瓦、肯尼亚、南非；

亚洲——韩国、菲律宾、马来西亚、印度、泰国、中国（陕西、海南、云南、四川、广东、上海、台湾地区）。

寄主：自然寄主中的烟草包括普通烟（*Nicotiana tabacum*）；人工接种可侵染的植物中包括克利夫兰烟（*Nicotiana clevelandii*）、麦格鲁希风烟（*Nicotiana megalosiphon*）、毛叶烟（*Nicotiana sylvestris*）。

为害情况：因为ChiVMV主要发生在亚洲，当前对ChiVMV开展研究的国家和地区主要在亚洲。ChiVMV最早在马来西亚被报道（Ong等，1979），随后在几个国家和地区相继有该病毒的发现和报道。辣椒叶脉斑驳病毒病症状的表现受很多因素（包括辣椒品种、病毒株系、侵染时间及环境条件等）的影响，从而导致症状表现时间不稳定、症状也存在差异。该病毒在不同的寄主上的症状表现不同。在辣椒上的典型症状是叶脉呈现暗绿条纹，叶沿皱缩，叶片变小，畸形，该症状在幼嫩叶片上尤为明显。早期感染的辣椒植株生长会受到抑制，植株矮小，主茎和分枝上呈现暗绿条纹。大多数病株在结果前会发生严重落花现象，只留下少量的杂色畸形果。这给辣椒生产造成了严重的损失。

ChiVMV和CMV侵染辣椒的症状非常相似，在田间易于混淆，有时会在病株上检测到两者的同时存在。ChiVMV也可导致番茄花叶或萎黄病。该病毒与其他Potyvirus病毒相似，会在其侵染后的辣椒寄主细胞内形成风轮状内含体。

辣椒叶脉斑驳病在云南烟草上的发病率为10.4%。辣椒侵染中国辣椒叶脉斑驳病：初期叶脉变黄，叶片出现花叶和斑驳，以后形成绿脉带，叶片变小，甚至成为蕨叶。植株矮小，果实少而小。小红辣椒自然感染ChiVMV产生畸形叶片。辣椒（Long Red品种）感染PVMV产生沿叶脉褪绿。

辣椒叶脉斑驳病毒（ChiVMV）在我国烟草上的为害呈上升趋势，了解ChiVMV侵染烟草品种的症状和品种的抗性有利于病害防治。杨华兵等（2014）通过在温室大棚内摩擦接种，分析了21个云南省烟草主栽品种的症状特征和对ChiVMV的抗性。ChiVMV侵染烟草的典型症状为褪绿黄化、花叶、疱斑和叶缘下卷。MSK326、MS云烟87、MS云烟85、红花大金元等18个供试品种为ChiVMV的高感品种，MD609、巴斯玛1号和云烟97为ChiVMV的感病品种。云南省烟草主栽品种缺乏对ChiVMV的抗性（表1－1、表1－2）。

表1－1　供试烟草品种来源

Tab. 1－1　Tobacco cultivars used in this study

品种名称 cultivar name	来源 source	类型 type	品种名称 cultivar name	来源 source	类型 type
G28	美国 USA	FC	MS 云烟 85 MS Yunyan 85	云南 Yunnan	FC
K346－Ⅰ	美国 USA	FC	MS 云烟 85 MS Yunyan 87	云南 Yunnan	FC
MD609	美国 USA	MD	云烟 97 Yunyan 97	云南 Yunnan	FC
MSK326	美国 USA	FC	红花大金元 Honghuadajingyuan	云南 Yunnan	FC

（续表）

品种名称 cultivar name	来源 source	类型 type	品种名称 cultivar name	来源 source	类型 type
FCNC102	美国 USA	FC	云烟 100 Yunyan 100	云南 Yunnan	FC
NC297	美国 USA	FC	云烟 201 Yunyan 201	云南 Yunnan	FC
NC55	美国 USA	FC	云烟 202 Yunyan 202	云南 Yunnan	FC
RGH51	美国 USA	FC	云烟 203 Yunyan 203	云南 Yunnan	FC
N86－8	美国 USA	BU	云烟 317 Yunyan 317	云南 Yunnan	FC
TN90	美国 USA	BU	巴斯玛 1 号 Basma 1	云南 Yunnan	OR
V2	云南 Yunnan	FC			

注：FC：烤烟；MD：马里兰烟；BU：白肋烟；OR：香料烟

Note：FC：Flue-cured tobacco；MD：Maryland tobacco；BU：Burley tobacco；OR：Oriental tobacco

接种后 VaVa/nn 基因型（感 PVY 感 TMV）品种（如云烟 87、K326 和红花大金元）的幼叶首先表现褪绿黄化，叶尖至叶基部的黄化加重。随后表现花叶、疱斑、褪绿黄化和叶缘下卷等症状，后期叶片症状类似烟草普通花叶病，但黄化较烟草普通花叶病明显，而疱斑数量较烟草普通花叶病少（彩图 1－14）。vava /nn 基因型（抗 PVY 感 TMV）品种（如 NC55）褪绿黄化和叶缘下卷症状相对较轻，花叶和斑驳症状典型（彩图 1－15）。

表 1－2　苗期接种 ChiVMV 的病情指数与抗性

Tab. 1－2　The disease index（DI）and resistance after inoculation of ChiVMV at seedling

品种 cultivar	平均病指 avereage DI（7 DPI ＊）	平均病指 avereage DI（14 DPI）	平均病指 avereage DI（21 DPI）	抗性评价（国标）resistance（14 DPI，GB）	抗性评价（行标）resistance（14 DPI，YC）
G28	31. 85 ab	98. 52 a	100. 00 a	HS	HS
MS K326	31. 85 ab	91. 11 ab	100. 00 a	HS	HS
K346	33. 33 a	97. 04 a	100. 00 a	HS	HS
MD609	23. 70 d	64. 44 d	85. 18 ab	S	MS
NC102	32. 59 ab	100. 00 a	100. 00 a	HS	HS
NC297	31. 11 abc	94. 08 a	100. 00 a	HS	HS
NC55	30. 37 abc	94. 07 a	97. 78 a	HS	HS
RGH51	32. 59 ab	95. 56 a	98. 52 a	HS	HS
TN86－8	17. 03 e	89. 63 ab	86. 67 ab	HS	HS
TN90	29. 26 abcd	91. 11 ab	88. 15 ab	HS	HS
V2	29. 25 abcd	97. 04 a	100. 00 a	HS	HS

（续表）

品种 cultivar	平均病指 avereage DI （7 DPI ＊）	平均病指 avereage DI （14 DPI）	平均病指 avereage DI （21 DPI）	抗性评价 （国标） resistance （14 DPI，GB）	抗性评价 （行标） resistance （14 DPI，YC）
巴斯玛 1 号 Basma 1	31. 77 ab	74. 82 c	93. 25 a	S	MS
红花大金 Honghuadajingyuan	26. 66 bcd	82. 22 bc	90. 37 ab	HS	HS
云烟 100 Yunyan 100	33. 33 a	98. 52 a	99. 26 a	HS	HS
云烟 201 Yunyan 201	32. 59 ab	98. 52 a	100. 00 a	HS	HS
云烟 202 Yunyan 202	28. 89 abcd	89. 63 ab	97. 78 a	HS	HS
云烟 203 Yunyan 203	31. 85 ab	97. 78 a	99. 26 a	HS	HS
云烟 317 Yunyan 317	33. 33 a	94. 82 a	98. 52 a	HS	HS
MS 云烟 85 MS Yunyan 85	30. 37 abc	94. 07 a	99. 26 a	HS	HS
MS 云烟 87 MS Yunyan 87	30. 37 abc	94. 07 a	97. 78 a	HS	HS
云烟 97 MS Yunyan 97	25. 18 cd	63. 79 d	92. 51 a	S	MS

＊ 注：DPI 表示接种后天数。小写字母表示 0. 05 水平差异显著

Note：DPI indicates days after inoculation. Small letters indicate significant difference at 0. 05 level

泰国辣椒脉斑驳病：病毒侵染甜椒（*Capsicum annuum*）和泰国辣椒（*Capsicum annuum* var.），叶脉上出现暗绿色斑驳带，有暗绿色斑点和条带，叶片上出现暗绿斑，皱缩畸形。严重时，叶变小，生长缓慢，果上出现变色花叶，果实少而小。

辣椒叶脉斑驳病在四川的多个辣椒品种上普遍发生，感病辣椒上发病率可高达 100%。ChiVMV 常与黄瓜花叶病毒（Cucumber mosaic virus（CMV））混合侵染辣椒，发病后辣椒基本绝产。研究发现在辣椒上 ChiVMV 引起的病症和 CMV 侵染辣椒产生的症状非常相似，在田间难于辨别。CMV 是影响我国辣椒生产的主要病毒之一，它们在辣椒上诱导产生的典型症状是叶脉呈现暗绿条纹、叶沿皱缩、叶片变小、畸形。早期受到感染的辣椒植株生长会受到抑制，大多数病株在结果前会发生严重的落花现象，最后只留下少量的杂色畸形果。检测结果表明，ChiVMV 和 CMV 的田间混合侵染还能造成辣椒的系统性坏死症状。ChiVMV 和 CMV 都可以通过蚜虫进行传播。

研究发现 ChiVMV 感染普通烟（*Nicotiana tabacum*）后会产生坏死性枯斑，感病部位细胞死亡，叶片自下而上逐渐干枯脱落直至植株死亡，对普通烟是一种致死性极强的病毒。这一系统为研究系统性坏死植物—病毒互作系统提供了良好的模型。

以普通烟（*Nicotiana tabacum*）为接种寄主，接种结果表明，感染 ChiVMV 后植物会发生系统性坏死，感染一周左右后叶片上就会出现系统性坏死枯斑，感病后期植株的下位到上位叶逐渐枯死、脱落，最后从植株茎秆的基部开始褐化，至整株植物死亡（彩图 1 – 20a，箭头所示）。这种症状在普通烟上的传播极快，感病一个月左右就会引起宿主的死亡，是一

种危害极其严重的病毒，而 CMV 在普通烟上的症状则主要为花叶，但是新生叶畸形并不会引起烟草的系统性坏死（彩图 1－20b）。

为了解 ChiVMV 和 CMV 这两种病毒在普通烟上产生不同症状的原因，对感病 10d 的植株叶片进行了活性氧染色，发现在 ChiVMV 感染的叶片中超氧离子的积累很高，主要分布在病斑周围，而在 CMV 感染的叶片中可以看到超氧离子明显要低于 ChiVMV 感染的植株，且主要分布在绿岛组织中（彩图 1－20c、1－20d）。

DAB 染色结果也显示，ChiVMV 感染后病斑附近积累了大量的 H_2O_2，而 CMV 感染后 H_2O_2 的积累很低，主要分布在绿岛的周围组织（彩图 1－20e、1－20f）。先前我们实验室的研究已经发现普通烟感染 CMV 后超氧离子分布在绿岛组织中，而 H_2O_2 主要分布在绿岛周围的黄化组织中。这些结果表明，普通烟感染 ChiVMV 后产生了大量的活性氧，并且超氧离子和 H_2O_2 都集中在病斑周围，不同于 CMV 感染的叶片，超氧离子和 H_2O_2 分布在不同的病症组织中。

植物在与病毒的长期对抗中发展了一套有效的机制应对病原物对自身的侵染。ChiVMV 和 CMV 感染辣椒后诱导产生的症状相似，但在普通烟上却产生了两种截然不同的症状，症状的不同表明普通烟对它们的防御反应不同。植物对病原体的侵染有两种反应：亲和性反应（compatible reaction）和非亲和性反应（incompatible reaction）。亲和性反应是植物对病原体的入侵不发生识别作用，而非亲和性反应是植物在病害侵染的早起对病原体发生识别，这种识别作用导致病原体侵染的植物组织死亡，形成局部坏死斑（Programmedcell death，PCD）限制病原体的活动，这种现象称为过敏性反应（Hypersensitive reaction，HR）。植株感染病毒产生过敏性反应能诱导产生大量的活性氧，没有感染或感染后不能发生过敏性反应的只会产生少量的活性氧。先前对大量生物胁迫的研究发现，活性氧的产生在维持植物抗性中起了重要的作用。

两种病毒侵染普通烟产生的症状明显不同，表明普通烟对这两种病毒的侵染产生了不同的防御反应。以前的研究结果表明 CMV 侵染普通烟后叶片会形成绿岛结构，它是植物的一种自我保护策略；而侵染 ChiVMV 的初期，烟草叶片明显产生了坏死斑，说明宿主在 ChiVMV 入侵早期已经识别病原物，并且采取局部坏死的抗病措施来阻断病毒的传播。宿主细胞局部死亡的同时诱导产生了大量的活性氧，结果表明在 ChiVMV 侵染后感病叶片中超氧离子和 H_2O_2 都有大量的积累。因为活性氧在抗病毒的同时也会对宿主本身产生毒害作用，检测发现相关抗氧化酶的活性也相应升高。宿主细胞局部死亡是植物体与病毒相互作用的结果，这种结果最终会导致两种后果，或者宿主中其他细胞死亡进而造成宿主整体死亡，或者通过自身细胞的死亡限制病原物的入侵使宿主产生系统性抗性。实验结果表明，利用自身细胞死亡的方式最终没能抑制 ChiVMV 的继续传播，宿主与病毒在相互对抗中病原体冲破了植物体的抵抗防线继续传播。

活性氧的大量积累会造成自身的氧化性损伤，叶绿素荧光检测发现 NPQ 值上升，而 NPQ 的上升在一定程度上反映了叶绿体受到了氧化损伤，进一步分析其他荧光参数发现，相比健康植株，感病后植株的 Fv/Fm，qP 及 ETR 值明显下降，NPQ、qN 值上升，并且在感染 ChiVMV 的植株中变化比 CMV 感染的更显著，表明感病后植株 PSⅡ的最大光能转化效率和用于光合碳同化的电子产量降低，大量光能以热能形式耗散，而这些结果最终会导致光合速率降低、叶绿体内淀粉粒积累减少，造成光合生物量的减少，植物的生长受阻，导致感病宿主死亡。

生物学特征：病毒粒体线状，常弯曲，无包膜，具有明显的形态长度。病毒粒子形态和内涵体形态与 PVY 类似。病毒粒体形态特别是病毒颗粒长度在不同的株系间存在一定的差异。Ravi K S 等对 ChiVMV 进行了提纯，并且对其进行了电镜观察后发现，该病毒是一种长约 900 nm 的弯曲线状病毒，其形态与其他马铃薯 Y 病毒属相似。王健华等也对中国海南分离物作了提纯和电镜检测，观察到该病毒是一种长 750nm × 12nm 的弯曲线状病毒。基因组核酸为单分体线形正义 ssRNA。致死温度为 55 ~ 60℃。体外存活期为 7 ~ 8d（20℃）。稀释限点为 10^{-4} ~ 10^{-3}。汁液与 7% 蛋白胨及 7% 葡萄糖一起冻干，真空下保存 7 年仍有侵染力。

根据血清学性质，ChiVMV 可划分为许多不同株系，这些株系与已制备的 ChiVMV 多克隆抗血清都能发生反应，但株系间基因组序列却存在一定的差异。Anindya R 等（2004）证明印度的 PVBV 与泰国的 CVbMV 有显著相似性，二者是同一病毒的不同株系。Chiemsombat P 等（1998）研究表明，泰国的 CVbMV-HR 与 CVbMV-CM1 及 CVMV 有极密切的血清学关系，亦为同一病毒的不同株系。

传播途径：辣椒叶脉斑驳病毒主要依靠各种蚜虫以非持久性传播（Ong 等，1979）。根据亚洲蔬菜研究发展中心的调查报告（AVRDC，2004），能够传播该病毒的蚜虫主要有：桃蚜（*Myzus persicae*）、棉蚜（*Aphis gossypii*）、豆蚜（*Aphis craccivora*）、异绣线菊蚜（*Aphis spiraecola*）、猪尾草蚜（*Hysteroneura setarieae*）、玉米缢管蚜（*Rhopalosiphum maidis*）和橘蚜（*Toxoptera citricidus*）。其中，棉蚜（*Aphis gossypii*）和桃蚜（*Myzus persicae*）影响较大，特别是其中的有翅蚜虫给病毒的防治带来很大的困难。高温干旱的天气有利于蚜虫的繁殖和有翅蚜的产生与迁飞，从而有利于植株发病。

该病毒还能通过病株汁液和机械接触及嫁接传毒等方式传播，而不能通过种子传播，植株间接触不传毒。种苗传植物为甜椒。其天然寄主主要是辣椒（*Capsicum* spp.）、番茄（*Lycopersicon esculentum*）等茄科作物。

基因组：辣椒叶脉斑驳病毒基因组结构图见彩图 1 – 19。ChiVMV 含一（+）ssRNA 基因组，其 5′ – 末端共价结合基因组连接蛋白（VPg），3′ – 端含有 Poly（A）尾巴。Anindya R 等首先报道了该病毒基因组全序列。该病毒基因组除 3′端 Poly（A）尾巴外由 9 711 个核苷酸组成，其中 5′ – 和 3′ – 非翻译区（UTR）分别由 163 和 281 个核苷酸组成。与其他马铃薯 Y 病毒属成员相似，该病毒拥有一个单一的开放阅读框（ORF），从第 164 个碱基开始到第 9 430 个碱基结束，编码一个含有 3 088 个氨基酸的多聚蛋白。该多聚蛋白有 9 个已被公认的保守分裂位点，在病毒蛋白酶的作用下可以产生 10 种功能不同的蛋白产物。根据马铃薯 Y 病毒属多聚蛋白序列的系统发生学分析，可以推知，ChiVMV 是马铃薯 Y 病毒科（Potyviridae）、马铃薯 Y 病毒属（Potyvirus）的确定种。

ChiVMV 基因组中有一个起始密码子周边序列 GACGAUGGC，这与已报道的植物 mRNA

起始密码子周边序列AACAAUGGC非常相似。Kozak认为，在功能起始位点的－3位上通常有A或者G存在，在+4位上则有一个嘌呤。而在ChiVMV多聚蛋白起始密码子周边序列的－3和+4位上分别是A和G。在5′－UTR含有11个CAA重复序列。根据先前的报道，在烟草花叶病毒（TMV）和甘蔗花叶病毒（SCMV）的5′－UTR上也有该重复序列的存在。也有学者认为，该重复序列与TMV的翻译增强有关。与其他马铃薯Y病毒属病毒基因组编码区序列的比较显示，ChiVMV含有9个蛋白酶分裂位点，因此，其多聚蛋白可能被3种病毒蛋白酶P1、HC－Pro和NIa水解为10个功能不同的小蛋白。与其他马铃薯Y病毒属病毒的序列比较分析结果表明，在ChiVMV的P1和HC－Pro中分别含有丝氨酸蛋白酶结构域和半胱氨酸蛋白酶结构域。这两种结构可能对某些含羧基的多肽键有催化水解作用。HC-Pro是一种蛋白酶，其C端约1/3的部位具有蛋白酶功能，N端的另外2/3则控制蚜传，并且与病毒的长距离移动有关。在HC-Pro中存在脯氨酸－苏氨酸－赖氨酸（PTK）、赖氨酸－异亮氨酸－苏氨酸－半胱氨酸（KITC）和精氨酸－异亮氨酸－苏氨酸－半胱氨酸（RITC）3个保守位点。这3个保守位点在其他Potyvirus属病毒基因组中也存在，其三者的相互作用与蚜虫传播密切相关。ChiVMV是依靠蚜虫传播的病毒。根据Atreya和Pirone两人的研究，当KITC序列中的赖氨酸残基突变为精氨酸时，更有利于蚜虫对TVMV（Tobaccovein mottling virus）的传播。跟其他大多数马铃薯Y病毒属病毒相似，在ChiVMV的HC-Pro N末端含有一个锌指结构域（zinc-finger domain），其功能尚未确定。在ChiVMV的CP中，靠近N末端区域有一个3氨基酸肽段Asp-Ala-Gly（DAG）。有人认为，该肽段与蚜虫传播病毒有关。另外，ChiVMV的柱状包含体蛋白（CI）在RNA复制时可能起到解旋酶的作用。马铃薯Y病毒属病毒的CI都有一个保守的结合核苷酸结构域（nucleotidebindingmotif）GXXGXGKS，而在ChiVMV中，该保守序列为GAVGSGKS。ChiVMV核包含体蛋白b（NIb）与其他马铃薯Y病毒属成员一样，具有保守的GDD结构域。为依赖RNA的RNA聚合酶（RdRp）的典型特征结构。在以往提到的所有（+）ssRNA病毒RdRp的8种保守结构域在ChiVMV的NIb中都能找到。

虽然马铃薯Y病毒属病毒CP N－端序列和长度在种间有着较大差距。但同种病毒的不同株系之间却保持着90%以上的同源性。Ravi K S等以ChiVMV CP的N端氨基酸序列与其他马铃薯Y病毒属成员作了比较，其同源性不超过30%，但其抗胰蛋白酶核心TRC（trypsin-resistant core）的比较却表现出近80%的较大同源性。

检验检疫方法：

辣椒在生长过程中，会受到病毒的单独侵染或复合侵染。受病毒复合侵染的辣椒其症状更为复杂，危害损失更大。多数感病辣椒的症状都是由多种病毒复合侵染引起的，且不同病毒在辣椒上的症状也存在相似性，如花叶、叶片皱缩和畸形等。因此，单纯通过田间症状观察的诊断方法不可靠。目前，在病毒的检测方法中比较有效的有血清学和PCR这两种方法。

1. 鉴别寄主反应

苋色藜（*Chenopodium amaranticolor*）、矮牵牛（*Petunia hybrida*）、克里夫兰烟（*Nicotiana clevelandii*）及白肋烟（*Nicotiana tabacum*White Burley）的症状进行检测。

2. 血清学检测

该病毒具有很强的免疫原性，酶联法（ELISA）适用于检测该病毒。

3. 电镜观察

在病组织超薄切片中可见到大量风轮状和圆筒状内含体。

4. 分子生物学检测

PCR 技术鉴定检测该病毒。Moury 等根据 PVMV、ChiVMV、PVY、PepMoV 和 TEV 之间的 NIb 及 CP 基因序列的相互比较，并设计了引物（P1：5′GGIAA（A/G）GC（G/A/T/C）CC（G/A/T/C）TA（C/T）AT3′，P2：5′CGCGCTAATGACATATCGGT3′），对侵染辣椒的 Potyviruses 病毒 RNA 提纯物进行了 RT－PCR 检测，通过其 PCR 产物的特异 DNA 片段区分了 PVMV 和 ChiVMV 两种病毒。

防治：由于 ChiVMV 在烟草上的症状与 TMV 类似，烟草病害调查时 ChiVMV 不容易被识别。我国烟区大量散布辣椒等寄主，ChiVMV 在辣椒上为害较重，推测 ChiVMV 在我国烟草上的为害被低估。由于 ChiVMV 发病迅速，而且烟草主栽品种缺乏抗性，生产上要加强对 ChiVMV 为害的监测，以控制其为害。

ChiVMV 主要流行于非洲和亚洲。由于该病毒在非洲发现得比较晚，所以目前当地还没有有效的防治措施。而在亚洲一些国家和地区则采用了一些可以防治 ChiVMV 的措施，包括抗病品种的使用、间作、隔虫、杀虫等（AVRDC，1991）。虽然在一些国家和地区已经选育出能够抵抗该病毒的辣椒品种，但是这些抗病资源大部分来自于当地，因此，只适合于当地小范围推广。特别是在一些受病毒为害比较严重的地区，暂时还未能找出有效的抗病种质资源。因此，传统的抗病毒育种由于缺乏抗源材料和育种周期长等原因目前还难以满足生产的需要。

近年来，分子病毒学和基因工程技术的发展为作物抗病毒育种开辟了新的途径。利用基因工程技术培育抗病毒作物新品种和种植抗病品种是防治病毒病最有效的方法。

症状和有害生物照片或绘图详见彩图 1－16、彩图 1－17、彩图 1－18、彩图 1－21。

第六节　马铃薯 X 病毒

中文名：马铃薯 X 病毒

学名/英文名：Potato virus X（PVX）

异名：Potato latent virus；Potato mild mosaic virus；Solanum virus 1。

分类地位：芜菁黄花叶病毒目（Tymovirales）甲型线形病毒科（Alphaflexiviridae）马铃薯 X 病毒属（*Potexvirus*）。

分布：该病害分布于种植马铃薯的世界各大烟区，冷凉地区发生较其他烟区普遍。西班牙、（前）苏联、葡萄牙、意大利、奥地利、希腊、波兰、捷克、瑞士、德国、美国及中国等世界范围栽培马铃薯的地区均有发生。中国东北、西北、河南、山东及云南等烟区都有烟草马铃薯 X 病毒病发生的报道。

寄主：PVX 寄主范围较广，可侵染 16 科 240 种植物，寄主范围主要限于茄科、苋科和藜科，如普通烟草（*Nicotiana tabacum*）、花烟草（*Nicotiana alata*）、克利夫兰烟（*Nicotiana clevelandii*）、烟草属一种（*Nicotiana fragrans*）、长花烟（*Nicotiana longiflora*）、黄花烟（*Nicotiana rustica*）、粘毛烟草（*N. glutinosa*）、马铃薯（*Solanum tuberosum*）、曼陀罗（*Datura stramonium*）、矮牵牛（*Petunia* sp.）、绛三叶草（*Trifolium incarnatum*）、番茄（*Solanun dulcamara*）、龙葵（*S. nigrum*）、天仙子（*Hyoscyamus niger*）和菠菜（*Spinacia oleracea*）等。已经诊断的寄主有白肋烟及其他烟草品种。

为害情况：马铃薯 X 病毒（Potato virus X，PVX）又称马铃薯潜隐病毒（Potato latent virus）或马铃薯轻花叶病毒（Potato mild mosaic virus），是马铃薯 X 病毒属（*Potexvirus*）的模式成员。受侵染叶片呈花叶症状，田间常与其他病毒混合感染导致马铃薯的毁灭性减产。

PVX 侵染某些马铃薯品种后会产生严重的花皱叶症状，减产达 35%；在田间常与其他病毒混合侵染，导致马铃薯的毁灭性减产。其中，最主要的是与马铃薯 Y 病毒属（*Potyvirus*）病毒的混合侵染，PVX 积累的量是单独侵染时的 10 倍。

PVX 初侵染烟草叶片通常表现为坏死斑，之后发展为坏死斑驳、褪绿、花叶或脉褪绿。在曼陀罗上继斑驳之后产生褪绿环，脉褪绿或脉坏死。烟草栽培品种适于作繁殖寄主。千日红是较好的指示植物，除 HB 株系外都产生局部斑。

在田间 PVX 常与马铃薯 Y 病毒属病毒复合侵染，导致马铃薯的毁灭性减产。当 PVX 与 PVY、TEV 等复合侵染普通烟时，PVX 的积累量是其单独侵染时的 3～10 倍；而当复合侵染本生烟时，PVX 的积累量并没有显著的增加，但本生烟整株表现系统坏死甚至死亡，这表明 PVX 与马铃薯 Y 病毒属病毒的协生作用具有寄主依赖的差异。Goodman 等（1974）发现 PVX 积累水平的增高是由于每个细胞里 PVX 粒子增多，而不是由于每片叶子中受侵染的细胞增多。Vance 等（1995）用 PVX 接种分别转化 TVMV 不同基因片段的烟草，结果表明只有转化 P1 –（HC-Pro）-P3 基因的烟草表现出协生症状。Pruss 等（1997）用表达 HC-Pro 的 PVX 侵染性克隆接种本生烟，证明是 HC-Pro 编码的基因产物，而不是其 RNA 本身增加了 PVX 的致病力，同时也表明 P1、P3 编码的序列对介导协生作用是非必需的。Shi 等（1997）在 HC-Pro 的中心区域引入突变后使 HC-Pro 蛋白丧失了协生功能。鲁瑞芳等（2001）证明 HC-Pro 的中心区域介导病毒的协生。李为民等（2001）利用转基因技术证明 HC-Pro CCCT 和 PTK 基序是介导 PVX 与马铃薯 Y 病毒（PVY）协生所必需的。Sáenz 等（2001 年）发现将 Plum pox virus（PPV）HC-Pro 的 109 位氨基酸突变后，影响了其与 PVX 的协生作用。González-Jara 等（2005）将 PPV HC-Pro Leu134 突变为 His 后，HC-Pro 同时丧失了协生和抑制 RNA 沉默的能力，证明 HC-Pro 同一个氨基酸对协生和抑制 RNA 沉默同时起作用，推测协生现象与 HC-Pro 抑制 RNA 沉默有关。

烟草马铃薯 X 病毒病由马铃薯 X 病毒侵染所致，此病毒属马铃薯 X 病毒属，该病毒侵染烟草所表现的症状，依品种、病毒株系以及环境条件的不同，有很大差异，有些株系虽能侵染烟草，但烟株不表现任何症状；还有些株系在冷凉、多云的条件下，叶片出现明脉、轻微花叶，继续发展为褪绿斑驳、环斑、坏死性条斑等症状，晴朗天气可减轻明脉、轻微花叶等症状，甚至完全消失；有些株系在高温条件下不表现症状，出现隐症，如彩图 1－23 所示。

人们已经认识到，病毒在细胞间的运转是由病毒编码的 MP 和寄主因子介导的主动过程，主要有 3 种不同的机制：一种以烟草花叶病毒 30kDa MP 为代表，它与病毒的核酸结合，以核蛋白的形式通过胞间连丝，不需要 CP 参与；另一种代表是豇豆花叶病毒属，MP 形成一种管状结构，病毒以粒子的形式通过，需要 CP 的参与；而 PVX 则代表了第三种机制，以完整的病毒粒子通过胞间连丝，需要 CP 的参与，但胞间连丝不形成管状结构，3 个 MP 中任何一个受到破坏都会使病毒丧失胞间连丝移动的能力。

生物学特征：粒子是长 515nm，宽 13nm 的线状体，稍弯曲，呈螺旋结构，病毒粒子分子量为 3.5×10^6，等电点 pH 值为 4.4。核酸分子量为 2.1×10^6 的单链 RNA，约占粒子重量的 6%，蛋白质为一种多肽，纯化病毒亚基的分子量为 3.0×10^4。侵染初期病毒主要在栅状组织细胞中，粒体扩散或聚集或呈 X 体，占据细胞大部分，X 体主要靠近细胞核，含有粒状核糖体，游离或直线排列，长度 500～1 600nm。

根据 PVX 在烟草上引起的症状可分为许多小的变异株；致死温度为 68～76℃；20℃下侵染性可保持 40～60d；稀释限点为 10^{-6}～10^{-5}；粒体线状，长 515nm，宽 13nm；具有强的免疫原性。

马铃薯中已鉴定的有两种抗 PVX 反应类型：过敏性坏死反应（hypersensitive resistance，HR）和极限抗性（extreme resistance，ER），其中，HR 反应是由 N 基因（*Nx*、*Nb*）控制的，ER 反应是由 *R* 基因（*Rx*1、*Rx*2）。Cockerham（1955）根据 PVX 与 *Nx*、*Nb* 基因互作的类型，将 PVX 株系划分为 4 个组（彩图 1－23），分别为 1 组（group1）、2 组（group 2）、3 组（group 3）、4 组（group 4）。PVX 株系与寄主 Nx、Nb、Rx 基因的抗病互作反应表现为典型的“基因对基因假说”，即对于寄主的每一个抗病基因，病毒都有一个决定致病或无毒的基因与之相对应。PVX 中决定 Nx 和 Rx 介导抗病反应的是 CP 蛋白，而决定 Nb 介导抗病反应的是 25kDa 的移动蛋白 TGBp1。11Nb 抗性基因的无毒基因，即组 2 株系仅在 Nb 马铃薯上产生 HR 反应；组 3 中 PVX 株系仅含有对应于 Nx 抗性基因的无毒基因，即组 3 株系仅在 Nx 马铃薯上产生 HR 反应；而组 4 中 PVX 株系都含有对应于 *Nx*、*Nb* 的致病基因，即组 4 能全部克服 *Nx*、*Nb* 抗性。另外，含有 *Rx* 基因的马铃薯能有效地抵抗除组 4 中 PVX-HB 株系以外的所有 PVX 株系。再根据在烟草上引起的症状分成许多变异株，侵染烟草的主要有 3 个株系，分别是 PVX-B、PVX-O 和 PVX-P。

传播途径：主要传染途径是接触和带毒马铃薯种薯流通引起的，也能由内生集壶菌（*Synchytriumendobit－icum*）传播。

马铃薯种薯和种子的传毒率为 0.6%～2.3%；汁液可以传毒；*Melanoplus differentalis*（殊种蚱蜢）、*Tettigonia viridissima*（绿丛螽斯）及 *Synchytrium endobioticum*（马铃薯癌肿菌）等介体也可传毒。

烟草马铃薯 X 病毒主要靠汁液接触传播，也可以由某些昆虫［如殊种蚱蜢（*Melanoplus differentialis*）和绿丛螽斯（*Tettigonia viridissima*）］的咀嚼式口器的机械作用传播，菟丝子

（*Cuscuta campestris*）和集合油壶菌（*Synchytium endobiotcum*）能够传毒，种子不能传毒。

流行规律：烟草汁液中病毒的致死温度为68～76℃，稀释限点为10^{-6}～10^{-5}，20℃下体外保毒期为几周到一年，加甘油可保持一年以上。PVX汁液在未油过的木材、铁器、橡胶和人的皮肤上，可保持其侵染力3h，在油漆过的木材、棉花上可维持6h，在油中可维持侵染能力12h，原来由马铃薯上分离出的毒株接到烟草上以后就失去再侵染马铃薯的能力。

PVX可与其他病毒发生复合侵染，CMV和TMV对PVX有抑制作用，相对PVX单独侵染表现较轻的症状，而PVY、TRSV与PVX有协生作用，发生复合侵染的烟株表现更严重的症状，使烟株体内的病毒含量有所增加。植物病毒协生现象在自然界广泛存在。多数协生作用是由两个不相关的植物病毒导致的，研究的最多的是马铃薯Y病毒属（*Potyvirus*）病毒与其他属病毒间的协生现象。例如，马铃薯Y病毒（Potato virus *Y*，PVY）、烟草脉斑驳病毒（Tobacco vein mottling virus，TVMV）或烟草蚀纹病毒（Tobacco etch virus，TEV）与PVX在烟草上的协生作用、玉米矮花叶病毒与玉米褪绿斑驳病毒属（*Machlovirus*）玉米褪绿斑驳病毒（Maize chlorotic mottle virus，MCMV）在玉米上的协生作用、大豆花叶病毒与豇豆花叶病毒属（*Comoviruse*）菜豆荚斑驳病毒（Bean pod mottle virus，BPMV）和豇豆花叶病毒（Cowpea mosaic virus，CPMV）在大豆上的协生作用、PVY与马铃薯卷叶病毒属（*Polerovirus*）马铃薯卷叶病毒（*Potato leafroll virus*，PLRV）在克兰夫烟上的协生作用、小西葫芦黄花叶病毒（Zucchini yellow mosaic virus，ZYMV）与马铃薯卷叶病毒属（*Polerovirus*）南瓜蚜传黄化病毒（Cucurbit aphid-borne yellow virus，CABYV）在香甜瓜（muskmelon）上或与黄瓜花叶病毒属（Cucumovirus）黄瓜花叶病毒（Cucumber mosaic virus，CMV）在黄瓜上的协生作用、芜菁花叶病毒（*Turnip mosaic virus*，TuMV）与CMV在萝卜上的协生作用。以上大多数两种病毒互作的结果是，马铃薯Y病毒属病毒的积累量不增加，而另一种病毒的积累量却增加了。但在甘薯羽状斑驳病毒（Sweet potato feathery mottle virus，SPFMV，Potyvirus）和甘薯褪绿矮化病毒（Sweet potato chlorotic stunt virus，SPCSV，Crinivirus）的协生作用中，SPCSV的浓度没有增加，属于马铃薯Y病毒属的SPFMV是受益者，浓度提高了600倍。

低温冷凉、光照不足条件下，病害加重，天气晴朗、温度升高病害症状减轻。

检验检疫方法：

1. 鉴别寄主测定

接种*Capsicum annuum*（辣椒）、*Chenopodium amaranticolor*（苋色藜）、*Datura stramonium*（曼陀罗）、*Gomphrena globosa*（千日红）、*Nicotiana debneyi*（德氏烟）、*Nicotiana glutinosa*（心叶烟）、*Nicotiana rustica*（黄花烟）、*Nicotiana tabacum*（普通烟）后根据表现的症状进行测定。

2. 血清学检测

常规血清学技术，尤其是酶联技术（ELISA）最有应用前景。

3. 分子生物学检测

目前，分子生物学检测，特别是RT-PCR技术检测PVX已是成熟的方法，也多有报道。

防治：

1. 加强预测预报

研究病毒病害的发生流行规律，同时进一步研究病毒病预测预报技术，完善烟草病虫害预测预报网络建设工作。通过合理准确的病情预报，可以准确判断病毒病的发生动态和流行趋势，从而有针对性地采取预防和综合防治措施。

2. 控制机械传毒

机械传播是烟草病毒病的重要传播途径。可以使用除草剂、抑芽剂，以避免频繁进入烟田。烟草常用除草剂有：40%烟舒乳油2.625kg/hm^2，对水750kg；72%异丙甲草胺乳油1.875L/hm^2，对水525kg，均匀喷雾于土表。常用的抑芽剂有：25%氟节胺乳油900～1 050ml/hm^2，稀释300～400倍液后，每株15ml进行杯淋或涂淋；12.5%氟节胺乳油1.8～2.1L/hm^2，稀释300～400倍液后，每株10ml进行杯淋或涂抹。这样可以降低病毒传播的可能性，从而减轻病毒病的发生。

3. 农业防治

（1）选育抗病品种。控制有害生物最经济有效的手段是采用抗性品种，这也是烟草育种的中心内容。故应加强烟草种质资源的抗性筛选研究，避免不良品质性状与抗病性状的连锁，利用转基因技术，尽快选育出一批转基因抗病品种。

（2）搞好种子处理。烟草环斑病毒、花叶病毒可在土壤的病残体或种子中越冬，可以远距离进行传播，或于翌年继续侵染健株。应在播种前对种子进行消毒处理。采用无病烟株上 的种子，通过水选、筛选、风选等方法汰选出合格纯净的种子。汰选出的种子应先在50～52℃水中浸泡5～10min；也可用2%硫酸铜、10%磷酸三钠或0.1%硝酸银等浸泡5～15min，随后洗净，晾干包衣。

（3）合理布局烟田。应因地制宜地对烟田进行合理布局，选择在背风向阳、地势高、不易积水的田块，适时早播早栽。移栽时尽量剔除病弱苗，减少大田初侵染源和再侵染源，有效降低发病率。苗床应远离烤房、村庄、菜地（特别是马铃薯和油菜田）、果园等。不连作，不重茬，合理轮作。轮作时应选用非寄主作物，如棉花、禾本科作物、甘薯等，避免与桃、李等果树间作，避免与十字花科、茄科、葫芦科作物轮作、连作、邻作和间作。

（4）加强田间消毒。农事操作时剪刀、育苗盘和人手等要严格消毒；农家肥要充分腐熟，营养土、苗床等要用土壤消毒剂熏蒸消毒。并且烟农在大田和苗床进行农事活动时，要洗手、更衣，以防交叉感染。要做到不吃蔬菜瓜果、不伸手乱摸、不吸烟，减少不必要的田间活动。打顶、抹杈应做到先健株后病株，且宜于雨露干后进行。收获后应及时清除病残株、打顶的枝叶、拔除的病株等，最好带离烟田后集中深埋或烧毁。

（5）加强栽培管理。及时追肥、培土、浇水、中耕，促进烟株生长健壮，提高植株抗病力，使烟株尽快通过团棵、旺长这2个最易感病的阶段。烟田一旦发生病毒病，应及时追施钾肥、微肥，中耕除草、施药，以实现有效控制病情的目的。

4. 化学防治

对患病烟株喷施激动素抑制PVX病毒外壳蛋白的合成，从而控制病害的发展。此外，喷施以脂肪酸钾盐为助剂的杀虫剂，可以在防治烟草害虫的同时诱导烟株产生对 PVX、TMV 的抗性，从而减轻 PVX 的危害。

受 PVX 侵染的烟草会表现褪绿斑驳及叶畸形症状。

症状和有害生物照片或绘图详见彩图 1－22、彩图 1－24。

第七节 番茄环斑病毒

中文名：番茄环斑病毒

学名/英文名：Tomato ringspot Nepovirus（TomRSV）

异名：Tobacco ringspot virus No. 2；Nicotiana virus 13；*Annulus zonatus*；Peach yellow bud mosaic virus；Blackberry Himalaya mosaic virus；Euonymus ringspot virus；Grape yellow vein virus；Grapevine yellow vein virus；Prune brown line virus；Prunus stem－pitting virus；Red currant mosaic virus；Winter peach mosaic virus。

分类地位：小核糖核酸（Ribonucleic Acid，RNA）病毒目（Picornavirales）伴生及豇豆病毒科（Secoviridae）豇豆花叶病毒亚科（Comovirinae）线虫传多面体病毒属（*Nepovirus*）。

分布：

美洲——加拿大、美国、智利、秘鲁、波多黎各、墨西哥、巴西、牙买加；

欧洲——丹麦、法国、荷兰、瑞典、前苏联、前南斯拉夫、前联邦德国、英国、匈牙利、意大利、芬兰、挪威、波兰、奥地利、捷克、瑞士、比利时、爱尔兰、希腊和塞浦路斯；

大洋洲——澳大利亚、新西兰；

非洲——埃及；

亚洲——日本、韩国、巴基斯坦、土耳其、朝鲜、中国台湾。

寄主：该病毒自然寄主极为广泛，可侵染 35 科 105 属 157 种以上单子叶和双子叶植物。自然界多发生在观赏、木本和半草本植物。常见的自然寄主有葡萄、桃、李、樱桃、苹果、榆树等果树、园艺及花卉等植物上；自然寄主中的烟草包括 *Nicotiana tabacum* 普通烟；人工接种中的烟草包括 *Nicotiana alata* 花烟草、*Nicotiana clevelandii* 克利夫兰烟、*Nicotiana glutinosa* 心叶烟、*Nicotiana rustica* 黄花烟、*Nicotiana sylvestris* 毛叶烟。

为害情况：TomRSV 侵染小核果类果树可使果实减产 21%，总减产可达 50%；美国纽约州的葡萄园发病率为 37%～63%，俄勒冈州的玫瑰普遍发病，造成严重减产。

生物学特征：根据 TomRSV 在田间产生的主要病害可分为葡萄黄脉株系、桃黄芽花叶株系和烟草株系。病毒粒体为等轴对称球状 20 面体，直径 28nm，无包膜；等电点约为 pH 值 5.1。免疫原性强。基因组核酸为单链 RNA。稀释限点为 10^{-4}。致死温度约 58℃。体外存活期：20℃下 2d，4℃下 3 周，－20℃下几个月。

传播途径：病菌在种子和病残体上越冬，成为下茬或翌年病害的主要初侵染源。种子上病菌一般可存活到翌年的生长季节；在土壤和田间病残体中的病菌可存活 2～3 年；在其他废弃物中能存活 10 个月左右，也可随多年生茄科杂草寄主存活。该病毒通常多为随寄主植物材料，尤其是苗木、种子及其携带的土壤随调运长距离传播扩散；也常随风吹远距离传播；嫁接是传毒的重要途径；*Xiphinema* 属线虫是田间传毒的重要介体。

检验检疫方法：

1. 症状观察

将种子苗木等种植后，观察各生长阶段的症状。

2. 鉴别寄主反应

可使用 *Chenopodium quinoa*（昆诺阿藜）、*Chenopodium amaranticolor*（苋色藜）、*Cucumis sativus*（黄瓜）、*Nicotiana tobacum*（普通烟）、*Petunia hybrida*（矮牵牛）、*Phaseolus vulgaris*（菜豆）及 *Lycopersicon esculentum*（番茄）等作为寄主接种后进行检测。

3. 血清学检测

可使用 ELISV 进行检测，但是，ToRSV 株系较多，其间差异又较明显，所以用 ELISA 进行检疫诊断有一定的局限性，在检测时，应将几个株系的血清混合使用。

4. 分子生物学检测

可根据基因组序列，利用 PCR 法检测番茄环斑病毒，已报道 PCR 法可有效检测油桃根部、茎部、叶部的样品。

5. 禁止从疫区进口种子、苗木和繁殖材料

防治：

1. 加强检疫

严禁从病区调运种子，建立无病留种田。在番茄坐果期进行田间检查，发现病情及时处理。

2. 药剂保护

田间发现病株及时拔除，并用铜制剂如氧代铜、77% 可杀得可湿性粉剂、50% 二元酸铜可湿性粉剂 500 倍液或 1∶1∶200 波尔多液喷雾；亦可用农用链霉素或氯霉素 200mg/kg 喷雾或灌根，每次间隔 5～7d，连续施用 4～5 次。种子处理取出番茄果实中的种子，直接在 20℃下用传统方法发酵 96 小时，然后用 0.6 M HCl 处理 1 小时或 52℃温水 25 分钟。

3. 建立无病苗床，保证床土不被病残体污染

如发现病苗，应及时进行土壤处理或更换成无病土。对发病田块实行 3 年以上的非茄科作物轮作并深耕以加速病残体的腐烂，清除田间茄科杂草。

症状和有害生物照片或绘图详见彩图 1－25。

第八节　烟草环斑病毒

中文名：烟草环斑病毒

学名/英文名：Tobacco ring spot virus（TRSV）

同物异名：银莲花坏死病毒（Anemone Necrosis Virus），蓝莓坏死环斑病毒（Blueberry Necrotic Ringspot Virus）。

分类地位：小核糖核酸（Ribonucleic Acid，RNA）病毒目（Picornavirales）豇豆花叶病毒科（Comovirinae）线虫传多面体病毒属（*Nepovirus*）。

分布：烟草环斑病毒病（TRSV）是 Fromme F. D. 于 1917 年首次在美国弗吉尼亚发现的。随后，加拿大、英国、俄罗斯、南非、日本、澳大利亚、新西兰等国陆续报道了该病，是分布于世界各烟草区的一种病毒病，特别是在北美所有烟草种植区都有 TRSV 发生，其流行程度仅次于 TMV。TRSV 曾在欧洲的奥地利、比利时、保加利亚、丹麦、法国、德国、希腊、意大利、荷兰、西班牙、瑞士，亚洲的以色列存在过。而目前 TRSV 主要分布于欧洲的捷克共和国、匈牙利、立陶宛、波兰、罗马尼亚、俄罗斯联邦、塞尔维亚和黑山、乌克兰、英国、乔治亚（共和国），亚洲的印度、印度尼西亚、伊朗、日本、朝鲜、吉尔吉斯斯坦、阿曼、沙特阿拉伯、斯里兰卡、土耳其，非洲的刚果民主共和国、埃及、马拉维、摩洛哥、尼日利亚，美洲的古巴、多米尼加共和国、加拿大、墨西哥、美国、阿根廷、巴西、秘鲁、乌拉圭以及大洋洲的澳大利亚、新西兰、巴布亚新几内亚。在中国，烟草环斑病毒病分布较普遍，山东、河南、中国台湾、四川、云南、贵州、福建、陕西及东北烟区均有发生，但多在局部小面积烟田造成危害，很少发生流行。

寄主：烟草环斑病毒寄主范围很广，可侵染 15 个科 321 种植物。TRSV 在木本植物和草本植物上普遍发生，大豆、烟草、越橘、葫芦科植物为害最为严重。它可以自然侵染分属于双子叶和单子叶的 17 科植物，包括：海葵、苹果、茄子、悬钩子、辣椒属、樱桃、木属（山东萸科）、白蜡、唐菖蒲、葡萄、羽扇豆属、薄荷、木瓜、天竺葵属、矮牵牛、接骨木等，有些寄主植物为无症带毒。在普通烟、心叶烟、白肋烟、苋色藜等鉴别寄主上，接种叶表现局部枯斑，非接种叶上出现环斑。在西葫芦接种叶上表现褪绿斑，非接种叶上呈斑驳花叶。在大豆、蚕豆、豌豆接种叶上表现局部坏死斑，非接种叶上呈环斑、萎蔫。在番茄上偶尔发病，接种叶表现局部坏死斑，非接种叶呈脉坏死症。对茄科植物大多表现有恢复现象，在葫芦科、菊科植物上症状也有恢复现象发生，但没有茄科植物显著。豆科植物和藜科植物没有恢复现象发生，豆科植物甚至发展到死亡。

自然寄主：范围很广，包括葫芦科、藜科、苋科、豆科、菊科等植物，重要的有苘麻（*Abutilon theophrasti*）、美洲豚草（*Ambrosia artemisiifolia*）、印第安席 R（*Apocynum cannabinum*）、苋色藜（*Chenopodium amaranticolor*）、墙生藜（*Chenopodium murale*）、西瓜（*Citrullus lanatus*）、罗马甜瓜（*Cucumis melo* var. *cantalupensi*）、黄瓜（*Cucumis sativus*）、西葫芦（*Cucurbita pepo*）、密生西葫芦（*Cucurbita prpo* var. *melopepo*）、瓜尔豆（*Cyamopsis tetragonoloba*）、曼陀罗（*Datura stramonium*）、胡萝卜（*Daucus carota*）、麝香石竹（*Dianthus caryophyllus*）、大丽花（*Dahlia pinnata*）、卵叶连翘（*Forsythia ovata*）、美国白蜡树（*Fraxinus americana*）、唐菖蒲属一种（*Gladiolus hortulanus*）、大豆（*Glycine max*）、千日红（*Gomphrena globosa*）、堆心菊（*Helenium amarum*）、向日葵（*Helianthus annuus*）、洋麻（槿席）（*Hibiscus cannabinus*）、秋葵（*Hibiscus esculentus*）、啤酒花（*Humulus lupulus*）、绣球（*Hydrsngea* *macrophylla*)、白薯（番薯）（*Ipomoea batatas*)、德国鸢尾（*Iris germanica*)、迎春（*Jasminum nudiflorum*)、莴苣（*Lactuca sativa*)、橱香百合（*Lilium longiflorum*)、多叶羽扁豆（*Lupinus polyphyllus*)、番茄（*Lycopersicum esculentum*)、白香草木樨（*Melilotus albus*)、黄香草木樨（*Melilotus officinalis*)、普通烟（*Nicotiana tabacum*)、撞羽矮牵牛（*Petunia violacea*)、菜豆（*Phaseolus vulgaris*)、洋酸浆（*Physalis floridana*)、豌豆（*Jpisum sativum*)、蔷薇属某种（*Rosa* sp.)、银叶茄（*Solanum elaeagnifolium*)、龙葵（*Solanum nigrum*)、马铃薯（*Solanum tuberosum*)、菠菜（*Spinacia oleracea*)、红三叶草（*Trifolium pratense*)、白三叶草（*Trifolium repens*)、郁金香（*Tulipa gesneriana*)、豇豆（*Vigna sinensis*)、苍耳（*Xanthium sibiric*）和百日菊（*Zinnia elegans*）等重要蔬菜、观赏植物。

TRSV 的诊断寄主有苋色藜、昆诺藜、黄瓜、烟草、菜豆、豇豆等，其中，在苋色藜和昆诺藜上的症状为局部坏死斑，通常不系统侵染；在黄瓜上产生褪绿或局部坏死斑，系统斑驳、矮化及顶部畸形；在烟草的叶片和茎秆上易产生局部坏死斑，后发展为环斑、环纹或线条纹，新生叶片往往为无症带毒。该病毒较为适于在烟草上保存，而克氏烟和黄瓜是病毒提纯的良好繁殖寄主。普通烟、克氏烟、苋色藜和豇豆等植物可用于病毒枯斑测定。黄瓜则适合线虫传毒试验。

为害情况：整个生育期均可发生，以大田发生较多。

烟草种植区 TRSV 的发生也很普遍。TRSV 在烟草上产生环斑，病斑常由断续的坏死线局限起来，呈粉白色或棕色单环或双环，直径 5～8mm，与病斑相邻组织褪绿，有时形成一个晕圈。大多褪绿变黄，维管束受害后影响水分、养分输送，造成叶片干枯，品质下降。茎或叶柄上可见褐色条斑或凹陷溃烂。幼叶和正在成熟的叶上易产生病斑，而老叶上很少产生。TRSV 还导致烟草植株矮化，叶片小而质次，使烟草种子量减少 27%。病株烟草种子发芽率仅 8%～34%，健株种子则为 76%～94%。

烟草环斑病毒（TRSV）感染大豆最明显症状是病株顶芽卷曲，其他芽变褐色并且脆弱；在茎和复叶叶柄上，产生褐色条纹；豆荚发育不良，甚至不生长而死亡；侵染前结的荚上产生暗色斑。大豆花期或花前感染 TRSV，病株重量也减轻，种子成熟延缓，产量显著下降。病株种子还有较高比例的紫着色现象。大豆田间病株常晚熟，健株衰老黄化时病株仍为绿色，在健株成熟期可以通过 1 000m 高空航空摄影检测疫情发生区。

烟草环斑病毒病在黄淮烟区田间一般 6 月上旬开始发病，6 月中下旬为发病高峰期；陕西渭北烟区发病盛期在 6 月下旬至 7 月上旬。该病多在烟株叶片上发生，叶脉、叶柄、茎上亦可发病。感病烟株在叶片上最初出现褪绿斑，继而形成直径 4～6mm 的 2～3 层同心坏死环斑或弧形波浪线条斑，周围有失绿晕圈（彩图 1－26）。大叶脉上发生的病斑是不规则的，并沿叶脉和分枝发展呈条纹状，破坏输导组织，造成叶片断裂枯死。叶柄和茎上产生褐色条斑，下陷溃烂。生长后期新生叶及腋芽上面也可出现同心坏死环斑。早期感染的重病株矮化，叶片变小变轻，引起小花不育，结实极少或完全不结实。彩图 1－26A、1－26B、1－26C、1－26D，是几种典型的烟草环斑病毒病侵染症状。

越橘属植物：TRSV 在美国导致越橘的坏死环斑病。病株矮化不结实，嫩枝顶梢枯死、坏死或产生褪绿病斑，叶片上产生环或线。

西瓜：TRSV 可自然侵染西瓜，导致植株矮化、褪绿，结的瓜多疣，叶上产生坏死斑、节间短缩、束顶。TRSV 侵染西瓜所结的瓜呈丘疹状，病斑开始形成于中果皮，为小的坏死区，由过度生长的薄壁细胞分开，在生长晚期凉爽气候条件下有更多的坏死并有畸形发展。

在大豆上，顶芽卷曲（芽枯萎），其他芽逐渐变褐色且易碎。在茎干和多数叶片的叶柄上产生褐色条纹，豆荚不发达且不结实。在结荚后感染则可能产生黑色污点。

在蓝莓上，引起矮化、枝条回枯、坏死或褪绿斑，在叶片上产生环形或线状斑。

在葫芦上，植株矮化、叶片斑驳、果实畸形。

在葡萄上，新长出枝条柔弱、稀疏，节间变短，叶小且扭曲，植株矮小、产果少且变形。

在樱桃上，只发现几次，顶端的新叶散乱，整片叶片密布不规则性病斑，叶缘缺刻。

在野生的树莓（*R. fruticosus*）上，从轻微到严重的环斑、斑驳和花叶，黄色线状斑，叶片扭曲及植株矮化（Stace - Smith，1987）。在栽培的悬钩子（*Rubus* sp.）上只发现过一次。

在天竺葵上，TRSV 没有产生明显的症状。

由 TRSV 侵染造成的损失非常严重，大豆产量损失 50% 以上，菜豆减产 30% ~50%，茄子可达 55% ~70%。TRSV 引起的最重要的病害是大豆芽枯病。该病害曾在美国中西部和加拿大安大略省大流行。据记载，1943—1947 年，在美国中西部造成 25% ~100% 的损失。1953—1957 年，TRSV 微量存在，而田间的数量较小。在较现代的温室和田间试验中，大豆花叶病毒（soybean mosaic virus，SMV）和 TRSV 联合侵染大豆所带来的损失起点为大于 20% 而少于 40%，但其造成的损失严重程度是菜豆荚斑驳病毒（bean pod mottle virus，BPMV）的 2 倍。在印度，TRSV 引起接种大豆植株 66% 的种子损失。其他被 TRSV 侵染，出现重要病害的作物有豆科的其他成员和茄科的成员如烟草和茄子。在印度提鲁帕提和班加罗尔附近，由 TRSV 引起的环斑症状很普遍，且导致 55% ~70% 的产量损失。TRSV 也会引起得克萨斯州和威斯康星州的葫芦科成员以及美国东北部地区的越橘的严重病害。在葡萄藤和果树上，虽然 TRSV 引起的病害会偶尔严重暴发，但病毒的经济重要性比其他作物上的小得多。

生物学特征：病毒粒体圆球状，直径 28 ~29nm，外有棱角，有 60 个结构亚单位，有 2 个主要的 RNA 分子即：RNA-1、RNA-2，分子量分别为 2 730 000、1 340 000。沉降系数 RNA-1 为 32S；RNA-2 为 24S，RNA1 编码复制酶，RNA2 编码运动蛋白和外壳蛋白。RNA 的碱基组成比为 G：A：C：U = 24. 7：23. 1：22. 4：29. 8。RNA 5′端共价结合有 Vpg 蛋白，分子量为 4 000D，当用蛋白酶消化该蛋白后，RNA 丧失侵染性。RNA 3′端为 Poly（A）结构。

该病毒归线虫传多面体病毒属（*Nepovirus*）。在基因组和病毒蛋白的表达策略上线虫传多面体病毒属于病毒的微小 RNA（microRNA，miRNA）总类。基于最小的 RNA（RNA-2）的大小，线虫传多面体病毒属分为 3 个亚组。烟草环斑病毒是亚组 a 的 1 个成员，其 RNA-2 小于 5. 4 kb。TRSV 核酸为单链 RNA。

病毒的钝化温度：在烟草或法国菜豆汁液中为60～65℃，稀释限点分别为10^{-4}～10^{-3}和10^{-6}～10^{-5}。室温下体外存活6～10d，18℃3周，2℃几个月失去侵染性，－18℃条件下侵染力可保持22个月。冻干病汁液封存安培瓶中10年仍具侵染活性；在无水氯化钙吸干叶组织置10℃下17年，病毒仍有侵染活性。该病毒在烟草调制过程中会丧失侵染力，干燥后迅速失去活性。

提纯病毒的紫外线吸收高峰为258nm，低峰为240.2nm，A260/280的比值是1.45。提纯的病毒粒子在电镜下为二十面对称体，直径26～29nm。经纯化处理后有3种类型的颗粒：无RNA的空蛋白壳、非侵染的核蛋白和侵染核蛋白。3个组分的粒子沉降系数分别为53S、91S、126S。病毒降解所得外壳蛋白，其紫外吸收光谱的最大吸收值为278nm，最小吸收值为250nm，仅有一种蛋白组分，其分子量为5.70×10^{4}。病毒分类编码为：R/1：2.2/42：5/5：5/Ne。

TRSV以单个或群体的粒体存在于烟草枝条顶端原始细胞核、细胞质、液泡中；在马铃薯表皮细胞、大豆叶细胞内。菜豆根尖中、大豆种子细胞壁上、烟草分生组织细胞内可看到成批的病毒粒体，包在微管中常与胞间连丝有联系，而大豆的维管束鞘、花粉壁内壁、生殖细胞壁和细胞质、珠被、珠心、胚囊壁和大配子体细胞内有聚集的病毒粒体内含体：在普通烟、黄花烟、心叶烟的病斑区细胞，或在第1～2个坏死环内，产生均一的球状、卵形、结晶状、非结晶形内含体，用番红染色鲜艳清晰，这些内含体为病细胞原生质的合成与积聚，逐渐聚集在核的周围，无被膜。

TRSV具有良好的免疫原性，与同属其他病毒之间有远缘的血清学关系，而与南芥菜花叶病毒无血清学关系。TRSV与其他很多线虫传多面体病毒特别是该属中亚组的病毒相似：包括南芥菜花叶病毒、伞形科A病毒、爱琴海朝鲜蓟环斑病毒、美洲木薯潜隐病毒、葡萄藤扇叶病毒、悬钩子环斑病毒和马铃薯黑环斑病毒，且它与马铃薯黑环斑病毒血清学相关。烟草环斑病毒按其致病的症状特点、寄主的敏感性和血清学关系，目前至少有6个主要株系，分布最普遍的为NC38，其他为NC39、NC72、NC82、Texas株系及Eucharis株系。有的学者认为，寄主的选择压力是形成烟草环斑病毒血清学株系存在的一个因素。其分离物形成新类型的变异株的能力及在混合侵染中发生的能力，对病毒的适应及存活相当重要。自1932年对TRSV划分为绿色环斑株系和黄色环斑株系至今，尚无统一的划分株系的标准。

传播途径：烟草环斑病毒可在二年生或多年生茄科、葫芦科、豆科等寄主上越冬。在田间主要靠汁液摩擦接触传播，病毒多通过叶片和根部的伤口侵入，昆虫、线虫也可传播该病毒。可在寄主以及烟草和大豆种子上越冬，其带毒的越冬寄主和带毒种子都可成为初侵染源。病害在烟田可通过汁液摩擦、烟蚜、线虫及烟蓟马等传染，造成再侵染和田间传播。

TRSV可通过汁液摩擦接种传毒，也可通过线虫及种子传毒。传毒介体主要是土壤中的美洲剑线虫（*Xiphinema americanum*），其成虫和3龄幼虫均能传毒，单头线虫也能传毒，可在24h内获毒。感染的线虫贮藏在10℃下49周后仍可传毒。另外，蓟马（*Thrips tabacl*）的若虫、螨（*Tetranychus* sp.）、叶蝉（*Melanophus diffenlialis*）、烟草叶甲（*Epitrixhirti pennis*）和蚜虫（*Myzus persicae*）也可传毒。而且种子一旦带毒，即使储存7个月或者以TRSV的致死温度进行热处理也不能使该病毒失活。另外甜瓜、千日红、莴苣、豇豆、蒲公英、烟、欧洲千里光、马铃薯、百日菊、天竺葵等均经种子传毒。TRSV 可通过带毒种子进行远距离传播。

种子传毒是 TRSV 扩散的主要途径之一，种传率从香瓜的 3% 至大豆的 100% 不等；胚组织带病毒，种皮不带病毒，花粉可以传毒，至少有 16 种植物种子可带毒传播 TRSV。大豆配子的感染是种传的基本因素，植物感染时的生育期是决定种传程度的最重要因素。

传毒介体是土壤中的美洲剑线虫，线虫 24h 内可以获得病毒，成虫和幼虫均可传毒，随线虫数量增加感染频率也增加；带毒线虫贮存在 10℃下 49 周仍可传毒。带毒线虫食道腔内有病毒粒体，自食道向外缓慢释放。线虫保存在非寄主植物 8℃条件下 9 个月仍可传毒；线虫在非 TRSV 寄主欧洲草莓（*Fragaria vesca*）上生活 10 周后仍能传毒。线虫在 16℃、22℃、28℃、34℃均可获毒，除 16℃以外其他温度都可传毒，以 28℃最适宜。单头介体线虫可以同时传播 3 个毒株的 TRSV；还可以同时传播 TRSV 和番茄环斑病毒（ToRSV）；10 头带毒线虫接种植物 3 周传毒成功率可达 100%。

蓟马（*Thrisps tabaci*）的若虫可以传毒，但成虫不能传；螨（*Tetranychus* sp.）、桃蚜（*Myzus persicae*）、烟草叶甲（*Epitrix hirtipemis*）、几种叶蝉（*Melanoplus differentialis*，*Melanoplus mexicanus*，*Melanoplus femurrubrum*）等也可以传毒。病毒在昆虫体内不繁殖，也不可以将病毒传给后代。汁液容易传毒，但菟丝子不传毒。

在陕西渭北烟区，烟草环斑病毒病一般在 6 月上旬开始发病，6 月下旬达到发病高峰，这段时间的旬平均气温在 18～21℃。该病的发生与烟田茬口有关，在河南洛阳，豆茬烟田的病情指数为 20.1，重茬烟病情指数达 28.9，而甘薯茬烟仅 8.7。病害的发生还与烟苗移栽期有关，4 月上中旬移栽比 5 月上旬移栽发病都重。病害发生轻重与施肥关系密切，在高氮水平下病害发生较重，在低氮水平下病害发生较轻。

烟田施氮过多易发病，土壤中线虫多或田间野生寄主多的发病重。病害发生轻重与施肥关系密切，在高氮水平下病害发生较重，在低氮水平下病害发生较轻。与茬口有关，豆茬、重茬发病重。病害的发生还与烟苗移栽期有关，4 月上中旬移栽比 5 月上旬移栽发病重。

检验检疫方法：

1. 生物学技术

国内最早对 TRSV 检测主要通过生物学接种，用指示植物来观察症状，1985 年韦石泉通过接种不同指示植物，总结出不同的症状表现：克里夫烟（*Nicotian a clevelandii*）：叶片上生同心环斑，后逐渐转为轻花叶症或隐症；珊西烟（*Nicotiana tabacum* cv. Xanthi）：叶片上先表现较大同心纹环斑，后渐消失，转为轻微花叶症或隐症；毛叶烟（*N. sylverstris*）：叶片上产生黄色的花叶症；心叶烟（*N. glutinosa*）：叶片上表现明脉，后个别叶片局部表现环斑，并很快转变为系统花叶症。

另外，电镜的出现使得人们可以从粒子形态和结构上来鉴定病毒。受 TRSV 侵染的分生组织顶端细胞内可产生管状结构，管状结构中含有病毒粒子。管状结构直径 40～50nm，有 5～6nm 厚的壁，长度可达 4μm。有时幼嫩叶片中也可产生管状结构。李学湛（1988）通过对叶片细胞超微结构的连续观察，TRSV 粒体呈多球形面体，直径约 27nm。

2. 血清学

血清学检测方法主要包括琼脂双扩散实验、ELISA 以及胶体金免疫层系检测等方法，琼脂双扩散试验能简便、快速（通常 6～24h 内产生沉淀线）地检测 TRSV。该方法常用于测定 TRSV 与其他线虫传多面体病毒间的血清学关系，还可区分不同株系之间的血清学关系。ELISA 则用于 TRSV 的大规模检测，Castello 等（1985）利用 ELISA 法在桉树根部组织检测到 TRSV。我国研究人员郑燕棠等（1988）通过 ELISA 法，在国内种植的番茄上首次检测出 TRSV。

魏梅生等（2002）研究采用柠檬酸三钠还原法制备胶体金颗粒，标记 TRSV 的抗体，制成免疫层析检测试纸条，对制好的试纸条，样品抽提缓冲液是影响检测结果的关键。抽提缓冲液的选择又受到植物种类和植物不同生理阶段的影响。样品抽提缓冲液的离子强度以及 pH 值和显色判断的时间也会影响到检测的结果。酶标稀释缓冲液，PBST 缓冲液和 Tris－HCl 缓冲液可用于样品的抽提制备。其中，酶标稀释缓冲液抽提样品测试效果最佳，而碳酸盐缓冲液不适合用做试纸条检测样品的抽提。因为用它制备出的样品，在同等条件下测试，显色偏弱，对低浓度的病样，可能会出现假阴性的检测结果。这和碳酸盐缓冲液的 pH 值偏高有关。高 pH 值影响胶体金—抗体复合物的稳定性，使得能用于和抗原结合上的胶体金—抗体复合物减少，颜色难以显现。

免疫层析检测试纸法以其最大限度的缩短了检测时间，特别适用于田间及口岸现场检测摘要，检测粗提纯病毒的灵敏度为 1 000ng/ml，病汁液稀释 1 000倍后仍可快速检出。对大豆病种子、烟草冻干病叶等不同材料进行检测也有良好的效果，1～2min 即可出现结果。

但是，由于每种检测方法都有其局限性，因此无论是通过症状观察、电镜观察，或者是血清学检测方法都不能通过一种方法判断 TRSV，而需要多种方法结合判定。魏宁生（1988）经过几年时间系统普查花卉病毒病，对其中 9 种花卉毒原进行了寄主范围、症状反应、蚜虫传播、种子传播、血清学及电镜观察等试验，证实其中的金盏花花叶及皱缩病由烟草环斑病毒所致。王劲波等（1999）在对山东烟区各主要产烟县进行烟叶田间标样的烟草病毒毒原鉴定时通过接种、电镜观察和血清学 3 种方法认定 TRSV 的发生。

3. 分子生物学

随着分子生物学、PCR 及相关技术的发展，为 TRSV 提供了一种更为准确、灵敏的检测手段。可应用于烟草环斑病毒检疫的快速检测。孔宝华（2001）利用 RT-PCR 法检测 TRSV；杨翠云等（2007）将血清学与 PCR 结合起来建立了 TRSV 的 IC-RT-PCR 检测方法；张永江等（2006）开发了一步法 RT-PCR 检测烟草环斑病毒试剂盒，成为国内首个 TRSV 分子检测试剂盒。杨伟东等（2007）根据 TRSV 外壳蛋白基因序列设计合成了一对引物及一条 MGB 探针，优化了反应条件，建立了 TRSV IC-RT-real time PCR 检测方法。该方法与常规的 DAS-ELISA 方法和 RT-PCR 方法相比，灵敏度分别提高了 200 倍和 4 倍。1995 年 Rowhani 利用 PCR 管具有吸附病毒外壳蛋白的性质，首次建立了直接结合 PCR（Direct bindingPCR，DB-PCR）方法，检测木本植物中的多种病毒。2007 年，郑耕等首次应用直接结合反转录实时荧光 PCR 技术（direct binding reverse transcriptionrealtime PCR，DB-RT-Re-altime PCR）检测烟草环斑病毒，由于综合运用了 PCR 管吸附病毒外壳蛋白、病毒核酸分子杂交、高灵敏度实时荧光 PCR 技术的优点，从而使病毒检测在特异性、灵敏度、稳定性等技术指标上比传统的 DAS-ELISA 方法都有所提高，解决了烟草环斑病毒检测工作中由于隐症、干扰物质存在而影响检测结果的问题，为病毒检测提供了一个快速、简便有效的检测方法。

防治：

中国地域辽阔，烟草种植在各种不同农业生态区内，造成各地烟草环斑病的发生也不相同。烟草环斑病毒病的控制应遵循综合治理的原则，以期达到控制病害的目的。

1. 加强检疫

在世界的很多地方，许多发生率非常低且不显症的 TRSV 侵染是由于进口感染种子（如观赏植物的）导致的，因此加强检疫意义重大。应该推行种苗检疫证书制度，防止病苗扩散。我国已公布其为二类进境检疫有害生物，对其实施严格检疫。控制带线虫苗及其繁殖材料等传入无病区，杜绝引进带线虫植株作繁殖材料，以防止病害蔓延。

2. 选用无病种子，培育无病壮苗

在干旱半干旱农耕烟区，烟草环斑病毒的种子传播是重要的初侵染源。为此，在种子繁殖田中，剔除病株，严把种子关，无疑是防治烟草环斑病简单易行的重要措施。选用无病种子，通过规范化育苗，培育无病壮苗，可大大减少田间初侵染源。

3. 农业防治

合理轮作倒茬，以小麦、玉米为主的三年轮作制为佳，避免重茬烟，并注意避免与豆科、茄科作物邻作。在复种指数高的地区和病毒严重烟区，宜提倡麦烟套种，这是控制病毒简单易行的有效办法。清除烟田周边杂草，注意烟田卫生，可直接减少杂草寄主的越冬毒源。利用抗性品种也是一劳永逸的防病措施。基因调控在遗传育种上应用，获得抗病性，可以有效地防治 TRSV。研究应用卫星 RNA 构建抗病基因，控制病害的发生。

4. 化学防治

虽然 TRSV 主要传播媒介是线虫，但也有其他昆虫媒介，因此，对其进行化学防治时，应该综合考虑各方面因素，采用合理有效的措施。应结合对其他烟草病毒如黄瓜花叶病毒、烟草花叶病毒和烟草蚀纹病毒的防治进行治蚜防病，包括杀蚜剂治蚜、覆盖银灰地膜以及喷增抗剂等各种阻止蚜虫迁入烟田及传播的措施。据记载，涕灭威能显著降低病害的发生率；而 1，3－二氯丙烯熏蒸土壤能降低被烟草环斑病毒侵染根部的数量，但不能降低系统侵染的发生率。

施用抑制物质：氰化物抑制 TRSV 蛋白的合成，氰化钠、氰化钾不仅阻碍坏死症状形成，而且阻碍病毒的繁殖；叠氮钠可以抑制病斑的形成。还有 2，4－D、脱脂奶粉、清洁剂和离子、激素、黄曲霉素、橘霉素、酵母、放线菌 D、菠菜汁液等都有一定的防病效果。

症状和有害生物照片或绘图详见彩图 1－27、彩图 1－28。

第九节 番茄斑萎病毒

中文名：番茄斑萎病毒

学名/英文名：Tomato spotted wilt virus（TSWV）

异名：Ananas virus 1；dahlia oakleaf virus；dahlia ringspot virus；dahlia yellow ringspot virus；groundnut ringspot virus；Kat River disease/wilt；Kromnek virus；Lethum australiense；Lycopersicon virus 3；Lycopersicumvirus zonatum；“Marchitamiento”（Argentina）；Mung bean leaf curl virus；Pineapple side rot virus；Pineapple yellow spot virus；Tobacco “corcova”（“polvillo”）virus；Tomato “black pest”（“pesta negru” /peste negra）virus；Tomato bronze leaf virus；Tomato “corcova” virus；Tomato spotted wilt virus，typical strain；Tomato virus；Tomato virus 1；“T. S. W.” virus；“Vira cabeca” virus；watermelon silver mottle virus。

分类地位：布尼亚病毒科（Bunyaviridae）番茄斑萎病毒属（*Tospovirus*）代表成员。

分布：

亚洲——日本、印度、阿富汗、伊朗、以色列、马来群岛、尼泊尔、巴基斯坦、斯里兰卡、泰国、土耳其、中国（四川、云南、广西壮族自治区（全书简称广西）、广东、贵州、北京）；

欧洲——前苏联、奥地利、比利时、前捷克斯洛伐克、塞浦路斯、丹麦、法国、德国、希腊、爱尔兰、保加利亚、罗马尼亚、意大利、荷兰、挪威、波兰、西班牙、瑞典、瑞士、英国、葡萄牙、前南斯拉夫、马耳他；

美洲——美国（包括夏威夷）、加拿大、墨西哥、牙买加、圭亚那、波多黎各、苏里南、玻利维亚、阿根廷、巴西、乌拉圭、海地、智利；

大洋洲——澳大利亚、新西兰、巴布亚 - 新几内亚；

非洲——马达加斯加、毛里求斯、塞内加尔、南非、利比亚、坦桑尼亚、留尼旺、乌干达、津巴布韦、尼日利亚、科特迪瓦、埃及、扎伊尔。

番茄斑萎病毒属（*Tospovirus*）病毒侵染烟草引起烟草斑萎病，因此，亦称“烟草番茄斑萎病毒病”，在美国乔治亚州、南卡罗来纳州、北卡罗来纳州烤烟上为害严重，是当地烟草的主要病害。我国四川曾报道由番茄斑萎病毒（Tomato spotted wilt virus，简称 TSWV）侵染引起的烤烟病害。20 世纪 90 年代初期在云南烤烟上零星发生斑萎病，近年来在烟草产区发生普遍，云南红河、昆明等烟区为害严重，局部田块发病率达到 30% 以上，已上升为主要病害。在广西烟草上也发现由番茄环纹斑点病毒（Tomato zonate spot virus，简称 TZSV）引起的烟草斑萎病。烟草斑萎病引起烂叶，病害发生后引起的产量、质量损失严重，在高发病田块导致绝产。近年在广东、贵州、北京等地陆续发现番茄斑萎病毒属病毒侵染为害番茄、辣椒、茄子等茄科作物，表明该类病害在国内有蔓延趋势。

寄主：TSWV 能侵染 90 多个科 1 000余种双子叶和单子叶植物。TSWV 能侵染 79 科 1 090种以上的植物，是目前已知寄主范围最广的植物病毒，在云南发现的新种 TZSV 自然感染的寄主植物种类也非常广泛，目前已鉴定的能侵染茄科、菊科、蓼科、藜科、豆科、葱科、鸢尾科等13个科40多种。在烟草、番茄、辣椒、花卉上造成严重的经济损失。

自然寄主包括单子叶和双子叶植物的34科271种，烟草包括心叶烟（*Nicotiana glutinosa*）和普通烟（*Nicotiana tabacum*）。

人工接种可侵染的烟草包括印度烟（*Nicotiana bigelovii*）、克利夫兰烟（*Nicotiana clevelandii*）、黄花烟（*Nicotiana rustica*）和毛叶烟（*Nicotiana sylvestris*）。

Tospovirus 病毒在自然条件下，以蓟马传播为主，也可通过机械摩擦传播，尚未有种子带毒传播的证据。在自然条件下 *Tospoviruses* 由蓟马传播，但在全世界已知的约7 400种中，目前报道的能传播 *Tospoviruses* 的病毒约有13种，主要分属于缨翅目蓟马科的花蓟马属（*Frankliniella*）和蓟马属（*Thrips*）。其中，烟蓟马（*Frankliniella fusca*）和西花蓟马（*F. Occidentalis*）传毒效率最高，西花蓟马和棕榈蓟马传播的 *Tospoviruses* 种类最多。该属病毒也能机械传毒。传播TSWV的最多，有西花蓟马（*F. occidentalis*）、首花蓟马（*F. cephalica*）、梳缺花蓟马（*F. schultzei*）、花蓟马（*F. bispinosa*）、烟草褐蓟马（*F. fusca*）、花蓟马（*F. intonsa*）、棕榈蓟马（*Thrips palmi*）、烟蓟马（*T. tabaci*）、日本烟草蓟马（*T. setosus*）9种。一种 *Tospovirus* 可由多种蓟马传播，一种蓟马可传多种 *Tospoviruses*。西花蓟马、梳缺花蓟马、花蓟马传播TSWV血清组的病毒、凤仙花坏死斑点病毒（INSV）、番茄褪绿斑点病毒（Tomato chlorotic spot virus），棕榈蓟马主要传播西瓜银色斑驳病毒（Watermelon sliver mottle virus）血清组病毒及甜瓜黄化斑病毒（Melon yellow spot virus），烟蓟马（*T. tabaci*）主要传播鸢尾黄斑病毒（Iris yellow spot virus）和番茄黄化环纹病毒（Tomato yellow ring virus）。

研究发现TSWV在蓟马体内也进行复制增殖，因此，蓟马是其昆虫寄主。并且，蓟马只有在若虫阶段获毒，成虫才能传播TSWV。成虫取食带有病毒的植物后，也能在中肠和马氏管上皮细胞中检测到病毒，但也仅限于此，这可能是由于中肠产生了一种现在还不明确的屏障。Tospovirus病毒在蓟马体内的侵染路径是：病毒进入中肠上皮细胞，通过中肠相连的韧带结构进入唾液腺，分泌至口腔，取食新的寄主植物。

TSWV入侵蓟马上皮细胞后24h即开始复制，并且需要一种蓟马转录因子的参与，这个转录因子可能通过C末端结构域和TSWV的聚合酶（RdRp）结合而起作用，在蓟马体内也表达运动蛋白（NSm），在培养的蓟马细胞中也可诱导管状结构，但功能未知。TSWV入侵蓟马细胞的过程可分为以下几个步骤：糖蛋白G_N和西花蓟马上皮细胞膜的一种或几种受体蛋白结合；病毒被蓟马细胞吞噬，并以内涵体的形式进入细胞内；G_C蛋白在内涵体的酸性pH值下，改变构象使病毒膜和内涵体膜融合；病毒RNPs进入蓟马细胞质中，完成侵染过程。

在我国报道的能传播 *Tospovirus* 病毒的有西花蓟马、棕榈蓟马、烟蓟马、首花蓟马（*F. cephalica*）、花蓟马、茶黄硬蓟马（*Scirtothrips dorsalis*）、番茄角蓟马（*Ceratothripoides claratris* Shumsher）等，在云南 *Tospoviruses* 发生地区检测到的蓟马有西花蓟马、棕榈蓟马、烟蓟马、花蓟马、番茄角蓟马。

蓟马主要以直接取食和传播病毒为害农作物，其传播病毒的为害远远大于取食为害。病毒经由成虫的取食传至健康植株，使得病毒病迅速扩散蔓延而造成为害，一般可导致作物损失 30% ~50%，严重时可达到 70%，甚至有可能导致绝收。

作为害虫和病毒媒介的蓟马，由于个体微小，生活周期短繁殖能力强速度快，食性杂，寄主植物广泛，常隐藏于植物的各部位中，卵产于植物组织内，在土壤内蛹化，经常在花内活动，喷洒在植物表面上的化学农药对西花蓟马的卵、预蛹和蛹基本上不能起到控制作用效果，农药大量施用，蓟马抗药性越来越强，而敏感的天敌种群数量不高，这特有的生活习性给防控该病害加大了难度，增加了传播病毒病的危害性。当前在田间防治蓟马和其传播的病毒病害较难，主要通过培育抗病品种来防治 *Tospovirus* 病毒病害，甚至改种其他经济效益低的作物。

为害情况：TSWV 在世界范围内严重为害农作物和观赏植物，经济损失日益严重，每年造成农作物经济损失约 10 亿美元。我国云南烤烟上前期发病率约 10%，到中后期造成的损失可达 60%。烟草斑萎病引起烂叶，病害发生后引起的产量、质量损失严重，在高发病田块导致绝产。

烟草苗期至采烤成熟期均可发生斑萎病，不同时期发病的症状差异较大，同时不同烟草品种、不同病毒侵染引起的症状也有差异。其共同特征是侵染早期为褪绿斑点或斑块，中期为黄化斑点或斑块，后期为坏死斑点或斑块，叶部和茎部出现褪绿或坏死环纹。该病通常与烟草花叶病毒（TMV）引起的花叶病或烟草脉带花叶病毒（TVBMV）引起的叶脉坏死病混合发生，使病害严重度加剧。烟草生长早期被感染后，叶片上形成坏死环斑，叶片一半坏死，发展到 2/3 以上坏死，感染的烟草植株绝收。烟草早期感染显症后 10 ~ 15d，大部分感病烟株会死亡，造成绝产，中后期感染，烟叶脱落，造成产量下降，还会引起烟叶蛋白质、糖含量等的不良变化，从而严重影响了烟叶的产质量（彩图 1 – 29）。

生物学特征：株系包括顶端枯萎毒株（TB）、坏死毒株（N）、环斑毒株（R）、轻型毒株（M）、极轻型毒株，还有 A、B、C、D、E 毒株及“Vira – cabeca”毒株等；病毒粒体为等轴对称球体，直径 80 ~ 110nm；病毒免疫原性差；病毒极不稳定，致死温度为 40 ~ 60℃；稀释终点为 10^{-5} ~ 10^{-2}；体外存活期为在室温下 2 ~ 5h；酸碱度低于 pH 值 5 或高于 pH 值 9 均丧失侵染力。

番茄斑萎病毒属（*Tospovirus*）属于布尼亚病毒科，是该科 5 个属中唯一能侵染植物的病毒属。根据病毒基因组结构、蓟马传播特性、寄主范围、核壳体蛋白基因血清学和序列特征，迄今已发现 26 种番茄斑萎病毒属病毒。该属病毒粒子为脂膜包被的球形，直径 80 ~ 110nm。基因组为三分体 RNA，根据其分子量大小，分别命名为 L RNA、M RNA 和 S RNA，3 个片段 5′端和 3′端有 8 个互补并高度保守碱基，5′端为：UCUCGUUA…，3′端为：AGAGCAAU…，形成假环状结构。L RNA 互补链编码复制酶 RdRp。M RNA 病毒链编码运动蛋白 NSm，互补链编码膜蛋白 G_N/G_C。S RNA 病毒链编码与致病性相关的 NSs，互补链编码核壳体蛋白 N，N 基因也是用于病毒分类的主要基因片段。病毒的标准沉降系数 S_{20W} = 530S、583S。核酸含量 1% ~2%。脂类 20% ~30%。碳水化合物 7%。

Tospovirus 病毒之间有着复杂的血清学关系。20 世纪 80 年代，根据 *Topsovirus* 病毒 N 蛋白单、多克隆抗血清及 G_N/G_C 蛋白单克隆抗体关系将 *Tospovirus* 病毒分为 I－V 共 5 个血清组。

烟草斑萎病的病原主要为番茄斑萎病毒属（*Tospovirus*）的代表种 TSWV，是世界许多烟区优势病原。在云南、广西烟草上还发现番茄环纹斑点病毒（Tomato zonate spot virus，TZSV）是烟草斑萎病的优势种。在云南昆明的烟草上也发现凤仙花坏死斑点病毒（*Impations necrotic spot virus*，INSV）零星为害。

TSWV 引起的病害的报道最早见于 1915 年；1927 年 Pittaman 证明该病害由蓟马传播。1930 年，Samuel 等人证明该病害的病原为一种病毒，并命名为番茄斑萎病毒（TSWV）。1990 年，鉴于 TSWV 与布尼亚病毒科成员的相似性，建议先建立一个病毒属即 *Tospovirus*，并归于布尼亚病毒科。TSWV 是该属中分布最广、寄主范围最大、为害最为严重的成员，被列为世界上为害最大的十大植物病毒之一。

番茄环纹斑点病毒（TZSV）是从云南番茄上分离到的番茄斑萎病毒属（*Tospovirus*）的一个新种，属于西瓜银色斑驳病毒（WSMoV）血清组成员，在形态学、细胞病理学及基因组结构方面具有该属病毒典型特征。TZSV 侵染在番茄叶片上形成坏死斑点和环斑，果实上形成同心圆环纹斑，果实内病毒粒子聚集成块。病毒粒子为球形，直径 95nm，表面包裹一层脂质包膜（彩图 1－30）。病毒基因组为三分体 RNA，番茄分离物 L RNA 长 8 919nt，互补链编码 RdRp；M RNA 长 4 945 nt，病毒链编码运动蛋白（NSm），互补链编码糖蛋白（G_N/G_C）前体蛋白；S RNA 长 3 279nt，病毒链编码一个非结构蛋白（NSs），互补链编码核壳体蛋白（N 蛋白）（彩图 1－31）。

传播途径：主要依靠汁液传毒；机械接种及嫁接传毒；种子可传毒，番茄（*SLycopersicon esculentum*）、千里光（*Senecio scandens*）和瓜叶菊属（*Cineraria*）种传率高达 96%；烟褐蓟马（*Frankliniella fusca*）、丽花蓟马（*Frankliniella intonsa*）、苜蓿蓟马（西方花蓟马）（*Frankliniella occidentalis*）、澳洲番茄蓟马（*Frankliniella schultzei*）、茶黄蓟马（背丝蓟马）（*Scirtothrips dorsalis*）、棕榈（节瓜）蓟马（*Thrips palmi*）、粗毛蓟马（*Thrips setosus*）及烟蓟马（*Thrips tabaci*）以持久性方式传播。

烟草斑萎病发生高峰期一般在 5—9 月，在此期间，白天室外温度为 30℃，夜间温度为 15℃，且为雨季，降雨丰富，空气湿度较大，因此气候条件较利于病害的发生和流行。在实验室条件下，机械接种普通烟、辣椒、番茄、黄烟和苋色藜，将条件控制在 30℃/15℃（白天/夜间），湿度 40%，发现有利于接种植株发病。

对于 TSWV 和 TZSV 的发生情况，不同时期和不同寄主，发病率存在很大差异。从调查数据可看出，每年 5—9 月，烟草、番茄、辣椒主要寄主植物大量种植，并在花上发现大量的传毒介体蓟马，此时田间作物发病率最高，田间杂草也能检测到病毒。1—4 月，田间杂草牛繁缕、苦苣菜、鬼针草、辣子草以及棚栽辣椒、生菜、马铃薯带毒率高，传毒蓟马也在这些杂草和作物上越冬。而 10—12 月无辣椒、番茄和蚕豆等作物种植时期，在原来种植烟草、番茄、辣椒、生菜的田块周边采集到的鬼针草、小白酒草、牛繁缕、牵牛花、车前草、月见草、蒲公英、油麦菜、辣子草等杂草上检测出病毒，是病毒的越冬寄主。以 TZSV 为例，*Tospoviruses* 在云南烟草、番茄上的循环途径：2—4 月育苗期，蓟马最初从田间带毒杂草或作物上获毒，由于人为因素或气流进入苗床取食，感染苗期，此时蓟马种群数量较大，且外界条件较利于病害的发生和流行，病害发生程度严重。5 月以后，因雨季来临，蓟马种群减少，病害传播也减少。当烟草、番茄和辣椒采收后，田间带毒蓟马在取食过程中将 TZSV 传播到农田杂草上，同时由于寄主植物数量的减少，蓟马种群数量也随之减少，杂草上带毒率也较低，病害发生程度也降低。当烟草、番茄和辣椒大面积种植时，蓟马在取食过程中再次将病毒传到烟草、番茄和辣椒上，完成了病毒的整个侵染循环过程。

斑萎病的流行与蓟马种群动态、田间杂草和作物的带毒率、气候等因素有关。由蓟马从田间带毒的杂草和作物上获毒，传播至附近的栽培作物上。若冬春季节温暖干旱，蓟马种群大，造成病害流行潜力也就大。田间杂草和作物的带毒率高低也是病害发生的关键因素之一，通常田间杂草和作物的带毒率低于2%时，病害通常不易发生，在2%～8%，病害能发生，但不会爆发流行，若带毒率高于8%，蓟马种群有大的情况下，病害将会暴发流行。根据近年的调查结果，苗期是蓟马在烟苗上的繁殖高峰期，云南主要在3月中下旬自移栽，也是病毒第一次感染的高峰期，另外移栽期、还苗期、团棵期的烤烟是最易感染烟草斑萎病的时期。因获毒时间不同，显症时期有差异，但显症高峰期主要集中在团棵末期和旺长初期，在采烤期也能观察到斑萎病，但发病率低。

检验检疫方法：

1. 鉴别寄主反应

接种黄瓜（*Cucumis sativus*）上可产生褪绿斑；心叶烟（*Nicotiana glutinosa*）、克利夫兰烟（*Nicotiana clevelandii*）和普通烟（*Nicotiana tabacum*）可出现局部坏死，系统坏死纹，叶片变畸形。

2. 血清学检测

应用 ELISA 可以检测植物和蓟马中的病毒；可以区分不同株系。

3. 电镜观察

可以在被侵染寄主植物细胞质的内质网腔中观察到成簇的病毒粒体。

4. 分子生物学检测

核酸探针和 PCR 技术可以有效地检测 TSWV。

防治： *Tospovirus* 引起的病毒病害防控极为困难。适当的选择栽培物种、化学控制和一定的栽培措施对病害流行有一定的控制作用。因此，综合防治对于病害的管理是一个有效的方法。

蓟马是传播斑萎病的介体，有效的防治蓟马，才能有效的控制 *Tospovirus* 的传播。根据“预防为主，综合防治”的植保方针，目前可采取的主要方法包括：①抗虫品种的培育：转基因烟草没有在生产上应用，不能选择转基因抗性来防控烟草斑萎病害，就当前主栽品种选择具有抗性的品种进行推广应用。②生物防治：采取多种措施保护蓟马天敌，提高天敌多样性。蓟马的捕食性天敌主要有捕食螨类、捕食性蝽类，寄生性天敌有寄生蜂，病原微生物主要包括病原真菌和线虫，其中，捕食螨类中的胡瓜钝绥螨（*Amblyseius cucumeris*）对蓟马有明显的控制作用，在欧美等地，胡瓜钝绥螨已商品化生产并广泛应用于防治多种植物上的蓟马，产生了明显的经济和生态效益；在我国，福建省农业科学院植保所于1997年从英国引入该螨到我国后，成功地研制了该螨的人工饲料配方，并实现了工厂化生产，年生产能力达110亿~120亿头，可以探索利用胡瓜钝绥螨防治蓟马。应对本地天敌如蓟马的主要天敌小花蝽类、蜘蛛等进行有效的保护利用和深入的研究，达到更好的控制蓟马为害的目的。③物理防治：研究表明，蓝色、黄色和白色对西花蓟马、棕榈蓟马有明显的诱杀作用，可推迟蓟马种群发生高峰期。当田间有蚜虫、白粉虱、斑潜蝇等害虫混合发生时，可以用黄板诱杀。④农业防治：待作物收获后及时清除田间残株及杂草，并烧毁以减少翌年虫源，增强农田的生物多样性，提高生态系统对蓟马的控制能力。露地和大棚栽培时可以用地膜覆盖，国外学者报道西花蓟马有98%的若虫入土化蛹，将黄瓜大棚裸露地全部用地膜覆盖后，与不覆盖的处理相比，西花蓟马若虫在黄瓜叶面上出现的时间晚40d。⑤化学农药防治：化学农药防治是防治蓟马的主要方法，可是许多文献报道了西花蓟马对有机氯、有机磷、氨基甲酸酯和拟除虫菊酯类杀虫剂及环保类型的杀虫剂产生了不同程度的抗药性。吕要斌等（2011）认为防治西花蓟马用甲基溴胺熏蒸；用甲胺磷、克百威和涕灭威溶于灌溉水；毒死蜱、马拉硫磷和喹硫磷喷雾效果较好；阿维菌素、多杀菌素。但一些药物属于剧毒，不适用于烟草。

结合近年来实践经验，对烟草斑萎病提出了如下防控策略。

1. 预防为主

（1）苗床、烟田环境带毒率调查，评估斑萎病流行指数。通过随机5点取样法，对苗床、烟田环境杂草、作物进行检测，若病毒检出率大于2%小于8%，斑萎病将发生；若病毒检出率大于8%，斑萎病将爆发流行。

（2）若环境杂草、作物病毒检出率大于2%，建议该地点不能用作苗床和烟田。

（3）若不能满足上述条件，即环境内杂草、作物病毒检出率大于2%，但必须使用作为苗床和烟田的，建议：①清园：需要在育苗前清除苗床周围的牛繁蒌、繁蒌以及苦苣菜、苦荬菜、田内残留烟根上自生的烟叶及其他茄科和菊科作物，减少病毒初侵染源，以降低环境中杂草、作物带毒率。②防虫：在育苗前15~20d，开始跟踪调查苗床周边环境蓟马种群动态，以便适时施药杀虫。以减少虫源，防止从带毒杂草、作物传播病毒到烟苗。防治适期一般应掌握在蓟马1~2龄若虫发生期或点片发生阶段。③移栽前烟苗诊断：依次对苗棚巡查，及时汰除发病苗，对未发病的应该进行病毒检测，检出率高于8%的苗，不能再移栽大田。④移栽前清园：需要在移栽前清除烟田周围的牛繁蒌、繁蒌以及苦苣菜、苦荬菜、田内残留烟根上自生的烟叶及其他茄科和菊科作物，减少病毒初侵染源，以降低环境中杂草、作物带毒率。⑤防虫：移栽前、移栽后，跟踪蓟马种群动态，烟田适时防虫。移栽前1~2d喷施吡虫啉。⑥移栽后，按时巡查，及时清除病株。

2. 控制措施

（1）物理防控。可采用黄色或蓝色粘虫板诱杀蓟马。

（2）杀蓟马农药的推荐。①吡虫啉防虫：定期施用吡虫啉，除直接杀死部分蓟马外，内吸性的吡虫啉可在植物体内残留最长达25d，蓟马不喜取食残留有吡虫啉的植物，亦可一定程度阻止了病毒的传播。但应注意施用次数和浓度，避免产生抗药性。然后每月喷施一次高效氯氟氰菊酯和乙酰甲胺磷。②多杀菌剂2.5%的菜喜：本品为一种从放线菌代谢物中提纯出来的生物源杀虫物，毒性极低，可防治小菜蛾、甜菜夜蛾及蓟马等害虫。喷药后当天即见效果，杀虫速度可与化学农药相似。③其他农药：10%除尽悬浮剂、1.8% 阿维菌素、70% 艾美乐（WP）、20% 啶虫脒在田间对蓟马也有防治效果。

（3）施药植物诱导剂（也称激活剂）。推荐使用活化脂或苯并噻二唑、3－丙酮基－3－羟基－羟吲哚（AHO），诱发植物抗性，蓟马不喜取食。

（4）保护和释放蓟马天敌。保护蓟马天敌小花蝽，释放蓟马天敌捕食螨。

（5）建立植物隔离带。烟田周边种植蓟马喜食和栖息的当不是病毒寄主的植物，可防治蓟马迁飞至烟草上取食。

（6）栽培管理。合理增施氮肥。适时锄去烟田杂草。合理的水肥管理，植株生长旺盛，可减轻蓟马及传播病毒的危害。

（7）抗性品种。烟草目前没有抗斑萎病的品种。NC71 相对于 K326，不宜感染 TSWV。

症状和有害生物照片或绘图详见彩图1－32。

侵染烟草可导致烟草斑萎病，初期出现叶脉间斑块状褪绿，中期变为黄化斑，到后期则成为坏死斑；严重时可导致叶片大面积坏死且扭曲皱缩。

第二篇　有害生物——线虫篇

世界范围内寄生烟草的线虫种类很多，其发生的严重程度主要受环境气候和土壤类型的影响。重要的烟草寄生线虫有根结线虫属（其中，最重要的是花生根结线虫、南方根结线虫和爪哇根结线虫；北方根结线虫和根结线虫属其他种也可以侵染烟草）、短体属（重要的种有艾氏短体线虫、最短尾短体线虫、刻痕短体线虫、六纹短体线虫、落选短体线虫、穿刺短体线虫、草地短体线虫、斯氏短体线虫、玉米短体线虫）、球胞囊属（主要是烟草球胞囊线虫）、鳞球茎茎线虫、菊花滑刃线虫、矮化属，在某些地区上述线虫可以引起烟草不同程度的减产。尽管在烟草的根际土壤中也发现了一些其他种属的植物寄生线虫，例如，螺旋属、盘旋属、盾属、小盘旋属、细垫刃属和小环属等，但均未对烟草造成经济损失。剑属、长针属、毛刺属、拟毛刺属一些种和最大拟长针线虫均能够传播烟草病毒，可以直接也可以间接对烟草造成严重的经济损失。

第一节　菊花滑刃线虫

中文名： 菊花滑刃线虫

学名： *Aphelenchoides ritzemabosi*（Schwartz，1911）Steiner & Buhrer，1932

异名： 菊花叶枯线虫，菊叶芽线虫，腋芽滑刃线虫，里泽马博斯滑刃线虫

Aphelenchus ritzema-bosi Schwartz，1911

Pathoaphelenchus ritzemabosi（Schwartz，1911）Steiner，1932

Aphelenchides（*Chitinoaphelenchus*）*ritzemabosi*（Schwartz，1911）Fuchs，1937

Pseudaphelenchoides ritzemabosi（Schwartz，1911）Drozdovski，1967

Tylenchus ribes Taylor，1917

Aphelenchus ribes（Taylor，1917）Goodey，1923

Aphelenchoides ribes（Taylor，1917）Goodey，1933

Aphelenchus phyllophagus Stewart，1921

英文名： Chrysanthemum nematode；Chrysanthemum foliar nematode；Chrysanthemum leaf nematode；Leaf and bud nematode；Leaf wilt nematode of chrysanthemum；Black currant nematode

分类地位： 侧尾腺纲 Secernentea，滑刃目 Aphelenchida，滑刃科 Aphelenchoididiae，滑刃属 *Aphelenchoides*

分布： 在全球广泛分布，在全世界已有70多个国家或地区发现此病害。菊花滑刃线虫

分布于前苏联、巴西、新西兰、澳大利亚、日本、美国、加拿大、墨西哥、东非、哥斯达黎加、波兰、德国、捷克、斯洛伐克、罗马尼亚和匈牙利等。中国在四川的川菊花和广东的荔枝上有发生报道，也曾报道重庆的北碚、云南的昆明有发生，在贵阳市和贵阳花溪区、毕节县、大方县等地该线虫病害发生较重。

寄主：菊花滑刃线虫的寄主范围很广，多达数百种，菊花（*Dendranthema morifolium*）是其典型寄主。主要为害园林植物，包括向日葵属、香石竹、瓜叶菊属、紫罗兰、非洲紫罗兰、菊属、百日菊属、福禄考属、大丽花属、秋海棠、龙葵、杜鹃花属、牡丹、翠菊属、罂粟属、风铃草、黑醋栗、醋栗、大岩桐、羽扇豆、沟酸浆属、西瓜、胡椒属、紫苑、蒲包草属、翠雀属、马鞭草属、百日菊、黄雏菊属、多榔菊属、接股木属、青锁龙属、牛舌草属、金盏草、西伯利亚桂竹香、大滨属等。此外，该线虫也可为害农作物，如草莓属、烟草、苜蓿、菜豆、非洲堇等，此外该线虫还可以寄生千里光、繁缕等。

为害情况：菊花滑刃线虫，是菊花叶部的线虫，主要为害植物地上部的花、叶、芽，是被称为芽和叶线虫中的一种，是菊花的重要病害，病害发生导致经济价值降低，严重的导致死亡，被害株叶片枯死，开花不好或不能开花，重则整株枯死。菊花滑刃线虫线虫在叶片脉间取食，致使叶片在脉间形成黄褐色角斑或扇形斑，病斑最后变为深褐色、枯死，病叶自下而上枯死，枯死叶片下垂不脱落；花和芽受害则畸形、变小或不开花、枯死，表面有褐色伤痕，芽下的茎及叶梗上也出现同样的伤痕。若幼苗末梢生长点被害，则植株生长发育受阻，严重的很快死亡。

为害草莓造成减产，严重时损失可达65%。菊花滑刃线虫侵染烟草可造成植株叶片形成受叶脉限制的多角形病斑，与侵染菊花时表现的症状相似，在法国曾严重为害烟草，在法国，该线虫为害烟草引起烟草方格花叶病（checkered leaf dis ease），叶片上形成格状花纹，造成烟叶产量及品质严重下降。Grujicic（1972）、Weischer（1975）、Sikora&Dehne（1979）曾报道菊花滑刃线虫侵染烟草 *Nicotiana tabacum*。在美国，Christie（1959）报道该线虫可以侵染包括烟草在内的25～30种不同的作物，未见由菊花滑刃线虫为害造成烟草损失的相关报道。

形态特征：

雌虫：L＝0.77～1.20mm；a＝40～45；b＝10～13；c＝18～24；V＝66～75。虫体较细，体环清楚、宽0.9～1.0μm，侧区宽为体宽的1/6～1/5，具有4条侧线。头部近半球形，缢缩，头部略宽于相连的体部，在光学显微镜下环纹不明显，头架骨化弱。口针长约12μm，有小但明显的基部球，口针锥体部急剧变尖；食道前体部较细，中食道球大、略呈卵圆形、肌肉发达，中食道球瓣显著，背、腹食道腺开口于中食道球，食道腺长叶状，长度约为4倍体宽，从背面覆盖肠；食道与肠的连接处位于中食道球后约8μm处，交接处不明显，无贲门瓣。排泄孔位于神经环后0.5～2倍体宽处。阴门稍突起、横裂，单生殖腺、前伸，卵母细胞多行排列；后阴子宫囊长于肛阴距的1/2，通常有精子；尾长圆锥形，末端具有尾突，其上有2～4个小尖突，使尾端成刷状。

雄虫：体环清楚。L＝0.70～0.93mm；a＝31～50；b＝10～14；c＝16～30；T＝35～

64。热杀死后虫体后部向腹面弯曲超过 180°；唇区，口针和食道腺与雌虫相似；精巢单个，伸展。具有 3 对腹面亚中尾乳突，第一对在肛门区，第二对在尾的中部，第三对接近于尾的末端。交合刺平滑弯曲，呈玫瑰刺状，顶部和喙部不明显，背弓长 20～22μm；尾尖突为 2～4 个小突起，形状多样。

生物学习性：菊花滑刃线虫可以在寄主植物叶片组织内营内寄生，也可以在叶芽、花芽和生长点营外寄生生活。菊花滑刃线虫主要是通过雌雄交配生殖的，一般不进行孤雌生殖；已受精的雌虫，不用再次受精，可以一直繁殖 6 个月（French and Barraclough，1961）。

菊花滑刃线虫以成虫在寄主植物的芽腋、生长点、叶片及其残体上越冬，翌年春天，新叶初发期，当植物表面变得湿润时，线虫借助水膜移动到生长的茎部、叶片部，从气孔或伤口侵入叶片，交配后的雌成虫在叶片上产卵，每条雌成虫可产一个卵块，这个卵块含 25～30 粒，在 17～24℃ 条件下，卵孵化需要 3～4d，幼虫到成虫需 9～10d，完成 1 个世代需 10～13d（Wallace，1960），1 年可以完成 10 个世代左右。该病害发生的适宜温度是 20～28℃，高湿有利于病害的发生。

菊叶芽滑刃线虫有较强的抗逆能力，在干枯的叶子中可存活 3 年。该线虫可以忍耐较低的温度，在 −4～−2℃ 的环境下可很好的存活。

传播途径：由于菊花滑刃线虫是一种专性寄生植物地上部分的寄生线虫，可寄生寄主植物的叶、芽、生长点和匍匐茎、鳞球茎等。故寄主植物的种苗、繁殖材料和鲜切花是该线虫远距离传播的主要途径，在田间可通过风、雨、枝叶接触和农事操作等途径传播。一般通过水滴、灌溉水和病健叶接触传染做近距离的传播。对于烟草其主要可通过烟草的种苗及其携带的土壤进行传播。一旦侵入植株就难以用药剂防治，只能及时拔除，集中烧毁，检疫措施为主要的防治手段。

检验检疫方法：

采样。采集表现上述症状的花、叶、芽等植物组织。采集的样品放在塑料袋中封好袋口，防止不同样品相混，并做好记录。将采集的样品带回实验室分离，若不能及时分离，可将样品保存于 4～10℃ 的冷藏箱中。

样品中线虫的分离。菊花滑刃线虫是迁移性植物寄生线虫，可以用直接浸泡法或浅盘漏斗法（改进贝曼漏斗法）分离此线虫。

线虫标本的制作、保存和鉴定。将分离所得的线虫悬浮液放在试管中，置于 60～65℃ 的水浴箱中 2～3min 杀死线虫。已杀死的线虫及时用 4% 甲醛固定，制作成玻片，在显微镜下对线虫标本的形态进行观察和测量，并与上面所描述的菊花滑刃线虫形态特征进行比较，若相符，则可以确定所鉴定线虫为菊花滑刃线虫。

检疫措施。烟草主要是通过种苗的叶片传带菊花滑刃线虫。因此加强检疫主要是针对烟草种苗进行，重点检查是否有菊花滑刃线虫的为害症状，收集叶片有病斑的可疑植物材料及其所夹带的土壤或介质，带回实验室检验。

检验方法。叶片等植物材料样品可以采用浅盘法或贝曼漏斗法分离线虫。土壤采用离心法进行分离，分离获得的水样在体视显微镜下检查，挑取线虫若干制成临时玻片在显微镜下镜检，观察其形态结构。

分子检测。崔汝强（2010）选择菊花滑刃线虫 rDNA 的部分核甘酸序列作为目标序列，通过对星状尾族群的不同种的序列进行比较，设计菊花滑刃线虫的特异性引物。对不同星状尾滑刃线虫种群，不同地理种群进行检测研究；并对单条线虫的灵敏度进行了研究。结果表明该方法具有较好的特异性和稳定性，并具有较高的灵敏度。该方法节约了成本和时间，操作简单，不需特殊仪器，适合在检验检疫部门推广和运用。

防疫措施：

1. 检疫

严格执行检验制度，严禁带虫苗木、母株、插条、切花和土壤及有关的材料进入无病区，或不从疫区调运寄主植物和相关材料。

2. 温水处理

将一定量的菊花病苗母株放入48℃热水中，使水温下降到约46.6℃，不必再增温，约过5min，温度下降到46.1℃，取出母株。对菊苗插条，可以用50℃ 温水处理10min，或用55℃ 温水处理5min 。

3. 化学防治

刘维志（2000）介绍了国外利用化学药剂防治菊花滑刃线虫的几种方法，对菊花嫩枝上的菊花滑刃线虫，用0.03%的对硫磷浸泡20min或用0.05%的碘液浸泡10min的方法可达到有效的防治；在菊花生长期间，用0.005%的对硫磷对植株进行喷雾，每隔1个月施用1次，共施用2次，可有效防治菊花滑刃线虫；用0.07%的对硫磷或0.18%的甲基对硫磷处理5min，可有效防治草莓上的菊花滑刃线虫；用0.03%的对硫磷或0.05%的速灭磷喷雾3次，每隔1周喷1次，可有效防治秋海棠上的菊花滑刃线虫；每378.5L的水中加入283.49g 48% 治线磷乳液，对植株进行灌根2次，每2周灌溉1次，也可有效防治该线虫。在发病初期，叶面喷施50% 杀螟松乳油的0.15% 药液、0.1%三唑磷、0.15%苯胺酰或米乐尔（miral），也能较好地防治菊花滑刃线虫。

4. 农业防治措施

选用种植无虫种苗、母株；及时清除枯枝、落叶、死株和杂草，并集中到花圃外烧毁；避免植株过湿和相连植株间的重叠；盆栽花卉使用经药剂熏蒸或蒸气消毒的介质、盆钵；在保护地中，也可通过药剂熏蒸或蒸气消毒处理被侵染的土壤；在露地，冬季通过2~3个月无杂草的土地休闲，可减少田间菊花滑刃线虫的虫量。

症状和有害生物照片或绘图详见彩图2-1、彩图2-2。

第二节 鳞球茎茎线虫

中文名：鳞球茎茎线虫

学名：*Ditylenchus dipsaci*（Kühn，1857）Filipjev，1936

异名：起绒草茎线虫

*Ditylenchus a*1l*ocotus* (Steiner, 1934) Filip & Sch. Stek. , 1941;
Anguillula dipsaci Kuhn, 1857;
Anguillulina dipsaci (Kuhn, 1857) Gervais & Beneden, 1859;
Tylenchus dipsaci (Kuhn, 1857) Bastian, 1865;
Anguillulina dipsace var. *allocotus* Steiner, 1934;
Anguillulina dipsaci var. *amsinckiae* Steiner & Scott, 1935;
Ditylenchus antsinckine (Steiner & scott, 1935) Filip & Sch. Stek. , 1941;
Anguillulina dipsaci var. *communis* Steiner & Scott, 1935;
*Ditylenchus dipsaci*var. *tobaensis* Schneider, 1937;
Ditylenchus tovaensis (Schneider, 1937) Kirjanova, 1951;
Anguillula secalis Nitschke, 1868;
Anguillina secalis (Nitschke, 1868) Goodey, 1932;
Anguillula devastatrix Kuhn, 1869;
Tylenchus devastatrix (Kuhn, 1879) Orley, 1880;
Anguillulina devastatrix (Kuhn, 1869) Nvue - lemaire, 1913;
Tylenchus havensteinii Kuhn, 1881;
Anguillulina havensteiniii (Kuhn, 1881) Goodey, 1932;
Tylenchus allii Beijerinck, 1883;
Ditylenchus allii (Beijerinck, 1883) Filip & Sch. Stek. , 1941;
Ditylenchus fragariae Kirjanova, 1951;
Ditylenchus ohloxidis Kirjanova, 1951;
Ditylenchus sonchophila Kirjanova, 1958;
Ditylenchus trifolii Skarbilovich, 1958

英文名： Beet stem nematode; Bud and stem nematode; Bulb nematode; Clover stem nematode; Onion stem nematode; Phlox stem nematode; Stem nematode; Teasel nematode; Tulip root nematode

分类地位： 病毒界，线虫动物门。侧尾腺纲 Secernentea，垫刃目 Tylenchida，粒线虫科 Anguinidae，茎线虫属 *Ditylenchus*

分布： 在世界上分布较为广泛。

欧洲—阿尔巴尼亚、奥地利、白俄罗斯、比利时、保加利亚、克罗地亚、捷克、丹麦、爱沙尼亚、芬兰、法国、德国、希腊、匈牙利、冰岛、爱尔兰、意大利、拉脱维亚、立陶宛、马耳他、摩尔多瓦、荷兰、挪威、波兰、葡萄牙、罗马尼亚、俄罗斯、斯洛伐克、西班牙、瑞典、瑞士、乌克兰、前南斯拉夫、塞尔维亚、塞浦路斯、英国；

非洲—肯尼亚、阿尔及利亚、摩洛哥、尼日利亚、留尼汪岛、南非、突尼斯；

大洋洲—澳大利亚（新南威尔士、南澳大利亚、塔斯马尼亚、维多利亚和西澳大利亚）、新西兰；

美洲—阿根廷、玻利维亚、巴西（伯南布哥州、帕拉南、南里奥格兰德州、圣卡塔琳娜州、帕拉南、圣卡塔琳娜和圣保罗）、智利、哥伦比亚、哥斯达黎加、厄瓜多尔、委内瑞拉、秘鲁、巴拉圭、乌拉圭、多米尼加共和国、海地、墨西哥、加拿大、美国（阿拉巴马州、亚利桑那州、加利福尼亚州、夏威夷州、密歇根州、纽约州、北卡罗来纳州、怀俄明州、犹他州、佛罗里达州、弗吉尼亚州）；

亚洲—亚美尼亚、阿塞拜疆、伊朗、伊拉克、以色列、日本（本州岛）、约旦、韩国、哈萨克斯坦、巴基斯坦、叙利亚、土耳其、也门、吉尔吉斯、阿曼、乌兹别克斯坦、印度、中国［境内主要分布于江苏省连云港市（赣榆县、东海县）、新疆维吾尔自治区（昌吉市、哈密市）、山东省临沂市（兰山县、费县）、浙江、上海等地］。

寄主：鳞球茎茎线虫广泛分布温带地区，寄主范围很广，目前估计它的寄主达500种之多（包括许多杂草），涉及30个目的40科植物。已知大约1/3的寄主来自单子叶植物的百合亚纲（Lilidae）和鸭跖草亚纲（Commelinidae）；主要的双子叶植物寄主属于紫苑亚纲（Asteridae）、蔷薇亚纲（Rosidae）和五桠果亚纲（Dillenidae）。主要植物寄主如下：马铃薯、玉米、黑麦、小麦、大麦、甜菜、向日葵、蚕豆、烟草、豌豆、大蒜、洋葱、草莓、起绒草、菜豆、燕麦、红车轴草、白车轴草、天蓝绣球、紫苜蓿、杂种毒麦草、驴豆、鼬瓣花、水仙花、风信子、胡萝卜、大麻、亚麻、芹菜、郁金香、野燕麦、长叶车前草、毛茛、田旋花、小天蓝绣球、山柳菊属、苦苣菜、颉草、欧洲防风、黄水仙、根芹菜、欧芹、皱叶欧芹、假蒲公英、拉毛草、天蓝绣球属、水仙花属、棉枣儿属、毛地黄属、报春花属、菜豆属、绣球花属、绒毛蓼属、葱属、野豌豆属、毛莲菜属、野芝麻属、雪莲花属、秋海棠属、虎皮花属、唐菖蒲属、石竹属、风铃草属、月见草属、一枝黄花属、苜蓿属、草木犀属、缬草、皱叶欧芹、药蒲公英、绿毛山柳菊、毛莲菜属、丝路蓟、刺儿菜、车轴草属、亚麻、麦仙翁、欧洲猫儿菊、猫儿菊属、大麻、驴食豆、田旋花、长叶车前草、野芝麻属、一枝黄花属、剪秋罗属、不食燕麦等。

此线虫种内群体存在明显的生理分化现象。有超过10个生理小种，其中，有些小种的寄主范围非常窄，像一些可以在黑麦、燕麦和洋葱上繁殖的小种系杂食性的，也能侵染许多其他的作物；而一些在苜蓿，三叶草和草莓上繁殖的小种，一般不侵染许多其他的作物；郁金香小种也可以侵染水仙，而另一个在水仙上常常易发现的小种却不能侵染郁金香。现在已知道一些生理小种间可以杂交，其后代有不同的寄生习性。

为害情况：鳞球茎茎线虫是极具毁灭性的植物寄生线虫之一。严重为害郁金香、水仙、风信子等观赏植物以及多种农作物和蔬菜。已知该线虫产生严重危害的域值是非常低的，1956年Seinhorst报道当土壤中此线虫的群体密度达到10条线虫/500g土壤时就能严重为害洋葱、甜菜、胡萝卜、燕麦和其他作物。

鳞球茎茎线虫是一种迁移性内寄生线虫，危害的寄主范围广，引起寄主植物的症状也不尽相同。被侵染的球茎发生腐烂，切成片时有褐色环纹。受侵染的植株常矮化、扭曲、肿胀、畸形，甚至最终死亡。为害高等植物的不同部位，在大多数寄主中，它取食茎的薄壁组织。但也在种子、叶、花序、芽、鳞球茎、块茎、匍匐茎、根状茎上发现此线虫，极少发现此线虫侵染根。

鳞球茎茎线虫可以导致烟草植株茎的褐变。曾有报道该线虫在荷兰、法国、德国和苏格兰某些地区导致烟草减产。

洋葱被侵染后，叶片扭曲畸形、肿胀、枯萎，幼苗死亡，储藏期的球茎内部变褐，球茎变软、腐烂。

燕麦和黑麦常在基部产生多余的分蘖并肿胀成典型的“郁金香根”。

三叶草和苜蓿的节间随矮化肿大生长而缩短，严重侵染的植株最终死亡，特别是第二、第三年，出现作物绝收的地块。

水仙叶子扭曲，常有特征性的灰白色肿起叫“Spikkels”，严重侵染的洋葱鳞茎被切成片时有褐色环纹。

甜菜的幼苗矮化，扭曲，生长点被杀死，有多余的根茎产生，在秋季成熟植株造成侵染严重的茎腐病，与在胡萝卜和芸薹造成的症状相同。

被侵染的起绒草种子由于畸形不能用于纺织业。

侵染可发生于一些植物的花序上，菜豆（*V. faba*）、三叶草、苜蓿、洋葱、起绒草等上可生成的已被侵染的种子，这些种子导致了这种线虫广泛分布。

为害甘薯的症状。苗期症状：苗期主要为害薯苗基部白色部分，被害部表皮上呈蓝紫色块状或条状晕斑，剖开来看，可见内部亦有褐色或灰褐色斑纹。严重受害的则呈干腐状。薯蔓症状：线虫主要发生在地上 0.67cm 左右的拐子上。初期髓部呈白色干腐状，后变褐色，然后透过木质部扩展到韧皮部，使表皮发生龟裂，并形成黑褐色条斑。严重的拐子变粗，翻蔓时病蔓易折断。薯块症状：受害轻的在薯块表面产生褐色圆斑，病斑边缘稍凸出可扩展至髓内部，剖面呈黑褐色的腐烂症状。

早期人们注意的是对马铃薯的为害，为害马铃薯的块茎和茎。为害马铃薯的症状基本与为害甘薯的症状相似。

形态特征：雌雄同形，均为线形，热杀死后虫体伸直，成虫一般 1.2mm（有些群体的长度可达 2mm），唇区低平，无环纹，几乎不缢缩。头骨架中度发达，口针长 10 ~ 12μm，有明显的基部球，3 个食道腺细胞往往形成一后食道球，体中部侧区有四条侧线占体宽的 1/8 ~ 1/6，尾部圆锥形，尾长为肛门处体宽的 4 ~ 5 倍，尾尖锐尖。

雌虫。L = 1 000 ~ 2 200μm，口针长 = 10 ~ 13μm，a = 36 ~ 64，b = 6.5 ~ 12，c = 11 ~ 20，c′ = 3 ~ 6，v = 76 ~ 78。热杀死时虫体近直线形，表皮有很细的环纹；侧区有 4 ~ 6 条侧线；唇区低平，无环纹，几乎不缢缩；口针细小，长 7 ~ 11μm，有基部球；中食道球有或无瓣门，偶尔无明显的中食道球，峡部与后食道腺之间无缢缩；雌虫单生殖腺，前伸，卵母细胞通常单行排列，后阴子宫囊延伸至阴门至肛门间长度的一半处。偶有双行排列，有时延伸至食道区；后阴子宫囊长为肛阴距的 40% ~ 70%；尾长圆锥形，末端锐尖。

雄虫。L = 1 000 ~ 1 900μm，口针长 = 10 ~ 12μm，a = 37 ~ 74，b = 6 ~ 15，c = 12 ~ 19，交合刺长度 = 23 ~ 28μm。虫体前部与雌虫相似；热杀死时虫体直线形；精巢不回折；交合伞不伸到尾端，交合伞常常从交合刺的前端开始一直延伸至尾长的 40% ~ 70% 处；交合刺向腹部弯曲，并向前延伸。导刺带短，简单。交合刺窄细，基部宽大，其上具特殊的突起；尾部与雌虫相似，末端锐尖。

生物学习性：鳞球茎茎线虫是一种迁徙性内寄生线虫，两性生殖，可在植物体内产卵发育。鳞球茎茎线虫的发育和其生活史受温度的影响，生活史的长短和发育程度受温度影响，1～5℃就可产卵，最适温度以上停止产卵，但不同来源的小种存在着差异。有报道此线虫发育、繁殖的最适合温度分别为15～19℃和20～25℃，鳞球茎茎线虫的每条雌虫可产卵200～500粒。产卵的起始温度为1～5℃，最适温度为13～18℃，36℃以上则停止产卵，但此线虫在10～20℃具最大的活动性和侵染力，在寄主植物体内的生活周期为20～30d，因此，在寄主植物生长季节，此线虫能连续发育数代。在洋葱上15℃条件下，鳞球茎线虫在20d可以完成一代，一条雌虫一般产卵200～500粒。因此，亚热带至温带地区均适合该线虫的发生危害。

鳞球茎茎线虫的抗逆性很强，活动性和侵染力最强除卵之外，该线虫的各个虫态和龄期均能侵染植物。在作物收获季节其停止发育，聚集于成熟的和即将死亡的植物组织中，在干燥条件下形成“虫绒”，即抗干燥的“虫毛（eelwormwool）”状态，进入抗性4龄幼虫阶段，进入休眠状态，其具有很强的抗干燥和低湿休眠能力。而抗干燥的4龄幼虫可存活很长的时间，已知处于这种状态的鳞球茎茎线虫洋葱小种用滤纸慢慢干燥制成标本于冰箱中保存，26年后线虫仍有活性，甚至还能侵染豌豆并繁殖。Fielding（1951）从保持干燥23年的鳞球茎中活化了该种线虫。在无寄主的情况下此线虫于土壤中可存活数月、数年，已知燕麦小种和巨小种线虫在无杂草和植物寄主的土壤中至少可存活8～10年。因此，一旦罹病的寄主种苗进入中国并在土壤中种植后，该线虫就可能在土壤中存活，待第2年再传播到寄主植物上。

而中国大部分农业区属于温带到亚热带气候，故中国的气候条件适合于该线虫的发生、危害。

传播途径：鳞球茎茎线虫可以侵染寄主植物的不同部位，因此可随寄主植物的种子、鳞球茎、块茎、根等被侵染的植物材料及组织传播。在田间还可以借助灌溉水、土壤和被污染了的农用机械器具等传播。

检验检疫方法：

检疫方法。鳞球茎茎线虫主要以种苗、块茎传播。对于烟草主要针对其种苗及其携带的土壤或介质采样严格执行检疫措施，按照标准进行抽样。注意检查茎部有无褐变的症状，收集可疑的植物材料。线虫发生初期症状不明显，因此，对于无症状的植物材料及其所夹带的土壤或介质也应一并带回实验室检验。

检验方法。发病较轻的植物组织可以采用浅盘分离法或漏斗法分离线虫；土壤可以采用梯度离心法分离线虫。分离获得的水样在体视显微镜下检查，挑取线虫若干制成临时玻片在显微镜下镜检，观察其形态结构。

防治方法：

1. 严格检疫

由于鳞球茎茎线虫主要以种苗、块茎传播。因此，严格执行检疫措施禁止病原物的传入和传出，对于防治该病害极其重要。禁止从疫区调运寄主植物的鳞球茎、块茎、种子等繁殖材料和土壤。

2. 改进农业栽培措施

（1）抗性品种的培育。这是防治鳞球茎线虫的最有效的方法。已选择或培育使用了抗该线虫的紫苜蓿、红车轴草、燕麦、黑麦和其他栽培抗病品种；玉米、蚕豆、洋葱、大蒜中也有感病性不同的报道。

在美国和南美已育出几个具有抗性的苜蓿品种，这些品种能适应当地的条件，但在欧洲却不适合。匈牙利的“My Nemato”和瑞典“Alfa Ⅱ”已育成。在斯堪的纳维亚和荷兰几个适于当地生长条件的红花三叶草抗性品种经长期的培育也已选育出来，在英国“Dorset Marl”的几个选系具有较好的抗性。英国抗性冬燕麦品种“Maris Quest”和“Peniarth”和春燕麦品种“Manod”和“Early Miller”，是优良的品种（Anon，1971）；在比利时“Greta”比较成功。抗性黑麦“Hertvelder”已经在欧洲种植了一段时间，但在非感染地区，其产量却不如其他品种。玉米品种“Inrakom”和“Inrafruh”在西德的感病地区产量超过其他几个品种。人们曾经尝试培育抗茎线虫的马铃薯品种，但未能成功，发现供试的现有品种都是感染的。野生马铃薯和杂种马铃薯对鳞球茎茎线虫由抗性，广泛地去寻求抗原，或许是很有益的。

（2）选择无线虫的土地。选用不带线虫或已经消毒处理过的繁殖材料、种子等，减少因苗期鳞球茎茎线虫侵染造成的危害。

（3）建立合理的留种制度。

①培育无病秧苗：收获前染病的甘薯和马铃薯应予以拔除销毁。②建立莱苗圃：用早收的种薯繁殖，在一两年内可以得到健康的种苗。③建立留种地：留种田，提倡迟种、早收。晚种适逢土壤湿度低线虫不能大量侵入。而早收则可能使线虫得不到大量繁殖的足够时间。在低温、干燥条件下贮藏，也可以免除病害，因为这种条件能限制线虫在块茎内繁殖，也能限制病害在块茎之间传播蔓延。

（4）温汤消毒处理法。各类鳞球茎、块茎等繁殖材料种植前先进行消毒，一般的无性繁殖材料在45℃热水中浸3小时，并结合溴甲烷熏蒸等措施。

①球茎：特别是水仙球茎的消毒，休眠的球茎浸于44～45℃水中3h，最好在热水浴时加入润滑剂预浸，再加入一种杀真菌剂。准确地控制时间和控制温度是十分必要的，以免对随后的开花作物造成危害，热水处理法也可用于蒜三叶草、洋葱球茎和冬葱。热水处理会对大部分的郁金香品种造成伤害，对于这些品种来说，冷水加治线磷时最好加入合适的杀真菌剂如福尔马林，这种处理方法也能应用预轻度侵染仅种植一年的水仙球茎，这样对水仙花造成的损害较小。虽然热水处理已经成功的用来防治鸢尾鳞茎上的腐烂茎线虫（*D. destructor*）但用于处理马铃薯薯块并未收到同样的效果。福尔马林浸泡和低温贮藏在前苏联进行过试验，但种前种薯的肉眼检查，似乎仍然是主要的实用方法。②种子处理：溴甲烷可用于熏蒸被浸染的三叶草、苜蓿、洋葱、冬葱、起绒草种子，但种子含水量不能超过12%，否则种子萌芽受到影响。

（5）轮种非寄主植物。尽管轮作对此线虫无较好的效果，但可根据一些小种仅侵染一些特异寄主的特性，而种植一些非寄主植物。轮种年限一般为3～4年，但在很大程度上却决定于土壤类型、有无适宜的杂草寄主和相关鳞球茎茎线虫（*D. dipsaci*）的生理小种。由于这种线虫有广泛的寄主范围，作物轮作在一些地区可能无效。

（6）搞好田间卫生。及时清除并烧毁田间杂草和病残株。

3. 化学防治

土壤消毒。针对一些线虫严重发生的疫区，可以针对性地选择一些杀虫剂进行土壤处理，控制土壤中线虫的群体密度，降低因线虫危害造成的损失。对鳞球茎茎线虫有较好的防治效果的杀虫剂有涕灭威（Temic）、DD混剂、治线磷（Thionazin）和克线磷（Nemacur）等。但尽量从经济和环境两方面考虑，这是一种不利的防治措施，土壤熏蒸用于防治鳞球茎茎线虫是不经济的，污染环境，有的药剂对植物有一定的毒害，应谨慎使用。

4. 综合防治

在马铃薯作物上茎线虫发生严重的地区，应将上述措施结合起来。如使用健康的种薯，晚种早收，然后贮放在低温干燥的地方，都是可行的。同时也要进行适当的轮作，即种植马铃薯的间隔时间不得少于3～4年，轮作中要避免种植其他感病的作物。还必须注意田间卫生，清除感病的块茎，防除杂草。

症状和有害生物照片或绘图详见彩图2－3、彩图2－4。

第三节　烟草球孢囊线虫

中文名：烟草球孢囊线虫

学名：*Globodera tabacum*（Lownsbery & Lownsbery，1954）Behrens，1975

异名：*Heterodera tabacum* Lownsbery & Lownsbery，1954

Globodera tabacum（Lownsbery & Lownsbery，1954）Mulvey & Stone，1976

英文名：Tobacco cyst nematode

分类地位：侧尾腺纲Secernentea，垫刃目Tylenchida，垫刃总科Tylenchoidea，异皮线虫科Heteroderidae，球胞囊线虫属*Globodera*

分布：

北美洲——美国、墨西哥；

非洲——马达加斯加、摩洛哥；

南美洲——阿根廷、哥伦比亚；

欧洲——保加利亚、法国、前南斯拉夫、前苏联、斯洛文尼亚、西班牙、希腊、意大利；

亚洲——巴基斯坦、韩国和中国。

寄主：烟草球胞囊线虫的寄主范围不广，仅包括番茄、烟草、茄属（*Solanum gilo*、*Solanum indicum*、*Solanum mauritianum*、*Solanum melongena*、*Solanum nigrum*、*Solanum* *quitoense*）和马铃薯等 45 种茄科植物。

为害情况：烟草孢囊线虫病是由烟草球孢囊线虫（*Globodera tabacun* 复合种，包括 *Globodera tabacun tabacum*、*Globodera tabacun virginiae* 和 *Globodera tabacun solanacearum* 3 个亚种）引起。Lownsbery（1951）在美国康涅狄克州首先发现寄生包叶烟（*shaded tobacco*，*Nicotiana tabacum L.*）的孢囊线虫，Lownsbery（1954）将这种孢囊线虫命名为 *Heterodera tabacum*。Miller（1959）在美国弗尼吉亚州首先发现寄生北美刺龙葵（*Solanum carolinense* L.）的孢囊线虫，Miller 和 Gray（1968）将其命名为 *Heterodera virginiae*。Osborne（1961）在弗尼吉亚州首先发现寄生烤烟的孢囊线虫，Miller 和 Gray（1972）将其命名为 *Heterodera solanacearum*。Behrens（1975）将以上 3 种烟草孢囊线虫连同马铃薯孢囊线虫等，一并归入球孢囊属（*Globodera*）。Stone（1983）认为烟草孢囊线虫其实是一个复合种，*H. tabacum*、*H. virginiae* 和 *H. solanacearum* 应该被看作是 3 个亚种，故更名为 *Globodera tabacum tabacum*、*Globodera tabacum virginiae* 和 *Globodera tabacum solanacearum*。

烟草孢囊线虫病是全球烟草产区的重要病害之一！美国弗尼吉亚州、康涅狄克州和马萨诸塞州等地区普遍发生，为害严重！孢囊线虫不仅阻碍烟草的生长发育，造成产量损失，降低烟叶品质，而且间接导致枯萎病发病率和发病程度的增加。

烟草球胞囊线虫主要危害寄主的根部，可以引起植株矮化，根系不发达，叶片萎蔫变成暗绿色，被侵染的支部根部表面可以看到黄到褐色的胞囊。发生严重时，可导致烟草大量减产，甚至死亡。该病始于苗期，一直延续至成株期。苗期染病，地上部生长缓慢或停滞，逐渐枯萎，与根结线虫病相似，但根部不长根结。主要表现为根系褐变，根少，小根粗细不等，根尖呈弯曲状，部分出现腐烂，在根上生出 0.5mm 白色至棕色或黄色小颗粒，即病原线虫的雌成虫。发病轻的烟株，后期症状有所缓和，发病重的一直处于生育停滞状态直至枯死。Komm 等（1983）报道 1982 年美国 Virginia 地区由于烟草胞囊线虫的侵染导致烟草减产 15%。1983 年美国 Virginia 地区烟草胞囊线虫为害烟草，造成直接经济损失 70 万美元（Miller，1986）。

形态特征：2 龄幼虫蠕虫形；侧区 3 条侧带；头部缢缩，有 3～4 条环纹；口针发达，长 19～24μm，锥部和杆部等长；口针基部距背食道腺开口 4.3～6.8μm；中食道球发达，圆形，距头端 70μm；食道腺约占虫体长的 1/3，后食道腺覆盖肠前部；排泄孔至头端的距离约为 110μm；尾末端细圆，长 50～58μm，尾部透明区长占尾长的 1/2。

雌虫。雌线虫白色洋梨形，半内寄生，卵长椭圆形，藏在母体中，雌成虫死亡后变为含有数百粒卵的褐色卵囊，抗逆性特强。从根系表面长出时为白色、圆形，逐渐变为黄色、金色，最终变为褐色；头较小，4 个头环；排泄孔位于颈基部；体中部表皮呈锯齿形，至膜孔周围逐渐平行。阴门区有角质层较薄的环形膜孔，阴门横裂，长 9～10μm；膜孔两侧为相互分离的、较宽的新月形结构；无下桥，肛门明显。胞囊。球形，无阴门锥；胞囊表皮较硬且为暗棕色；胞囊内充满卵；角质层无结晶层；无阴门下桥和泡囊。

雄虫。蠕虫形；体中部侧区 4 条侧线，体两端侧区较窄，仅有 2 条侧线；侧区一直延伸至尾末端；头部缢缩，6 条头环；头骨架高度骨化；口针强壮，口针基球发达，圆形，略向后倾斜；中食道球明显，椭圆形，距头端 95μm；神经环位于食道与肠的连接处；排泄孔距头端 160μm；后食道腺腹面覆盖肠；尾较短，无交合伞；引带长 12μm；侧尾腺口位于近尾末端；交合刺长约 34μm，弓形。

生物学习性：烟草球胞囊线虫是固定性、内寄生性线虫。如果土壤类型和温度适合，胞囊内的卵可以存活多年。在生长季节温、湿度适宜条件下，寄主根渗物通过影响卵壳蛋白膜的渗透性变化打破滞育状况而刺激卵孵化，感病和抗病品种中的根渗物具有相似的作用效果。孵化的 2 龄幼虫从寄主植物根尖附近及新侧根侵入，进入植物根内并移动寻找适合取食位点，并在中柱鞘、皮层或内皮层细胞建立取食位点，并诱导头部周围细胞形成合胞体转移细胞，合胞体提供线虫发育所需的营养。幼虫持续不断地从合胞体细胞获取营养直至完成发育。2 龄幼虫经过第 2 次脱皮后变成 3 龄幼虫，此时开始出现性别分化称之为 3 龄雌性幼虫和 3 龄雄性幼虫；再经第 3 次脱皮成 4 龄雌性幼虫和 4 龄雄性幼虫。4 龄雄性幼虫卷曲在 3 次脱皮的角质层内，再经过第 4 次蜕皮变成雄成虫，离开植株进入土内。

传播途径：该线虫以胞囊在土壤中越冬，卵在胞囊内或土壤中可长期存活，遇到适宜的寄主刺激以后，卵开始孵化成幼虫，初孵幼虫刺入根内取食，经几次蜕皮后变为洋梨形成虫。烟草球胞囊线虫可以随带虫的烟草等寄主种苗、组织和土壤进行远距离扩散传播。在烟田主要通过粪肥、灌溉水、移栽病苗、耕作和农业机械（器具）在田间做近距离的传播。该虫在连作烟田或土壤瘠薄沙壤土易发病，干旱年份发生重。

该线虫是菲律宾、古巴、也门、印度尼西亚和约旦的检疫对象。

检验检疫方法：

现场检疫。主要查看烟草种苗的带根、带土的情况，收集烟草种苗与其所夹带的土壤一并带回实验室进行检验。

实验室检验。烟草球胞囊线虫属于固定内寄生线虫，不同虫态存在于不同位置。仔细查看根表是否携带胞囊，有胞囊可以直接镜检，表面无胞囊的根系可以采用酸性品红染色的方法检查其中是否含有线虫。若根系中存在线虫土壤中存在线虫的可能性极大，因此，应更加谨慎的加以分离。收集样品中的土壤部分，可以采用 Fenwick - Oostenbrink 漂浮法、简易漂浮法和直接过筛法分离胞囊线虫的雌虫；在体视显微镜下检查是否含有胞囊，如发现胞囊可用竹针将其挑至培养皿中，切肛阴板并在显微镜下对其进行鉴定。采用浅盘法或漏斗法分离土壤中的 2 龄幼虫和雄虫。水样中的 2 龄幼虫和雄虫可以直接挑取，制成临时玻片在显微镜下镜检，观察其形态结构。

防治方法：

1. 抗病育种

与化学防治方法相比，选育抗病品种具有效果稳定，简单易行，成本低，能减轻或避免农药对烟草和环境的污染，有利于生态平衡等优点。早期抗 *G. solanacearum* 的实验材料，已知的有 *Nicotiana gluti - nosa* L.、*N. paniculata* L.、*N. plumbaginifolia* Viviani、*N. longiflora Cavanilles*。Herrero 等在 1996 年观察到，Burley 21、SpeightG - 80、NC 567、KutsagaMammoth10、Cyst 913、9025 - 1、PD 4、Kutsaga 110 和 VA 81 等烟草会使 *G. solanacearum* 繁殖数

目下降。Hayes 等指出，21 种对 *G. solanacearum* 具抗性的烟草品种，与 Herrero 的研究结果相比，新发现的有：*N. miersii Remy*、*N. cordifolia* Philippi、TN 90、Burley 49、Burley64、MD 40、Pennbell 69、Pennlan 和 Bright Cospaia MI22528。近年来，一些谱系中含有 N. plumbaginifo - lia 的烤烟栽培种陆续被推广，其中，Coker 371 Gold、NC71、NC72、NC297、Speight168、Speight179 是较易推广的品种，它们均可降低 *G. solanacearum* 的种群密度。

2. 合理栽培

实施作物轮作是由于植物线虫有一定的寄主范围。轮作非寄主植物，可经济有效地控制为害。轮作的作物，应是农民乐于接受的高产作物，如禾谷类作物、甘薯、棉花等。轮作的年限，一般提倡 3 年以上。因胞囊里的卵可保持生活力 10 年以上，但生产上不可能实行这样长时间的轮作，一般来说，3 ~ 4 年轮作效果已经很好了。同时，应加强田间管理。干旱时及时浇水，收获后及时清除病根，集中深埋或烧毁。选择施用酵素菌沤制的堆肥或腐熟有机肥，不施用带有线虫的粪肥。

3. 生物防治

目前，利用天敌植物和微生物防治烟草胞囊线虫的研究仍是空白，仅在其他种类的胞囊线虫的防治上有报道。瓜叶菊属、芸香、万寿菊、向日葵、白花曼陀罗、大麻、蓟罂粟和夹竹桃等天敌植物已被用于防治危害甜菜和大豆的胞囊线虫，取得很好的效果。在大豆胞囊线虫的生物防治研究方面，国内外报道从胞囊上分离得到 125 属 267 种真菌，在我国各地分离到近 30 属 51 种真菌。其中，兼性寄生菌（也叫机会真菌），如厚垣轮枝菌、淡紫拟青霉菌、尖孢镰孢菌等可以在人工培养基和其他有机质上生长，都是土壤习居菌，很有应用价值。这些生防资源有待日后在烟草胞囊线虫防治上利用，以及挖掘新的生防因子。

此外，随着 RNAi 在植物寄生线虫的应用，科学家们最近提出利用植物介导 RNAi 防治植物寄生线虫的新途径。RNAi 已在胞囊线虫中证明存在，能够使 C 型凝集素基因发生转录后抑制，减少侵染植物的线虫数量，相信该途径也将在烟草胞囊线虫防治上存在巨大潜力。

（1）实行与禾谷类作物、甘薯、棉花等 3 ~ 4 年轮作。

（2）施用酵素菌沤制的堆肥或腐熟有机肥，不施带有线虫的粪肥。

（3）加强田间管理。干旱时及时浇水，收获后及时清除病根，集中深埋或烧毁。

4. 化学防治

应用化学药剂进行防治仍然是当前控制植物线虫的重要措施之一，平均每公顷的花费约 250 美元。防治植物线虫的药剂一般称之为杀线剂（Nemati-cides），分为熏蒸剂和非熏蒸剂两种。据 Rich 统计，广泛应用的熏蒸剂主要有三氯硝基甲烷、1，3 - 二氯丙烯、二溴乙烷，威百亩；非熏蒸剂主要有涕灭威、克百威、普伏松、芬灭松和繁福松。

移栽前 15d 沟施 D - D 混剂，每亩 6kg 或用 80% 二氯异丙醚乳油 6 ~ 8kg，于播前 7 ~ 25d 处理土壤；烟株生长期间可在根外 15cm 处挖沟施药，沟深 10 ~ 15cm。也可用 20% 丙线磷颗粒剂每亩 1. 5kg 或 10% 克线磷颗粒剂每亩 4kg、3% 呋喃丹颗粒剂每亩 1. 5 ~ 2. 0kg、

10%克线丹颗粒剂每亩1.5kg、15%铁灭克颗粒剂每亩1kg，于移栽前穴施。

症状和有害生物照片或绘图详见彩图2-5、彩图2-6、彩图2-7、彩图2-8。

第四节　长针线虫属

中文名：长针线虫属

学名：*Longidorus*（Micoletzky，1922）Filipjev，1934（传毒种）

异名：*Brevinema* Stegarescu，1980

Neolongidorus Khan，1987

英文名：needle nematodes

分类地位：无侧尾腺纲 Adenophorea，矛线目 Dorylaimida，矛线亚目 Dorylaimina，矛线总科 Dorylaimoidea，长针科 Longidoridae，长针亚科 Longidorinae。

分布：长针线虫属是世界性分布的，目前已经报道的种有120多种，其中，仅极少数种中国局部有分布。据报道，可以侵染烟草的长针线虫有逸去长针线虫，但长针属中其他传毒线虫种也有可能传播病毒危害烟草。据证实，共8种长针线虫可以传播植物病毒，分别为阿普利亚长针线虫、渐狭长针线虫、折环长针线虫、逸去长针线虫、横带长针线虫、大体长针线虫、马氏长针线虫和 *L. arthensis*。

逸去长针线虫分布于欧洲的澳大利亚、比利时、保加利亚、捷克共和国、丹麦、芬兰、法国、德国、希腊、匈牙利、爱尔兰、意大利、拉脱维亚、摩尔多瓦、荷兰、挪威、波兰、葡萄牙、罗马尼亚、俄罗斯、斯洛文尼亚、西班牙、瑞典、瑞士、乌克兰、英国；亚洲的印度、哈萨克斯坦、巴基斯坦、塔吉克斯坦、乌兹别克斯坦、越南；非洲的南非；北美洲的加拿大、美国；新西兰等。

寄主：长针属线虫多为害草本植物，但也能为害多年生木本植物，其寄主范围非常广泛。逸去长针线虫的主要寄主有甜菜、胡萝卜、草莓、黑麦草、薄荷等，次要寄主有洋葱、花生、芹菜、豆芽、萝卜、燕麦、大麦、生菜、番茄、苹果、黑旋花、草地毛茛、黑加仑、红加仑、玫瑰、覆盆子、紫苜蓿、荨麻、葡萄等。

为害情况：长针线虫是植物根系皮层组织，甚至中柱薄壁组织的外寄生物，一般只在根尖部位取食，取食时间较短，如非洲长针线虫在某一取食点的最长取食时间为15min。不同的长针线虫为害寄主植物所表现的症状较为一致，即侧根或主根短化，幼根根尖肿大，有时可弯曲，整个根系缩小。在加拿大曾报道逸去长针线虫为害烟草（Marks & Elliot，1973）。

形态特征：

雌虫：虫体细长（通常长于3mm），热杀死后虫体直到弯成“C”形，有1~2排侧体孔；头部圆，连续或缢缩；侧器口小孔状、不明显，侧器囊袋状；齿尖针长、针状，不高度硬化，齿尖针基部平滑、不分叉，齿托长约为齿尖针长的2/3、中等硬化，基部略厚但不呈凸缘状；齿针导环为单环，距头端的距离通常小于2倍头宽，偶尔位置较后（距头端距离达齿尖针长的40%）；有1个背食道腺和2个腹亚侧腺，背食道腺核位于背食道腺开口后一段距离、小于腹亚侧腺核。阴门横裂、位于虫体中部，双卵巢对伸、回折。尾短，呈背弓圆锥形，端细圆或宽圆，有几对尾孔。

雄虫：双生殖腺、对折，后精巢转折，交合刺粗大、向腹面弯，交合刺顶端部有短的附导片，斜纹交配肌显著、延伸至泄殖腔前几倍体宽处，泄殖腔区有1对交配乳突（有的种有2~3对），在其前有1列腹中交配乳突，最多有20个，有些种的部分腹中交配乳突交错排列成双排，尾形与雌虫相似。

传播途径：长针线虫是植物的外寄生线虫，在土壤中生存，因此可随带根的植物及土壤作远距离传播。在田间，农事操作、农具也可传播该线虫，而长针线虫在田间的自然移动一般不超过几米距离。

检验检疫方法：

现场检疫：仔细查验苗木的生长状况、根部为害状，以及是否带介质和土壤等。无症状随机取样，重点选有生长不良或根系表现症状的苗木和根际土取样。取样后送实验室检测。

实验室检验：用漏斗法和浅盘法可成功地从根组织和土壤中分离线虫。分离获得的水样在体视显微镜下检查，挑取线虫若干制成临时玻片在显微镜下镜检，观察其形态结构。

防治方法：防治难度较大，采取综合防治方法最关键。目前主要的防治方法包括物理防治、生态防治、选用抗线虫品种以及化学防治。

1. 物理防治

（1）水肥管理。化肥中的氮、磷、钾是影响土壤中线虫种群密度的重要因素，氮肥使用过量，会使土壤中的线虫种群密度增加，增施磷、钾肥会使土壤中的线虫种群密度减少，所以，在种植过程中需要科学、合理施肥；田间水分，也会影响土壤中的线虫种群密度，用水浸灌能杀死土壤中的部分线虫。

（2）土壤改良。增施有机肥、生石灰、几丁质（例如，虾蟹壳等，含有大量的几丁质），是防治线虫的简单而有效的方法，特别是在线虫密度较小的土壤中，增施生石灰、几丁质，对防治根结线虫有比较明显的效果。

（3）材料隔离。用生石灰建立隔离带，在种植区域外围，挖宽20cm、深50cm的隔离沟，填入生石灰，夯实，使感染根结线虫的区域与没有感染根结线虫的区域分离开来；用塑料薄膜建立隔离带，在种植区域外围，挖宽30cm、深50cm的隔离沟，将塑料薄膜纵向（竖着）埋入沟内，填土、夯实，使感染根结线虫的区域与没有感染根结线虫的区域分离开来，断绝没有感染根结线虫区域的传染病源，重点治理已经感染根结线虫的区域。

2. 农业措施

（1）选用无虫土育苗。移栽时剔除带虫苗或将“根瘤”去掉。清除带虫残体，压低虫口密度，带虫根晒干后应烧毁。

（2）深翻土壤。将表土翻至25cm以下，可减轻虫害发生。

（3）轮作防虫。线虫发生多的田块，改种抗（耐）虫作物如禾木科、葱、蒜、韭菜、辣椒、甘蓝、菜花等或种植水生蔬菜，可减轻线虫的发生。

3. 化学防治

作物移栽前，每亩用10.2%阿维噻唑磷2kg拌土撒施或20%噻唑磷水乳剂随水冲施。抓住防治关键期，一般在移栽后5~7d，这时正是线虫侵入根内的高峰期，控制线虫为害，推荐在移栽前使用。

症状和有害生物照片或绘图详见彩图2-9、彩图2-10。

第五节　根结线虫属

中文名：根结线虫属

学名：*Meloidogyne* Goeldi，1892

英文名：root knot nematodes

分类地位：侧尾腺纲 Secernentea，垫刃目 Tylenchida，垫刃总科 Tylenchoidea，异皮科 Heteroderidae，根结亚科 Meloidogyninae

分布：根结线虫是烟草病原线虫中最重要的种类，烟草根结线虫病是一种世界性病害，1892年Janse首先报道发现于爪哇，此后在世界各主产烟的国家相继发生，目前已成为世界烟草种植区普遍发生的重要病害之一。目前，已报道的对烟草为害最为严重的种类有花生根结线虫 *Meloidogyne arenaria*、南方根结线虫 *M. incognita* 和爪哇根结线虫 *M. javanica*；北方根结线虫 *M. halpa* 和小头根结线虫 *M. microcephala*、马亚圭根结线虫 *M. mayaguensis*、克拉塞安根结线虫 *M. cruciani*、象耳豆根结线虫 *M. enterolobii*、埃塞俄比亚根结线虫 *M. ethiopica*、悬铃木根结线虫 *M. platani*、泰晤士根结线虫 *M. thamesi* 也可以造成烟草减产。其中，具有特别检疫意义的根结线虫的分布如下。

南方根结线虫 *Meloidogyne incognita* 的分布最为广泛，分布范围是北纬40°N到南纬33°S。

花生根结线虫 *M. arenaria* 的分布与南方根结线虫相似，在北纬40°N到南纬33°S之间。

爪哇根结线虫 *M. javanica* 分布于北纬33°N到南纬33°S之间。

北方根结线虫 *M. hapla* 在北半球分布在北纬34°N至43°N之间，在热带和亚热带地区常在高海拔地区（1 000m以上）发现，在南半球存在于较高的纬度，南纬45°S以南。

小头根结线虫 *M. microcephala* 分布于巴西、美国、南非、塞内加尔、巴西、波多黎各。

埃塞俄比亚根结线虫 *M. ethiopica* 分布于埃塞俄比亚、津巴布韦、莫桑比克、南非、坦桑尼亚、巴西、智利、斯洛文尼亚。

泰晤士根结线虫 *M. thamesi* 分布美国、德国、南非、澳大利亚、日本、菲律宾等。

据四川、河南、云南、福建、陕西、山东等省研究表明，中国主产烟区根结线虫共有5个种，分别为南方根结线虫［*Meloidogyne incognita*（Kofoid and White）Chitwood］、花生根结线虫［*M. arenaria*（Neal）Chitwood］、爪哇根结线虫［*M. javanica*（Treub）Chitwood］、北方根结线虫（*M. hapla* Chitwood）和高弓根结线虫（*M. exigua* Goeld）。田间普遍存在着种群混生的多样性现象，以南方根结线虫为优势种。

寄主：根结线虫的寄主范围非常广泛，几乎所有的植物均可被根结线虫所侵染。Goodey，J. B（1966）等人报道该线虫属的寄主植物有114科3 000多种，但不同种的线虫其寄主植物种类有很大差异。国内据河南在田间调查及室内盆栽接种测定表明，有45种作物及杂草等不同程度地感染根结线虫。山东农业大学烟草研究室（1995）通过田间调查与室内盆栽接种测定证明烟草根结线虫（南方根结线虫为主）可侵染30科111种植物。其中，粮食作物有10种，油料及经济作物9种，蔬菜作物33种，果树类3种，花卉树木类8种，杂草类48种（表2－1）。

南方根结线虫寄主范围非常广泛，据统计，其寄主超过1 300多种植物。

花生根结线虫和爪哇根结线虫的寄主范围也很广。

北方根结线虫的寄主专化性相对强些，主要寄主马铃薯、花生、番茄、辣椒、草莓、烟草、胡萝卜、莴苣、芹菜、十字花科蔬菜及其他温带地区的农作物。

小头根结线虫的寄主为鬼针草、辣椒、咖啡属、番茄、烟草、番石榴、茄子等。

埃塞俄比亚根结线虫寄主为甘蓝、辣椒、西葫芦、莴苣、番茄、烟草、菜豆、豇豆等。

泰晤士根结线虫寄主为棉花、大麦、水稻、番茄、烟草、苎麻、亚麻、洋葱、甜菜、茶树、向日葵、香石竹、大豆、菜豆、豇豆等。

表2－1　烟草根结线虫寄主植物归类（《中国烟草病害》）

Tab. 2－1　Host plants classification of tobacco root－knot nematodes

植物类别	植物名称
粮食作物	玉米、谷子、小麦、水稻、高粱、甘薯、绿豆、赤小豆、大麦、豌豆
油料及经济作物	花生、大豆、向日葵、芝麻、烟草、甜菜、葫芦、小葫芦、苘麻
蔬菜类	西瓜、南瓜、冬瓜、黄瓜、胡萝卜、丝瓜、西葫芦、瓠子、苦瓜、豇豆、蚕豆、甜瓜、菠菜、扁豆、饭豇豆、菊芋、洋葱、大葱、大蒜、韭菜、萝卜、白菜、茄子、番茄、香菜、卷心菜、菜豆、菜瓜、小白菜、芥菜、辣椒、姜、芹菜
果树类	桃、葡萄、猕猴桃
花卉树木类	泡桐、合欢、杨树、洋槐、苦楝、菊花、凤仙花、锦葵
杂草类	天蓝苜蓿、紫花苜蓿、紫花地丁、婆婆纳、鸡眼草、歪头菜、曼陀罗、洋酸浆、打碗花、裂叶牵牛、圆叶牵牛、委陵菜、马唐、狗尾草、芦苇、稗、牛筋草、画眉草、旋覆花、条叶旋覆花、泥湖菜、刺儿菜、苦菜、紫菀、菊芋、大蓟、野菊花、抱茎苦卖菜、苍耳、碎米荠、荠菜、播娘蒿、山麻、荨麻、萝藦、徐长卿、皱果苋、石竹、马齿苋、车前、灰菜、扫帚菜、鸭跐草、红磷扁莎、扁蓄、山绿豆、狼尾草

为害情况：根结线虫是最重要的烟草寄生线虫，可对烟草造成一定程度的产量和经济损失。根结线虫属为害烟草最为普遍和重要的种类有南方根结线虫、爪哇根结线虫、花生根结线虫和北方根结线虫。根结线虫侵染烟草可导致烟草根系发育受阻，使根系数量减少、畸形，植株地上部分表现出缺素的症状，严重时可以导致烟草在成株前萎蔫。在美国，每年有1%～14%的烟草田受根结线虫侵染导致减产（Powell等，1986）。土耳其某些地区根结线虫导致烟草减产高达50%～60%。在伊拉克，根结线虫为害烟草面积超过40%，严重时甚至

高达100%。此外，田间植物根结线虫常与真菌、细菌同时存在，且相互影响，构成复合侵染（Porter & Powell，1967；Lucas，1975；Batten & Powell，1971）。

目前，此病在广西、广东、福建、湖南、湖北、云南、贵州、浙江、四川、安徽、陕西、河南、山东13个主产烟省（区）均有发生，以四川、河南、安徽、云南、贵州、广西、山东等省（区）发生普遍，受害较为严重。田间发病率一般为30%，重者达50%～70%，少数地块甚至绝产失收。联合国粮农组织统计，全世界因线虫所致的烟草产值直接损失平均每年约4亿美元，其中，绝大部分是由根结线虫病所造成的。

烟草根结线虫病从苗床期至大田生长期均可发生，受害烟株症状持续发展，为害程度逐渐加重。苗床期发病一般地上无明显症状，至移栽前，受害重的烟苗生长缓慢，基部叶片呈黄白色，幼苗根部有少量米粒大小的根结，须根稀少；大田生长期，幼苗带病或返苗期大田直接感病的植株病情将持续发展，初从下部叶片的叶尖、叶缘开始褪绿变黄，整株叶片由下而上逐渐变黄色，植株萎黄、生长缓慢，高矮不齐，呈点片缺肥状。后期中下部叶片的叶尖、叶缘出现不规则褐色坏死斑并逐渐枯焦内卷。拔起病根可见根系上生有大小不等的瘤状根结，须根稀少。根系受害初在主根及侧根上产生白色米粒状的瘤状物即根结。随病情发展，根结渐次增多增大，单条根上有数个至几十个根结不等，根结串生或多个根结联接愈合，使整个根系粗细不匀呈鸡爪状畸形根。剖视根结，内有许多乳白色或黄白色粒状物，为病原线虫的雌成虫。后期土壤湿度大时，根系腐烂，仅残留根皮和木质部，植株提早枯死。发病轻的植株，地上部症状不明显，但根系上有少量根结，后期叶片薄，呈假熟状。

此外许多国际植保组织和国家将根结线虫列为检疫性有害生物。

形态特征：系内寄生线虫，两性虫体异形。虫体发育分卵、幼虫、成虫3个阶段。

卵：肾脏形至椭圆形，黄褐色，两端圆。藏于黄褐色胶质卵囊内。每个卵囊内有卵300～500粒。初产卵的一侧向内略凹，长79～91μm，宽26～37.5μm。

幼虫：1龄幼虫呈现“8”字形卷曲在卵壳内，孵化不久即通过口针不断穿刺柔软卵壳末端，穿刺成孔洞而逸出。2龄幼虫线形、圆筒状，具有发育良好的唇区，其前端稍平，有1～3条环纹，略呈杯状结构，由6个唇片组成，侧唇大于亚中唇。侧器为裂口状，口针纤细，有发育良好的基部球。蜕皮后成为3龄幼虫，雌雄虫体开始分化，再经两次蜕皮后成为成虫。

成虫：雌成虫因发育成熟度不同其形态变化较大。依次有豆荚形、辣椒形，成熟成虫柠檬形或鸭梨形。头部尖、后端圆，平均长度为0.44～1.30mm，平均宽度为0.33～0.70mm，多数种的雌虫有一对称的体形，即从口针到阴门划一条正好通过体中央的线。排泄孔位于中食道球前方，阴门位于虫体末端或亚末端，肛门位于阴门区稍下凹的地方。会阴区的角质膜形成一种特异的会阴花纹，会阴花纹构型是鉴别种的重要特征之一。雄成虫体细长，圆筒状，头部收缩为锥形，尾部钝。交合刺成对，针状弓形，末端彼此相连，无抱片。平均体长1.15～1.90mm，平均体宽为0.30～0.36mm。

南方根结线虫：形态学特征为，雌成虫会阴花纹有明显高的背弓，无明显侧线，一些线纹在侧面分叉。排泄孔位于口针基球对应处。口针锥部向背面弯曲，背食道腺开口距口针基球2～3μm。鉴别寄主反应，在辣椒和西瓜上能繁殖，但不侵染花生。1号小种在棉花和烟草NC95上不能繁殖。2号小种在烟草上能繁殖，但不侵染棉花。3号小种在棉花上可以繁殖，但不侵染烟草。

花生根结线虫：形态学特征为，雌成虫会阴花纹背弓扁平至圆形，背弓线纹平滑至波浪状，线纹在侧线处稍有分叉，弓上线纹成肩状突起，背面与腹面的线纹在侧线处相交成角度。口针粗壮、锥部与杆部均宽大，杆部末端稍加粗，基部球末端宽圆。雄虫头冠低，后部倾斜，有2～3个环纹。鉴别寄主反应，可侵染辣椒，西瓜和烟草并能繁殖，但不侵染棉花。1号生理小种能在花生上繁殖，2号生理小种不能在花生上繁殖。

爪哇根结线虫：形态学特征为，雌成虫会阴花纹背弓圆，有明显的双侧线，排泄孔位于头端2个口针长处。雄虫口针基球宽而短。幼虫尾部较细。鉴别寄主反应，在西瓜上能繁殖，但不侵染辣椒、棉花和花生。

北方根结线虫：形态学特征为，雌成虫会阴花纹呈近圆形的六边形到扁平的卵圆形，尾端区有刻点。雄虫头区与体环有明显的界限，头冠窄于头区。口针细、短，基部球圆并与杆部有明显界限。背食道腺开口到口针基球底部距离长4～6μm。鉴别寄主反应为，在辣椒、花生和烟草上能繁殖，但不能侵染西瓜和棉花。

高弓根结线虫：该种曾作为南方根结线虫的一个变种 *M. incognita* var. *acrita*。其形态特征与南方根结线虫的区别是雌成虫会阴花纹平滑至波浪形，弓形完好。

生物学习性：根结线虫的卵产于胶质团中，胶质物把卵聚集在卵块或卵囊中。经第一次蜕皮，变成2龄幼虫，可用口针不断穿刺卵壳的末端并破壳而出。接着，进入土壤中并不断移动，伺机侵染寄主。一旦觅到合适的寄主，线虫就连续取食，逐渐膨大变为豆荚状，接着幼虫第二、第三次蜕皮，形成了3龄和4龄幼虫。第四次蜕皮后，口针和中食道球又明显可见，生殖腺趋于成熟，子宫和阴道形成，可见明显的会阴花纹。随着线虫的发育，雌性虫体近球形或略伸长并带有一个颈，生殖腺充分发育，并高度分化和盘曲，占据体腔大部分空间，最后成熟产卵。雄虫在发育过程中形态变化不大，均为线形。根结线虫完成一个世代一般需要25～30d（27℃）。根结线虫的存活与繁殖，与土壤温度、土壤湿度、土壤结构等多种生态因子有关。根结线虫在砂土中发生较重，而在黏土中较轻。此外，土壤的渗透压、酸碱度、土壤氧气、根的分泌物等因素对根结线虫的存活和繁殖也有一定的影响。

传播途径：根结线虫可随土壤和带根、土的寄主植物作远距离的传播，田间灌溉时灌溉水也可作近距离的传播。

烟草根结线虫以卵、卵囊、幼虫在土壤中，以及以幼虫、成虫在土壤、粪肥中的病根残组织和田间其他寄主植物根系上越冬，为翌年发病的主要侵染来源。据试验证明，有病田播种或移栽前撒施病土，能使严重发病。田间调查表明，病情往往是顺行向发展，主要是通过耕作、灌溉等人为农事操作方式或雨水等传播引起的。田间一旦发病，由于线虫的寄主范围广，即使短期内不种烟草，也会因种植其他寄主作物或田间有大量杂草寄主，而使土壤中线虫逐渐积累，病情加重。施用混有病土、病残根的粪肥，会使无病田发病或加重原有病田的发病程度。此外，带病烟苗的调运，可使线虫随病苗、病土远距离传播。

流行规律：烟草根结线虫病在田间的发生发展与土壤温度、湿度、土壤质地、栽培条件及品种抗病性等因素有较密切的关系。

1. 土壤温、湿度的影响

温度对病害的发生与流行起着主导作用。长期处于0℃条件下的线虫仍能存活，但在-20℃条件下经2h，各虫态的线虫全部死亡。据河南调查，在12℃以下的低温和36℃以上的高温条件下线虫很少侵染，22～32℃范围内最适于侵染。当春季日平均地温达10℃以上时，卵陆续孵化为第1代幼虫；当日平均地温达12℃时，蜕皮成1龄幼虫；当平均地温达13～15℃时，2龄幼虫开始侵染，苗床上病苗形成根结。在4月下旬至5月上旬移栽后15～20d，大田病株出现根结，5月下旬根结增多，根系的半数被害，中下部叶片变为黄褐色，6月下旬根系大部受侵染，地上部生长缓慢甚至停止生长。因此，6月中旬至7月上旬（平均地温22～30℃）是线虫侵染为害高峰，病情发展迅速。低于8℃，高于32℃时，雌成虫不能成熟产卵。土壤相对湿度在40%～80%时，适于线虫的发育和侵染。一般土壤湿度过高，发病轻，土壤长时间干燥则发病重。据四川病田淹水试验证明，淹水170d、96d的地块，发病率分别为6.06%和16.67%，而未淹水的对照区发病率分别73.09%和100%。连续水淹4个月后，幼虫死亡，卵仍存活，但水淹22.5个月后，幼虫、成虫和卵全部死亡。

2. 土壤质地的影响

一般土质疏松通气性好的砂壤土发病重，黏重土壤发病轻。土壤pH值4～8的范围内对根结线虫病的发生无明显影响。

3. 烟草种及品种的影响

烟草的种和品种对根结线虫的抗性差异显著。Schweppenhauser（1968）等人筛选了烟草种及杂交种对北方根结线虫（*M. hapla*）的抗性，发现*Nicotiana knightiana*、*N. longiflora*、*N. megalosiphon*、*N. nudicaulis*、*N. otophora* 和 *N. repanda* 是免疫的。其中，*N. longiflora* 和 *N. otophora* 的抗性最有希望转移至栽培种（*N. tabacum*）中。Ramjilal（1988）等人室内接种测定了42个烟草种和200个烟草品种对爪哇根结线虫（*Meloidoglne javanica*）的抗性，证明种及品种均未表现免疫反应，但种及品种的抗病反应有明显差异。42个烟草种只有*N. amiplexicaulis*、*N. nudicaulis*、*N. plumbaginifolia* 和 *N. repanda* 是抗病的，*N. benthamiana*、*N. glauca* 和 *N. nesophyla* 是中抗的，其余36个是感病的。在200个烟草品种中仅G-28和GT-4是中抗的，其余品种表现有不同程度的感病性。据中国农业科学院烟草研究所和山东农业大学烟草研究室等单位室内及田间病区品种抗病性鉴定试验，国内主产烟区（线虫优势种为南方根结线虫 *Meloidogyne incognita* 1号小种）推广种植的品种均未表现出免疫反应，但品种间抗病性差异明显。表现高度抗病且抗性较稳定的品种是NC89、G80等，中抗品种有K326等，NC82等表现感病和高度感病，其他品种如中烟14、云烟2号、G28等表现高度抗病。

种植不同抗性的品种对根结线虫的消长与流行的影响十分明显。四川省黔江区1986年全县发病面积达426.7hm^2，占种烟面积的74.43%，其中，感病品种红花大金元占总面积的65.71%，到1988年全部改种抗病品种，基本控制了病害的流行。

在生长季节开始时，土壤中线虫的密度对当年发病危害轻重有直接关系。Arens 等研究发现在 100cm^3 土壤中接种 4 个卵或幼虫，降低产量可达 7%，且随接种量增加，产量损失越大，同时发现 *M. javanica* 比 *M. incognita* 有更高的侵袭性。同等接种量下，前者造成的产量损失更大。在同样接种量下，不同根结线虫种造成的损失有一定差异，Barker 等报道，在感病品种上，*M. javanica* 和 *M. arinaria* 减产 13% ~ 19%，*M. incognita* 为 5% ~ 10%，而 *M. hapla* 只有 3.4% ~5%。

4. 根结线虫病与其他病害的关系

烟株受根结线虫侵染后，由线虫造成的根部伤口不仅为真菌、细菌等病原物的侵入提供了侵染途径，而且能引起寄主本身的生理变化，削弱对黑胫病、青枯病、立枯病等其他根茎部病害的抗性，使发病程度增加。Sasser（1955）等人证明，在烟草上同时接种根结线虫和黑胫病菌（*Phytophthora parasitica* var. *nicotianae*）时，其发病程度超过单独接种两种病原物的发病程度。在单独接种黑胫病菌的条件下，两星期后病株率很低，同时接种黑胫病菌和根结线虫，一星期内黑胫病症状明显并表现萎蔫，两个星期内病株根系变黑色的出现率很高。进一步试验表明，根结线虫侵染之后到接种黑胫病菌的间隔时间越长，黑胫病的症状就越严重。显然在这种关系中，线虫不仅在于造成根部的创伤，而且还改变了根部的生理状况，使之更有利于黑胫病菌的侵入和发育。Powell（1972）等人证明，黑胫病菌侵入由线虫所引起的根结组织的速度比侵入邻近的正常组织的速度快得多，而且发病的严重程度有所增加。Lucas（1955）等和 Johnson（1969）等分别证明，把青枯病菌（*Pseudomonas solanacearum*）和根结线虫单独或混合接种烟草，线虫的侵染不但会使烟株根系受到伤害，而且会使青枯病发生更早，病情更严重。Powell 和 Batten（1967）试验证明，如果根结线虫侵染后 3 个星期再接种立枯丝核菌（*Rhizoctonia solani*），那么，烟株就会受到立枯病的严重侵害。因此，断定根结线虫（*M. incognita*）对立枯病的严重发生有重要的促进作用。Powell 等人还发现，根结线虫（*M. incognita*，*M. javanica*，*M. arenaria*）使烟草根系容易遭受萎蔫病菌（*Fusariun oxysporum* var. *nicotianae*）的侵害。他们在试验中发现，当线虫侵染之后，隔三四个星期再接种萎蔫病菌，不论是对线虫病的抗病品种还是感病品种，萎蔫病的发病率都平均提高50%。康业斌（1989）等在河南观察，烟田前期根结线虫病发病率高的地块，黑胫病的发病率也高，两种病害常相继发生。吴青（1987）等研究证明，在烟草根结线虫病与黑胫病并发的地块，根结线虫能削弱烟草对黑胫病的抗病性，两种病害的病情严重程度呈极显著正相关关系。即根结线虫病发生严重，烟草黑胫病的为害程度也随之加重。云南烟草科研所（1995）调查，凡是根结线虫病发生为害的烟田，烟草普通花叶病（TMV）的发病率比一般烟田高 8% ~13.5%，烟草黑胫病的发病率高 5% ~8.5%，根黑腐病的发病率高 2% ~3.5%，烟草青枯病和空茎病的发病率高 2% ~3%。有的研究还发现，某些抗南方根结线虫的种质，当受到 PVY 侵染时易产生叶脉坏死现象。

检验检疫方法：

现场检疫：主要查看烟草种苗的带根、带土的情况，收集烟草种苗与其所夹带的土壤一并带回实验室进行检验。

实验室检验：根结线虫属于固定内寄生线虫。仔细观察样品的根组织是否有根结线虫侵染的症状，仔细查看根系上是否根结，有根结线虫雌虫可以直接切会阴花纹后镜检鉴定。收集样品中的土壤部分，采用浅盘法或漏斗法分离土壤中的2龄幼虫和雄虫。水样中的2龄幼虫和雄虫可以直接挑取，制成临时玻片在显微镜下镜检，观察其形态结构。

防治方法：中国主产烟区烟田集中，对根结线虫病的防治，大面积轮作较难实行，目前应采用选种抗、耐病品种和药剂防治相结合，辅以农业控病技术的综合措施。从长远看，应以选育抗线虫品种为主要措施。

1. 选种抗病品种

病区选种抗病品种是一项经济有效的措施。据有关报道，NC95、G80等品种高抗南方根结线虫1号小种，NC95还兼抗黑胫病、青枯病和镰刀菌萎蔫病。在中国以南方根结线虫为优势种群的生产烟区，目前生产上推广种植的品种中，NC89、G80等是抗病性较为稳定的品种，K326、G28等表现中抗或抗病，中烟14、云烟2号等在不同地区抗性表现有一定差异。由于中国各烟区根结线虫种群较为复杂，选用抗病品种时，应在监测线虫种群动态基础上，因地制宜有针对性地选择使用。目前爪哇根结线虫和花生根结线虫的种群数量有上升趋势，但又无抗病品种可用，应加强对这两个种的抗病育种研究工作。

2. 改善和加强栽培管理措施

合理轮作。病田应实行3年轮作制。一般以禾本科作物轮作为宜，并及时清除田间杂草寄主，有条件的地区可实行水旱轮作；培育无病壮苗，应选无病地、无病土育苗，避免在蔬菜地或用菜田土育苗。病区应实行药剂处理苗床土。①溴甲烷熏蒸苗床土：中国农业科学院烟草所试验证明，溴甲烷熏蒸处理苗床土，可有效地杀灭土壤中线虫，并兼防地下害虫和杂草。处理时，先将苗床土翻松耙细或将营养土堆成15cm厚，长宽以利于盖膜为宜，支架后覆盖塑料薄膜并封闭。按30～40g/m^{2}施药，15℃以上保持24～48h，揭膜划锄晾晒48h后即可整畦播种。溴甲烷为无味有毒液化气体，施药时应注意人、畜安全。②磷化铝处理：四川省农业科学院植保所研究，用57%磷化铝片处理苗床防治效果达90%以上。处理时，在平整的苗床上放磷化铝一片（3.3g/m^2），盖土后再覆盖塑料薄膜；经3～5d揭膜划锄通风后播种；清除病残体，烟草收获后，应及时挖除病根和杂草集中晒干烧掉，并多次翻晒土壤，使土壤中病根残体干燥，促使线虫死亡，可大大压低土壤中的虫源基数，减轻为害；增施肥料。病地增施肥料，尤其增施有机肥，有利于烟株根系发达，增强植株抗性。据云南烟科所试验，病地每公顷增施有机肥15 000～19 500kg，防效达42.2%。

3. 药剂防治

已有的药剂防治研究表明，15%铁灭克（或5%涕灭威）、10%克线磷颗粒剂、40%甲基异柳磷乳油等药剂，于整地时沟施，都有良好的防治效果。但从生态效益和经济效益全面分析，不宜大面积应用。目前研究较理想的施药方法是移栽时穴施药土法。可采用15%铁灭克颗粒剂10.5～15kg/hm^{2}或5%涕灭威颗粒剂22.5～30kg/hm^2，或10%克线磷颗粒剂30kg/hm^2，以烟草移栽时拌适量细干土穴施为宜。若沟施时，选用上述药剂则应相应增加用药量。

症状和有害生物照片或绘图详见彩图2－11、彩图2－12、彩图2－13、彩图2－14、彩图2－15、彩图2－16、彩图2－17、彩图2－18、彩图2－19。

第六节　最大拟长针线虫

中文名：最大拟长针线虫

学名：*Paralongidorus maximus*（Bütschli，1874）Siddiqi，1964

异名：*Dorylaimus maximus* Bütschli，1874；

Dorylaimus（*Longidorus*）*maximus* Bütschli，1874 in Micoletzky，1922；

Longidorus maximus（Bütschli，1874）Thorne & Swanger，1936；

Longidorus maximus of Meyl（1954）（= *Longidorus meyli* Sturhan，1963）；

最大异长针线虫。

分类地位：矛线目Dorylaimida、长针线虫科Longidoridae、长针线虫亚科Longirinae、拟长针线虫属*Paralongidorus*

分布：最大拟长针线虫分布于澳大利亚、巴西、菲律宾、美国、南非、新西兰，以及欧洲的波兰、德国、法国、匈牙利、英国等地区。

寄主：最大拟长针线虫的寄主范围较广，主要有菜豆、草莓、大丽花、鹅耳枥属、胡萝卜、花椰菜、黄瓜、韭葱、菊花、菊科、冷杉属、栎属、落叶松属、马铃薯、玫瑰、桤木属、槭属、伞形科、松属、唐菖蒲、天蓝绣球属、豌豆、向日葵、崖柏属、烟草、洋葱、洋槐属、云杉属、榛属等。

为害情况：该线虫寄主广泛，能引起植物出现较为典型的为害症状。同其他植物寄生线虫一样，受害田间会出现植株发育迟缓或死亡。发病地块分布不规则，通常是以土壤耕作方向为轴呈椭圆形或十字形。发病植株生长迟缓、矮小，甚至导致死亡。叶片变色或黄化。根部会出现局部的扭曲、畸形或根尖弯曲等与剑线虫的为害状相似的症状。有时根部会出现类似根结线虫寄生时的症状。肿起的部位会出现褐色的坏死斑，特别是当细菌或真菌同时侵染时，最终将导致整个根部溃烂。大多数情况是部分根组织死亡，主根变短或消失，块根、块茎或球茎变短、变小。

形态特征：

雌虫：体大，虫体长7～12mm。热杀死后虫体呈开螺旋形，主要是虫体后半部弯曲。表皮厚，有十字交叉状环纹。头部缢缩，表皮厚度为7～10μm，体中部表皮4～7μm，尾末端表皮10～18μm。唇区圆，宽度为35～39μm，高度小于宽度的1/2。唇区通常有6个内环乳突和10个外环乳突。侧器马蹄形，侧器口宽为体宽的2/3。齿尖针长152～187μm，齿针基部宽3μm，不形成凸缘。齿针杆部长42～71μm，齿针全长220～249μm。导环距头端36～47μm，宽7～9μm。神经环距头端224～284μm，位于食道腺中部稍靠后的位置。半月体长5～7μm，与神经环位置水平，距头端232～288μm。食道腺前部细，弯曲呈环状与食道腺基部重叠。食道腺基部长143～163μm，宽25～35μm。背食道腺核位于背食道腺开口后一段距离，第一对亚腹食道腺核位于食道腺中部附近，第二对亚腹食道腺核位于食道腺基部，不明显。食道与肠间瓣门钝凸锥形，长 36μm，但有时不明显。直肠长度是肛门处体宽的一半。尾短，钝圆，长 26～38μm，约是肛门处体宽的一半。具 2 或 3 对尾乳突。一对在亚腹面，另一对在亚背面或侧面。阴门横裂，约为体宽的 1/4。双生殖腺、对生、回折。

雄虫：极为少见。体前端与雌虫相似，后端相腹面弯曲程度较大。交合刺粗壮，长 100～106μm，侧诱导片长 32～35μm。近肛门区一对乳突加侧面附器 14～15 对。

传播途径：拟长针线虫是植物的外寄生线虫，在土壤中生存，因此可随带根的植物及土壤作远距离传播。在田间，农事操作、农具也可传播该线虫，而拟长针线虫在田间的自然移动一般不超过几米距离。

检验检疫方法：

现场检疫：仔细查验苗木的生长状况、根部为害状，以及是否带介质和土壤等。无症状随机取样，重点选有生长不良或根表现症状的苗木和根际土取样。取样后送实验室检测。

实验室检验：用漏斗法和浅盘法可成功地从根组织和土壤中分离线虫。分离获得的水样在体视显微镜下检查，挑取线虫若干制成临时玻片在显微镜下镜检，观察其形态结构。

症状和有害生物照片或绘图详见彩图 2－20、彩图 2－21。

第七节　拟毛刺线虫

中文名：拟毛刺线虫

学名：*Paratrichodorus* Siddiqi，1974（传毒种）

分类地位：无侧尾腺纲 Adenophorea，三矛目 Triplonchida，膜皮亚目 Diphtherophorina，毛刺总科 Trichodoridea，毛刺科 Trichodoridae

分布：拟毛刺线虫属广布于全世界，在世界上许多国家有发现。目前已经报道的拟毛刺线虫属有近 30 多种，其中，仅少数种中国局部有分布。拟毛刺线虫属中的传毒种可以传播烟草脆裂病毒等多种病毒导致烟草减产。其中，具有重要检疫意义的种分布如下。

葱拟毛刺线虫 *P. allius* 分布于意大利、葡萄牙、坦桑尼亚、南非、美国、智利、以色列。

银莲花拟毛刺线虫 *P. anemones* 分布于英国、法国、荷兰和葡萄牙。

多变拟毛刺线虫 *P. divergens* 仅分布于葡萄牙。

西班牙拟毛刺线虫 *P. hispanus* 分布于西班牙、葡萄牙。

较小拟毛刺线虫 *P. minor* 分布于德国、意大利、葡萄牙、西班牙、俄罗斯、南非、埃及、塞内加尔、毛里求斯、布基纳法索、科特迪瓦、美国、尼加拉瓜、波多黎各、巴西、古巴、阿根廷、委内瑞拉、澳大利亚、新西兰、爪哇、斐济、以色列、印度、阿富汗、日本、菲律宾和中国的福建、台湾地区等。

短小拟毛刺线虫 *P. nanus* 分布于英国、荷兰、比利时、法国、德国、意大利、葡萄牙、突尼斯、塞内加尔。

厚皮拟毛刺线虫 *P. pachydermus* 分布于英国、爱尔兰、比利时、德国、瑞士、法国、意大利、荷兰、葡萄牙、瑞典、挪威、丹麦、芬兰、保加利亚、罗马尼亚、波兰、斯洛伐克、俄罗斯、加拿大、美国、泰国、缅甸和中国的广东。

胼胝拟毛刺线虫 *P. porosus* 分布于美国、澳大利亚、南非、巴西、俄罗斯、葡萄牙、韩国、日本、乌兹别克斯坦、印度和中国部分地区。

光滑拟毛刺线虫 *P. teres* 分布于英国、荷兰、法国、比利时、德国、意大利、西班牙、葡萄牙、波兰、南非和美国。

突尼斯拟毛刺线虫 *P. tunisiensis* 分布于突尼斯和意大利。

寄主：拟毛刺线虫多为害草本植物，也能为害多年生木本植物，其寄主范围非常广泛，包括果树、蔬菜、观赏植物，洋葱、甜菜、小麦、栎树、鳄梨、柠檬、葡萄、苹果、橄榄、黑麦、马铃薯、花生、棉花、烟草、大豆等经济作物。

为害情况：拟毛刺线虫属为外寄生线虫，部分种类在根围土中，属迁移型，营根外寄生，一般在根尖或附近取食。线虫首先聚集在根尖部位，取食根尖使之停止生长，诱发侧根形成。侧根大量发生，线虫再侵染侧根根尖，使生长受阻。依此下去，根系形成一团短粗根，患短粗根的树生长衰弱甚至死亡。

拟毛刺线虫属还是传播病毒的介体。到目前为止，全世界已报道传播病毒的线虫有 36 种，线虫传病毒 20 种。这些传毒线虫均属于矛线目中具有寄生习性的二个科，即长针线虫科（Longidoridae）和毛刺线虫科（Trichodoridae）。毛刺线虫科的毛刺线虫属有 5 个种、拟毛刺线虫属有 9 个种已被证实具有传毒能力，其中，葱拟毛刺线虫 *P. allius*、较小拟毛刺线虫 *P. minor*、短小拟毛刺线虫 *P. nanus*、厚皮拟毛刺线虫 *P. pachydermus*、胼胝拟毛刺线虫 *P. porosus*、突尼斯拟毛刺线虫 *P. tunisiensis*、银莲花拟毛刺线虫 *P. anemones*、光滑拟毛刺线虫 *P. teres* 传播烟草脆裂病毒。在荷兰和德国，拟毛刺线虫和毛刺线虫作为烟草脆裂病毒的传毒介体侵染烟草，导致烟草减产（Lucas，1975）。Meagher（1969）报道在澳大利亚，*P. lobatus* 侵染烟草可以造成烟草植株矮化。

这些线虫都是土中十分活跃的外寄生线虫。具有发达的口针，取食时口针穿刺根组织吸取汁液，取食后即离开根组织在土中游动。线虫在病根上取食时获得病毒，至下次在健株根部取食时就可以将病毒传到健根。无论是成虫或是幼虫，它们传播病毒的效率相似。

由于线虫在土中游动的范围不大，因此，传播的速度不快。远距离传播主要是随种苗及其根部粘着的土壤调运引起的。拟毛刺线虫属主要传播的直杆状病毒，以烟草脆裂病毒（Tobacco rattle virus，TRV）和豌豆早枯病毒（Pea early - browningvirus，PEBV）为代表，这两种病毒都属于 RNA 病毒，侵染力强，在寄主表皮细胞中的浓度很高，也易由汁液摩擦接种传染。一般病毒在线虫体内的存活期可达数十天，在厚皮拟毛刺线虫（*P. pachyderma*）体内烟草脆裂病毒的传毒能力长达 2 年。拟毛刺线虫属线虫传带病毒具有专化性，传染机制主要是线虫取食时同时将汁液中病毒吸入滞留于食道部位然后释放，病毒只附着在口腔壁上或口针上而不是在消化道内，因此，也不会在线虫体内增殖，更不会经卵传染。所以，介体线虫与病毒关系属半持久性。

形态特征：拟毛刺线虫属是1974年从毛刺线虫属中分出的新属。许多特征与毛刺线虫属相似，其共同点是虫体粗短、丰满、雪茄烟状，长0.5~1.5mm。唇区低圆，缢缩或不缢缩；口针细长，弯曲，基部无凸缘；食道矛型，食道腺与肠平接；雌虫双卵巢，对生，先端回折，阴门在虫体中后部；尾短，宽圆形，肛门在虫体末端。主要差别在于两性成虫固定后，拟毛刺线虫属角质膜显著膨胀；雌虫阴道短于1/2体宽，阴道末端骨化不明显；雄虫交合伞小，在肛前有1个生殖乳突。毛刺线虫属两性成虫固定后，角质膜不膨胀；雌虫阴道长于1/2体宽，阴道末端骨化明显；雄虫无交合伞，在肛前有3个生殖乳突。

虫体角质层经热杀死或遇酸性固定液后强烈膨胀。食道腺常背面覆盖肠，极少不覆盖肠。

雌虫：双生殖腺对生，受精囊有或无；无受精囊时，精子充满子宫，在生殖腺端部极少有精子。有50%的种类存在侧体孔，极少发生在阴门前区。阴道短，明显小于阴门处1/2体宽；阴道收缩肌不明显；阴道骨化结果小或不明显；阴门孔状或呈纵裂或横裂状。

雄虫：少见。仅26%的种类有雄虫。雄虫腹中颈乳突无，如有，通常只有1对颈乳突位于排泄孔附近，极少有2对颈乳突存在。侧颈乳突无，如有，通常只有1对颈乳突位于齿针基部或排泄孔附近。尾直，有交合伞，或模糊，或明显。精子大，亚圆柱形的具腊肠形的细胞核；小的具卵圆形或圆形的细胞核；长形的具长形的细胞核；中等大小的具圆形或梭形的细胞核，或细胞核不明显。交合刺悬肌不明显；交合刺直。具1个或3个腹中前泄殖腔附着器，有时有4个，在交合伞区，通常有2对附着器，第3个发育不良，位于交合伞前区，有些种类，只有1个附着器存在。通常具有1对亚腹泄殖腔后乳突。有1对泄殖腔孔存在，极少无。

生物学习性：拟毛刺线虫于毛刺线虫生物学习性相似。在木本植物的根围出现频率较高，且多分布于土质较粗的砂性土壤中，但对于旱的条件十分敏感，因而阵雨过后群体线虫数量往往骤增。生活史相对较短，在1个生长季节内可产生多代而形成重复侵染。

传播途径：拟毛刺线虫是植物的外寄生线虫，在土壤中生存，因此，可随带根的植物及土壤作远距离传播。在田间，农事操作、农具也可传播该线虫，而拟毛刺线虫在田间的自然移动一般不超过几米距离。

检验检疫方法：

现场检疫：仔细查验苗木的生长状况、根部为害状，以及是否带介质和土壤等。无症状随机取样，重点选有生长不良或粗短根症状的苗木和根际土取样。取样后送实验室检测。

实验室检验：用漏斗法和浅盘法可成功地从根组织和土壤中分离线虫。分离获得的水样在体视显微镜下检查，挑取线虫若干制成临时玻片在显微镜下镜检，观察其形态结构。

症状和有害生物照片或绘图详见彩图2-22、彩图2-23、彩图2-24、彩图2-25、彩图2-26、彩图2-27。

第八节　短体属

中文名：短体属

学名：*Pratylenchus* Filipjev，1936

英文名：Root rot nematode；Root - lension nematodes

分类地位：侧尾腺纲 Secernentea，垫刃目 Tylenchida，垫刃总科 Tylenchoidea，短体科 Pratylenchidae，短体亚科 Pratylenchinae。

分布：短体线虫是一类非常重要的植物寄生线虫，侵染烟草的短体属线虫主要有艾氏短体线虫 *Pratylenchus alleni*、最短尾短体线虫 *P. brachyurus*、刻痕短体线虫 *P. crenatus*、六纹短体线虫 *P. hexincisus*、落选短体线虫 *P. neglectus*、穿刺短体线虫 *P. penetrans*、草地短体线虫 *P. pratensis*、斯氏短体线虫 *P. scribneri*、玉米短体线虫 *P. zeae*。其中具有重要检疫意义的种分布如下：

艾氏短体线虫 *P. alleni* 分布于前苏联、美国、加拿大、阿根廷、印度、土耳其、马提尼克岛、中国辽宁、四川、重庆市等地。

最短尾短体线虫 *P. brachyurus* 分布于美国加拿大、墨西哥、巴西、秘鲁、玻利维亚、委内瑞拉、古巴、澳大利亚、日本、菲律宾、新加坡、马来西亚、斐济、汤加、前苏联、南非、土耳其、科特迪瓦、马达加斯加等国家。

刻痕短体线虫 *P. crenatus* 分布于欧洲、美国、加拿大、斐济、日本、委内瑞拉、南非等国家。

六纹短体线虫 *P. hexincisus* 分布于南非、尼日利亚、美国、委内瑞拉、中国（辽宁、江苏、山西、广东、贵州、天津、山东、江西、陕西、新疆）等地。

落选短体线虫 *P. neglectus* 广泛分布于欧洲、美国、加拿大、澳大利亚、新西兰、日本、南非、印度、中国等国家。国内分布于海南、云南、贵州、天津、山西、北京和吉林。

草地短体线虫 *P. pratensis* 印度、荷兰、德国、比利时、保加利亚、意大利、俄罗斯、美国、加拿大、古巴、墨西哥、摩尔达维亚、斯洛伐克、斯洛文尼亚、波兰、西班牙、阿尔及利亚、利比亚、南非、阿塞拜疆、巴基斯坦、乌兹别克斯坦、中国等地。国内分布于海南、广东、福建、江西、湖南、湖北、云南、贵州、四川、江苏、安徽、浙江、山东、天津、北京、吉林、陕西、新疆和辽宁等省区市。

斯氏短体线虫 *P. scribneri* 分布于保加利亚、荷兰、前苏联、美国、墨西哥、日本、印度、以色列、土耳其、埃及、尼日利亚、南非等。

寄主：艾氏短体线虫寄主有大豆、菊花、豌豆、鹰嘴豆、棉花、烟草、小麦、玉米、霸王、木莓、番茄、谷子。

最短尾短体线虫的主要农作物寄主包括玉米、棉花、菠萝、烟草、甘蔗、花生、马铃薯、大豆、草莓、番茄、柑橘、水稻、西瓜、蔷薇属、秋海棠、薯蓣属、苜蓿、百合属等数十种农作物和园艺植物，此外，该线虫还为害松属、桉属、柳属、榕属、杨属等树木。

刻痕短体线虫的主要农作物寄主包括大麦、小麦、燕麦、玉米、大豆、苹果、梨、莴苣、玫瑰、秋海棠、白杨、福禄考等农作物。

六纹短体线虫寄主有草坪草、烟草、玉米。

落选短体线虫主要农作物寄主包括烟草、胡椒、薄荷、黑麦、玉米、小麦、香石竹、甜菜、草莓、苜蓿、大麦、葡萄、梨、李、大丽花属、丁香属等。

草地短体线虫寄主葡萄、草坪、牧场、谷物、水果、玉米、小麦、龙眼、甘蔗、草莓、苹果、猕猴桃、康乃馨、烟草、番茄、水稻等。

斯氏短体线虫主要农作物寄主包括马铃薯、番茄、葡萄、菊花、高粱、兰花、菜豆、大豆、菠萝、罂粟、烟草、玉米等。

为害情况：短体属线虫是一类不定居移栖型半内寄生植物病原线虫，主要在根部皮层取食，造成伤痕，引起根部组织坏死腐烂，能与土壤习居菌一起对植物造成复合侵染，引起更严重的危害。在植物根上最明显的表现就是在所取食的细根上存在明显的病斑。病斑呈淡黄色至褐色，病斑伸长方向和根的纵轴平行。病害严重时根全部病成黄褐色。植株的根受害后要么表现出根丛生，要么比正常植株的根少。Lehman 在 1931 年首次报道短体属线虫（*P. pratensis*）侵染烟草，为害症状是造成烟草根部形成环状的褐色病斑，并且使表皮脱落。该属中的一些种能与土壤习居菌一起对烟草造成复合侵染，引起更严重的危害（Inagaki & Powell，1969）。在美国和南非，由于短体属线虫侵染可以导致烟草一定程度的减产（Lucas，1975）。加拿大部分地区曾报道发生 *P. penetrans*，*P. crenatus* 和 *P. neglectus* 为害烟草（Mountain，1954；Kimpinski 等，1976）。Canter - Visscher（1969）报道新西兰地区的烟草发生 *P. penetrans*。特立尼达岛地区曾报道 *P. zeae* 危害烟草（Singh，1974）。Southards 温室实验研究结果表明，*P. brachyurus* 可以侵入烟草根系内部，导致烟草减产。

形态特征：虫体短胖的圆柱形，长度小于 1mm。头部较宽阔，尾部钝圆。除了六沟纹短体线虫 *Pratylenchus hexincisus* 有 6 条刻线以外，其侧区只有 4 条刻线，其他一些种类中有极少的个体存在差异。侧尾腺口位于肛门后尾长的 1/3 处，或更后一些。头骨架骨化，有折光性。口针粗，长 14 ~ 19μm，具强壮的基部球。中食道球椭圆形，大于颈部 1/2 体宽。食道基部球向后伸展覆盖肠端，通常在腹侧面与肠相交。贲门、排泄孔均明显。阴门横裂，阴道向内并略向前斜伸。前卵巢伸展，后阴子宫囊退化。通常较少发现雄虫。交合伞包裹尾部，具侧尾腺孔，位于交合伞基部附近。交合刺略成弓形。

生物学习性：短体线虫主要在植物地下组织营内部迁移性寄生。整个生活史均可在寄主体内完成，在寄主开始衰老、受其他病原侵染生长受到抑制时或寄主收获后翻土时，可转移至土壤中。短体线虫在根部活动较少，主要是在根部表皮取食。该属线虫完成一个世代需 3 ~8 周，但受温度和湿度等环境条件影响较大。该线虫的幼虫和成虫均为可移动的蠕虫状，各个时期（除了卵和 1 龄幼虫时期）均能侵染寄主植物。该属线虫中的一些种雄虫普遍，而其他种的雄虫均很少见，故认为短体线虫可孤雌生殖。

传播途径：短体线虫属迁移性内寄生线虫，取食寄主植物的根部，因此该类线虫主要随寄主植物种苗进行远距离的传播。在田间，线虫本身可以移动，传播到邻近的寄主或根上，田间农事操作、农业器具也可传播该线虫。

检验检疫方法： 短体线虫最好的检测方法是从被侵染的组织中分离和鉴定线虫。用贝尔曼漏斗和浅盘可成功地从根组织和土壤中分离到活线虫。从土壤中分离线虫也可用过筛法，配合采用梯度密度离心法（蔗糖漂浮法）或淘洗法。从根中分离线虫可采用加湿孵育法、浸泡法或直接进行组织解剖。根中的线虫可通过固定和染色后进行观察，可使用浓的染色液如酸性品红或棉蓝，然后清洗或用稀释染色法。

症状和有害生物照片或绘图详见彩图 2－28、彩图 2－29。

第九节　毛刺线虫

中文名： 毛刺线虫属

学名： *Trichodorus* Cobb，1913（传毒种）

异名： *paratrichodorids trichodorids*

英文名： stubby root nematodes

分类地位： 无侧尾腺纲 Adenophorea，三矛目 Triplonchida，膜皮亚目 Diphtherophorina，毛刺总科 Trichodoridea，毛刺科 Trichodoridae

分布： 毛刺属线虫是世界性分布的，目前已经报道的毛刺线虫属有 56 种，其中仅少数种中国局部有分布。毛刺线虫属中的传毒种可以传播烟草脆裂病毒等，间接导致烟草减产。其中具有重要检疫意义的种分布如下。

圆筒毛刺线虫 *T. cylindricus* 主要分布于英国、丹麦、比利时、德国、波兰、瑞典、瑞士、法国、意大利、荷兰、西班牙、美国。

原始毛刺线虫 *T. primitivus* 分布于英国、爱尔兰、比利时、德国、波兰、瑞士、瑞典、法国、意大利、荷兰、挪威、丹麦、保加利亚、葡萄牙、罗马尼亚、斯洛伐克、俄罗斯、美国和新西兰。

相似毛刺线虫 *T. similis* 分布于英国、比利时、德国、波兰、瑞士、法国、意大利、荷兰、挪威、希腊、瑞典、丹麦、保加利亚、罗马尼亚、斯洛伐克、俄罗斯和美国。

具毒毛刺线虫 *T. viruliferus* 分布于英国、比利时、德国、波兰、法国、意大利、荷兰、西班牙、瑞士、保加利亚、匈牙利、瑞典、美国。

寄主： 圆筒毛刺线虫寄主范围较窄，主要寄主为草皮和牧场，马铃薯、莴苣、甜菜、草莓、常绿针叶树根围土壤中也常常可以分离到该线虫。

原始毛刺线虫寄主范围较广，主要有甜菜、卷心菜、红花苜蓿、含羞草、芹菜、玉米、紫花苜蓿、黄瓜和烟草等多种植物。

相似毛刺线虫寄主主要包括地中海柏树、高粱、梨、唐菖蒲属、云杉属、大麦、油菜、烟草、草莓、藜、越橘、桃、英国、核桃、胡萝卜、紫花苜蓿等。

具毒毛刺线虫寄主包括小麦、黑麦、大麦、马铃薯、苹果和豌豆等（表 2－2）。

表 2－2 毛刺属线虫传毒种的地理分布和寄主范围（Decraemer W，1995）

Table 2－2 Geological distribution and host range of virus－vector of Trichodorus nematodes（Decraemer W，1995）

线虫	分布	寄主
圆筒毛刺线虫 *T. cylindricus*	英国、比利时、德国、波兰、瑞典、法国、意大利、荷兰、西班牙、美国（佛罗里达）	马铃薯、莴苣、甜菜、草莓、谷物作物等
原始毛刺线虫 *T. primitivus*	英国、爱尔兰、比利时、德国、波兰、瑞士、法国、意大利、荷兰、挪威、丹麦、保加利亚、葡萄牙、罗马尼亚、斯洛伐克、俄罗斯、美国、新西兰	甜菜、白菜、小麦、芹菜、玉米、三叶草、黄瓜、烟草，苹果、杏等多种果树、菊花等
相似毛刺线虫 *T. similis*	英国、比利时、德国、波兰、瑞士、法国、意大利、荷兰、挪威、丹麦、保加利亚、罗马尼亚、斯洛伐克、俄罗斯；美国（佛罗里达、密歇根）、意大利	柏、高粱、梨树、唐菖属、蒲属、松植物、大麦、蔓菁、烟草、草莓、英国花生、欧洲梅、三叶草、甜菜、辣椒、豌豆和马铃薯等
具毒毛刺线虫 *T. viruliferus*	英国、比利时、德国、波兰、法国、意大利、荷兰、西班牙、瑞士、保加利亚；美国（佛罗里达）	小麦、燕麦、大麦、马铃薯、苹果、豌豆、甜菜、葡萄、油橄榄、桃、梨、番茄、洋蓟、辣椒、柑橘、杨树、冷杉、柠檬、花生和白松等

为害情况：毛刺线虫是典型的迁移性植物根系外寄生线虫，且具有在根尖群聚为害的习性。通过直接取食或传播植物病毒，严重为害多种栽培作物和野生植物。其中，传播病毒造成损失远远大于线虫本身取食造成危害。线虫首先在快速生长的主根的根毛区不规则地取食，然后逐渐转移至伸长区进行群聚取食，最后毁坏根尖分生组织。线虫取食的部位一般仅限于表皮细胞，偶尔也可涉及皮层组织。线虫在单一取食点的取食时间很短，常常只有几分钟，甚至几秒钟。受害寄主植物表现侧根显著减少，根系生长速率下降或停止，根变短变粗而形成所谓的粗短根。其中，圆筒毛刺线虫 *T. cylindricus*、原始毛刺线虫 *T. primitivus*、相似 *T. similis*、具毒毛刺线虫 *T. viruliferus* 均可侵染烟草且传播烟草脆裂病毒，毛刺科线虫传播的病毒为烟草脆裂病毒属（Tobravirus）病毒。烟草脆裂病毒属病毒为杆状粒体，共有 3 个确定种，其中烟草脆裂病毒（Tobacco rattle virus，TRV）、豇豆早褐病毒（Pea early－browning virus，PEBV）两种由毛刺属线虫传播，辣椒环斑病毒（Pepper ringspot virus，PRV）由拟毛刺属线虫传播。Lucas（1975）报道在荷兰和德国，拟毛刺线虫和毛刺线虫作为烟草脆裂病毒的传毒介体侵染烟草，导致烟草减产。

形态特征：由于毛刺科线虫的雌雄虫都具有丰富的形态分类特征，所以雌雄虫的形态特征都被用于种属的鉴定。毛刺属雌虫以生殖腺的单双、受精囊的有无、阴道长度、阴道骨化结构的大小、阴道收缩肌的发达程度、阴门形态、阴门区侧体孔的有无等分类特征，区分于毛刺科其他各属。毛刺属雄虫的鉴定则主要根据交合伞的有无、虫体后部的弯直、交合刺悬肌囊的发达程度、交配乳突数、交合刺形态及饰纹附属物、缩回交合刺区内交配乳突数、颈乳突数、侧颈孔数等特征。

雌虫：热杀死后略向腹面弯曲，双生殖腺对伸，有受精囊（除 *T. nanjingensis*）。阴道约占半个体宽，阴道收缩肌发达，骨化结构显著。阴门孔状或横裂，很少纵裂。通常有 1～4 对侧体孔，其中 1 对侧体孔位于阴门附近一个体宽内，并且通常位于阴门后。肛门位于近末端，尾短圆，有 1 对尾孔。

原始毛刺线虫：阴道骨化结构杆状，间距宽，平行于阴道腔；瘤针长 28～57μm。

具毒毛刺线虫：阴道骨化结构杆状，但较短、近卵形，间距宽，平行于阴道腔；阴道长菱形；瘤针长 28～57μm。

相似毛刺线虫：阴门横裂；阴道长菱形；阴道骨化结构略小，不平行于体纵轴线，圆三角形，相距近；一个阴门后侧体孔；瘤针长 36～52μm。

圆筒毛刺线虫：阴道桶形；阴道骨化结构中等大小，不平行于体纵轴线，三角形，其顶端指向阴门、倾斜；瘤针长 35～52μm。

雄虫：热杀死后虫体尾部显著腹弯，呈“J”形，表皮不强烈膨胀，后食道腺通常不覆盖肠（有时背面或腹面覆盖肠）。通常有 1～3 个腹中颈乳突，偶尔缺或有 4 个，一般于齿针基部和神经环之间具 1 对侧颈孔。精子大，具呈香肠形或圆形的大精核。交合刺腹弯，光滑或具有纹饰、刚毛缘膜。交合刺悬肌形成显著的悬肌囊包围交合刺，无交合伞（除 *T. paracedarus* 和 *T. cylindricus* 外）。通常有 3 个泄殖腔前附着器，很少为 2、4 或 5 个，通常至少有 1 个在缩回交合刺区域内。斜纹交配肌延伸到距缩回交合刺基端数倍体宽处。

原始毛刺线虫：有 3 个腹中颈乳突，瘤针区内有 2 个，第二个正好位于瘤针基部后；缩回交合刺区有 1 个腹中交配乳突；交合刺杆部的后半部非常细，交合刺中部的缢缩有时不清楚，刚毛有时不清楚，交合刺长 32～54μm。

具毒毛刺线虫：有 3 个腹中颈乳突，位于瘤针区内有 2 个，第二个正好位于瘤针基部后；缩回交合刺区无腹中交配乳突；交合刺较细，中间较短的有缺刻区，刚毛不明显，交合刺长 22～37μm；瘤针长 32～53μm。

相似毛刺线虫：有 3 个腹中颈乳突，位于瘤针区内有 1 个；交合刺有球形柄，粗，长 30～44μm；瘤针长 35～50μm。

圆筒毛刺线虫：有 3 个腹中颈乳突，位于瘤针区内有 1 个；虫体后部直，有交合伞；交合刺杆的后部膨大，交合刺无球形柄，长 28～49μm。

生物学习性：毛刺线虫在木本植物的根围出现频率较高，且多分布于土质较粗的砂性土壤中，但对于旱的条件十分敏感，因而阵雨过后群体线虫数量往往骤增。该类线虫的生活史相对较短，如带毒毛刺线虫在 15～20℃下约经 45d 完成 1 代，因而在 1 个生长季节内可产生多代而形成重复侵染。

加拿大等国家将毛刺线虫属列为对外的检疫性有害生物。

传播途径：毛刺线虫是植物的外寄生线虫，在土壤中生存，因此可随带根的植物及土壤作远距离传播。在田间，农事操作、农具也可传播该线虫，而毛刺线虫在田间的自然移动一般很短。

检验检疫方法：

现场检疫：仔细查验苗木的生长状况、根部为害状，以及是否带介质和土壤等。无症状随机取样，重点选有生长不良或粗短根症状的苗木和根际土取样。取样后送实验室检测。

实验室检验：用漏斗法和浅盘法可成功地从根组织和土壤中分离线虫。分离获得的水样在体视显微镜下检查，挑取线虫若干制成临时玻片在显微镜下镜检，观察其形态结构。

分子生物学检验：传毒线虫种的特异性引物，结合该线虫所传播的 TRV 病毒株的特异性引物一并扩增，被用来检测地块传播 TRV 病毒的可能性。Holeva 设计了一套基于实时荧光 PCR 技术的检测传毒毛刺线虫与其所传病毒的方法。针对 *P. macrostylus*、*T. similis* 的 18S 基因分别设计了特异性引物和探针，同时分别针对 TRV 的 RNA1、TRV－Ppk20 和 TRV－Tpo120 毒株的 RNA2 设计了 3 对引物和探针，并成功完成了单一样品的试验；希望运用该方法通过对地块土样的检测，快速、灵敏、准确获得该地块内线虫病毒的种类、数量等分子信息。

症状和有害生物照片或绘图详见彩图 2－30、彩图 2－31。

第十节　剑线虫属

中文名：剑线虫属

学名：*Xiphinema* Cobb，1913

英文名：dagger nematode

分类地位：无侧尾腺纲 Adenophorea，矛线目 Dorylaimida，矛线亚目 Dorylaimina，矛线总科 Dorylaimoidea，长针科 Longidoridae，剑亚科 Xiphinematinae。

分布：剑线虫属是世界性分布的，目前已经报道有 296 种，其中仅极少数种在中国局部有分布。对烟草为害较为严重的剑线虫主要是一些传毒种类。其中对烟草具有重要检疫意义的种分布如下。

美洲剑线虫 *X. americanum* 分布于巴基斯坦、印度、斯里兰卡、中国、波兰、澳大利亚、新西兰、智利、危地马拉、墨西哥、加拿大、美国。

加州剑线虫 *X. californicum* 分布于美国、墨西哥、秘鲁、智利、巴西。

考克斯剑线虫 *X. coxi* 分布于德国、比利时、英国、西班牙、新西兰、加拿大、美国。

间型剑线虫 *X. intermedium* 分布于巴基斯坦。

里弗斯剑线 *X. rivesi* 分布于法国、葡萄牙、西班牙、德国、美国、加拿大。

塔简剑线虫 *X. tarjanense* 分布于美国。

寄主：美洲剑线虫寄主广泛，主要有葡萄、番茄、桃、玫瑰、结缕草属、草莓、烟草、大豆和杂草等。

加州剑线虫寄主有葡萄、柑橘、苜蓿属、玫瑰、橄榄树等。

考克斯剑线虫和塔简剑线虫的仅在苜蓿属植物上被发现。

间型剑线虫寄主有芒果、杏、甘蔗和小麦。

里弗斯剑线虫主要寄主为苹果、葡萄、桃、悬钩子、胡桃、白杨、桧属、胡桃、朴属、栎属等。

为害情况：剑线虫是一类重要的植物外寄生线虫，是植物根系的外寄生物，它们以口针刺入根的皮层薄壁组织，甚至深达维管束组织（幼、细根）取食。部分种类倾向于在根尖及其附近觅食，每处取食时间很短，如贝克剑线虫 *X. bakeri*、标准剑线虫 *X. index* 等；而另一些种类则沿根系在非根尖部位取食，取食时间达几小时至几天，如美洲剑线虫 *X. americanum*、短颈剑线虫 *X. brecicolle* 等。受害植物所表现的症状与线虫的取食特点密切相关，即前一类剑线虫使寄主侧根遭受破坏，整个根系缩小，根端肿大，有时弯曲如鱼钩；后一类剑线虫造成寄主营养吸收根减少，根上出现病斑，有时多处皮层组织解体和腐烂，但根端不明显肿大。

剑线虫属主要是通过传播烟草环斑病毒对烟草造成严重危害。可以传播烟草环斑病毒的剑线虫有：美洲剑线虫 *X. americanum*、加州剑线虫 *X. californicum*、考克斯剑线虫 *X. coxi*、间型剑线虫 *X. intermedium*、里弗斯剑线 *X. rivesi*、塔简剑线虫 *X. tarjanense*。上述剑线虫传播的植物病毒还包括番茄环斑病毒、桃丛簇花叶病毒、樱桃卷叶病毒、草莓潜隐环斑病毒、南芥菜花叶病毒、葡萄扇叶病毒和悬钩子环斑病毒，其中，番茄环斑病毒、南芥菜花叶病毒分别是我国对外一、二类检疫危险性有害生物。很多国家报道 *X. americanum* 侵染烟草传播烟草环斑病毒（Lucas，1975）。

形态特征：虫体细长，热杀死后虫体直到弯成“C”形、开螺旋形。头部圆、连续或缢缩；侧器口宽裂缝状，侧器囊倒马镫形或漏斗形；齿针细长、针状、高度硬化，齿针基部呈叉状，齿针延伸部后部呈显著的凸缘状；齿针导环为双环、后环高度硬化，导环位于齿针后部靠近齿针与齿针延伸部相连接处；背食道腺核位于背食道腺开口附近、大于腹亚侧线核。

雌虫：生殖腺 4 种类型：前后生殖腺均发育完全的双生殖腺型、前生殖腺退化但结构尚完整的双生殖腺型、前生殖腺退化且结构不完全的假单生殖腺型和无前生殖腺的单生殖腺型等，有些种类的子宫内有骨化结构。尾部形态多样：短、半球形、有或无 1 个指状尾突，圆锥形，前部圆锥形后部渐变细成丝状等。

雄虫：双生殖腺、对伸，交合刺矛线型、粗壮、有侧腹导片，斜纹交配肌发达、由泄殖腔向前延伸，泄殖腔区有 1 对交配乳突，其前一段距有 1 列腹中交配乳突（最多 7 个），尾形与雌虫相似。

生物学习性：剑线虫有些种类雄虫很少，营孤雌生殖。其生活史从几个月到几年，不同剑线虫的生活史的长短不同，即使同一种类剑线虫不同条件下生活史也是不一样的。裂尾剑线虫雌虫生活史为 5 年，其中，3 年为个体发育；标准剑线虫生活史则相对较短，据报道，该线虫 24℃下 22 ~ 27d 短期内完成一个生活史，但标准剑线虫完成一个生活史的时间较长，在 28℃条件下，完成生活史需 3 ~ 5 个月；在 20 ~ 23℃条件下，则需 7 ~ 9 个月。不同剑线虫种类，甚至同种不同群体对土壤类型和水分的要求可完全不同。例如，意大利剑线虫等种类主要发生在水分少、土质粗的砂土中；变尾剑线虫等种类常常出现在土质细的重黏土中；

喜湿剑线虫等少数种类则显然已适应了在水湾的土壤中生存。在自然条件下，大多数剑线虫的生活史长达数月至数年。如美洲剑线虫完成 1 代至少需要 1 年，在 20 ~ 30℃ 下标准剑线虫在葡萄上 7 ~ 9 个月完成生活史。剑属线虫是重要的植物外寄生线虫，发生在许多国家林区和农垦区的土壤中，虫体能够忍受长时期的饥饿。病毒一般附属于线虫食道的内层，Raski 等 1960 年试验病毒在饥饿的剑线虫中至少可以存活 35d。有试验表明将美洲剑线虫放在 10℃ 条件下保存 49 周后仍能传播 TRSV。

传播途径：剑线虫是植物的外寄生线虫，在土壤中生存，因此可随带根的植物及土壤作远距离传播。在田间，农事操作、农具也可传播该线虫，而剑线虫在田间的自然移动一般不超过几米距离。

检验检疫方法：

现场检疫：仔细查验苗木的生长状况、根部为害状，以及是否带介质和土壤等。无症状随机取样，重点选有生长不良或根系表现症状的苗木和根际土取样。取样后送实验室检测。

实验室检验：用漏斗法和浅盘法可成功地从根组织和土壤中分离线虫。分离获得的水样在体视显微镜下检查，挑取线虫若干制成临时玻片在显微镜下镜检，观察其形态结构。

症状和有害生物照片或绘图详见彩图 2－32、彩图 2－33、彩图 2－34。

第三篇　有害生物——昆虫篇

第一节　美国马铃薯跳甲

中文名：美国马铃薯跳甲

学名：*Epitrix cucumeris*（Harris）

异名：*Crepidodera cucumeris* Harris

英文名：Potato flea beetle

分类地位：鞘翅目 *Coleoptera* 叶甲科 *Chrysomelidae*

分布：多米尼加共和国、瓜德罗普、加拿大、美国、牙买加、波多黎各、厄瓜多尔。

寄主：洋葱、甜椒、西葫芦、番茄、烟草、茄子、马铃薯；次要寄主：甘蓝、黄瓜、莴苣、玉米。

为害情况：在马铃薯植株地上部分和土壤表面可见成虫。成虫取食寄主植物的叶片，尤其喜欢取食叶片上表面，幼虫取食根，造成孔洞。该虫可对寄主造成严重经济损失，此外，该虫取食造成的伤口还可利于大丽花轮枝孢、马铃薯干腐病菌等的侵染。在农田，该虫可造成马铃薯减产20%甚至更多。

在1876年的美国，烟草在幼苗时期主要受到*Epitrix cucumeris*或*Epitrix pubescens*的危害，严重时可以损失一半的产量。

该虫是欧洲地中海植保组织、俄罗斯、瑞士、斯洛文尼亚、土耳其、也门、约旦等国的检疫性有害生物，是乌克兰限定的有害生物。

生物学特征：美国马铃薯跳甲每年发生一代。以成虫在土壤中越冬。成虫不能飞，取食寄主嫩苗，数天后，雌成虫产卵于寄主植株附近的土壤中。卵期3～14d。幼虫期2～4周，幼虫取食寄主植株的根。老熟幼虫于土壤中化蛹，蛹期7～15d。夏末，成虫羽化，钻出土壤并取食植株叶片。

传播途径：该虫的各个虫态都不喜欢活动。理论上成虫可以固着在寄主植物的根部，随寄主植物远距离传播，实际中很难出现这种情况。幼虫可以存在于马铃薯块茎上，甚至更可能存在于粘附在块茎上的土壤中。国家贸易中最可能的传播方式是携带有蛹或滞育成虫的土壤。

检验检疫方法：一般情况下，大多数的EPPO国家禁止进口土壤，限制进口携带有土壤的植物。这种措施是防范美国马铃薯跳甲最有效的方法。根据美国马铃薯跳甲的生物学特性，在贸易和运输过程中，对来自疫区的货物，应重点检查球茎、球根、块茎、介质土以及寄主植物的主干、树枝、树梢等部位，防止幼虫、蛹或卵随寄主植物、土壤介质或运输工具传入国内。

症状和有害生物照片或绘图详见彩图3－1、彩图3－2。

第二节　马铃薯甲虫

中文名：马铃薯甲虫

学名：*Leptinotarsa decemlineata*（Say）

异名：*Chrysomela decemlineata* Stal，1865

Doryphora decemlineata Say，1982

*Leptinotarsa decemlineata*Kraatz，1874

Leptinotarsa intermedia Tower，1906

Leptinotarsa oblongata Tower，1906

*Leptinotarsa rubicunda*Tower，1906

*Myocoryna multitaeniata*Stal，1859

英文名：Colorado potato beetle

分类地位：鞘翅目 Coleoptera，叶甲科 Chrysomelidae。

分布：马铃薯甲虫 *Leptinotarsa decemlineata*（Say）属鞘翅目叶甲科，又称马铃薯叶甲或科罗拉多马铃薯甲虫（colorado potato beetle），在我国新疆地区有时被称为“蔬菜花斑虫”。马铃薯甲虫原产于美国落基山山脉东坡，首次被发现于野生杂草黄花刺茄（*Solanum rostratum*）上，1824年美国昆虫学家 Thomas Say 将其作为新种记述。1855年作为农作物害虫首次报道于美国内布拉斯加州的奥马哈市，给当地马铃薯产区造成严重危害。此后该虫每年以85km的速度向东扩散，1875年传播到大西洋沿岸，并向周边国家传播，并相继传入加拿大、墨西哥，19世纪70年代通过人为传播到欧洲西部的德国、英国和荷兰，但是通过检疫封锁措施，得到有效控制。第一次世界大战后（1918—1920年），该虫经波尔多进入法国，此后分三路向东扩散，不久在捷克、斯洛伐克、克罗地亚马、匈牙利、波兰等东欧国家定居。20世纪50年代传至原苏联边境，60年代传入原苏联欧洲部分，70年代传入里海西岸，80年代继续向东蔓延至中亚各国。马铃薯甲虫20世纪90年代从哈萨克斯坦口岸传入我国新疆塔城、伊犁、乌鲁木齐县等地，被我国列为“进境植物检疫危险性病、虫、杂草名录”一类有害生物。虽然马铃薯甲虫侵入我国时间不长，但向东扩散速度非常快，造成的危害也必将越来越大。

目前马铃薯甲虫主要分布于以下地区。

北美洲：加拿大，美国，墨西哥，危地马拉，哥斯达黎加，古巴；

欧洲：丹麦，芬兰，拉脱维亚，立陶宛，俄罗斯，白俄罗斯，乌克兰，爱沙尼亚，摩尔达维亚，波兰，捷克，斯洛伐克，匈牙利，德国，罗马尼亚，奥地利，瑞士，荷兰，比利时，卢森堡，英国，法国，西班牙，葡萄牙，意大利，前南斯拉夫，保加利亚，希腊，阿尔巴尼亚；

亚洲：亚美尼亚，阿塞拜疆，格鲁吉亚，伊朗，哈萨克斯坦，土库曼斯坦，土耳其，乌兹别克斯坦，中国新疆及甘肃局部地区。

寄主：凡是茄科植物都有可能遭到该虫危害，其中，马铃薯是最适寄主，其次为茄子和番茄，也可取食烟草及颠茄属、茄属、曼陀罗属和菲沃斯属的多种植物。由北美大陆记录的寄主植物有：天仙子、番茄、烟草、欧白英、马铃薯等。

为害情况：马铃薯甲虫是马铃薯的毁灭性害虫。成、幼虫为害马铃薯叶片和嫩尖，通常将叶片取食成缺刻状，大龄幼虫还可以取食幼嫩的马铃薯薯块。严重时将马铃薯叶片吃光，尤其是在马铃薯始花期至薯块形成期为害，一般造成减产 30% ~50%，有时高达 90%，而且能传播马铃薯其他病害，如褐斑病、环腐病等。在适合的条件下，该虫的虫口密度往往急剧增长，即使在卵的死亡率为 90% 的情况下，若不加以防治，一个雌雄对 5 年之后可产生 1.1×10^{12} 个个体。在欧洲和地中海某些国家，马铃薯减产为 50%。马铃薯甲虫具有繁殖率高、滞育和迁飞等习性，生态可塑性强，且世代重叠，主要以成虫和幼虫取食叶片，通常将植株叶片吃光，仅剩茎秆，该虫还可传播病害，如褐斑病、环腐病等，防治难度极大。

目前马铃薯甲虫在我国已扩散到新疆大半地区，发生面积达 2.7 万 km^2，其为害呈快速上升趋势。据报道，该虫在伊犁河谷每年发生面积约 0.7 万 km^2，造成直接经济损失达 1 000万元左右，严重发生田块产量损失达 50% 以上。

生物学特征：马铃薯甲虫以成虫在土壤中越冬，越冬成虫在土壤中潜伏的深度土壤类型、土壤结构和理化特性、土壤温湿度及土壤通气状况等因素不同而变化。一般为 8 ~ 30cm。次年春天，当越冬处的土壤温度回升到 15℃左右时，越冬成虫开始出土，经爬行或飞行扩散寻觅寄主植物，取食寄主叶片。10d 后成虫开始产卵，平均产卵量为 400 ~ 700 粒，卵量最多达 2 500余粒。卵孵化成幼虫一般需要 5 ~ 15d，卵的最适发育条件为：温度 22 ~ 25℃、相对湿度 70% ~75%。幼虫孵出后立即取食寄主叶片。幼虫有 4 个龄期，幼虫发育期为 10 ~ 25d，至 4 龄时老熟。幼虫发育的速度与温湿度、日照时间以及食物质量有关，最适发育温度 23 ~ 28℃、最低 11 ~ 13℃、最高 37 ~ 38℃。老熟幼虫在末期停止进食，落入受害植株 20cm 半径范围的土中做穴化蛹，化蛹深度 2 ~ 10cm，预蛹期 3 ~ 15d，蛹期 8 ~ 24d，其时间长短随温湿度条件不同而变化。随后成虫从土壤中羽化，爬向最近的寄主并开始取食。成虫补充食物后，或交配产生下一代或迁飞或进入滞育。

马铃薯甲虫的成虫寿命一般为 1 年，有的地区可达 2 ~ 3 年。温度 23 ~ 25℃、湿度 60% ~75% 最适于成虫产卵，温度不低于 14℃或高于 27℃。

马铃薯甲虫的成虫在全年的不同时期均可发生滞育，滞育的方式有以下几种。

（1）夏眠。经过越冬、取食和繁殖后的部分马铃薯甲虫成虫个体，进入 1 ~ 10d 的夏眠，一般在 6 月发生。

（2）夏蛰。一部分马铃薯甲虫的成虫由于不堪忍受高温而进入滞育状态，一般在 7 月发生，10 ~ 30d。

（3）滞育。经过 1 ~ 2 次越冬和繁殖的成虫，可在 8 ~ 9 月初进入滞育状态。

（4）冬蛰。当年生成虫由光周期、气温及寄主营养等因素的季节性变化而引起滞育，一般自 8 月至 11 月发生。其中有一部分入土滞育的成虫，可持续 2～3 年不间断滞育。

引起马铃薯甲虫滞育的因素很多，其中，短日照是诱发马铃薯甲虫滞育的最主要因素。随纬度的不同，临界日照时数也不同，纬度越高，日照时数越短，越会诱发马铃薯甲虫的滞育。此外，温度和寄主植物质量也是马铃薯甲虫滞育的重要诱发因素之一。

传播途径：已确定携带虫体的植物部分：鳞茎、块茎、球茎和根茎，成虫；介质土，成虫；叶片，卵、幼虫和成虫；树干（地上部）、树梢、主枝和侧枝，卵、幼虫和成虫。

未确定是否能携带虫体的植物部分：树皮、果实、花、花序、球花、花萼、种苗、组培植株、根、种子和秸秆。

检验检疫方法：对来自疫区的薯块、水果、蔬菜、包装材料及运输工具都应仔细检查。

因为该虫个体较大，成虫、幼虫和卵色泽鲜艳，因此认识相对容易。在美洲、该属的某些种类外部形态与马铃薯甲虫相似，主要通过鞘翅上黑色的条纹的数量和各条纹之间的相互位置来判断。

消毒方法主要为熏蒸处理。对马铃薯块茎的熏蒸处理，据加拿大实验，在 25℃下，用溴甲烷 16mg/L，密闭 4h。在 15～25℃范围内，每降低 5℃时，用药量应该增加 4mg/L，可以彻底杀死成虫。若要杀蛹，则温度应在 25℃以上。

防治技术：马铃薯甲虫的防治技术包括农业防治、物理防治、生物防治及化学防治等，其中化学防治仍是目前主要的防治方法。

1. 农业及物理防治

（1）严格检疫。马铃薯甲虫防控关键严格执行调运检疫程序，加强疫情监测。对疫区调出、调入的农产品尤其是茄科寄主植物，按照调运检疫程序严格把关，防止疫区的马铃薯块茎、活体植株调出。对来自疫区的其他茄科寄主植物及包装材料按规程进行检疫和除害处理，防止马铃薯甲虫的传出和扩散蔓延。

（2）倒茬轮作。在栽培上采取与非寄主作物轮作倒茬，合理地与禾本科、豆科作物轮作，可以推迟或减轻 1 代马铃薯甲虫为害程度。

（3）优化栽培措施。秋翻冬灌。破坏马铃薯甲虫的越冬场所，可显著降低成虫越冬虫口基数，防止其扩散蔓延。可以采取促使马铃薯早熟的栽培管理措施，对控制当年或第 2 年甲虫密度有较好作用。此外可以适期晚播适当推迟播期至 5 月上中旬，避开马铃薯甲虫出土为害及产卵高峰期。

（4）集中诱杀。科学家们根据马铃薯甲虫对茄科植物气味具有特异的嗜好性，已人工合成了能用于引诱这些甲虫的“香味剂”，采取火烧、在马铃薯地里挖“V”字形沟诱杀，更利于诱杀此害虫；在马铃薯甲虫发生严重的区域，早春集中种植有显著诱集作用的茄科寄主植物，形成相对集中的诱集带，便于统防统治。

（5）人工捕杀。用真空吸虫器和丙烷火焰器等进行物理与机械防治。

马铃薯甲虫出土不整齐，时间长，而且有世代重叠的特点，因此，出土后很难防治。在作物苗小、便于查找成虫时，利用成虫早晚多在植物上为害，具有假死性、活动性较弱、取食早熟马铃薯和番茄叶片，补充营养后交尾产卵，卵块呈橙黄色，在绿色的叶片上有很明显的卵块，可结合人工捕杀成虫，一般3～5d捕杀1次，抹除卵块，以达到事半功倍的效果，且减少农药开支及农药对环境和产品的残留等化学污染。

2. 生物防治

使用微生物农药。苏云金杆菌（Bt）是广泛用于防治马铃薯甲虫的微生物农药，在部分地区此虫已对该药产生了一定程度的抗药性，致使防治效果明显降低，但含cry1Ac和cry3A基因的广谱重组Bt菌Lcj－12等对该虫等鞘翅目害虫的杀虫效果依然良好；白僵菌可以有效防治该虫的低龄幼虫和卵，而且与敌百虫混用的效果更好。津贺色杆菌（*Chromobacteriumsuttsuga*）产生的多种毒素，可以有效地防治该虫；Martin等从寄生在异小杆线虫消化道内的一种发光杆菌（*Photorhadus luminescens*）中找到一种由A、B、C、D 4种成分组成的蛋白复合物，该复合物对鳞翅目、鞘翅目和双翅目害虫都有很强的毒杀活性。

引进天敌可以对马铃薯甲虫进行有效的控制。在欧洲，早在20世纪20—30年代即从美洲引进了二点益蝽蜷Perillus bioculatus、斑腹刺益蝽Podisus maculiventris等天敌，对马铃薯甲虫表现出了良好的控制效果。在美国，曾经引进欧洲捕食性椿象，1头椿象每年能捕食1 250头马铃薯甲虫，而且与Bt同时使用具有协同增效作用，害虫死亡率可达60%～97%。引入加拿大寄生蝇，可以寄生马铃薯甲虫幼虫，导致其死亡。美国北卡罗来纳州调查表明，在未施用化学药剂的田间有13种捕食马铃薯甲虫幼虫和卵的天敌，其中*Coleomegilla maculata*是取食马铃薯甲虫最多的天敌，主要捕食其小幼虫和卵；此外，如*Lebia analis*和*Collops quadrimaculatus*。

从植物中提取的活性物质可显著减少马铃薯甲虫的取食，并能提高幼虫和蛹的死亡率，降低成虫产卵量。其中，丁香总科和木兰总科对此虫的抑食率最高。已报道的植物或其活性提取物有：茄碱、番茄素、闹羊花素－Ⅲ、灰木毒素－Ⅲ、山月桂毒素、龙葵、黑胡椒提取物、苍耳提取物、黏果酸浆（含环氨五羟基氧麦角甾酸内酯）、紫苜蓿顶部和根部提取的皂角苷等。

3. 化学防治

化学防治具有便捷、高效且效果稳定等优点，在马铃薯甲虫大发生期，重点抓好1、2代幼虫化学药剂防治，科学合理用药特别是注重轮换和交替使用不同种类农药，是非常重要的防治手段。国内多采用有机磷类、氨基甲酸酯类、拟除虫菊酯类杀虫剂防治此虫，而国外由于此虫已产生较高抗性，防治中多采用作用机制新颖的药剂。近几年报道的用于防治马铃薯甲虫的药剂：①有机磷类：敌敌畏、氧乐果、伏杀磷、乙嘧硫磷等。②拟除虫菊酯类：溴氰菊酯、氰戊菊酯、三氟氯氰菊酯、顺式氰戊菊酯、高效氯氰菊酯、联苯菊酯等，加入PBO可大幅度提高防效。③新烟碱类：吡虫啉与白僵菌混用有很好的增效作用；噻虫嗪、啶虫脒对2龄和3龄幼虫效果良好。④生长调节剂类：双酰肼类：虫酰肼、环氧酰肼、甲氧虫酰肼，防治末龄幼虫时加入美替拉酮、DEM有很好的增效作用；几丁质合成抑制剂除虫脲、氟铃脲、氟虫脲、伏虫隆、噻嗪酮等。⑤阿维菌素类：阿维菌素和甲氨基阿维菌素苯甲酸盐，加入PBO或DEF有很好的增效作用。

在使用化学药剂防治时，还应该注意对天敌的保护以维持生态系统的平衡。Lucas 等研究了马铃薯甲虫的一种天敌 *Coleomegilla maculate lengi*（Col.，Coccinellidae）和 4 种杀虫剂（吡虫啉、氟铝酸钠、环丙氨嗪、Bt）的相容性问题。结果表明，在马铃薯甲虫综合治理中使用吡虫啉对该天敌危害很大，氟铝酸钠的危害较轻，环丙氨嗪、Bt 与该天敌有良好的相容性。

把农业、物理、生物及化学防治等技术的综合利用，避免化学农药的大量使用，从而可以延缓该虫抗药性的发展。同时，加强该虫的田间抗药性监测，加强马铃薯甲虫在我国适生地的预测预报工作。准确判断适生地的范围，提早加强防范检测工作，切断害虫的各种传播途径，尤其是要做好高危适生地区的检疫防控工作。

症状和有害生物照片或绘图详见彩图 3 – 3、彩图 3 – 4、彩图 3 – 5、彩图 3 – 6、彩图 3 – 7。

第三节　南方灰翅夜蛾

中文名：南方灰翅夜蛾。

学名：*Spodoptera eridania* Stoll。

异名：*Prodenia eridania*（Stoll），*Laphygma eridania*（Stoll），*Noctua eridania* Stoll，*Xylomyges eridania*（Stoll），*Prodenia nigrofascia*（Hulst），*Prodenia xylomiges* Cramer，*Prodenia externa*（Walker），*Spodoptera linea*（Fabricius），*Spodoptera phytolaccae*（J. E. Smith），*Spodoptera amygia*（Guenée），*Spodoptera putrida*（Guenée），*Spodoptera externa*（Walker），*Spodoptera bipunctata*（Walker），*Spodoptera inquieta*（Walker），*Spodoptera strigifera*（Walker），*Spodoptera derupta*（Morrison），*Spodoptera ignobilis*（Butler），*Spodoptera nigrofascia*（Hulst），*Spodoptera recondita*（Möschler），*Xylomyges eridania*（Stoll）。

英文名：southern armyworm，semi – tropical armyworm，armyworm，southern，armyworm，semitropical。

分类地位：鳞翅目（Lepidoptera），夜蛾科（Noctuidae）。

地理分布：

欧洲：丹麦、格恩西岛；

中美洲和加勒比海地区：安提瓜和巴布达、巴巴多斯、古巴、多米尼加、多尼米加共和国、格林纳达、瓜德罗普、洪都拉斯、牙买加、马提尼克、尼加拉瓜、波多黎各、圣卢西亚、圣林森特和格林纳丁斯、特立尼达和多巴哥；

北美洲：百慕大群岛、墨西哥、美国（佛罗里达州、马萨诸塞州、北卡罗来纳州、俄亥俄州、南卡罗来纳州、德克萨斯州）；

南美洲：阿根廷、巴西（阿拉戈斯州、米纳斯吉拉斯州、帕拉州、巴拉那州、南里奥格兰州、圣卡塔琳娜州）、智利、厄瓜多尔（加拉巴哥群岛）、法属圭亚那、圭亚那、巴拉圭、秘鲁。

寄主范围：该种为杂食性，寄主广泛，包括许多禾本科作物和双子叶植物。为害的经济作物有茄子、辣椒、木薯、棉花、几种十字花科作物、豆类作物、玉米及其他禾本科作物、马铃薯、甘薯、烟草、番茄、番薯以及许多盆栽植物和蔬菜。甜菜和番茄尤易受害。

主要寄主除烟草（*Nicotiana tabacum*）外，还包括：秋葵（*Abelmoschus esculentus*）、花生（*Arachis hypogaea*）、甜菜（*Beta* spp.）、甘蓝（*Brassica oleracea*）、甜椒（*Capsicum annuum*）、香石竹（*Dianthus caryophyllus*）、甘薯（*Ipomoea batatas*）、番茄（*Lycopersicon esculentum*）、紫花苜蓿（*Medicago sativa*）、天竺葵属（*Pelargonium*）、菜豆属（*Phaseolus*）、茄子（*Solanum melongena*）、马铃薯（*Solanum tuberosum*）、豇豆（*Vigna unguiculata*）。

为害情况：幼虫取食叶片、造成孔洞是对寄主植物的主要为害，极个别情况下叶片完全脱落。幼虫夜间取食，所以，一般观察不到。前2龄群聚，在叶上可见成群幼虫。番茄果实上可见被害孔洞。较大幼虫有时可作为切根虫。在烟草上，主要以幼虫取食叶片造成为害，严重时只剩叶脉。

形态特征：

成虫：灰褐色，翅展28～40mm，前翅灰色，后翅珍珠白色，发亮。色斑多变，有的个体前翅上有肾形或条形斑，有突出的微黑色后缘线和相似的黑色侧后缘线。其他个体从前翅中部至侧缘为直的乌黑宽带状色斑。腹部浅褐灰色，触角浅黄褐色。前翅臀角窄，相同翅上其他部分被不规则的斜浅色条带分开。

卵：近球形，在植物叶上成簇产卵，卵上覆盖一层雌虫腹部的灰毛。

幼虫：一般为6龄。老熟幼虫体长35～40mm。初龄幼虫黑色，带有黄色侧线，但老龄为灰褐色，背上有一对黑色三角形斑，老龄时亚背线为浅红色，头部黄褐色。幼虫具有特征性的突出的黄色亚气门线，被第一腹节的暗斑隔断。

蛹：为典型的夜蛾蛹，长16～20mm，头部和腹部圆形。红褐色，有光泽，头部、气门、腹节前缘较暗。尾节端部有2根臀棘。

生物学特性：卵产在寄主叶片上，卵上覆盖雌虫腹部的灰毛作为保护层。卵期通常需要4～8d。如其他一些夜蛾，幼虫群居，1～2龄仍群集在叶上，导致叶片被害呈孔洞状。3龄幼虫开始分散，更加独立且夜间活动。白天藏在植株叶片或落叶中，夜间出来取食。幼虫发育通常需要14～18d。同夜蛾科其他种类一样，幼虫发育的速度受食物质量和温度的影响，后者也影响成虫。有时食物缺乏时，幼虫会迁移到相邻田块。偶有大龄幼虫为切根虫的报道。

在土室中化蛹，需9～12d。成虫夜间活动。

该虫是亚热带种，所以，20～25℃为发育适温，可以持续繁殖。一个生命周期为28～30d，但是，40d以上较为普遍。依据当地的气候条件，一年发生多代。巴西Foerster & Dionizio（1989）的试验表明，17℃时发育需115d，30℃时发育需33d。30℃时发育迟缓，蛹重量减轻，存活率低。

传播途径：通过成虫迁飞可近距离扩散传播。远距离主要通过寄主植物的国际贸易携带卵和幼虫传播。在欧洲的频繁记录通常是在被侵染寄主植物的叶片上截获幼虫。

检验检疫方法：检查寄主植物叶片上是否有群聚的1～2龄幼虫，3龄以上幼虫分散活动，若发现危害迹象时，继续在植物上和地表寻找虫体。用于生产的植物应来自前3个月无该虫疫情发生的地区。植物产品可以在熏蒸后置于低温（<1.7℃）下2～4d。

症状和有害生物照片或绘图详见彩图3－8、彩图3－9、彩图3－10、彩图3－11、彩图3－12、彩图3－13。

第四节　草地夜蛾

中文名：草地夜蛾。

中文别名：草地贪夜蛾，伪黏虫。

学名：*Spodoptera frugiperda* J. E. Smith。

异名：*Laphygma frugiperda* Guenee，1852；*Phalaena frugiperda* Smith & Abbot，1797；*Trigonophora frugiperda* Geyer，1832；*Laphygma macra* Guenee，1852；*Laphygma inepta* Walker，1856；*Prodenia signifera* Walker，1856；*Prodenia plagiata* Walker，1856；*Prodenia autumnalis* Riley，1870；*Noctua frugiperda* J. E. Smith；*Caradrina frugiperda*。

英文名：fall armyworm；grass worm；southern armyworm；southern grassworm；maize budworm；buckworm；corn budworm；daggy's corn worm；cotton leaf worm；wheat cutworm；grass caterpillar；alfalfa worm；rice caterpillar；budworm；whorlworm；overflow worm；corn leafworm。

分类地位：鳞翅目（Lepidoptera），夜蛾科（Noctuidae）灰翅夜蛾属。

地理分布：

北美洲：加拿大、墨西哥、美国；虽定殖在气候暖和的南部地区，但可每年迁飞扩散到美国全境，并进入加拿大南部。夏末和秋季，它仅在北部各州发生；

中美洲和加勒比海地区：分布于整个中美洲和加勒比群岛。安圭拉、安提瓜和巴布达、巴哈马、巴巴多斯、伯利兹、百慕大、英属维尔京群岛、开曼群岛、哥斯达黎加、古巴、多米尼加、多米尼加共和国、萨尔瓦多、格林纳达、瓜德罗普、危地马拉、海地、洪都拉斯、牙买加、马提尼克、蒙特塞拉特、尼加拉瓜、巴拿马、波多黎各、圣基茨和尼维斯、圣卢西亚、圣文森特和格林纳丁斯、特立尼达和多巴哥、美属维尔京群岛；

南美洲：分布于南纬36°左右以南的大部分地区，阿根廷、玻利维亚、巴西、智利、哥伦比亚、厄瓜多尔、法属圭亚那、圭亚那、巴拉圭、秘鲁、苏里南、乌拉圭、委内瑞拉；

欧洲：德国。

寄主范围：草地夜蛾主要为害热带和亚热带地区的玉米，对美国不少地区造成巨大的损失。该种为杂食性害虫，喜食禾本科植物。最常为害牧草（野生种和栽培种）、杂草、玉米、水稻、高粱、甘蔗；也为害棉花、十字花科、葫芦科、花生、苜蓿、洋葱、菜豆属、甘薯、番茄及其他茄科植物（茄皮紫、烟草、辣椒属）、多种观赏相物（菊科、康乃馨、天竺葵属）。

主要寄主除烟草（*Nicotiana tabacum*）外，还包括：葱属（*Allium*）、花生（*Arachis*

hypogaea）、甜菜（*Beta vulgaris* var. *saccharifera*）、甘蓝（*Brassica oleracea*）、芜菁（*Brassica rapa subsp. Rapa*）、十字花科（Brassicaceae）、甜椒（*Capsicum annuum*）、菊花（*Chrysanthemum morifolium*）、黄瓜（*Cucumis sativus*）、葫芦科（Cucurbitaceae）、香石竹（*Dianthus caryophyllus*）、大豆（*Glycine max*）、棉属（*Gossypium*）、甘薯（*Ipomoea batatas*）、番茄（*Lycopersicon esculentum*）、紫花苜蓿（*Medicago sativa*）、芭蕉属（*Musa*）、水稻（*Oryza sativa*）、天竺葵属（*Pelargonium*）、菜豆属（*Phaseolus*）、禾本科（Poaceae）、甘蔗（*Saccharum officinarum*）、茄子（*Solanum melongena*）、马铃薯（*Solanum tuberosum*）、高粱（*Sorghum bicolor*）、菠菜（*Spinacia oleracea*）、车轴草属（*Trifolium*）、玉米（*Zea mays*）、生姜（*Zingiber officinale*）。

为害情况：苗期幼虫在轮生叶内取食，可造成落叶，其后转移为害。有时大量幼虫以切根方式为害，切断种苗和幼小植株的茎，造成很大损失。大龄幼虫可咬断植株基部。成熟植株生殖器官也受到侵害。危害烟草，取食叶片造成孔洞，有时咬断茎基部。在番茄植株上，取食嫩芽和生长点，果实被蛀洞。取食玉米叶片，轮生叶上有大量边缘粗糙的孔洞，内有虫粪。幼龄幼虫取食叶肉至只剩叶脉。生长季初期，严重取食为害幼嫩植株导致生长点死亡，玉米上的症状称之为“心死”。在玉米植株上，可通过幼虫蛀入玉米粒中为害。虫口密度大时，大龄幼虫群集迁移扩散，通常定殖于野草上。

形态特征：

雄性成虫：灰棕色，体长1.6cm，翅展3.7cm。前翅斑驳（亮褐色、灰色、草色，具有黑斑和浅色暗纹），圆形，翅脉呈明显的灰色尾状突起；有一中室，其中，3/4部分为草色，1/4部分为暗褐色。后翅白色，翅脉棕色并透明。

雌性成虫：体长1.7cm，翅展3.8cm。前翅斑驳（暗褐色、灰色）。后翅为草色，边缘暗褐色。外生殖器抱握瓣正方形。抱器末端的抱器缘刻缺。交配囊无交配片。

卵：半球形（直径0.75mm），在产卵阶段为绿色，孵化前期变为浅褐色。卵成熟需要2～3d（20～30℃）。通常以卵块形式产卵，每卵块包含150～200粒卵，有时成“Z”层，在叶面上堆积为2～4层。卵块通常覆有起保护作用的灰粉色雌虫腹部毛鳞。每雌可产卵1 000粒以上。

幼虫：幼虫浅绿色至暗褐色，带有纵条纹。第6龄体长3～4cm。幼虫有8只腹足，其中1对位于最后一节腹节上。刚孵化为绿色，带有黑色线条和斑点，随着虫体发育仍保持绿色或变为淡褐色，具黑色背线和气门线。一旦种群密度大而食物短缺，老熟幼虫几乎全为黑色，进入行军虫阶段。大龄幼虫为头部为典型的黄色倒“Y”形，背部黑色毛瘤具长毛（在每节两侧发白的背部区域），腹部末节的4个黑点呈正方形排列。幼虫通常为6龄，偶有5龄。

蛹：体长比老熟幼虫稍短（墨西哥雄性1.3～1.5cm，雌性1.6～1.7cm），褐色或棕色，有光泽。

生物学特性：卵于夜间产在寄主植物叶片上，粘在下层叶片的背表面，100～300个卵块紧簇，有时分为2层，通常覆盖有雌虫腹鬃保护层。孵化需2～10d（通常为3～5d）。幼龄幼虫在轮生叶深处取食，1～2龄在幼叶表面群体取食导致典型的“叶窗”，致生长点死亡。大龄幼虫自相残杀，因此通常每个轮生叶中有 1～2 头幼虫。幼虫发育 6 龄的速度受食物和温度条件的影响，通常需要 14～21d。大龄幼虫夜间活动，除非进入行军虫阶段，群集扩散，寻找其他的食物源。在土穴的茧中化蛹，或者少数在寄主植物的叶间化蛹，蛹期 9～13d。成虫夜间羽化，在产卵前飞行数公里，有时远距离迁移。成虫平均存活 12～14d。

发育起点温度为 10.9℃，有效积温 559d·℃。砂质黏土或黏质砂土适于化蛹和成虫羽化。在砂质黏土或黏质砂土中羽化，与温度成正比，与湿度成反比。30℃以上时，成虫的翅有变形趋势。蛹要求发育起点温度为 14.6℃，138d·℃完成发育。

该虫是热带种类，适宜在温暖地区存活；幼虫发育最适宜的温度据报道为 28℃，但是卵期和蛹期温度较低。在热带，一年可发生 4～6 代，但是在北部地区只发生 1～2 代，在较低温度下，停止活动和发育，当冰冻时，所有虫体阶段通常都会死亡。在美国，通常只在德克萨斯州和佛罗里达州南部越冬。在温暖的冬季，蛹在更北的地区可以存活。

传播途径：该虫每年在美国有规律迁移，扩散遍及美国并几乎每年夏天迁飞至加拿大南部。有人认为迁移是该种生活史中的主要部分。利用产卵前期广泛扩散是非常有效的。在美国，有记录成虫借助低水平气流在 30h 内从密西西比扩散至加拿大。

在夏末和初秋，幼虫频繁担当行军虫在当地扩散，有助于减少幼虫死亡率。

在多数年份，幼虫从新世界随空运的蔬菜、水果到达欧洲，有时也在草本观赏植物上截获。

检验检疫方法：检查寄主植物叶部是否有幼虫，若发现为害迹象要认真检查周围是否有虫体存在。也可应用性信息素或灯诱进行监测诱捕。

种植用的寄主植物要来自非疫区或前 3 个月无该虫疫情发生的地区。在产地应经检疫并确认无该害虫。植物的一般类型（如切枝）应在低温下（低于 1.7℃下处理 2～4d）保存处理，再进行熏蒸。

防治方法：目前，对该害虫主要通过种植转基因作物或化学农药进行防治。美国研究者是从抗性玉米植株的栽培组织中分离出一植物基因，并获得了该基因链破译的专利。由该基因控制而产生的蛋白质可防止草地夜蛾幼虫为害作物，这种蛋白质为半胱氨酸蛋白酶。在最近年中，研究者们主要注重开发新的、生态安全的农药，以能减少负面影响大的合成农药的使用。

在玉米上，5% 种苗断茎，20% 幼小植株叶丛（生长前 30d）受害，就需要化学防治。高粱上，该虫经济阈值为每叶 1 头（或 2 头）幼虫，或每穗上有 2 头。在一些地区，该虫已经对杀虫剂产生抗性，增加了防治的困难。

多种寄生蜂可寄生草地夜蛾幼虫，其他许多捕食性天敌也有记载，表明生物防治是值得考虑的。幼虫的自然寄生率一般很高（20%～70%），大多数被茧蜂寄生。10%～15% 可被病原菌致死。

已育成抗多种害虫的玉米品种。几种生物防治也已用于抑制害虫种群，部分受害可被健康植物补偿，故栽培措施是十分重要的。多种基本措施有利于减少危害，提高植物补偿能力。

症状和有害生物照片及绘图详见彩图 3－14、彩图 3－15、彩图 3－16、彩图 3－17、彩图 3－18、彩图 3－19。

第五节　海灰翅夜蛾

中文名：海灰翅夜蛾。

学名：*Spodoptera littoralis*（Boisduval）。

异名：*Hadena littoralis* Boisduval；*Prodenia litura* Fabricius sensu auctorum；*Prodenia retina*（Freyer）；*Noctua gossypii*；*Prodenia testaceoides* Guenee；*Prodenia littoralis*（Boisduval）。

英文名：cotton leafworm；Mediterranean climbing cutworm；tomato caterpillar；tobacco caterpillar；Egyptian cotton worm；Egyptian cotton leafworm；Mediterranean climbing cutworm；Mediterranean brocade moth。

分类地位：鳞翅目（Lepidoptera），夜蛾科（Noctuidae）。

地理分布：欧洲：塞浦路斯、希腊、意大利、马耳他、葡萄牙、西班牙。

亚洲：巴林、伊朗、伊拉克、以色列、约旦、黎巴嫩、阿曼、沙特阿拉伯、叙利亚、土耳其、阿拉伯联合酋长国、也门。

非洲：阿尔及利亚、安哥拉、贝宁、博茨瓦纳、布基纳法索、布隆迪、喀麦隆、佛得角、中非共和国、乍得、科摩罗、刚果民主共和国、刚果、科特迪瓦、埃及、赤道几内亚、厄立特里亚、埃塞俄比亚、冈比亚、加纳、几内亚、肯尼亚、利比亚、马达加斯加、马拉维、马里、毛里塔尼亚、毛里求斯、摩洛哥、莫桑比克、纳米比亚、尼日尔、尼日利亚、卢旺达、留尼汪岛、圣赫勒拿、圣多美与普林希比、塞内加尔、塞舌尔、塞拉利昂、索马里、南非、苏丹、斯威士兰、坦桑尼亚、多哥、突尼斯、乌干达、赞比亚、津巴布韦。

寄主范围：海灰翅夜蛾为杂食性害虫，寄主包括 40 多个属至少 87 种有重要经济价值的作物。

主要寄主除烟草（*Nicotiana tabacum*）外，还包括：秋葵（*Abelmoschus esculentus*）、洋葱（*Allium cepa*）、苋属（*Amaranthus*）、花生（*Arachis hypogaea*）、甜菜（*Beta vulgaris*）、糖用甜菜（*Beta vulgaris* var. *saccharifera*）、甘蓝（*Brassica oleracea*）、Brassica rapa subsp. chinensis、十字花科（Brassicaceae）、茶（*Camellia sinensis*）、辣椒（*Capsicum annuum*）、野菊（*Chrysanthemum indicum*）、西瓜（*Citrullus lanatus*）、柑橘（*Citrus*）、酸橙（*Citrus aurantium*）、咖啡（*Coffea arabica*）、长蒴黄麻（*Corchorus olitorius*）、南瓜属（*Cucurbita*）、西葫芦（*Cucurbita pepo*）、洋蓟（*Cynara scolymus*）、胡萝卜（*Daucus carota*）、香石竹（*Dianthus caryophyllus*）、豆科（Fabaceae）、无花果（Ficus carica）、大丁草属（*Gerbera*）、大豆（*Glycine max*）、棉属（*Gossypium*）、海岛棉（*Gossypium barbadense*）、向日葵（*Helianthus annuus*）、菊芋（*Helianthus tuberosus*）、甘薯（*Ipomoea batatas*）、莴苣（*Lactuca sativa*）、番茄（*Lycopersicon esculentum*）、紫花苜蓿（Medicago sativa）、桑属（*Morus*）、大蕉（*Musa x paradisiaca*）、水稻（*Oryza sativa*）、鳄梨（*Persea americana*）、菜豆属（*Phaseolus*）、菜豆

(*Phaseolus vulgaris*)、豌豆（*Pisum sativum*）、禾本科（Poaceae）、欧李（*Prunus domestica*）、番石榴（*Psidium guajava*）、石榴（*Punica granatum*）、萝卜（*Raphanus sativus*）、蓖麻（Ricinus communis）、蔷薇属（*Rosa*）、甘蔗（*Saccharum officinarum*）、茄子（*Solanum melongena*）、马铃薯（*Solanum tuberosum*）、高粱（*Sorghum bicolor*）、菠菜（*Spinacia oleracea*）、可可树（*Theobroma cacao*）、小麦（*Triticum aestivum*）、蚕豆（*Vicia faba*）、黑吉豆（*Vigna mungo*）、绿豆（*Vigna radiata*）、豇豆（*Vigna unguiculata*）、葡萄（*Vitis vinifera*）、玉米（*Zea mays*）。

为害情况：海灰翅夜蛾是亚热带和热带地区最具破坏性的鳞翅目农业害虫之一。全年为害许多重要的经济作物，在大部分作物上以幼虫取食为害。为害烟草，导致叶片发育不规则，产生浅褐至红色斑，茎基部也可被咬断。为害棉花，以幼虫取食叶片、果实点、花芽、偶尔也蛀入花蕾和嫩荚中取食为害，导致流液或干瘪。落花生被侵染时，幼虫首先选择幼嫩未平展叶片取食，但为害严重时，任何阶段的叶片均被取食，有时甚至土壤中的成熟果实也遭到侵害。豇豆豆荚和种子也经常被为害。幼虫蛀入番茄果实为害，影响品质。玉米受该虫侵害时，茎常被钻蛀，嫩粒也可被为害。在许多其他作物上，主要为害叶片。

在欧洲，1937 年以前该虫的危害很小。1949 年，该虫在西班牙南部大暴发，影响紫花苜蓿、马铃薯和其他蔬菜作物。目前，该虫在塞浦路斯、以色列、马耳他、摩洛哥、西班牙（北部除外）造成很大的经济影响。在意大利，对保护地观赏植物和蔬菜的影响尤为重要。在希腊，该虫仅对克里特岛的紫花苜蓿和苜蓿造成轻度危害。在非洲北部的埃及，该虫危害番茄、辣椒、棉花、玉米和其他蔬菜，是最严重的棉花害虫之一。

虽然目前尚未见海灰翅夜蛾危害烟草造成经济损失的详细报道，但与其外形和生物学习性都极为相似的斜纹夜蛾（*Spodoptera litura*）在印度曾有过危害烟草的损失评估报道：每株烟草上有 2、4、8 头幼虫危害，可分别造成减产 23% ~24%、44.2%、50.4%。斜纹夜蛾是我国的广泛分布种，在各烟区都有分布，是烟草上的主要害虫之一，以幼虫为害烟株中下部烟叶，随龄期的增长，向上部烟叶转移危害。故海灰翅夜蛾一旦传入，其适生的可能性很大，对我国烟草业及其他作物生产具有潜在威胁。

形态特征：海灰翅夜蛾与斜纹夜蛾外形极为相似，通常被当做同一个种。

成虫：体灰褐色，长 15 ~20mm，翅展 30 ~38mm；前翅灰色至浅红褐色，沿着翅脉有浅色线条（雄性在翅基和翅端有蓝色区域）；单眼处有 2 ~3 条浅色斜斑纹。后翅浅灰白色，边缘灰色，通常缺少暗色翅脉，而相似种斜纹夜蛾的后翅翅脉多为暗色，为二者在外观上的主要区别。但因为这两个种的多变性，单从外观上并不能严格区分，种的鉴定主要依靠成虫的外生殖器。

海灰翅夜蛾雄虫的阳茎端基环略呈梯形，阳茎较短，而且一端不明显膨大；斜纹夜蛾的阳茎端基环（juxta）明显呈三角形，阳茎长而一端显著膨大（图 3 -1）。海灰翅夜蛾雌虫外生殖器的囊导管（ductus bursae）与交配囊孔（ostium bursae）约为等长，而斜纹夜蛾不等长（图 3 -2）。

卵：球形，略扁，直径 0.6mm，成排产于寄主叶上，1 ~3 层，卵上覆有雌虫腹部末端

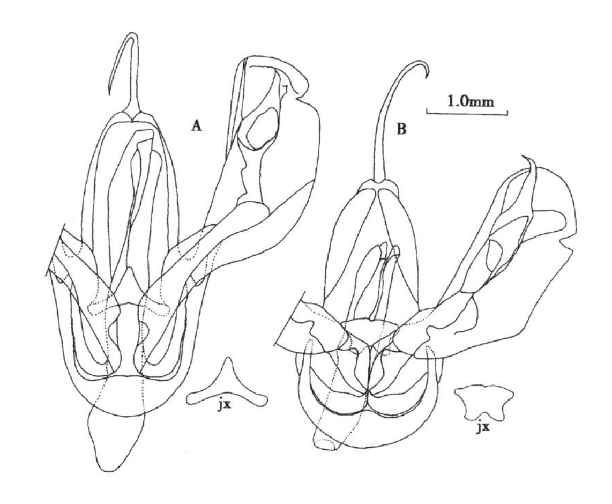

图3－1 斜纹夜蛾（A）和海灰翅夜蛾（B）的雄性外生殖器

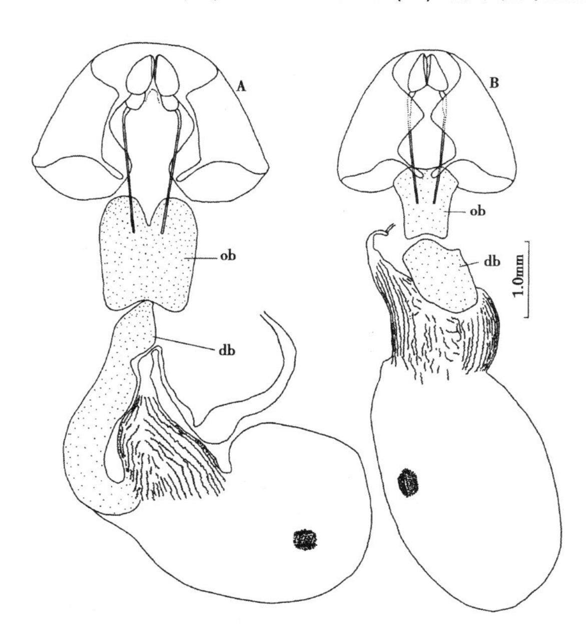

图3－2 斜纹夜蛾（A）和海灰翅夜蛾（B）的雌性外生殖器

的毛鳞。通常为浅黄色，孵化前变为黑色，通过透明卵壁可见幼虫头部。而斜纹夜蛾的卵通常为浅橘色至褐色或粉红色。

幼虫：幼虫长40～45mm，无毛，圆柱形，末端渐细，颜色多变（浅黑灰色至暗绿色，后变为浅红褐色、浅黄色）。体侧有暗色纵向条带，除前胸外，每节背中线两侧有两个暗色月牙形斑；腹部第1节和第8节的月牙斑比其他节稍大，致使第1节的侧线中断。

蛹：初期为绿色，腹部浅红色，几小时后变为浅红褐色。一般形状为圆柱形，（14～20）mm×5mm，腹部末端渐细，末节有2根臀棘。

生物学特性：雌虫在羽化后2～5d产卵，多以卵块（20～1 000粒卵）形式产于嫩叶背面和植株上部。产卵能力受高温和低湿的影响，在30℃、RH90%的情况下产卵960粒，而在35℃、RH30%时产卵145粒。初产的卵在1℃下可存活8d，相同条件下非出产卵的存活时间更长些。温度适宜时卵约4d孵化，冬季则要11～12d。

25～26℃时，幼虫6个龄期的发育需要15～23d。在较低温度条件下，如欧洲菊花温室的海灰翅夜蛾幼虫通常有一个额外的龄期，约3个月才老熟。在棉花上，幼虫初期3个龄期主要在叶背成群取食，4～6龄分散，白天在寄主下的土中，夜晚至清晨在叶的正背两面取食。幼虫主要在黑暗中取食，这种行为方式可能在早期虫龄很少被注意，有报道夜间幼虫种群50%以上由早期虫龄幼虫组成。夏季多数5龄和6龄幼虫从上午中段至日落离开植株，夜晚返回爬到植株上。3龄和4龄在植株上休息并保持静止。

老熟幼虫钻入松软土下3～5cm处做黏土室或茧，在内5～6h后化蛹。25℃条件下蛹期为11～13d。

成虫在夜晚羽化，成虫期为5～10d。繁殖力、产卵力和成虫寿命受到雌雄虫虫龄差异的影响。4d寿命的雄虫同刚羽化的雌虫交配产卵力最高。寿命、繁殖能力和寄主植物有关。雌虫通常在夜间交尾，成虫多在羽化后的第一个夜晚交配，交尾持续20min至2h。约50%的已交配雌虫在当晚产卵。成虫大多在晚8时至午夜之间飞行。飞行力受大气条件支配，相对湿度增大和气温降低可诱导飞行。4h的飞行距离在1.5km以上。

所有发育阶段自然发育的最低温为13～14℃。一般在幼虫以后抗寒能力增强，蛹期的抗寒能力最强。18℃时，卵、幼虫和蛹期分别为9d、34d、27d。36℃时，分别为2d、10d、8d。在埃及的研究表明取食棉花时该虫有7个重叠世代，并有3个为害高峰期。

传播途径：成虫有一定的飞行能力，4h可飞行1.5km以上，有助于其在不同寄主间扩散。由于该虫为害寄主叶片，也蛀食棉蕾、豆荚、果肉等，远距离主要通过种植材料、切花、蔬菜等寄主材料携带卵和幼虫传播。

检验检疫方法：根据EPPO推荐用于棉铃虫的检疫措施，进口的繁殖材料应来自于无该虫发生的地区或来自于在进口前3个月内未检查到该虫发生的产地。货物在1.7℃下贮存2～4d，然后再在15～20℃下，用54g/m^{3}溴甲烷熏蒸处理。

检查寄主植物叶背寻找1、2龄幼虫。若发现有该虫取食迹象，可在周围地表继续寻找幼虫，因为3龄后的幼虫多分散在土壤表面。也可应用性信息素诱捕器协助进行诱捕监测。在温带，监测该虫可在夏、秋季进行。也可用灯诱或清晨、黄昏扫网捕捉。

症状和有害生物照片及绘图详见彩图3－20、彩图3－21、彩图3－22、彩图3－23。

第六节　烟芽夜蛾

中文名：烟芽夜蛾

学名：*Heliothis virescens*（Fabricius，1777）

异名：*Chloridea rhexiae*（J. E. Smith）

Chloridea virescens（Fabricius）

Helicoverpa virescens *Heliothis rhexiae*（J. E. Smith）

Heliothis spectanda Strecker

Noctua virescens Fabricius

Xanthia prasina Walker

Xanthia viridescens Walker

英文名： tobacco budworm

分类地位： 鳞翅目 Lepidoptera，夜蛾科 Noctuidae，实夜蛾属 *Heliothis*。

分布： 主要分布于美洲大陆，具体包括美国（广布）、加拿大、墨西哥、安提瓜和巴布达、巴巴多斯、巴哈马、巴拿马、百慕大群岛、大安地列斯群岛、多米尼加共和国、哥斯达黎加、格林纳达、古巴、瓜德罗普、海地、洪都拉斯、开曼群岛、马提尼克、美属维尔京群岛、尼加拉瓜、萨尔瓦多、圣基茨和尼维斯、圣文森特和格林纳丁斯、危地马拉、小安德勒斯群岛、牙买加、英属维尔京群岛、夏威夷群岛、阿根廷、巴西、波多黎各、玻利维亚、厄瓜多尔、法属圭亚那、哥伦比亚、圭亚那、秘鲁、委内瑞拉、乌拉圭、智利等。

寄主： 主要栽培寄主有黄秋葵、木豆、甜椒、鹰嘴豆、西葫芦、大豆、棉花、向日葵、甘薯、莴苣、亚麻、番茄、烟草、菜豆、玉米，此外还包括苘麻、金鱼草、花生、小冠花、金银花、天蓝苜蓿、豌豆、高粱、三叶草、箭舌豌豆、长柔毛野豌豆、禾本科杂草等。

形态特征：

卵：近球型，乳白色，胚胎发育后出现红褐色条纹，孵化前为灰褐色，大小为 0.55mm×0.56mm。

幼虫：初孵幼虫背部具有数条暗色毛瘤，体色从橄榄绿到深红褐色不等，与其他毛虫的明显区别是，在手持放大镜下，能明显观察到本种幼虫体被大部分具小刺。老熟幼虫体长35～42mm长，体被具瘤突，头壳呈褐色斑驳状，前胸及肛板为褐色，刚毛深色，气孔及爪为黑色。背面中部具一或二条暗色带，两侧为灰白色宽带，体测线为白色或黄色。光线、取食、温度及遗传均可影响到末龄幼虫体色的多样性。

蛹：平均长为18.2mm，宽为4.7mm，褐色，光滑，末端具两平行的刺突，无下颚须。

成虫：虫体短粗，约19mm长，翅展为25～37mm。体色为浅橄榄绿色到褐绿色，具3条暗色斜带，前翅通常具3条白带，后翅珍珠白色；雄虫外缘呈不明显的暗褐色，雌虫相对而言呈明显的红色。

为害情况与经济重要性：烟芽夜蛾寄主范围广、扩散能力强、种群增长快，是多种大田和蔬菜作物上的重要有害生物，棉花、番茄、烟草、玉米等均可被害，可导致严重经济损失。该虫可取食寄主植物的花、幼果、叶片等部位，被害部可见该虫排泄的粪屑。在烟草上，主要取食植物叶片，降低经济价值。在美国北卡州，该虫对烤烟造成经济损失。幼虫取食烟草芽或者叶片，取食芽造成的经济损失较取食叶大，被害叶片扭曲畸形。害虫大发生时，还可取食寄主的嫩茎。

生物学习性： 当温度不低于10℃时，烟芽夜蛾雌成虫于夜间产卵，21～27℃时产卵量相对较大，卵单产，通常产在寄主植物的花旁或幼果旁。成虫期10～14d，每雌可产450～2 000粒卵。卵期2～5d，幼虫期2～3周，幼虫共有5～6龄。低龄幼虫喜欢卷叶为害，而高龄幼虫常在已经完全展开的叶片上取食。各种龄期的幼虫均可取食花、幼芽、嫩叶、果实等幼嫩组织。老熟幼虫在土壤中化蛹，蛹道5~15cm长，蛹期为2~3周。自然条件下，从卵到成虫羽化共需要6~8周。兼性滞育的特性可帮助烟芽夜蛾度过寒冬、酷暑等不良气候条件。在美国亚利桑那州及加利福尼亚州，将幼虫置于43℃、8小时条件时，幼虫即可进行夏季滞育。该虫的迁移特性可帮助其躲避不利条件，逃脱天敌捕食，重新找到合适的寄主。虽然目前有证据表明在环境恶化时烟芽夜蛾可进行长距离扩散，但该虫并未表现出有规律的迁徙行为。

传播途径：烟蚜夜蛾成虫具有较强的飞行能力，具有迁飞特性，可进行一定距离的主动扩散，躲避不良环境并找到合适寄主；卵、幼虫可随寄主植物的调运、运输工具等进行扩散；蛹可随寄主的生长介质土壤的运输进行传播扩散。

检验检疫方法：幼虫通常隐匿在寄主植物内取食（如花、果实等），也可在叶片表面取食，通常可见取食造成的危害症状，在植物的表面可见幼虫，在被害部位可见到蛀孔和虫屑。

重点检查寄主植物及其产品上有无卵块、幼虫或蛹，同时应加强运输工具、集装箱及包装物的外表检疫。对来自重点国家或地区、重点产品细查严管，如发现疑似害虫送实验室进行形态鉴定、分子实验技术鉴定等。

症状和有害生物照片详见彩图3－24、彩图3－25、彩图3－26、彩图3－27、彩图3－28、彩图3－29、彩图3－30、彩图3－31、彩图3－32。

第七节　烟草天蛾

中文名：烟草天蛾

学名：*Manduca sexta*（Linnaeus，1763）

异名：*Macrosila carolina*（Linnaeus）Clemens，1839

Manducacarolina（Linnaeus）Hübner [1809]

Phlegethontiuscarolina（Linnaeus）Hübner [1819]

Phlegethontius sexta（Linnaeus）Kirby，1892

Protoparcecarolina（Linnaeus）Butler，1876

Protoparce griseata Butler，1875

Protoparce jamaicensis Butler，1876

Protoparce leucoptera Rothschild and Jordan，1903

Protoparce sexta（Linnaeus）Rothschild & Jordan，1903

Protoparce sexta luciae Gehlen，1928

Protoparce sexta peruviana Bryk，1953

Protoparce sexta saliensis Kernbach，1964

Sphinx caestri Blanchard，1854

Sphinxcarolina Linnaeus，1764

Sphinx eurylochus Philippi，1860

Sphinx lycopersici Boisduval，[1875]

Sphinx nicotianae Boisduval，[1875]

Sphinx paphus Cramer，1779

Sphinx sexta Linnaeus，1763

英文名： tobacco hornworm

分类地位： 鳞翅目 Lepidoptera，天蛾科 Sphingidae。

分布： 又名传粉夜蛾，该虫主要分布在美洲地区，包括美国（广泛分布）、加拿大、墨西哥、安提瓜和巴布达、巴巴多斯、巴哈马、巴拿马、伯利兹、多米尼加共和国、哥斯达黎加、格林纳达、古巴、瓜德罗普、海地、洪都拉斯、加勒比群岛、开曼群岛、马提尼克、美属维尔京群岛、蒙特塞拉特岛、墨西哥、尼加拉瓜、圣基茨和尼维斯、圣卢西亚、圣文森特和多巴哥、危地马拉、牙买加、英属维尔京群岛、阿根廷、巴拉圭、巴西、波多黎各、厄瓜多尔、法属圭亚那、哥伦比亚、圭亚那、秘鲁、苏里南、委内瑞拉、乌拉圭、智利。

在我国，除西藏地区未见外，其他省市均有发现。

烟草天蛾目前发现有 6 个亚种，分别如下。

Manduca sexta sexta：分布范围最广。在美国本土，从麻省以西到密芝根州南部、明尼苏达州、科罗拉多州中部、北达科他州及加州北部；南至佛罗里达州、墨西哥湾沿岸、德萨斯州、新墨西哥州、亚里桑那州及加州南部，再往南至中美洲的墨西哥、伯利兹、洪都拉斯、哥斯达黎加、加勒比群岛及阿根廷。

Manduca sexta caestri（Blanchard，1854）：在智利发现。

Manduca sexta jamaicensis（Butler，1875）：见于牙买加、多米尼加共和国、圣卢西亚、瓜德罗普直到安的列斯群岛。

Manduca sexta leucoptera（Rothschild & Jordan，1903）：见于加拉帕戈斯群岛

Manduca sexta paphus（Cramer，1779）：见于南美洲的苏里南及委内瑞拉到巴西、阿根廷及玻利维亚

Manduca sexta saliensis（Kernbach，1964）：只见于阿根廷。

寄主： 主要寄主有辣椒、番茄、烟草、胡麻、马铃薯；次要寄主：曼陀罗、马鞭草等。

经济重要性：在美国南部，早期世代对烟草的市场价值可造成威胁，有时可对整个种植园造成严重经济损失。通常 7 月底到 8 月，经济损失最为严重。寄主采收后，烟草天蛾转而为害野生寄主，并产生越冬代，可严重影响来年的烟草价值。当番茄上的种群数量较大时，烟草天蛾幼虫还可取食幼果，影响果相，降低产量。该虫对烟草幼苗的影响大于对成熟植株的影响。

形态特征：

卵：光滑的球型，直径约为 1.3mm。浅绿色到白色。

幼虫：新孵化的幼虫为灰绿色，光滑，具锯齿状突起。幼虫头部及最末两个体节具细

毛。气孔为砖红色，边缘为灰绿色，除背部有暗色心形纹饰外无其他纹饰。2 龄幼虫变化不大，但虫体出现瘤突，且末端的锯齿状突起呈多刺状。随着虫龄增加，幼虫腹部两侧出现灰白色条纹，气孔逐渐变为黑色。老熟幼虫体长 90 ~ 115mm，灰绿色，具白色体毛，虫体两侧具 7 对亮白色斜纹。

成虫：翅展 105 ~ 127mm，呈蓝灰色到褐色斑驳状，腹部每侧具 6 个橙色到黄色斑点，后翅中部的波纹线不明显，常融合在一起。

生物学习性：在美国佛罗里达州、中美洲及南美洲的热带地区，烟草天蛾的成虫全年可见。但在加拿大南安大略地区，该虫只是零星可见，每年发生 2 ~ 3 代。成虫为夜行性，黄昏时在花朵上盘旋飞行，尤其气味芬芳浓郁的鲜花，例如，茉莉花等。雌成虫产卵于叶片背面，通常每个寄主植株上产的卵不会超过 5 粒。据报道，雌虫的产卵能力可达 2 000粒卵。卵期通常为 4d，根据温度的不同略有变化。幼虫期为 3 周，幼虫老熟后蛀入土壤中，预蛹期为 4d。夏季，蛹期为 3 周。当收到短日照刺激时，蛹可进入滞育阶段，以蛹越冬。翌年越冬代于 6 月上旬到 8 月羽化。26℃ 条件下，该虫的 1 龄幼虫期为 4. 5d，2 龄幼虫期为 3. 0d，3 龄幼虫期为 2. 7d，4 龄幼虫期为 3. 0d；5 龄幼虫期为 3. 6d，预蛹期为 5. 3d，蛹期为 21. 0d，成虫期为 4. 6d。

在云南年发生 2 代，均以老熟幼虫在 9 ~ 300cm 土层越冬。翌春移动至表土层化蛹。一代发生区，一般在 6 月中旬化蛹，7 月上旬为羽化盛期，7 月中下旬至 8 月上旬为成虫产卵盛期，7 月下旬至 8 月下旬为幼虫发生盛期，9 月上旬幼虫老熟入土越冬。2 代发生期，5 月上中旬化蛹和羽化，第 1 代幼虫发生于 5 月下旬至 7 月上旬，第 2 代幼虫发生于 7 月下旬至 9 月上旬；全年以 8 月中下旬为害最烈，9 月中旬后老熟幼虫入土越冬。成虫飞翔力很强，可远距离高飞，根据环境条件优劣而迁移；成虫趋光性强，昼伏夜出，一般白天潜伏在草堆或烟田附近建筑物的围檐、墙壁上、作物地、矮树丛等荫蔽处，黄昏后开始活动。喜在空旷而生长茂密的烟田产卵，一般散产于烟叶背面，每叶 1 粒或多粒，每雌平均产卵 350 粒。卵期 6 ~ 8d。幼虫共 5 龄，其中，2 ~ 3 龄后取食叶片成缺刻，5 龄的幼虫食量最大，严重时，可将烟叶吃成光秆。越冬后的老熟幼虫当表土温度达 24℃左右时化蛹，蛹期 10 ~ 15d。幼虫 4 龄前白天多藏于叶背，夜间取食（阴天则全日取食）；4 ~ 5 龄幼虫白天多在烟株上为害，并常整株为害。夏季日平均气温 29℃，最高 35℃时，对其繁殖无影响，雨量偏少时，有利于其发生。幼虫耐低温能力差，若秋季骤然降温或霜期提早，能抑制最后一代的发生，并降低越冬基数。冬季翻耕可减少越冬虫口基数。

烟草天蛾身体有一种机制，选择性地吸收和分泌烟草中的神经毒素尼古丁。烟草天蛾会把尼古丁从肠道转移到血淋巴，然后透过吐气将血淋巴中多余的尼古丁排出。研究员更加仔细地研究烟草天蛾的幼虫时，发现它们肠子里一种名叫 CYP6B46 的基因会在其吃了烟草叶之后表现得更突出。这暗示着 CYP6B46 很可能跟烟草天蛾幼虫抵御尼古丁的能力有关。进一步分析显示，CYP6B46 会把摄入的尼古丁从烟草天蛾的胃部转移到血淋巴，让它随着气息排出。因此，CYP6B46 这个基因若是失能，烟草天蛾幼虫呼出的尼古丁就比较少，让它们更容易受捕食者猎食。

传播途径：成虫具有较强的飞行能力，可进行一定距离的主动扩散，躲避不良环境并找到合适寄主；卵、幼虫可随寄主植物的调运、运输工具等进行扩散；蛹可随寄主的生长介质土壤的运输进行传播扩散。

检验检疫方法：烟草天蛾与番茄天蛾 *Manduca quinquemaculata* 在形态上较为接近，且属于同一属，其幼虫都以茄科植物的叶子为食。区别为烟草天蛾成虫腹部侧面具 6 对橘红色斑点；而番茄天蛾成虫腹部侧面具 5 对相似但不甚明显的斑点。烟草天蛾幼虫两侧有 7 对斜线，番茄天蛾则有 8 个“V”形图案。烟草天蛾后翅中央的波纹线融合为一体，而番茄天蛾后翅中央的 2 条波纹线明显，相互分离且呈锯齿状。烟草天蛾身体有一种机制，选择性地吸收和分泌烟草中的神经毒素尼古丁。

幼虫通常隐匿在寄主植物叶片，在番茄上也取食幼果，通常可见取食造成的危害症状，如叶片只剩主脉或叶片残缺不全，在被害部位可见到蛀孔和粪屑。

重点检查寄主植物叶片背面有无卵块，叶片上是否有被取食的缺频，同时应加强运输工具、集装箱及包装物的外表检疫。对来自重点国家或地区、重点产品细查严管，如发现疑似害虫送实验室进行形态鉴定、分子实验技术鉴定等。

防治：

农业防治：冬春季烟田要适时翻耕，破坏蛹的越冬环境，增加蛹的越冬死亡率。移栽早期提蔓除草，捕杀幼虫。

灯光诱杀：成虫有很强的趋光性，可以在成虫羽化的盛期，设置黑光灯进行诱杀，减少田间落卵量。

化学防治：用药剂防治要掌握在 3 龄幼虫以前防治最佳。用 2.5% 敌百虫粉剂或 2% 西维因粉剂，每亩喷 1.5～2kg。或用 90% 敌百虫晶体 800～1 000倍液或 45% 马拉硫磷乳油 1 000倍或 50% 辛硫磷乳油 1 500倍或 2.5 溴氰菊酯乳剂 5 000倍液，每亩用药液 75kg。

生物防治：用杀螟杆菌或青虫菌（每克含孢子量 80 亿～100 亿）稀释 500～700 倍液，每亩用菌液 50 千克。天蛾的天敌有赤眼蜂、寄生蝇、草蛉、瓢虫等，对天蛾的发生有一定控制作用。

症状和有害生物照片或绘图详见彩图 3－33、彩图 3－34、彩图 3－35、彩图 3－36、彩图 3－37、彩图 3－38、彩图 3－39、彩图 3－40、彩图 3－41、彩图 3－42、彩图 3－43、彩图 3－44、彩图 3－45、彩图 3－46、彩图 3－47、彩图 3－48。

第八节　棉短翅懒蝗

中文名：棉短翅懒蝗

学名：*Zonocerus elegans*（Thunberg）

异名：*Acrydium sanguinolentum* De Geer，1773

Gryllus elegans Thunberg，1815

Poekilocerus roseipennis Serville，1831

英文名：elegant grasshopper

分类地位：昆虫纲 Insecta，直翅目 Orthoptera，锥头蝗科 Pyrgomorphidae，腺蝗属 *Zonocerus*

分布：主要广布于非洲大陆，包括安哥拉、博茨瓦纳、刚果、刚果民主共和国、津巴布韦、莱索托、卢旺达、马达加斯加、马拉维、莫桑比克、纳米比亚、南非、斯威士兰、坦桑尼亚、乌干达、赞比亚。

寄主：主要栽培寄主：洋葱、苋属、腰果、菠萝、飞机草、柠檬、宽皮桔、甜橙、咖啡、芋头、葫芦、胡萝卜、山药、甘薯、木薯、香蕉、烟草、茄科、十字花科等栽培作物；次要寄主：鳄梨。

为害情况：生长季节，末龄幼虫及成虫的取食期可超过 6 个月，造成严重经济损失。在某些地区，该虫可剥食木薯茎，影响营养物质的传送。此外，该虫还可对蔬菜、柑橘、香蕉、咖啡等栽培作物造成经济损失。在赞比亚，该虫是烟草上的重要害虫，危害严重时可将叶片全部食光。

该虫是多米尼加的检疫性有害生物，是新西兰进口柑橘属、金橘属、枳属植株的限定的有害生物；是印度尼西亚进口甘薯、可可、棉花、木薯、禾本科种子的检疫性有害生物。

生物学习性：棉短翅懒蝗每年发生一代，若虫共有 6 龄，4 龄后可看到明显的翅。卵在干旱的季节进入滞育阶段。在坦桑尼亚，卵期可长达 7 个月，每年的 6 ~ 9 月，卵孵化为若虫，幼虫期 4 个月。每年有超过半年的时间为取食期。

传播途径：若虫、成虫具有一定的主动扩散能力，可进行一定范围内扩散；卵可随寄主植物生长介质土壤的运输进行扩散。该虫还可随交通工具、农事操作、贸易往来等进行被动扩散。

检验检疫方法：对来自疫区的寄主植物和土壤介质等加强检疫，查看植物表面是否有被取食状和粪屑，如发现可疑情况，请将样品带回实验室进行形态鉴定或利用分子实验技术验证。

症状和有害生物照片或绘图详见彩图 3 – 49、彩图 3 – 50、彩图 3 – 51。

第九节　非洲柚木杂色蝗

中文名：非洲柚木杂色蝗

学名：*Zonocerus variegatus*（Linnaeus，1758）

异名：*Acrydium sanguinolentum* De Geer，1773

Gryllus（*Locusta*）*variegatus* Linnaeus，1758

Gryllus laevis Thunberg，1824

Gryllus opacus Thunberg，1815

英文名：variegated grasshopper

分类地位：昆虫纲 Insecta，直翅目 Orthoptera，锥头蝗科 Pyrgomorphidae，腺蝗

属*Zonocerus*。

分布：仅分布在非洲大陆地区，包括安哥拉、贝宁、布基纳法索、多哥、冈比亚、刚果、刚果民主共和国、几内亚、几内亚比绍、加纳、加蓬、喀麦隆、科特迪瓦、肯尼亚、利比里亚、卢旺达、马拉维、马里、尼日尔、尼日利亚、塞拉利昂、塞内加尔、乍得、中非共和国。

寄主：主要寄主：洋葱、苋属、腰果、菠萝、美洲苦树、柑橘、柠檬、宽皮桔、甜橙、咖啡、芋头、葫芦科、胡萝卜、棉属、向日葵、番薯、木薯、芭蕉属、烟草、胡椒属、鸡蛋花属、禾本科、茄科、；次要寄主：大麻、非洲油棕、芒果、鳄梨、柚木等。

为害情况：在西非，非洲柚木杂色蝗是木薯上的有害生物，干旱季节取食新鲜木薯叶片。在木薯叶片被作为蔬菜食用的地区造成的经济损失更为严重。干旱季节即将结束时，该虫取食木薯，此时木薯的块茎基本上已经成熟，块茎质量不再增加，但块茎的品质可能会被降低，该虫对块茎造成的影响尚存在争议。该虫取食还可造成木材质量的降低。在木薯间种山药的田块，该虫对木薯的影响更为严重。该虫还可对蔬菜、柑橘、香蕉、咖啡等栽培作物造成经济损失。在烟草上，该虫主要取食叶片，发生严重时甚至可将全部叶片食光，造成严重经济损失。

该虫目前是多米尼加的检疫性有害生物，是印度尼西亚进口甘薯、可可、棉花、木薯及禾本科种子的检疫性有害生物。

生物学习性：在 Sahel 地区，非洲柚木杂色蝗每年发生一代。干旱季节，该虫以卵滞育以度过不良环境。每年 6 月雨季开始时，卵孵化为幼虫。9 月，雨季结束时成虫产卵。在湿润地，该虫可见旱季种群及雨季种群。旱季种群的经济影响较为严重。旱季种群通常在年末干旱季节开始时卵孵化为幼虫，翌年 1 月成虫羽化、产卵并死亡。4 月，雨季种群卵孵化为幼虫，成虫于 11 月产卵。目前，旱季种群与雨季种群的关系尚不明确。在许多湿润带，若虫和成虫全年可见。目前，有证据表明旱季种群与雨季种群的生命周期发生时间不同。

传播途径：若虫、成虫具有一定的主动扩散能力，可进行一定范围内扩散；卵可随寄主植物生长介质土壤的运输进行扩散。该虫还可随交通工具、农事操作、贸易往来等进行被动扩散。

检验检疫方法：对来自疫区的寄主植物和土壤介质等加强检疫，查看植物表面是否有被取食状和粪屑，如发现可疑情况，请将样品带回实验室进行形态鉴定或利用分子实验技术验证。

症状和有害生物照片或绘图详见彩图 3－52、彩图 3－53、彩图 3－54、彩图 3－55、彩图 3－56、彩图 3－57。

第四篇　有害生物——杂草篇

第一节　薄叶日影兰

中文名： 薄叶日影兰

学名： *Asphodelus tenuifolius* Cav.

异名： *Asphodelus fistulosus* var. *tenuifolius*（Cav.） Baker

英文名： onionweed

分类地位： 刺叶树科（Xanthorrhoeaceae Dumort.） 日影兰属（*Asphodelus* L.）。

分布： 北非（埃及）、欧洲西南部、亚洲西南部（巴基斯坦和印度）、北美及大洋洲。

寄主： 烟草、小麦、玉米、甜菜、荠菜、大麦、亚麻、苜蓿、豌豆、甘蔗、马铃薯、鹰嘴豆、柑橘、棉花、海枣。

为害情况： 薄叶日影兰在印度和巴基斯坦造成的危害较大，主要可致农作物减产。据报道，该杂草导致鹰嘴豆减产42%（Tripathi，1967），并与田间杂草藜（*Chenopodium album*）形成强大的竞争力量。在巴基斯坦，薄叶日影兰还是根坏死病害（*Macrophomina phaseoli*）的转主寄主，有人曾从生长在棉田里的该杂草植株中分离得到核盘菌（*Sclerotinia sclerotiorum*）（Rathore et al.，1993）。Sharma（1977）还发现1g薄叶日影兰的种子可使鸟类致命。

生物学特征： 薄叶日影兰为单子叶植物纲一年生直立草本，起源于亚热带地区，偏好相对干旱、低降雨量地区的旱地作物和沙地生境。灌溉频繁的农田与稻—麦轮作的农业环境，对该杂草生长负面影响较大。在印度，该杂草生长的重灾区中，对其生长土壤环境进行分析，认为其最适生条件为土壤pH值等于7，保水率40%、氮水平0.05%及有机物含量0.7%～1.5%（Tripathi，1968）。

传播途径： 成熟植株同作物一起收割，行远距离传播。如印度小麦籽中常混杂该杂草籽进行远距离运输（Tripathi，1977）。种子从蒴果中开裂，撒落在土壤里或随肥料，在相邻田间近距离传播。

检验检疫方法：

根：幼株根部淡黄色，至成熟期变深褐色。须根与主根缠绕形成绳状结构。

茎：直立，中空，纤细。

叶：叶多数，顶端渐尖，长10～40cm，叶基被光滑密毛。

花序：花葶多数，单一，稀上部二叉状分支，坚实，直径3mm，60cm长。

花：花钟状，白色并粉色或紫色条纹，组成疏松的总状花序。苞片着生于小梗上，与短花梗贴合。花被6片，1.5cm长；雄蕊6；雌花单生，子房上位，3心皮，3室。花在一周内向上渐次开放，通常在傍晚或在昏暗、寒冷条件下不开放。

果实：蒴果3裂，具横纹，长约3mm。

种子：种子具3角，黑色，被致密纹理，正反两面分布不规则凹坑。

症状和有害生物照片或绘图详见彩图4－1、彩图4－2、彩图4－3、彩图4－4、彩图4－5。

第二节　葶苈独行菜

中文名：葶苈独行菜（灰白独行菜）

学名：*Lepidium draba* L.

异名：*Cardaria draba*（L.）Desv.

英文名：hoary cress

分类地位：十字花科（Cruciferae）独行菜属（*Lepidium* L.）。

分布：原产欧洲中部和西亚，现入侵美国、墨西哥、南美、非洲南部和澳大利亚。

寄主：燕麦、甜菜、柑橘、番红花、草莓、果树、棉花、向日葵、大麦、兵豆、苹果、苜蓿、烟草、牧草、开心果、梨、黑麦、马铃薯、小麦、葡萄、玉米。

为害情况：该杂草泛生于路边、牧场、草场、耕地，以及花园、公园和湿地。可入侵各种土壤类型，偏好盐碱土。可使谷类、苜蓿和果园作物严重减产（Chipping，1929）。此外，它还导致草场退化并毒害牲畜（Fischer et al.，1978）。

生物学特征：一年生或多年生草本（Zohary，1966），从扩展根系上的不定芽出苗和再生。多年生杂草，广泛分布于沿海、山地森林、耕地、荒地、路边。适生于多种土壤类型，偏好于中性和碱性土壤（Olah，1979）。在约旦从该国北部海拔1 600m、年降雨量500～600ml的干燥地区到东北150～200ml年降雨量的地区均有分布。此外，在海拔高达2 100m的阿尔卑斯山区，及1 700～2 400m的高原均有分布。

传播途径：种子可随排水系统扩散，随人类活动及作物种子、土壤的调运进行远距离传播。

检验检疫方法（形态学）：

根：分枝的木质根系。

茎：茎直立，近无毛或被灰白色柔毛。高近10～50cm，茎单一或上部分枝，分枝上升，结构木质化。

叶：叶10cm×4.5cm，基部叶具柄，匙形至狭倒卵形，具波状锯齿。茎生叶披针形至卵形，基部箭形并抱紧茎部，叶缘具浅齿。

花序：伞状圆锥花序密生花，花梗2～10mm长，花白色，3～4mm长。

花：花被片（1.5～2）mm×1mm，平铺，近无毛，边缘白色干膜质。花瓣两倍长于萼片，白色，花药黄色。

果实：果序细长，具果梗，长8～12mm，是果实的2～3倍长。果实浅褐色，心形，长至5mm，种子无翅，横向卵状心形或心脏形，含有约1mm长的柱头痕迹。

种子：种子1枚，卵形，2mm长，1.5mm宽，略皱缩，椭圆形，红褐色。

有害生物照片或绘图详见彩图4－6、彩图4－7、彩图4－8、彩图4－9。

第三节　印度草木樨

中文名：印度草木樨

学名：*Melilotus indica*（L.）All.

异名：*Melilotus parviflorus* Desf.

英文名：Indian sweetclover

分类地位：豆科（Leguminosae）草木樨属（*Melilotus*）。

分布：巴基斯坦、印度、地中海以东国家，入侵至暖温带地区。

寄主：洋葱、大蒜、甜菜、荠菜、豌豆、茴香、姜、棉花、大麦、天仙子、兵豆、烟草、八角、豌豆、甘蔗、马铃薯、葫芦巴、小麦、蚕豆、葡萄。

为害情况：该杂草是入侵性较强的物种，常入侵印度的小麦地（Singh et al.，1995）。此外还是鹰嘴豆、兵豆、马铃薯、甜菜和其他菜地里的常见杂草，与其他杂草一起，使小麦严重减产（Bhagawati et al.，1989），并损耗土壤养分。它具有常见的入侵特性，如繁殖力强，种子的休眠期可至该杂草重复感染作物。

生物学特征：一年生草本，适生于土壤肥沃、湿润，具有充足阳光的暖温带以南的山地、平原地带。

传播途径：随粮谷与土壤调运进行扩散传播。

检验检疫方法：

茎：常在基部分枝形成2～3主茎，长至30cm，少有长至50cm。

叶：叶片复状三叶，小叶倒卵形，基部楔形，先端具细锯齿，1.5～2cm长，背面略被柔毛。

花序：花序从叶腋生出，密集的总状花序，2～3cm长，具15～50朵小花，着生在一长为1.5～2cm的小短柄上。

花：花2～2.5mm长，黄色或浅黄色，具典型豆科花的特征。

果实：豆荚纸质，小型，钝圆，2～3mm长，黄色或灰色，表皮网状皱缩，略被柔毛。

种子：1枚，长1.5～2mm，浅肉桂色或黄绿色。

症状和有害生物照片或绘图详见彩图4－10、彩图4－11。

第四节　墙生藜

中文名：墙生藜

学名： *Chenopodium murale* L.

异名： *Chenopodium lucidum* Gilib.；*Chenopodium triangulare* Forssk.

英文名： nettleleaf goosefoot

分类地位： 藜科（Chenopodiaceae）藜属（*Chenopodium*）。

分布： 世界范围。

寄主： 洋葱、蒜、芹菜、甜菜、荠菜、花椰菜、卷心菜、鹰嘴豆、南瓜、茴香、棉花、大麦、苜蓿、烟草、菜豆、萝卜、西红柿、茄子、马铃薯、高粱、葫芦巴、小麦。

为害情况： 墙生藜为害超过25类的大田作物和果树园（Holm et al.，1997）。包括埃及的萝卜、意大利的谷类作物和菜园，墨西哥的棉花、亚麻和番红花，阿拉伯的大枣，加拿大和美国的苜蓿，印度的黍类作物，南非的果园，伊朗的甘蔗及其他几个国家的小麦。可通过化感作用排挤作物，与作物竞争生长而导致较大的减产。同时还是许多真菌、病毒和线虫的寄主植物，增加了对作物的负面影响。

生物学特征： 一年生草本植物。

传播途径： 通过粮谷、土壤调运扩散传播。

检验检疫方法：

茎：倾斜上升至直立，常分枝，基部有时具棱角并增粗。

叶：叶（1～7）cm×（0.5～4）cm，互生，阔三角形，菱状卵形至菱状矩圆形，基部楔形，先端急尖至渐尖，深绿色，近似肉质，边缘具尖锯齿，无毛或有时粉质。

花序：圆锥花序腋生及顶生，具分枝，基部多叶，具致密或疏松的花序。

花：两性花，小型，绿色。花被片5，头巾状，绿色，具突出的龙骨突，将果实包被在内。

果实：蒴果膜质，难与种子剥离。

种子：直径1～1.5mm，黑色，有些发亮，凸透镜状，边缘具尖锐的龙骨突，并有小麻点。

症状和有害生物照片或绘图详见彩图4－12、彩图4－13。

第五节　飞机草

中文名： 飞机草（又名香泽兰）

学名： *Chromolaena odorata* L.

异名： *Chromolaena odorata*（L.）King & Robinson

英文名： Bitter Bush，Siam Weed，Aircraft Grass，Fragrant Bogorchid

分类地位： 菊科（Compositae），泽兰属（*Eupatorium* L.）。

分布：

亚洲：越南、柬埔寨、菲律宾、马来西亚、印度尼西亚、泰国、老挝、新加坡、缅甸、斯里兰卡、印度、尼泊尔、中国；

非洲：科特迪瓦、加纳、喀麦隆、尼日利亚、南非、斯威士兰、毛里求斯；

大洋洲：澳大利亚、巴布亚－新几内亚、关岛、帕劳岛、马绍尔群岛；

美洲：墨西哥、洪都拉斯、萨尔瓦多、哥斯达黎加、巴拿马、多米尼加、牙买加、特立尼达、波多黎各、委内瑞拉、秘鲁。

我国广东、广西、贵州、云南、海南、中国香港、中国澳门和中国台湾均有分布。

寄主：菠萝、茶园、椰子、咖啡、非洲油棕榈、棉花、橡胶、蕉麻、烟草、水稻、甘蔗、柚木、可可、玉米。

为害情况：飞机草生长迅速，分枝多，竞争力和再生力强，能分泌化学物质抑制其他植物生长，对橡胶、油棕、椰子、柚木、茶、菠萝、烟草、棉花、谷物、甘蔗和牧草等危害大，对农田、牧场破坏严重，侵入田园后很难防除。其叶含香豆素，擦皮肤会引起红肿、起泡，误食会引起头晕、呕吐。飞机草也对家畜有毒。近年传入菲律宾后在牧场扩散蔓延，常引起野火，大片牧场很快丧失生产力，最后被迫抛弃。牧民们背井离乡，造成荒芜的无人带。

生物学特征：在形态学方面，飞机草属丛生型的多年生草本或亚灌木，植株高达3～7m，分枝平展，幼茎柔嫩，木质化程度低，但老茎粗壮；叶对生，卵形、三角状卵形或菱状卵形，基出三脉，叶边缘有稀疏、粗大而不规则的圆锯齿。头状花序在茎枝顶端排成伞房花序或复伞房花序，总苞圆柱形，花冠管状，白色、粉红色或淡黄色。瘦果狭线形，黑褐色，5棱，能借冠毛随风传播，花期4～5月（南半球）及9～12月（北半球），具有一定攀缘和缠绕能力。飞机草喜光而不耐阴，但其苗期较耐阴，喜温不耐寒、喜湿不耐旱、不耐盐，一般分布在30°N～30°S之间（包括原产地及入侵地的大部分）、海拔1 000m以下、年降雨量800mm以上、气温在20～37℃的温暖湿润地区（种子发芽对温度和光照要求不严格，而需要充足的氧气和湿度。在我国海南一年可开花两次，第一次4—5月，第二次9—10月。而在广州地区，飞机草一般在11月至翌年2月开花，2—4月结实和种子成熟。

飞机草与紫茎泽兰的区别：紫茎泽兰（*Eupatoriumadenophorum*）和飞机草（*Eupatoriumodoratum*）原产地都是中美洲，都属于菊科泽兰属的多年生草本植物，但它们在外形和繁殖方式上有很多区别。

从外形上看，紫茎泽兰的茎呈暗紫色、毛被暗紫，触之有黏手感，异味明显；而飞机草的茎呈绿色、毛被白色。紫茎泽兰的叶子呈菱形，厚纸质；叶柄紫褐色，较长，而飞机草的叶片呈三角形，薄纸质，两面都有灰白色绒毛；叶柄绿色，较短。紫茎泽兰的头状花序呈白色且近圆球形，而飞机草的头状花序呈淡绿黄色、绿白色或略淡紫色且为长圆柱形。

从繁殖方式来看，紫茎泽兰有两种繁殖方式，一种是靠带冠毛的瘦果进行有性繁殖，一种是靠茎产生不定根进行营养繁殖，而飞机草只有靠带冠毛的瘦果进行有性繁殖一种方式。由于紫茎泽兰繁殖方式的多样性，所以它比飞机草扩散的速度更快。

传播途径：飞机草种子小，瘦果上有冠毛，能混在作物种子和树种中传播，也可通过风力自然传播。

检验检疫方法：

根：直根深，粗大。

茎：茎伸展，分枝多。

花序：花簇生为顶端扁平、大小不等的伞房花序，具总花梗，着生于枝端或叶腋。

花：总苞圆柱形。小花托苞紫红色、蓝色或淡白色，从总苞外露。

果实：果实为瘦果，狭线形，有棱，棕色或黑色，棱上有暗白色不易弯曲的短硬毛。冠毛暗白色，上有粗糙的刚毛。

防治方法：

1. 机械防治

飞机草的防治控制在很长的一段时间内主要是利用机械防治和化学防治的方法。机械防治指用人力、火烧或机械的方式清除飞机草，一般先刈除地上部分，再挖掘出根系晒干，此方法对清除入侵初期、尚未形成单优群落的飞机草有一定的作用，但需要的劳动力多，费用较高，且只能实现短期防治。机械防治处理时最好避开飞机草的开花结实期，以免造成种子的更大范围扩散。

2. 化学防治

化学防治指通过施用化学除草剂进行治理，2，4 – D、2，4，5 – T、毒莠定、麦草畏、绿草定等药剂较为常用。其中，2，4 – D、敌百隆、莠去津对飞机草的幼苗有效，而对定植多年的草丛则需2，4 – D 与2，4，5 – T 或毒莠定与麦草畏混用才可防除，克无踪、百草枯等对飞机草的防治效果不明显。相对而言，化学防治的作用时间快、效果明显，但由于飞机草的根系较深，仅用一种除草剂难以奏效，且对于成熟灌丛其灭杀作用更弱，并容易导致出现环境污染与杂草抗性上升等问题，需要谨慎应用。

3. 生物防治

（从应用生态学的观点出发）是指寄生性、捕食性天敌或病原菌使另一种生物的种群密度保持在比缺乏天敌时的平均密度更低的水平上的应用，其基本原理是有害生物与天敌的生态平衡理论，通过在有害生物的传入地引入原产地的天敌因子，重新建立有害生物与天敌之间的相互调节、相互制约机制，恢复和保持这种生态平衡。此方法具有效果好、控制久远、成本低廉等优点，是一种可长期控制外来入侵杂草的有效方法。Goodall 和 Erasmus 提出，在南非生物防治仍然是降低飞机草对农、林业危害程度的唯一可靠的防治手段。自 1988 年以来，已经召开了七届国际飞机草生物防治和管理会议，飞机草的生物防治已取得了一定的进展，张黎华和冯玉龙总结介绍了防治飞机草较为有效的 3 种天敌昆虫（香泽兰灯蛾、香泽兰瘿实蝇和安婀珍蝶），并提出飞机草的生物防治重点在于寻找能够破坏其叶、茎或根的昆虫。

4. 替代控制

替代控制指利用植物的种间竞争规律（包括化感作用），用一种或多种植物的生长优势来抑制杂草的繁衍与扩散，从而达到完全控制或减轻为害的目的。其核心是根据当地植物群落的演替规律选择合适的替代种来取代入侵植物，最终在入侵地重建替代植物群落，实现植被的生态恢复。一般而言，替代种最好选择生态适应性强、生长速度快、有一定经济价值的植物种类，如速生林木或优质牧草等。这样既可控制入侵植物，又能兼顾生态效益与经济效益，实现入侵种的持续控制。奎嘉祥等研究指出，采用豆科牧草大叶千斤拔（*Flemingia macrophylla*）、多年生落花生（*Arachis pintoi* cv. Amarillo）及禾本科的伏生臂形草（*Brachiaria decumbens* cv. Basilisk）进行混播处理，能够有效控制云南南部牧场中飞机草的入侵，并明显改善土壤肥力和提高草场的质量。利用黑麦草、柱花草（*Stylosanthes guianensis*）、皇竹草（*Pennisetum hydridum*）、扁穗雀麦（*Bromus carthartticus*）、光叶紫花苕（*Vicia villosa*）、毛蔓豆（*Calopogonium mucunoides*）等进行替代防治也有一定的效果。国外亦有报道在果园中种植红花灰叶树（*Tephrosia purpured*）、爪哇葛藤（*Pueraria phaseoloides*）、距瓣豆（*Centrosema pubescens*）等覆盖植物可抑制飞机草的滋生蔓延。在岩溶地区，潘玉梅等发现土著种黄荆条（*Vitex neundo*）的叶原液对飞机草种子萌发的抑制作用显著，其发芽率仅为对照处理的20.75%，可作为飞机草生物替代防治的优选植物。

症状和有害生物照片或绘图详见彩图4－14、彩图4－15、彩图4－16、彩图4－17、彩图4－18。

第六节　菟丝子属

中文名：菟丝子属

学名：*Cuscuta* L.

英文名：Dodder

分类地位：旋花科（Convolvulaceae Juss.）

分布：原产美洲，广泛分布于世界暖温带地区。我国有10来种。

寄主：烟草、苜蓿、亚麻、甜菜、洋葱、葡萄、果树等经济作物。

菟丝子寄生在烟草上最早由Preissecker（1904）报道发生在南斯拉夫的Galicra和Dalmatia地区，以后在保加利亚，美国、前苏联、英国、南非都有报道。主要是百里香菟丝子*Cuscuta epithymum* Murr，其他还有田野菟丝子*C. campestris* Jun、单柱菟丝子*C. monogyna* Vahl.、欧洲菟丝子*C. europeae* L.、田菟丝子*C. arrensis* Bey和附属物菟丝子*C. appendiculata* Eng.等。在中国河南、四川、山东、辽宁、安徽、吉林、黑龙江等省也都有菟丝子的分布，但主要种是中国菟丝子*C. chinesis* Lam。新疆曾有田野菟丝子为害的纪录，但未能证实。1991年在吉林省柳河发现日本菟丝子*C. japonica* Chors为害烟草的报道。其分布情况和为害对象见表4－1。

表4－1　菟丝子属分布情况和为害对象

分布	为害对象
苜蓿菟丝子（*Cuscuta approximata* Bab.）（别称：细茎菟丝子）分布于巴基斯坦、阿富汗、伊朗、伊拉克、约旦、以色列、土耳其、前苏联、意大利、南斯拉夫、摩洛哥、美国	主要寄主是苜蓿、三叶草 为害对象：主要寄主是苜蓿、三叶草

（续表）

分布	为害对象
南方菟丝子（*Cuscuta australis*）主要分布于亚洲的中、南、东部以及大洋洲、欧洲，如日本、韩国、马来西亚、印度尼西亚、美拉尼西亚、丹麦、芬兰、前苏联、德国、法国、意大利、摩洛哥、几内亚、尼泊尔、澳大利亚、美国、波多黎各	主要寄生于豆科、菊科、蓼科、藜科、马鞭草科及母荆属等草本植物和小灌木上，对大豆、花生、蚕豆危害很大
田野菟丝子（*Cuscuta campestris* Yuncker）分布于日本、印度尼西亚、印度、巴基斯坦、阿富汗、以色列、阿拉伯半岛、瑞士、前苏联、匈牙利、德国、奥地利、荷兰、英国、前南斯拉夫、罗马尼亚、埃及、摩洛哥、乌干达、加拿大、美国、墨西哥、波多黎各、安的列斯群岛、智利、南美洲、大洋洲及太平洋诸岛	主要寄主是甜菜、马铃薯、胡萝卜、洋葱、番茄、苜蓿以及豆类、菊科、茄科、百合科、伞形科的草本植物
中国菟丝子（*Cuscuta chinensis* Lam）分布于朝鲜、日本、印度、斯里兰卡、阿富汗、伊朗、前苏联、马达加斯加、澳大利亚	寄生于豆科、菊科、蒺藜科等多种植物，为大豆产区的有害杂草，并危害胡麻、花生、马铃薯等农作物。中国菟丝子在印度、埃及等国对作物、蔬菜及花卉也造成危害，在我国主要为害大豆
杯花菟丝子（*Cuscuta cuplata* Engelm）分布于亚洲的西部和南部，欧洲南部和非洲北部，地中海沿岸等国家，特别是巴基斯坦、阿富汗、伊朗、前苏联、美国、中国（新疆）	形态特征：杯花菟丝子，茎纤细，毛发状，直径不超过1mm。花序侧生，少花或通常多花密集成团伞花序，花无柄；花萼杯状 寄生于蒿属、苜蓿、苦豆子、拉拉藤属以及豆科牧草和多种菊科植物
亚麻菟丝子（*Cuscuta epolinum* Weihe）分布于以色列、土耳其、前苏联、德国、奥地利、比利时、法国、意大利、摩洛哥、南非、加拿大、美国 亚麻菟丝子为害特点：害症状种子萌发时幼芽无色，丝状，附着在土粒上，另一端形成丝状的菟丝，在空中旋转，碰到寄主就缠绕其上，在接触处形成吸根	亚麻菟丝子防治方法：种子萌发高峰期地面喷1.5%五氯酚钠和2%扑草净液，以后每隔25d喷1次药，共喷3~4次，以杀死菟丝子幼苗 主要寄生于亚麻，苜蓿、三叶草，大麻等植物上，特别对亚麻危害大
欧洲菟丝子（*Cuscuta europaea* L.）分布于整个欧洲和西亚，美洲，如日本，印度、阿富汗，约旦、土耳其、丹麦、瑞典、芬兰、前苏联、德国、比利时、法国、意大利、前南斯拉夫、罗马尼亚、保加利亚、希腊、澳大利亚、美国、波多黎各	形态特征：一年生寄生草本。茎粗约2.5mm，分枝，光滑，红色或淡红色或淡黄色，缠绕，无叶 主要寄生在豆科、菊科、藜科、茄科等科的草本植物上，也寄生于桑科、蔷薇科各种植物上。对大豆、苜蓿、马铃薯等的危害很大
日本菟丝子（*Cuscuta japonica* Choisy）分布于朝鲜、日本、越南、前苏联、法国。别称：金灯笼、大菟丝子、黄丝藤、无娘藤 为害对象：木槿、杜鹃花、蔷薇、六月雪、桂花、牡丹、珊瑚树、鸡爪槭、冬青、女贞等	生长形态：日本菟丝子无根、无叶或叶退化，茎较粗，略呈红色，缠绕生长，蔓延迅速 主要寄和在杨柳科、蔷薇科、豆科、菊科、藜科等木本和草本植物上。对杞柳、榆树、枫杨、柚、柑、龙眼、荔枝及蚕豆危害大
列孟菟丝子（*Cuscuta le'hmanoiana* Bac.）原产欧洲，现分布于伊朗、前苏联	在前苏联吉尔吉斯斯坦是为害木本植物最严重的种类。尤以板栗属、榆科林木易受害
啤酒花菟丝子（*Cuscuta lupuliformis* Krocker）分布于前苏联、蒙古、土耳其、印度、德国、荷兰、中国（辽宁、河北、山东、山西、陕西、甘肃、内蒙古、新疆）	寄生于苹果属、杨属、蔷薇等木本植物和多年生草本植物

（续表）

分布	为害对象
单柱菟丝子（*Cuscuta monogvana* Vahl）分布于蒙古、印度、巴基斯坦、阿富汗、伊朗、伊拉克、约旦、以色列、土耳其、前苏联、西班牙、意大利、前南斯拉夫、罗马尼亚、埃及、摩洛哥、波多黎各	多寄生在苹果、梨、桃、李、樱桃、杏等果树上，并感染观赏树木和灌木中的槭树、杨树、榆树、皂荚、丁香、桑树、槐树等，且给浆果灌木中的醋栗、葡萄藤、树莓等带来很大的危害
五角菟丝子（*Cuscuta pentagona* Engelm）分布于原产北美洲，现广泛分布于日本、丹麦、前苏联、德国、法国、意大利、前南斯拉夫、澳大利亚、加拿大、美国、牙买加、波多黎各、阿根廷	生于干旱土壤，寄生于许多草本和略木质化的植物上，如三叶草、苜蓿、巢菜、大豆、豌豆、马铃薯、甜菜、胡萝卜、烟草等。近年来传入日本后，除禾本科植物外，几乎所有植物上都能寄生，造成严重危害
大花菟丝子（*Cuscuta redflexa* Roxb）分布于阿富汗、巴基斯坦、印度、泰国、斯里兰卡、马来西亚、印度尼西亚、尼泊尔、孟加拉国、英国、突尼斯、毛里求斯、美国、波多黎各。生于海拔 900 ~ 2 800m，常见寄生于路旁或山谷灌木丛。另外还有一些世界常见之种，如美洲菟丝子（拟）Cuscuta americana L. 分布于希腊、墨西哥、多米尼加、巴西、委内瑞拉	贡山、丽江、泸水、盈江、腾冲、保山、邓川、凤庆、景东、勐海（勐宋）、元江、红河、蒙自、屏边、砚山等地，海拔 900 ~ 2 700m，常见寄生于路旁或沟边的灌木丛。西藏也有。分布阿富汗，巴基斯坦，经印度北部，泰国，斯里兰卡至马来西亚
短花菟丝子（*C. breviflora* Vis）分布于伊朗、前苏联、中国（陕西、安徽、江苏、浙江）有分布	寄生于瓜类、马铃薯、番茄、辣椒、甜菜
百里香菟丝子（*C. epithymum*（L.）Murr）分布于日本、阿富汗、约旦、以色列、土耳其、挪威、瑞典、前苏联、波兰、匈牙利、德国、奥地利、比利时、英国、爱尔兰、法国、西班牙、葡萄牙、意大利、罗马尼亚、希腊、埃及、摩洛哥、南非、澳大利亚、新西兰、加拿大、美国、委内瑞拉、智利、阿根廷，中国新疆也有分布	主要寄生在马铃薯、苜蓿、三叶草、茄子、巢菜、鸡眼草等草本植物上
基尔曼菟丝子（*C. en－gelmanii* Korsh）分布于东欧、伊朗、前苏联，我国新疆也有分布	主要寄生于果树，尤以板栗属植物和蔷薇科果树
大形菟丝子（*C. gugantea* Giff）分布于以色列及波多黎各，我国西藏有分布	寄生于圣柳属植物上
团集菟丝子（*C. glomerata* Choisy）分布于美国	
格陆氏菟丝子（*C. gronovii Willd* ex Roem&Schult）分布于黎巴嫩、丹麦、前苏联、德国、法国、奥地利、加拿大、美国	
大籽菟丝子（*C. indecora* Ledob）分布于印度、希腊、摩洛哥、美国、墨西哥、古巴、牙买加、波多黎各、委内瑞拉、阿根廷	
小籽菟丝子（*C. planiflora* Tenore）分布于阿富汗、伊朗、伊拉克、黎巴嫩、约旦、以色列、前苏联、意大利、赞比亚、美国、波多黎各	
长萼菟丝子（*C. stenc-atycina* Palib）分布于东欧、伊朗、前苏联	寄生于豆科、菊科多年生植物

（续表）

分布	为害对象
香菟丝子（*C. suaveolens* Ser）分布于前苏联、西班牙、津巴布韦、南非、阿根廷 三叶草菟丝子（牧草菟丝子）*C. trifolii* Bab，分布于阿富汗伊朗、前苏联、捷克、匈牙利、德国、南斯拉夫 伞形菟丝子（*C. umbellata* H. B. K）分布于美国、墨西哥、牙买加、波多黎各 荫生菟丝子（*C. umbrosa* Beyruchex Hook）分布于加拿大、美国。还有不少分布世界各地	寄生于三叶草、苜蓿、草木樨、亚麻、巢菜、鸡眼草

为害情况：菟丝子属（*Cuscuta* europaea）是一群生理构造特别的寄生植物，典型的茎叶寄生杂草，其组成的细胞中没有叶绿体，利用攀缘性的茎攀附在其他植物，菟丝子靠生长出黄色或红色细长的茎，遇到寄主植物即缠绕于植物体上，并且从接触宿主的部位发育为特化的吸器（Haustorium），进入宿主直达韧皮部，吸取养分维生。对大田作物、牧草、果树、蔬菜、花卉及其他植物都有直接危害。同时还是一些植物病原的中间寄主。菟丝子是一种恶性杂草，严重影响寄主植物的生长发育，造成危害。植物受到其危害后植株生长矮小，结荚少，甚至不能结荚。除了作为药用，其寄生对农业及生态的影响亦极重要。

菟丝子是似丝状旋转茎缠绕寄主烟草。在烟草苗期到成株期都可危害，特别在苗床，常造成连片烟苗被害而致倒伏，菟丝子茎可以连续缠绕 5 ~ 10 株的烟草，被寄生的烟草轻者水分营养被剥夺，造成输导组织机械性障碍以致发育不良，重者可枯萎致死，造成严重减产。

据报道，在美国、前苏联及欧亚许多国家，甜菜、洋葱、葡萄、果树等都受到菟丝子的严重危害。在前南斯拉夫的 Stiga 区，50% ~70% 的紫花苜蓿被菟丝子侵扰，其中，30% 的面积被犁翻。在白俄罗斯，亚麻菟丝子曾造成过严重危害，1950—1952 年间受侵扰的作物达 2.5 万 hm^2。在近东和中东，甜菜普遍受到菟丝子的危害。在土耳其、黎巴嫩、伊拉克、伊朗和希腊，被调查农田的 15% 受到侵染，其中希腊有 20%，伊拉克达 26%，受到特别严重的影响。该地区已鉴定出 31 种菟丝子，全部侵染甜菜，而且它们还从甜菜传播到黄瓜、紫菜苜蓿、胡椒和番茄等作物上。被菟丝子寄生的作物，一般减产 10% ~20%，重者达 40% ~50%，严重时可减产 70% ~80%，甚至颗粒无收。菟丝子属植物也是一些植物病原物的中间寄主。不过该属有些种的种子或全草可作药用。

生物学特征：菟丝子属植物是专门寄生在宿主的茎上之全寄生植物，但它选择宿主通常不具专一性，即可能同种的菟丝子会有不同的宿主。

菟丝子不像大部分的寄生于宿主根部的种类之胚乳具有足够的资源（营养）可提供发芽之用。菟丝子的种子，虽然可以在掉落土表后维持长达 5 年的休眠期，但其种子胚乳里的养份仅可提供它在萌发后，有 6d 的时间让它与宿主建立起连结（生成吸器进入宿主）。

菟丝子于土表上萌发后，其幼茎在找到宿主前可成长至 68cm 长。它有两种方法可以找到宿主：菟丝子的茎可以“感知”到宿主的“气味”，并朝向宿主生长。科学家取（α-pinene，β-myrcene，and β-phellandrene）等采自番茄植株的化合物，试验 C. pentagona 的幼茎，发现，它会会朝着这些化合物的方向生长。另外的研究则指出，经由植株附近植物反射的光（光质与光量），菟丝子可以选择具有高糖产量的植物，因为这些植物叶片反射的光会显示出其中的叶绿素含量。一旦菟丝子发现了宿主，便会缠绕上宿主的茎。此时其不定根会穿入宿主的茎，发育成特化的吸器与宿主的维管束组织产生连结；在其生长过程中，它会产生多个吸器与宿主连结。

菟丝子属植物是一年生寄生缠绕草本植物，无根，也无叶或叶退化为小的鳞片，茎线形，光滑，无毛。幼苗时淡绿色，寄生后，茎呈黄色，褐色或为紫红色，大多为黄色。茎缠绕后长出吸器，借助吸器固着寄主，它的吸器不仅吸收寄主的养料和水分，而且给寄主的输导组织造成机械性障碍。花小，白色或淡红色。无花梗或有极短的梗。花序为穗状花序或簇生成团伞花序。苞片小或缺。花为 5 出数，少有 4 出数。萼片近相等，基部或多或少连合成杯状、壶状或钟状，包围在花冠的周围。花冠管状、壶状、球状或钟状。于花冠管内面基部雄蕊之下具有边缘分裂或流状鳞片。雄蕊着生在冠筒喉部或在花冠裂片相邻处，通常略有伸出，具短的花丝及内向花药。子房近球形，2 室，花柱 2。分离或连合为 2 个，柱头 2，蒴果近球形，周裂，附有残存的花冠。种子无毛，没有胚根和子叶。种子 2 ~ 4 个，卵形，但褐色，长 1 ~ 1. 5mm，宽 1 ~ 1. 2mm，背面圆，腹面有棱成屋脊形，表面粗糙，有头屑状附属物，种脐线形，位于腹面的一端。

菟丝子是恶性寄生杂草，本身无根无叶，借特殊器官—吸盘吸取寄主植物的营养。菟丝子除寄生草本植物外，还能寄生藤本植物和木本植物。对禾本科植物如水稻、芦苇和百合科植物如葱也能寄生和危害。菟丝子不仅吸取栽培作物的汁液营养而使栽培植物营养消耗殆尽，且缠绕在作物的周围，造成大批植物的死亡。

菟丝子以种子繁殖，在自然条件下，种子萌发与寄主植物的生长具有同步节律性。当寄主进入生长季节时，菟丝子种子也开始萌发和寄生生长。在环境条件不适宜萌发时，种子休眠，在土壤中多年，仍有生活力。菟丝子种子萌发后，长出细长的茎缠绕寄主，自种子萌发出土到缠绕上寄主约需 3d，缠绕上寄主以后与寄主建立起寄生关系约需 1 周。此时下部即自干枯而与土壤分离，从长出新苗到现蕾需 1 个月以上，现蕾到开花约 10d，自开花到果实成熟约需要 20d。因此，菟丝从出土到种子成熟需 80 ~ 90d。菟丝子从茎的下部逐渐向上现蕾、开花、结果、成熟，同一株菟丝子上的开花结果的时间不一致，早开花的种子已经成熟，迟开花的还在结实，结果时间很长，数量多，1 株菟丝子能结数千粒种子。菟丝子也能进行营养繁殖，一般离体的活菟丝子茎再与寄主植物接触，仍能缠绕，长出吸器，再次与寄主植物建立寄生关系，吸收寄主的营养，继续迅速蔓生。菟丝子与寄主建立寄生关系后，迅速蔓生，扩大与寄主的接触面，从而大量吸收寄主体内制成的营养物质，严重影响寄主自身的生长发育。

传播途径：菟丝子主要是以种子进行传播扩散。菟丝子种子小而多，寿命长，易混杂在农作物、商品粮及饲料中进行远距离传播。缠绕在寄主上的菟丝子片断也能随寄主远征，蔓延繁殖。

常见物种介绍：苜蓿菟丝子、南方菟丝子、田野菟丝子、菟丝子、亚麻菟丝子、日本菟丝子、单柱菟丝子、五角菟丝子。

• 苜蓿菟丝子（细茎菟丝子）（彩图 4－19）

学名： *Cuscuta approximata* Bab.

英文名： Clover Dodder

分布： 西亚各国、欧洲、北美洲。巴基斯坦、阿富汗、伊朗、伊拉克、印度、以色列、约旦、土耳其、俄罗斯和中亚地区、南斯拉夫、意大利、摩洛哥、美国、波多黎各等国。我国新疆、西藏有分布。

为害情况： 寄生于苜蓿、三叶草和豆科的其他植物上，寄主被寄生后，植株生长受到影响而减产。据报道，在吉尔吉斯斯坦，苜蓿菟丝子也是作物地里为害最严重的种类，当地每年用化学方法处理 3 万 hm^2 苜蓿地和非耕地以防治菟丝子。

形态特征： 萼片较窄，萼片下半部相连，边缘彼此重叠较少，背面有明显的脊。鳞片较小，边缘浅流苏状。花柱及柱头稍长于子房，为松散的球状花序。蒴果扁球形，周裂。种子矩圆形，细小，褐色。表面粗糙。背面拱凸，腹面隆起的中脊将其分成两个不等的斜面。种脐在脊下方，中有短的白色脐线。

• 南方菟丝子（彩图 4－20、彩图 4－21、彩图 4－22）

学名： *Cuscuta australis* R. Br.

英文名： South Dodder

分布： 主要在亚洲中、南、东部和大洋洲、欧洲、非洲，如日本、韩国、马来西亚、印度尼西亚、俄罗斯和中亚地区、丹麦、芬兰、德国、法国、意大利、摩洛哥、几内亚、尼日尔、澳大利亚、美拉尼西亚、美国、波多黎各。我国吉林、河北、山东、甘肃、新疆、浙江、福建、江西、湖北、湖南、四川、云南、广东、中国台湾。

为害情况： 主要寄生于豆科、菊科、蓼科、藜科、马鞭草科及牡荆属等草本植物和小灌木上。对大豆、花生、蚕豆为害大。

形态特征： 一年生寄生草本。茎缠绕，金黄色，纤细，直径 1mm 左右，无叶，花序侧生，簇生成小伞形或小团伞花序。花冠乳白色或淡黄色，杯状。

蒴果扁球形，直径 3～4mm，下半部为宿存花冠所包，成熟时不规则开裂，不为周裂。通常有 4 粒种子。种子卵球形，长 1.4～1.8mm，宽 1.1～1.3mm。表面赤褐色至棕色，较粗糙。上部钝圆，下部渐窄，一侧延伸成喙状突出。种脐位于种子顶端靠下侧，脐沟较宽。胚针状，淡黄色，螺旋状弯曲于半透明的胚乳中。

口岸截获： 曾在进口美国亚麻籽中发现。

• 田野菟丝子（彩图 4－23）

学名： *Cuscuta campestris* Yuncker

英文名：Field Dodder

分布：日本、印度尼西亚、印度、巴基斯坦、阿富汗、以色列、阿拉伯半岛、俄罗斯和中亚地区、匈牙利、德国、奥地利、瑞士、荷兰、英国、南斯拉夫、罗马尼亚、埃及、摩洛哥、乌干达、美国、加拿大、墨西哥、波多黎各、智利和大洋洲。中国福建、新疆。

为害情况：主要寄主是甜菜、马铃薯、胡萝卜、洋葱、番茄、苜蓿以及豆科、菊科、茄科、百合科、伞形科的草本植物。

形态特征：花长2～3mm，有短花梗，聚集成头状的团伞花序。花冠裂片宽三角状，顶端尖，常反折，约与钟状的花冠管等长。雄蕊比裂片短，花丝比花药长或与之相等，鳞片卵状，边缘流苏状。子房球形，花柱细弱或有时钻状，柱头球形。

蒴果扁球形，直径2.5～4mm，基部有宿存花冠，内含种子2～4粒。种子卵圆形，长1.3～1.8mm，宽1.1～1.4mm。种子一侧稍凹陷，有喙状突起。表面黄棕色，粗糙，具网状纹饰，有大小不同网眼。胚螺旋状。

● 菟丝子（中国菟丝子）（彩图4－24、彩图4－25）

学名：*Cuscuta chinensis* Lam.

英文名：Chinese Dodder

分布：中国菟丝子又名黄丝、豆寄生、龙须子等。朝鲜、日本、印度、斯里兰卡、阿富汗、伊朗、俄罗斯和中亚地区、马达加斯加、澳大利亚。我国黑龙江、吉林、辽宁、河北、陕西、宁夏回族自治区（全书简称宁夏）、甘肃、内蒙古自治区（全书简称内蒙古）、新疆、山东、江苏、安徽、河南、浙江、福建、四川、贵州和广东。

为害情况：除烟草外还可寄生于大豆、三叶草、辣椒、茄子、一串红、甜菜、胡萝卜等多种豆科、菊科、蒺藜科植物，为大豆产区的有害杂草，并危害胡麻、苎麻、花生、马铃薯等农作物。

形态特征：茎线状，茎直径约1mm，黄或黄白色，左旋。花序旁生，作紧密或松散的球形。花梗强壮，通常两朵花并生在一起。花萼盆状。花冠白色，壶形，短5裂，长约3mm。花丝几与花药同长，着生于二裂片间及花冠的中部。鳞片稍长圆形，边缘似花边，着生于花冠的基部及雄蕊下面。雌蕊现露于花冠外，子房2室，各室有2个胚珠。花柱2，柱头球状、头状。

蒴果圆形，成熟时扁压，直径2.5～4mm，果实为宿存花冠包围，成熟时周裂，内分2室，每室2粒种子。种子近球形，两侧微凹陷。长1.4～1.8mm，宽1～1.2mm。表面黄色或黄褐色，上附白色糠秕状物。种脐圆形，略突出。胚针状，位于半透明胚乳内。每株种子可达3 000余枚。

口岸截获：曾在进口日本大豆，韩国波斯菊种子，泰国中药材和朝鲜车辆中发现。

● 亚麻菟丝子（彩图4－26）

学名：*Cuscuta epilinum* Weihe

英文名：Flax Dodder，Hairweed，Devils-hair

分布：以色列、土耳其、俄罗斯和中亚地区、德国、奥地利、比利时、法国、意大利、摩洛哥、南非、加拿大、美国。我国吉林、黑龙江、新疆。

为害情况：主要寄生于亚麻、苜蓿、三叶草、大麻等植物上，特别对亚麻危害大。

形态特征：茎黄色或浅红色。花成稠密的小的球状星团，白色，花萼裂片钝尖。花冠壶形。鳞片大而宽。花柱伸长作线状。蒴果盖裂。种子肾形，长1.5～2.0mm，宽1.2～1.9mm，厚0.8～1.4mm，暗淡绿色或淡绿褐色，表面粗糙，密布白色丝棉毛，交织成网状。种子中部横围一条深的环形沟，表面凹凸不平。背面中凸，两端向腹面略弯曲。种脐不明显。胚黄色，螺旋状，无胚根及子叶，内胚乳坚硬，半透明。

口岸截获：曾在进口伊拉克大麦和亚麻，澳大利亚苜蓿种子中发现。

• 日本菟丝子（金灯藤）（彩图4－27）

学名：*Cuscuta japonica* Choisy

英文名：Japanese Dodder

分布：朝鲜、日本、越南、俄罗斯和中亚地区、法国。中国黑龙江、吉林、辽宁、河北、湖北、湖南、江西、贵州、江苏、福建、云南、西藏自治区（全书简称西藏）、北京、中国香港。

为害情况：主要寄生在杨柳科、蔷薇科、豆科、菊科、蓼科、藜科、禾本科等木本和草本植物上。对杞柳、榆树、枫杨、柚、柑、龙眼、荔枝及蚕豆危害大。

形态特征：茎线形，强壮，多分枝，粗糙，直径2mm，微红色，有深红紫色瘤状突起，左旋。花序基处常多分枝。苞及小苞鳞片状。小梗稍长。花萼碗状，有红紫色瘤状斑点。花冠管状，白色，三角形。雄蕊着生于二裂片之间。鳞片着生于花冠的基部及雄蕊的下边，边缘花边状。雌蕊短，隐藏在花冠内。子房2室，各室有2个胚珠。花柱连合为一，短，柱头2裂。一株菟丝子可结种子数千粒。

蒴果卵圆形，长4～5.5mm，顶端被宿存花冠包围，基部周裂。种子较大，近球形，长2.5～3.5mm，宽2.5～3mm。茎部一侧的喙状突起明显。表面黄棕色或褐色，光滑，有排列不整齐的短线状斑纹。种脐圆形，略下陷。胚黄色，卷旋三周，位于胚乳中。

口岸截获：曾在进口前苏联饲料中发现。

• 单柱菟丝子（彩图4－28）

学名：*Cuscuta monogyma* Vahl.

英文名：Monostyle Dodder，Unistyla Dodder

分布：蒙古、印度、巴基斯坦、阿富汗、伊朗、伊位克、约旦、以色列、土耳其、俄罗斯和中亚地区、西班牙、意大利、南斯拉夫、罗马尼亚、埃及、摩洛哥、波多黎各。我国新疆、河北、内蒙古。

为害情况：多寄生在苹果、梨、桃、李、樱桃、杏等果树上，并感染观赏树木和灌木中的槭树、杨树、榆树、皂夹、丁香、桑树、槐树等，给浆果灌木中的穗状醋栗、葡萄藤、树莓等带来很大的危害。

形态特征：茎线形，强壮，粗糙，多分枝，直径1~2mm，微红色，有深紫红色瘤状突起，左旋。花序旁生，作松散穗状，常自基部分枝。苞及小苞鳞片状，卵圆形，钝尖，花梗几无。花萼肉质，背部具紫红色瘤状突起。花冠紫红色，壶形、管形。雄蕊5，花丝短与花药同长。鳞片5，稍长圆形，边缘似花边，流苏状。雌蕊短，隐藏在花冠内，子房2室，各室有2个胚珠，花柱合并为一。

果为蒴果，卵圆形，无毛，长过于宽，3~4mm，周裂。种子卵球形至扁球形，长2.6~3.5mm，宽2.5~3.0mm。喙状突起明显。表面浅棕色至棕褐色，具光泽，稍粗糙。种脐长椭圆形，浅棕色。胚螺旋状，卷旋3周，位于胚乳中。

• 五角菟丝子（彩图4-29）

学名：*Cuscuta pentagona* Engelm.

英文名：Field Dodder，Five - horn Dodder

分布：原产北美洲，现已分布于日本、俄罗斯和中亚地区、德国、法国、意大利、丹麦、南斯拉夫、澳大利亚、美国、加拿大西部、阿根廷、牙买加、波多黎各。我国未见记载。

为害情况：寄生于许多草本和略木质化的植物上，如三叶草、苜蓿、巢菜、大豆、豌豆、马铃薯、甜菜、胡萝卜、烟草等。除禾本科作物外，几乎所有的植物上都能寄生，造成严重危害。

形态特征：茎秆发白，非常纤细柔弱。球状团伞花序，分散或略聚合。花白色，短花柄，松散成簇。花萼差不多包住花冠管。花冠通常开展，其尖端侧向后翻。雄蕊突出花外。鳞片长椭圆形，鳞片的花边状的流苏长约为鳞片的1/5。柱头头状。

蒴果扁圆形，长不及宽，不开裂。种子卵球形，长1~1.5mm，宽1~1.2mm，一面圆形，另一面平坦，通常具1钝脊。一端具明显的鼻状突起。种皮黄色至红褐色，布有细蜜斑点。种脐白色，位于平的一面之光滑环形区内。

另外还有一些世界常见的种，如美洲菟丝子（拟）*C. americana* L. 分布于希腊、墨西哥、多米尼加、巴西、委内瑞拉。短花菟丝子（瓜菟丝子）*C. breviflora* Vis. 分布于伊朗、俄罗斯和中亚地区。寄生于瓜类、马铃薯、番茄、辣椒、甜菜、豌豆、蚕豆、葱及部分十字花科蔬菜。百里香菟丝子 *C. epithymum*（L.）分布于日本、阿富汗、约旦、以色列、土耳其、挪威、瑞典、俄罗斯和中亚地区、波兰、匈牙利、德国、奥地利、比利时、英国、爱尔兰、法国、西班牙、葡萄牙、意大利、罗马尼亚、希腊、埃及、摩洛哥、南非、澳大利亚、新西兰、加拿大、美国、委内瑞拉、智利、阿根廷。主要寄生于马铃薯、苜蓿、三叶草、茄子、巢菜、鸡眼草及其他草本植物上。基尔曼菟丝子（恩氏菟丝子）*C. engelmanii* Korsh. 分布于东欧、伊朗、俄罗斯和中亚地区。主要寄生于果树，尤以板栗属植物和蔷薇科果树。大形菟丝子 *C. gigantean* Griff. 分布于以色列及波多黎各。寄生于怪柳属植物上。团集菟丝子

C. glomerata Choisy 分布于美国。格陆氏菟丝子 *C. gronovii* Willd. ex Roem. & Schult. 分布于黎巴嫩、丹麦、俄罗斯和中亚地区、德国、奥地利、法国、加拿大、美国。大籽菟丝子 *C. indecora* Ledob. 分布于印度、希腊、摩洛哥、美国、墨西哥、古巴、牙买加、波多黎各、委内瑞拉、阿根廷。小籽菟丝子 *C. planiflora* Tenore 分布于阿富汗、伊朗、伊拉克、黎巴嫩、约旦、以色列、俄罗斯和中亚地区、意大利、赞比亚、美国、波多黎各。长萼菟丝子 *C. stenocatycina* Palib. 分布于伊朗、俄罗斯和中亚地区、欧洲东部。寄生于豆科菊科多年生植物。香菟丝子 *C. suaveolens* Ser. 分布于俄罗斯和中亚地区、西班牙、津巴布韦、南非、阿根廷。三叶草菟丝子 *C. trifolii* Bab. 分布于阿富汗、伊朗、俄罗斯和中亚地区、捷克、匈牙利、德国、南斯拉夫。寄生于三叶草、苜蓿、草木樨、亚麻、巢菜、鸡眼草。伞形菟丝子 *C. umbellate* H. B. K. 分布于美国、墨西哥、牙买加、波多黎各。荫生菟丝子（拟）*C. umbrosa* Beyrich ex Hook. 分布于加拿大、美国。还有不少种分布世界各地。

检验检疫方法（形态学观察法）：

对受检的植物、植物产品进行直接检验或过筛检验。直接检验，适用于新鲜苗木或带茎叶的干燥材料。按规定取代表性样品，用肉眼或借助放大镜检查植物茎、叶有无菟丝子缠绕或夹带。于干燥材料上发现菟丝子茎丝后，其种子有时会脱落，应注意检查检验材料底层之碎屑。过筛检验，适用于谷类作物的种子材料。检查材料大于菟丝子，可采用正筛法将菟丝子由筛下物分拣出来，检查材料小于菟丝种子，可采用倒筛法将菟丝子由上筛层分检出来，检查材料与菟丝子种子大小相近的，可通过适当的比重法、滑动法、磁吸法分检之。有关检疫规定菟丝子属是中国公布的《中华人民共和国进境植物检疫病、虫、杂草录》规定的二类检疫性杂草。应严格施行检疫。菟丝子属杂草种类繁多，对农作物的危害也极大。

菟丝子植物是一年生寄生缠绕草本植物。主要对以下营养器官及繁殖器官的形态特征进行观察、鉴定。

草本寄生植物，全株无毛。植株通常呈黄色或红色。

根：根的变态类型之一，从茎生长出到寄主体内成为吸盘。

叶：无或退化为小的鳞片。

茎：线形，光滑，无毛；幼苗时淡绿色，寄生后，茎呈黄色、褐色或紫红色，大多为黄色。茎缠绕后长出吸器，借助吸器固着寄主，不仅吸收寄主的养料和水分，而且给寄主的输导组织造成机械性障碍。

花序：穗状花序、紧缩呈总状花序或簇生成团伞花序。苞片小或缺。

花：5 出数，少有 4 出数。小，白色或淡红色。萼片近相等，基部或多或少连合成杯状、壶状或钟状，包围在花冠的周围。花冠管状、壶状、球状或钟状，于花冠管内面基部雄蕊之下具有边缘分裂或流苏状鳞片。雄蕊着生在花冠简喉部或在花冠裂片相邻处，通常略有伸出，具短的花丝及内向花药。子房近球形，2 室，花柱 2，分离或连合为 1 个，柱头 2 个。花无梗或有极短的梗。

果实：蒴果近球形，周裂，附有宿存的花冠。

种子：1 ~4 粒不等。种子无毛，没有胚根和子叶。

防治方法：

（1）轮作。应和玉米，小麦等禾本科作物轮作，不宜和大豆等易遭受菟丝子为害的作物轮作。

（2）深翻土壤，抑止菟丝子种子发芽出土为害。

（3）精选种子。在采种田必须彻底清除菟丝子，单打单收，以免混杂。

（4）苗床消毒。苗床可用棉隆、威百亩和氯化苦等消毒熏蒸。

（5）及早摘除。早期发现后即摘除，摘除的菟丝子必须深埋或烧毁，因其任何一段均可再生继续为害。

（6）药剂防治。发生严重时可用48%仲丁灵乳油进行茎、叶喷雾。

第七节　列当属

中文名：列当属

学名：*Orobanche* L.

英文名：Broomrape

分类地位：列当科（Orobanchaceae）

分布：全世界约有140种，主要分布在亚洲西部、地中海地区、东欧、俄罗斯南部、非洲东部和北部、大洋洲、中美洲南部等地区。蒙古、朝鲜、希腊、埃及等国，欧洲一些国家及美国都有分布。我国约有25种，大部分布于西北部，少数在北部、中部和西南部。

寄主：列当的寄主相当广泛，无论是栽培植物还是野生植物都能寄生，但主要寄生双子叶植物上。对向日葵和瓜类影响最大，其次烟草和番茄也易受感染。

为害情况：列当是典型的根寄生杂草，根退化形成须状吸盘（寄生根），通过吸器固着在寄主的根上，从寄主植物体内吸取养分，阻碍植物的生长，降低其活力，影响寄主植物的产量。对经济作物造成损失，特别对向日葵和瓜类影响极大，其次对烟草和番茄的危害也很严重。国外曾报道，伊拉克的奥古斯特和赛特贝地区的烟草和番茄受到列当的影响，几乎失收。阿富汗也曾报道过黄瓜、茄子、甜瓜、马铃薯、西葫芦和番茄受到列当的影响减产达10%～40%。

生物学特征：列当属杂草是根寄生异样植物，可寄生70多种植物。种子多而小，似灰尘。种子在土壤中保持生活力达5～10年之久。条件适宜时，种子终年可以发芽，由寄主植物根部的分泌物促其发芽。

传播途径：列当属杂草以种子进行繁殖和传播。种子多，非常微小，易黏附在作物种子上，随作物种子调运进行远距离传播，也能借助风力、水流或随人畜及农机具传播。

常见物种介绍：向日葵列当、瓜列当、分枝列当、锯齿列当。

•向日葵列当（直立列当、柯曼那列当、毒根草）（彩图4－30、彩图4－31）

学名：*Orobanche cumana* Wallr.

英文名： Sunflower Broomrape

分布： 缅甸、印度、俄罗斯和中亚地区、捷克、斯洛伐克、匈牙利、意大利、南斯拉夫、保加利亚、希腊、哥伦比亚。我国新疆、青海、陕西、山西、内蒙古、辽宁、吉林、甘肃、河北和北京。近年来，山东局部地区也发现有向日葵列当发生。

为害情况： 向日葵列当主要寄生在向日葵、烟草、番茄及红花属植物上，也寄生在艾属、苍耳、野莴苣及碱性植物紫菀上。向日葵列当的种子在黄瓜、甜瓜、西瓜、南瓜、箭舌豌豆、蚕豆、胡萝卜、洋葱、莳萝菜、芹菜、葛缕子、欧洲菊苣、亚麻、红三叶草及苦艾的根上皆能发芽生长。向日葵被列当寄生以后，植株细弱，花盘较小，秕粒增加，秕粒率达30%～50%，严重的可造成绝收。

形态特征： 茎直立，单生，肉质，被有细毛，浅黄色至紫被色，高度不等，最高的约40cm。全株缺叶绿素，没有真正的根，有短须状吸盘。叶退化成鳞片状，螺旋状排列在茎秆上。花两性，左右对称，排列成紧密的穗状花序。花小，每株有花20～40朵，最多80朵。花冠合瓣，呈二唇形，上唇2裂，下唇3裂，蓝紫色。果为蒴果，花柱宿存。

蒴果通常2纵裂，内含大量细小尘末般的种子。种子形状不规则，略成近卵形。幼嫩种子为黄色，柔软；成熟种子为黑褐色，坚硬，表面有较规则的网纹。种子长0.2～0.5mm，宽厚各0.2～0.3mm。

• 瓜列当（埃及列当）（彩图4－32）

学名： *Orobanche aegyptiaca* Pers.

英文名： Egyptian Broomrape

分布： 印度、巴基斯坦、阿富汗、伊朗、阿拉伯半岛、伊拉克、黎巴嫩、约旦、以色列、土耳其、俄罗斯和中亚地区、匈牙利、英国、意大利、南斯拉夫、保加利亚、埃及、哥伦比亚。我国新疆。

为害状况： 主要寄生在瓜类上，也寄生在葫芦、茄科、向日葵、烟草、胡萝卜、白菜及一些杂草上。吸收寄主的养分，特别是水分，影响作物生长，造成减产和质量降低。

形态特征： 高15～50cm，全株被腺毛。茎直立，中部以上分枝，黄褐色。叶鳞片状。穗状花序顶生枝端，圆柱形，疏松。花冠唇形，蓝紫色，近直立，筒部漏斗状，上唇2浅裂，下唇短于上唇，3裂。

蒴果，2裂。种子多数。种子长0.2～0.5mm，宽厚各约0.25mm，形状不规则，略成卵圆形，一端较尖而窄，灰褐色，表面凹凸不平，有皱纹，近尖一端有长条皱纹。

• 分枝列当（大麻列当）（彩图4－33）

学名： *Orobanche ramosa* L.

英文名： Hemp Broom-rape，Tobacco Broom－rape

分布： 尼泊尔、印度、阿富汗、黎巴嫩、约旦、以色列、土耳其、俄罗斯和中亚地区、波兰、捷克、匈牙利、德国、奥地利、瑞士、英国、法国、意大利、南斯拉夫、罗马尼亚、保加利亚、希腊、埃及、苏丹、南非、美国、古巴。我国新疆、甘肃。

为害状况：寄主范围很广，据资料记载计 17 科 50 余种植物。主要寄生在大麻、烟草和番茄上，也侵染甜瓜、南瓜、胡萝卜、辣根、红花、绿草、葎草属植物、十字花科植物、葡萄、荨麻及杂草中的荨麻、多年生莴苣、鼠芹、扁蓄等。

形态特征：茎直立，多分枝，柔嫩，褐色或稻草色，高 10～20cm。叶退化成黄色的鳞片。穗状花序。花冠管状，二唇形，黄色至白色。蒴果 1 室，具 4 个胎座和多数种子。种子长 0.25～0.5mm，卵圆形，边缘锐利，灰褐色。

• 锯齿列当（彩图 4－34）

学名：*Orobanche crenata* Forsk

英文名：Sawtooth Broomrape

分布：埃及、意大利、马耳他、摩洛哥。我国未见记载。

为害状况：主要寄生在蚕豆、豌豆上。蚕豆和豌豆是埃及的主要经济作物之一。在埃及锯齿列当在蚕豆和豌豆上寄生达到极其浓密的程度，每公顷达 200 多万株。因此，对蚕豆生产造成极大的威胁。地中海地区其他国家的蚕豆也受到锯齿列当的严重侵害。如 1972 年马耳他因锯齿列当危害，蚕豆减产 50%～100%。1979 年摩洛哥蚕豆也受到锯齿列当的严重危害。锯齿列当的危害近年来正在向外扩展。

形态特征：茎直立，单生，肉质，被有细毛，黄白色。穗状花序，顶生密集。花冠黄白色。种子细小，多数。

生物学特性：锯齿列当的种子产量很大，每株产籽 15 万多粒，一般是 4 万～45 万粒。种子在土壤中能保持生活力 10 年以上。在远达 10mm 时寄主刺激物能使种子发芽，但是，仅只有离寄主 2～3mm 距离内的种子方能寄生于寄主。锯齿列当的诱发作物有亚麻籽。

另有一些种的列当分布或寄主如下。

美丽列当 *O. amoena* C. A. Mey 寄生于菊科蒿属及豆科植物。

毛齿列当 *O. caesia* Rchb. 寄生于蒿属及绣线菊属的一些植物。

偏鳞列当 *O. camptolepis* Boiss. 寄生于蓼属的一些植物。

丝毛列当 *O. caryophyilacea* Smith. 寄生于拉拉藤属的一些植物。

弯形列当 *O. cernua* Loefl. 寄生于蓼属与蒿属的一些植物。在阿富汗、伊朗、阿拉伯半岛、伊拉克、黎巴嫩、约旦、土耳其、俄罗斯和中亚地区、英国、埃及、美国有分布。

长齿列当 *O. coelestis* Boiss. 寄生于矢车菊属、刺苞菊属及伞形科的一些植物。

列当 *O. coerulescens* Steph. 寄生于菊科，为害向日葵。

大列当 *O. gigantean*（G. Beck.）Gontsch. 寄生于阿魏属及北芹属的一些植物。

鸭列当 *O. gracilis* Sm. 分布于德国。

常春藤列当 *O. hederae* Duby 分布于法国、意大利。

短齿列当 *O. kelleri* Novopokr. 寄生于地肤属的一些植物。

缢筒列当 *O. kotschyi* Reut. 寄生于阿魏属及绣线菊属的一些植物。

柯氏列当 *O. krylovii* G. Beck. 寄生于唐松草属的一些植物。

鳞片列当 *O. loricata* Reichbl 分布于捷克、法国。

密穗列当 *O. ludoviciana* Mutt. 分布于美国。

短唇列当 *O. major* L. 寄生于矢车菊属及蓝刺头属的一些植物。

小列当 *O. minor* Sm. 寄生于紫花苜蓿、红三叶草、白三叶草及烟草。分布于黎巴嫩、约旦、土耳其、瑞典、波兰、捷克、匈牙利、德国、奥地利、瑞士、荷兰、英国、法国、意大利、希腊、苏丹、肯尼亚、乌干达、坦桑尼亚、赞比亚、毛里求斯、南非、澳大利亚、新西兰、美国、波多黎各、智利。

聚花列当（烟草列当）*O. muteli* F. Schultz 寄生于番茄、烟草、甘蓝、白芥、豌豆、黧豆属、三叶草属。分布于阿富汗、伊朗、东欧及俄罗斯和中亚地区。

白色列当（拟）*O. pallidiflora* Wimm. 寄生于蓟属。分布于俄罗斯和中亚地区。

黄花列当 *O. pycnostachya* Hance 分布于蒙古、朝鲜、日本、俄罗斯和中亚地区。

红色列当（拟）*O. rubens* Wallr 分布于土耳其。

淡黄列当 O. *sordida* C. A. Mey 寄生于绣线菊属及伞形科的一些植物。

检验检疫方法：列当属为一年生根寄生草本植物。

茎：茎肉质，直立，单生或少数分枝，一般为 30～40cm，最高可达 60cm。全株缺叶绿素。

叶：叶退化呈鳞片螺旋状排列于茎上。无真根，退化成吸盘。

花序：花排成稠密或疏散或间断的穗状花序或总状花序。

花：花两性，白色、米黄、粉红或蓝紫色，每朵小花基部有一苞片。花萼钟形，淡黄色，裂片 5，或靠基部的一裂片退化呈 4。花冠唇形，上唇 2 裂，下唇 3 裂。雄蕊 4 枚，2 强，着生于花冠筒内。雌蕊 1 枚，卵形。子房上位，由 4 心皮合 1 室，侧膜胎座，胚珠多数。

果实：蒴果 2 纵裂。花柱宿存。种子多数，细小，似灰尘，需在高倍显微镜下观察。

种子：种子有近圆形或椭圆形等不规则形态，深黄褐色至暗褐色。种皮表面凹凸不平，有条纹状背状突起和网状纹饰，有规则或不规则的网眼。

有时未出土的烟芽和列当非常相似。个别烤烟品种，如 NC 系列，在烟株成熟采收后期，如果这一时期降雨较多，气温较高，土壤肥力充足，加之烟株上部叶片已经采收完毕，烟株顶端优势丧失，这些综合因素就可能诱发烟株根部烟芽的萌发，出土前的烟芽在土壤里叶片没有受到光照，叶片像列当的退化鳞片，出土后的烟芽出现烟株的绿色小叶片。如果烟田覆盖有地膜，这些烟芽顶端接触到地膜后受高温烫伤，未能出土，地下的烟芽叶片生长受限，有点类似鳞片化，这时最易和列当混淆。对于未出土的烟芽，类似鳞片状叶、茎秆颜色较浅，呈现雪白色，同时烟芽的鳞片状叶片较疏松，互生，而列当的茎秆和鳞片呈现褐色，或者土灰色，鳞片状叶片较密，螺旋状排列于茎上（彩图 4－35、彩图 4－36）。

防治方法：

（1）加强检疫，不得从疫区调运列当各种寄主的种子，以防其传播扩散。

（2）实行与禾本科等非寄主作物轮作，或与三叶草、苜蓿、高粱等能刺激列当种子发芽而又不受害的作物进行轮作。

（3）在开花前及时拔除列当。

（4）化学防治。在移栽前施用精异丙甲草胺或氟乐灵等除草剂进行土壤处理，可减轻列当为害。

第八节　独脚金（彩图4-37）

中文名：独脚金

学名：*Striga asiatica*（L.）O. Kuntze

英文名：Rooiblom，Witchweed

分类地位：列当科（Scrophulariaceae Juss.）独脚金属（*Striga* Lour.）

分布：本属约23种，主要分布于亚洲、非洲和大洋洲的热带和亚热带地区。我国有3种，主要在南方几省。

寄主：主要为害禾本科作物。

为害情况：为半寄生性植物，主要为害禾本科作物，也寄生于一些双子叶植物。寄生于寄主的根部，也即根寄生，吸取寄主植物的养分和水分，影响作物生长，直至枯萎干黄而死，使作物减产，甚至颗粒无收。种子多，细小，在土壤中保持生命力长，难防治。

生物学特征：为半寄生性植物，寄生于寄主的根部。地上部分生长叶和花。花期在夏秋季。

传播途径：其种子易黏附在寄主植株、种子或根上传播。种子小且轻，能随风和水传播，甚至过往的牲畜、鸟类、农机具等都能黏带传播。

检验检疫方法：草本，寄生植物，属根寄生，无根，有叶和花。花无梗，单生叶腋或集成穗状花序。花冠高脚碟状，花冠管在中部或中部以上弯曲，双唇形。蒴果矩圆状，室背开裂。种子多枚，细小似灰尘，卵状或矩圆形，种皮具网纹。

第九节　苦苣苔独脚金

中文名：苦苣苔独脚金

学名：*Striga gesnerioides*（Willd.）Vatke（1875）

英文名：cowpea witchweed

其他名称：*Buchnera gesnerioides* Willd.（1800）

Buchnera hydrabadensis Roth.（1821）

Buchnera orobanchoides R. Br.（1814）

Striga orobanchoides R. Br. Benth.（1836）

分类地位：玄参科（Scrophulariaceae Juss.）独脚金属（*Striga* Lour.）

分布：苦苣苔独脚金在非洲广泛分布，从摩洛哥和埃及、从非洲南部至南非、印度、阿拉伯半岛和斯里兰卡等均有分布。曾经报道澳大利亚有苦苣苔独脚金发生，但没有最终确认。在美国佛罗里达州有零星发生。大部分的苦苣苔独脚金只发生在野生宿主范围。只有在西部非洲国家塞内加尔、马里、多哥、贝宁、布基纳法索、加纳、尼日利亚、尼日尔、喀麦隆和乍得等国家，成为了苦苣苔严重的杂草问题。在津巴布韦、南非和埃塞俄比亚这些国家只发生在烟草和甘薯上，见表4－2。

表4－2　苦苣苔独脚金分布

国家或地区	分布	参考文献	备注
亚洲			
柬埔寨	广泛分布	Holm et al.，1979；EPPO，2014	
印度	发生	EPPO，2014	
－Gujarat	发生	Cooke，1905	
－Karnataka	发生	Saldanha，1963	
－Maharashtra	发生	Saldanha，1963	
－Rajasthan	发生	Saldanha，1963	
－Tamil Nadu	发生	Parker & Riches，1993	
日本	发生	Holm et al.，1979；EPPO，2014	
尼泊尔	发生	GRIN，2000	
阿曼	发生	Musselman & Hepper，1988	
巴基斯坦	发生	GRIN，2000	
Saudi Arabia	广泛分布	Parker & Riches，1993；Musselman & Hepper，1988；EPPO，2014	
斯里兰卡	广泛分布	Holm et al.，1979；EPPO，2014	
也门	发生	Parker & Wilson，1986；Musselman & Hepper，1988；EPPO，2014	
非洲			
Benin	发生	Hepper，1963；EPPO，2014	
博茨瓦纳	发生	Hepper，1990；EPPO，2014	
布基纳法索	发生	M'Boob，1994；EPPO，2014	
Burundi	发生	M'Boob，1994；EPPO，2014	
喀麦隆	发生	GRIN，2000；EPPO，2014	
Cape Verde	发生	Hepper，1963；EPPO，2014	

（续表）

国家	分布	参考文献	备注
Central African Republic	发生	GRIN，2000	
乍得	发生	Parker & Riches，1993；EPPO，2014	
刚果	发生	EPPO，2014	
刚果民主共和国	发生	Parker & Riches，1993；EPPO，2014	
埃及	广泛发生	Holm et al.，1979；EPPO，2014	
Eritrea	发生	GRIN，2000	
埃塞俄比亚	广泛发生	Parker & Riches，1993；EPPO，2014	
冈比亚	发生	Hepper，1963	
加纳	发生	Hepper，1963；EPPO，2014	
几内亚	广泛发生	Holm et al.，1979；EPPO，2014	
肯尼亚	发生	Holm et al.，1979；EPPO，2014	
Lesotho	发生	Wells et al.，1986	
马拉维	发生	Hepper，1990；EPPO，2014	
马里	发生	Hepper，1963；EPPO，2014	
Mauritania	发生	Parker & Wilson，1986；EPPO，2014	
摩洛哥	发生	Parker & Wilson，1986；EPPO，2014	
Mozambique	发生	Hepper，1990；EPPO，2014	
纳米比亚	发生	Wells et al.，1986	
尼日尔	发生	Hepper，1963；EPPO，2014	
尼日利亚	广泛发生	Hepper，1963；EPPO，2014	
塞内加尔	发生	Parker & Riches，1993；EPPO，2014	
Sierra Leone	发生	GRIN，2000	
索马里	发生	GRIN，2000	
南非	广泛发生	Parker & Riches，1993；EPPO，2014	
苏丹	发生	Holm et al.，1979；EPPO，2014	
Swaziland	发生	Wells et al.，1986	
坦桑尼亚	发生	GRIN，2000	
多哥	发生	Hepper，1963；EPPO，2014	
赞比亚	发生	Hepper，1990；EPPO，2014	
津巴布韦	广泛分布	Parker & Riches，1993；EPPO，2014	
美洲			
美国	局部分布	Holm et al.，1979；EPPO，2014	

（续表）

国家	分布	参考文献	备注
-佛罗里达	发生	Parker & Riches，1993；EPPO，2014	
圭亚那	发生	EPPO，2014	
大洋洲			
澳大利亚	分布广泛	Holm et al.，1979；EPPO，2014	

寄主：苦苣苔独脚金具有广泛的宿主范围，包括一年生草本植物、多年生木本植物等，但主要寄生在一些杂草上。主要经济寄主是豇豆，也寄生烟草和红薯。最常影响的寄主是爵床科、旋花科、大戟科、蝶形花科和茄科的植物。偶尔也寄生的寄主包括虎尾兰（龙舌兰科）、没药（橄榄科）、醉蝶花（山柑科）、向日葵（菊科）、田繁缕属（沟繁缕科）、稗、黍、筒轴茅、臂形草、雀稗、须芒草、香茅、苞茅、稻、狗尾草、牛筋草（禾本科）、水蜡烛（唇形科）、白粉藤（葡萄科）。

苦苣苔独脚金的生物型寄主范围很窄，寄生豇豆的苦苣苔独脚金很少发现有任何野生寄主。但也有例外，在盆栽试验中，寄生豇豆的一个尼日利亚生物型可以在穗花木蓝和菘蓝上寄生；另一种有深紫色的花朵和细长的茎的生物型可以寄生灰毛豆（豆科）、小牵牛和鱼黄草（旋花科植物）。虽然单个生物型的苦苣苔独脚金宿主范围通常非常有限，一个生物型寄生的寄主可能来自不同的科。发生在美国佛罗里达州的苦苣苔独脚金，除了主要宿主木蓝外，还寄生向日葵（菊科）、甘薯（茄科）、长梗鹅毛藤（旋花科植物）和链荚豆（豆科）等5、6种植物。个别生物型也可以在不同的豇豆品种上寄生。这些特异性显然取决于侵染后之后，而不是在萌发阶段，但确切的机制尚未完全了解。

豇豆是其主要寄主，烟草、甘薯、水稻是其其他寄主，大戟、小花牵牛、蓝靛等是其野生寄主。

为害情况：在撒哈拉以南非洲独脚金通常被叫做女巫杂草，即感染作物后导致作物产量显著减少的寄生性杂草，该杂草影响农民2 000万～4 000万 hm^2 田。独脚金是豆科植物、豇豆、玉米和烟草等重要经济作物的根寄生杂草。独脚金感染一般发生在比较贫瘠的土壤上，种子是种子库的唯一来源。为半寄生性植物，主要为害禾本科作物，也寄生于一些双子叶植物。寄生于寄主的根部，也即根寄生，吸取寄主植物的养分和水分，影响作物生长，直至枯萎干黄而死，使作物减产，甚至颗粒无收。种子多，细小，在土壤中保持生命力长，难防治。

苦苣苔独脚金寄生豇豆后，在寄生的早期阶段，豇豆并不总是出现症状明显的感染症状，但逐渐会出现叶脉变化，产量和经济效益下降，结果减少，叶子枯黄，直至整株枯萎。连根拔起豇豆，会发现豇豆根部寄生了大量的1～3cm粗细的黄色吸根。

在西非，苦苣苔独脚金严重为害豇豆的生产，在许多国家造成严重的产量损失，在一些地区继续蔓延，危害加剧。据调查，尼日利亚北部，至少25%的农民表示苦苣苔独脚金严重危害豇豆，尼日利亚北部许多农民的田地在已经全部遭到苦苣苔独脚金的危害。在布基纳法索也有类似的报道。通过试验评对作物损失进行估算，苦苣苔独脚金寄生豇豆平均减少收益30%，抗性低的豇豆品种经济损失高达56%。在严重危害的情况下，产品的损失可高达100%。

生物学特征：苦苣苔独脚金是半干旱热带地区的植物，一般都寄生在农作物和自然植被上。在非洲南部，报道苦苣苔独脚金发生在阔叶树林地、岩石草地和耕地。在西非，显然很湿的条件下也能够生长，但不能寄生水生长在10cm水深的水生植物上。调查发现苦苣苔独脚金主要发生在砂壤土壤中。

寄生豇豆的苦苣苔独脚金不同于其他寄生杂草，它没有扩展开了的叶子，叶子只有几毫米长，叶片呈现淡绿色或者淡黄色。肉质的苦苣苔独脚金寄生在豇豆地下的根部，一般没有分支，或者从独脚金的土壤下面的根部分生出分支，独脚金的茎10～20cm高。对于其他寄主，独脚金的芽可能是单一的。穗状花絮，一般对生，苞片4～6mm，无柄有管状花萼，花冠5～15mm长。寄生豇豆的苦苣苔独脚金花朵颜色通常是淡紫色的，偶尔也有白色，而在其他种的独脚金的花可能是红色、紫色、甚至黄色。蒴果一般5mm长，生长几百分钟的种子长0.25mm，每株产种子10 000～100 000多粒，每粒重10^{-5}g。寄生不同寄主的独脚金的吸根粗细至少相差几毫米，寄生烟草的独脚金吸根1cm粗，寄生豇豆的独脚金吸根通常3～4cm粗细。

苦苣苔独脚金的发生和其他独脚金侵染寄主植物非常类似。寄生取决于种子的萌发，萌发取决于萌发时的潮湿条件和寄主根系分泌物，之所以命名为苦苣苔独脚金，是因为独脚金醇能刺激独脚金的萌发。这个密切相关的独脚金内酯、独脚金醇和高粱内酯刺激苦苣苔独脚金、巨大独脚金（*S. hermonthica*）和亚洲独脚金（*S. asiatica*）萌发。苦苣苔独脚金种子萌发还受到乙烯刺激，但相对不敏感。独脚金的幼根是向药性的，一经刺激，就立即向兴奋的方向生长，而且7d就能建立起一个维持生存的寄生链环。一旦接近寄主根2～3mm寄生根中的吸根就会依附在寄主根上，而且会建立一个木质部—木质部的连接，萌芽温度为23～33℃，比其他独脚金种子萌芽晚2～3d。在不改变作物根冠比的情况下，苦苣苔独脚金吸附和侵染寄主根的情况不同于其他独脚金，光合作用比其他独脚金低，寄主植物的光合作用也降低了，伸向寄生物的根系发育也受到影响，寄主的光合作用降低，最重要的影响是寄主对代谢产物的清除。

传播途径：其种子易黏附在寄主植株、种子或根上传播。种子小且轻，能随风和水传播，甚至过往的牲畜、鸟类、农机具等都能黏带传播。

检验检疫方法：澳大利亚、以色列、俄罗斯和美国把苦苣苔独脚金的所有寄生物种都被列为禁止进口的。

植物的球茎、块茎、鳞茎、根茎、水果、豆荚、伴生植物、实生种子、谷粒等在贸易或者运输中可能携带豇豆独脚金种子，这些种子人的肉眼不能发现，通过显微镜可以观察到。但树皮、花朵、花絮、叶子、根、种苗、试管苗、地上茎、树干、树枝、枝杈和木材等不携带苦苣苔独脚金种子从以前的寄生经验和寄主萎黄寄生症状，把怀疑寄生了苦苣苔独脚金的豇豆连根拔起，可以看到寄主根部寄生了直径从几毫米到 2cm 大小不同的、不规则的苦苣苔独脚金。

检测被独脚金污染的种子的方法。使用底部有 90μm 筛孔的取样袋，在动性大的流水中冲洗种子。然后用比重为 1.4 的碳酸钾溶液对独脚金进行悬浮分离。将处理好的种子收集转移到 60μm 筛孔筛子中计数。

防治方法：防治独脚金是非常困难的，是因为它独特适应环境的能力，以及和宿主寄生物之间复杂的关系，控制独脚金杂草是否成功，取决于消除种土壤中独脚金寄生物种种子库，在 20 世纪 80 年代，科学家开始研究适合农民的种寄生控制策略，主要集中于抗病育种抵抗力的研究。在 80 年代末，通过添加对生物学、生态学、生理学和杂草的遗传变异的研究，进一步拓展了对独脚金的研究范围。对它的天敌、农艺措施以及增殖寄生杂草的综合系统建立模型。虽然研究工作已经表明在减少独脚金寄生的破坏性影响取得一定进展，但目前对小型农户尚无单一的有效、经济上可行的控制独脚金控制方法。津巴布韦的烟草种植管理者通过一个综合控制诱虫作物和烟草轮作和提高土壤肥力的防治规划作为合理的种植模式。

农业防治。没有有效的方法来控制苦苣苔独脚金。长期轮作应该有效的方法，但很少是可行的。几乎没有开展诱集作物的研究，虽然有报道木豆、藜豆（黎豆属的物种）、高粱和大豆（野生）可以诱集苦苣苔独脚金。也有报道种植棉花的农田很少发现独脚金。使用肥料或者增加肥料来防治独脚金的效果远不及独脚金对作物的危害。手工拔除对于零星发生的独脚金是十分有效的，但是，手工拔除也容易把寄主一起带出，严重影响寄主作物的产量。

独脚金通过寄主和非寄主作物（菜豆、花生、木豆、豇豆）根系分泌物来刺激独脚金种子萌发完成的。筛选出的诱集作物，用来刺激独脚金种子的萌发，促进独脚金的大量萌芽寄生，通过拔除等使得独脚金种子库减少，进而减轻独脚金的寄生和危害。

化学防治。一些除草剂对萌发前的独脚金有防除效果，但农民很少采用。最近研究发现，除草剂咪唑喹啉酸可以通过对独脚金种子本身的作用来防除独脚金，但不确定该药剂是否已经被用于实践。

生物防治。豇豆独脚金的天敌有紫苏叶蛾（*Pyrausta panopealis*）、红色向日葵种子甲虫（Smicronyx fulvus）（取食茎秆）、小瓜象（*Smicronyx guineanus*）（取食茎、果实、豆荚）、牛肝菌象甲（*Smicronyx umbrinus*）（取食果实、豆荚）等。

象鼻虫往往严重影响苦苣苔独脚金。虽然没有试图利用这些天敌生物控制苦苣苔独脚金，但这些天敌往往因为杀虫剂的使用而造成不利影响。丁香假单胞杆菌能诱导独脚金发芽自杀。最近报道，基于镰刀菌素的真菌除草剂将来可能成为控制苦苣苔独脚金的有效生物防治剂。

症状和有害生物照片或绘图详见彩图 4－38、彩图 4－39、彩图 4－40、彩图 4－41、彩图 4－42、彩图 4－43、彩图 4－44、彩图 4－45。

第十节　假高粱

中文名：假高粱

学名：*Sorghum halepense*（L.）Pers.

英文名：Aleppo Grass，Johnsongrass

分类地位：禾本科（Gramineae）高粱属（*Sorghum* Moench）

分布：

欧洲：希腊、前南斯拉夫、意大利、保加利亚、西班牙、葡萄牙、法国、瑞士、罗马利亚、波兰、罗马尼亚、俄罗斯。

非洲：摩洛哥、坦桑尼亚、莫桑比克、几内亚、南非。

美洲：古巴、牙买加、危地马拉、洪都拉斯、尼加拉瓜、波多黎各、萨尔瓦多、多米尼亚、委内瑞拉、哥伦比亚、秘鲁、巴西、玻利维亚、巴拉圭、智利、阿根廷、墨西哥、美国、加拿大。

大洋洲及太平洋岛屿：澳大利亚、新西兰、巴布亚新几内亚、斐济、美拉尼西亚、密克罗尼西亚、波利尼西亚。

亚洲：土耳其、以色列、阿拉伯半岛、黎巴嫩、约旦、伊拉克、伊朗、印度、巴基斯坦、阿富汗、泰国、缅甸、斯里兰卡、印度尼西亚、菲律宾、中国。

我国在山东、广东、广西、海南、江苏、浙江、福建、江西、四川、安徽、陕西、河南、贵州、北京、上海和天津都有分布。

寄主：是谷类、棉花、苜蓿、甘蔗、麻类等30多种作物地里的主要杂草。

为害情况：假高粱，也称为石矛高粱，宿根高粱，阿拉伯高粱，琼生草，亚刺伯高粱等。假高粱侵入农田，会使农作物大为减产。国外报道，由于假高粱的影响，有些地区的甘蔗减产25%～50%，玉米减产12%～33%，大豆每公顷减产300～600kg。假高粱具有极强的繁殖力、适应性及竞争力，是一种危害严重又难防治的恶性杂草。它主要以种子和地下茎繁殖，宿根，多年生。假高粱每个花序可结500～2 000个颖果，每株就可产1万～2万多粒种子。据国外报道，经试验估计，假高粱在1hm^2 地里产生的地下茎总长度可达600km，在一个生长季节将可产生5 000个节，每个节都可发芽长出植株。其地下茎能分枝，具极强的繁殖力，即使切成小段，只要有节，在条件适宜时，仍能长出新株。假高粱利用根茎越冬而行无性繁殖的特性，是造成难以防治的主要原因。假高粱根的分泌物或腐烂的叶子、地下茎、根等，能抑制作物种子萌发和籽苗生长。假高粱的嫩芽聚积有氰化物，牲畜食后易受毒害。

生物学特征：假高粱适生于温暖、潮润、夏天多雨的亚热带地区，是多年生根茎植物，以种子和地下根茎繁殖。新成熟的颖果在当年秋天不能发芽，经过休眠6个月后，翌年4～5月发芽，在温度25℃以上发芽率可达20%。籽实从播种到出苗，约需1个月时间，播种90d左右植株陆续抽穗开花。开花处于高温环境，籽实不发育或发育不成熟。开花期6～7

月，延续到9月，结实期9～10月。假高粱耐肥、喜潮润，及疏松土壤。常混杂在多种作物田间，主要有苜蓿、棉花、黄麻、洋麻、高粱、玉米、大豆等作物，在菜园、柑橘幼苗栽培地，葡萄园、烟草地里也有，也生长在沟渠附近、河流及湖泊沿岸。

传播途径：假高粱的颖果可随播种材料或商品粮的调运而传播，特别是易随含有假高粱的商品粮加工后的下脚料传播扩散，在其成熟季节可随动物、农具、流水等传播到新区。假高粱的根茎可以在地下扩散蔓延，也可以被货物携带向较远距离传播。

检验检疫方法：假高粱 *Sorghum halepense*（L.）Pers. 为多年生草本。

茎：茎秆直立，高达2m以上，具匍匐根状茎。

叶：叶阔线状披针形，基部被有白色绢状疏柔毛，中脉白色且厚，边缘粗糙。

花序：圆锥花序大，淡紫色至紫黑色；主轴粗糙，分枝轮生。

花：小穗多数，成对着生。一枚无柄，小穗卵形，长4～5.5mm，被柔毛，两性，能结实；另一枚有柄，长5～7mm，狭窄，小穗柄被白长柔毛，为雄性或中性。结实小穗呈卵圆状披针形，颖硬革质，黄褐色、红褐色至此黑色，表面平滑，有光泽，基部、边缘及顶部1/3具纤毛；稃片膜质透明，具芒，芒从外稃先端裂齿间伸出，膝曲扭转，极易断落，有时无芒。结实小穗成熟后自关节自然脱落，脱落整齐。脱离小穗第二颖背面上部明显具有关节的小穗轴2枚，小穗轴边缘上具纤毛。

果实：颖果倒卵形或椭圆形，暗红褐色，表面乌暗而无光泽，顶端钝圆，具宿存花柱；脐圆形，深紫褐色。胚椭圆形，大而明显，长为颖果的2/3。

防治方法：

1. 加强建议

应防止继续从国外传入和在国内扩散，需加强植物检疫，一切带有假高粱的播种材料或商品粮及其他作物等，都需按植物检疫规定严加控制。

2. 农业防治

对少量新发现的假高粱，可用挖掘法清除所有的根茎，并集中销毁，以防其蔓延；对混杂在粮食作物、苜蓿和豆类种子中的假高粱种子，应使用风车、选种机等工具汰除干净，以免随种子调运传播；假高粱的根状茎不耐高温。处于2.5cm深潮湿土壤中的根状茎，在50～60℃条件下热晒3d，芽失去活力。也不耐冰冻，－3℃低温下其组织受冻害而解体。短的根状茎比长的耐性差，单节根状茎于14～54℃温度下干晒6d，失水量为78%。淹水4周，萌芽率下降45%。假高粱根状茎的耐性不高，与其所含糖的种类以贮存淀粉而不是果糖为主有关。初冬初夏，根状茎中可溶性糖的含量相对升高，冬季主要是深土层处的根状茎积累可溶性糖，成为其越冬的因素之一。根据假高粱的生物学特性，结合农业生产措施，耕翻土壤时将根状茎翻出并铲为小段暴露于土表，或灌水处理，可有效降低其生存力。

3. 化学防治

近几年，假高粱在国内的发生有蔓延趋势，需控制其传播扩散，特别应防止其侵入农田。目前，对发生于非农田区的假高粱植株，可选择使用草甘膦、茅草枯、拿捕净和盖草能等药剂，当天配制当天施用，选择晴天避免高温气候，一次剂量可分两次喷施。据试验，

1%、0.75%和0.5%有效浓度的茅草枯药液，对防除假高粱的根状茎均有良好效果。对施用除草剂1个月左右仍有残留根状茎的，应挖出毁掉，或当植株具有一定叶面积时刻补药剂。

4. 生物防治

将放线菌链霉菌的发酵液，配制成0.02%、0.03%和0.04%共3个浓度，观察它们对假高粱籽实萌发和幼苗发育的抑制效果。结果发现，菌液对降低籽实萌发率、抑制胚根发育、提高幼苗死亡率有不同程度的效果，其中以浓度0.04%的效果最为显著。国外也发现了一些具有一定潜力的昆虫、真菌和细菌。例如，*Metacrambus carectellus*可蛀食假高粱的根状茎。用*Biopolaris sorghicola*的孢子溶液加表面活性剂，喷施于5日龄的假高粱幼菌，当孢子浓度为1.5×10^5/mL时，6d可除苗66%，8d除苗88%，其余幼苗25d后全部死亡。

症状和有害生物照片或绘图详见彩图4－46、彩图4－47。

第五篇　中国的进出境植物检疫制度与烟草检疫

第一节　我国进出境植物检疫

一、进出境植物检疫工作的主要内容

进出境植物检疫是为了保护我国的农业生产安全、生态环境安全和人民生命健康。这些并不是公民、法人或行业组织自主追求的目标，但公民、法人或行业协会从事的进境植物及其产品的经营活动，会产生负的外部性，对农业生产安全、生态环境和人民生命健康产生危害而不用对此负责，因而这一领域是市场失灵的领域，不可能通过市场竞争机制进行有效调节，必须由政府来管理。

植物检疫以法律法规为后盾，以技术措施为手段。一个国家要建立起植物检疫的制度，应制定植物检疫相关的法律法规并建立执行法律法规的机构。在相应的法律体制和管理体制的框架下，开展植物检疫工作。植物检疫工作的具体内容如下。

1. 信息工作

进出境植物检疫的信息工作主要有两方面。

一是对国内外植物有害生物信息的收集掌握，国内外植物有害生物指植物疫情的分布和变化、为害情况、传播途径等。这是进境植物检疫工作的基础，是进行有害生物风险分析的基础，也是制定进境植物检疫政策的依据。进境植物检疫的所有环节都需要这个信息，包括植物检疫禁止进境物名单的制定，检疫性有害生物名单的制定，现场检疫、实验室检疫、检疫处理、检疫监督等。

二是对贸易国家的植物检疫要求信息的掌握，指贸易国家植物检疫法律法规、检疫标准，禁止进境物名单，检疫性有害生物名单或关注的有害生物名单等。这是出境植物检疫工作的依据。只有掌握了这些信息，才能有的放矢地开展出境植物检疫工作，为出口商提供检疫服务，促进我国农产品的出口。

2. 进境植物检疫审批工作

进境植物检疫审批是指国家有关部门根据本国的植物检疫法规和进境植物检疫要求，按照有害生物风险分析的原则，对准备输入境内的有关植物、植物产品进行审查，最终决定是否批准其进境的过程。

植物检疫审批是防止植物有害生物传入的一种非常有效的行政手段，是世界各国的通行做法。对于传带有害生物风险较高的植物或植物产品实施进境检疫审批，审查其入境的用途

及使用过程中有没有防止疫情扩散的有效措施或可能，对入境的数量进行严格的控制，以降低有害生物传入的风险。各国对进境的种子种苗和繁殖材料都要实行检疫审批制度。这是因为进境的种子种苗和繁殖材料是传带植物有害生物风险较高的一类物品，按世界的通行做法，种子种苗和繁殖材料是唯一一类在进境检疫时，不但要关注检疫性有害生物，而且要关注限定的非检疫性有害生物的检疫物。尤其当种子种苗和繁殖材料是被作为种质资源引进并计划大量推广或引进之后分散种植时，它的风险最高，必须处于严密的监控之下。

3. 进出境植物检疫的实施

从需实施植物检疫的检疫物品来分，进出境植物检疫可分为货物检疫、运输工具和包装铺垫材料检疫、旅客携带物检疫和邮寄物及快件检疫实施。

出境和进境植物检疫的流程分别如图 5－1 和图 5－2 所示。

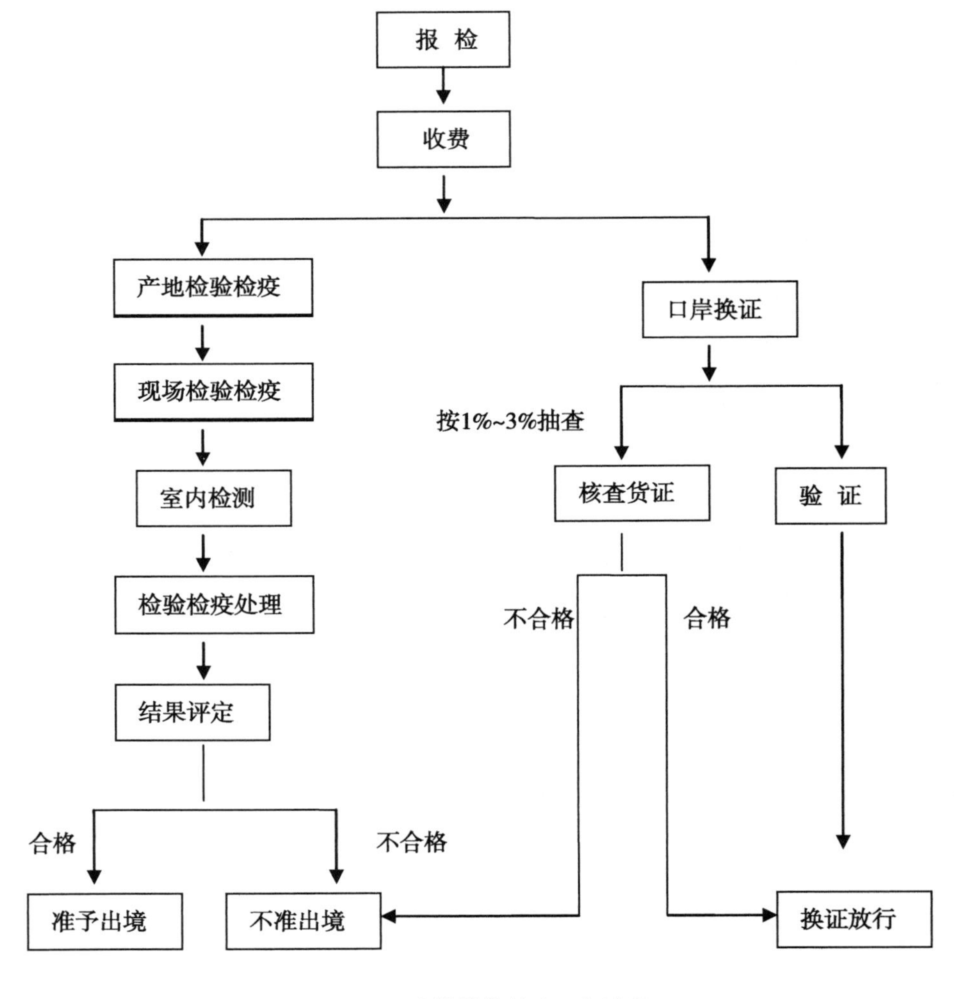

图 5－1　出境植物检疫一般流程

4. 检疫监督

国家动植物检疫机关和口岸动植物检疫机关对进出境植物、植物产品的生产、加工、存

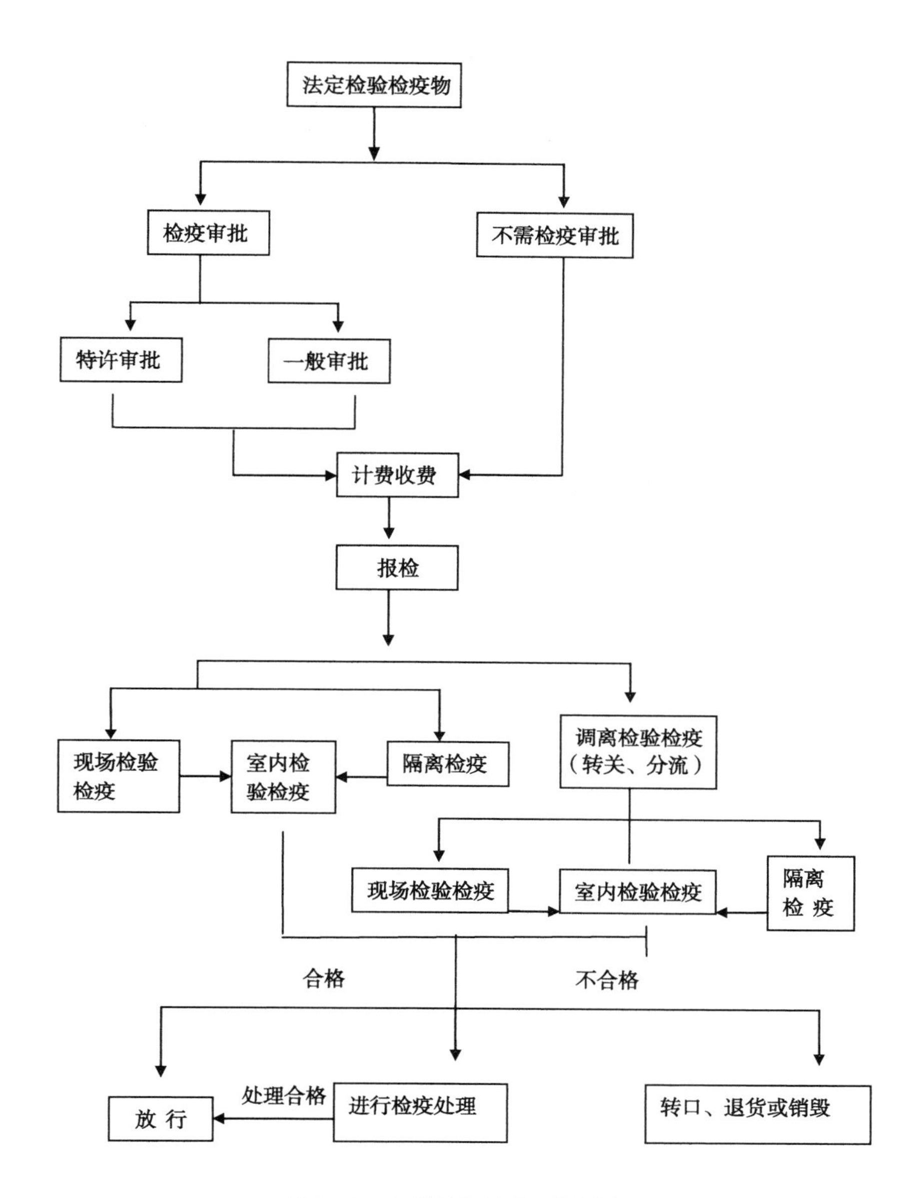

图5－2　入境植物检疫一般程序

放过程，实行检疫监督制度。种子、种苗、繁殖材料隔离种植期间，应接受口岸动植物检疫机关的检疫监督；从事进出境植物检疫熏蒸、消毒处理业务的单位和人员，须经口岸动植物检疫机关考核合格，对熏蒸消毒工作进行监督、指导，并出具熏蒸、消毒证书；实施植物疫情监测也是一种检疫监督形式。

5. 风险预警和快速反应

在进出境植物检疫工作中建立风险预警和快速反应机制，风险预警是为使农林牧渔生产和人体健康免受出入境植物、植物产品及其他应检物中可能存在的风险而采取的预防性安全保障措施；快速反应是当境外发生重大的植物疫情，并可能传入我国时，采取紧急控制措施，发布禁止植物、植物产品或其他应检物入境的公告，必要时，可封锁有关口岸。

二、中国进出境植物检疫管理体制

1. 机构沿革

我国进出境植物检疫工作开始比国内植物检疫工作要早，植物检疫管理体制几经变迁。

我国的进出境植物检疫开始于20世纪20年代末。1928年，为了防止棉铃虫从美国传入，当时的中国政府农矿部公布了《农产品检查条例》，并在上海、天津、广州先后设立农产物检查所。1929年工商部成立上海商检局。1935年上海商检局成立植物病虫害检验处。新中国成立后，党和政府十分关心植物检疫工作，1949年中央贸易部对外贸易司设置商品检验处，负责进出口商品检验工作，进出境植物检疫机构设在商品检验局。1950年农业部成立植物病虫害防治司，开始探索国内植物检疫工作。1954年，农业部植物病虫害防治司更名为植物保护局，局内专设植物检疫处。1964年进出境植物检疫从商检中分离出来，划归农业部管辖。1972年成立农林部设植物保护局，内设植物检疫处，专门负责国内和进出境的植物检疫工作。1979年国务院批准恢复农业部，仍由植物保护局植物检疫处负责国内和进出境的植物检疫工作。1981年，植物检疫处分为内检处（负责国内农业植物检疫工作）、外检处（负责进出境植物检疫工作）。同年，国家农委同意成立“农业部动植物检疫总所”，统一管理全国进出境动植物检疫工作，动物检疫和植物检疫首次合署办公。这样，我国进出境植物检疫首次从一个内设机构成为一个人、财、物独立运作的机构。1982年机构改革，农业部改为农牧渔业部，植物保护局改为全国植物保护总站。“农业部动植物检疫总所”改为“农牧渔业部动植物检疫总所。1988年恢复农业部，动植物检疫总所又改为原名。1994年8月17日，国务院批复农业部的“三”方案时，同意将“农业部动植物检疫总”改为“农业部动植物检疫局”，1995年农业部全国农业技术推广服务中心成立，全国植物保护总站被合并，全国农业技术推广服务中心内设植物检疫处。

我国林业植物检疫机构设在国家林业局森林病虫害防治总站，内设检疫处。林业植物检疫从农业植物检疫中分离是在1979年农林部被拆分的时候。

进入20个世纪90年代以来，我国的对外开放进一步扩大，进出境动植物检疫、进出口商品检验和国境卫生检疫这“三检”查验单位重复检验检疫，重复收费等现象严重，口岸通关速度慢，效率低下。“一关三检”的口岸查验制度受到了挑战。1998年国务院实施了口岸体制改革，将农业部动检植物检疫局、卫生部卫生检疫局和外经贸部进出口商品检验局合并成立国家出入境检验检疫局，属海关总署归口管理的国家局，国家出入境检验检疫局局长任海关总署副署长。国家出入境检验检疫局内设动植物监管司，动植物监管司内设植物检验检疫一处、植物检验检疫二处。2001年，为了适应我国入世后的形势需要，体现国内国外统一标准的WTO原则，国家出入境检验检疫局与国家质量技术监督局合并成立国家质量监督检验检疫总局（以下简称国家质检总局），各地的出入境检验检疫局和质量技术监督局没有合并。国家质检总局内设动植物检疫监管司、进出口食品安全局和卫生检疫监管司。动植物检疫监管司内设植物检疫处、生物安全处等6部门，主要负责拟订出入境动植物及其产品检验检疫的工作制度，承担出入境动植物及其产品的检验检疫、注册登记、审批、监督管理等工作。进出口食品安全局内设植物食品处等 6 部门，拟订进出口食品和化妆品安全、质量监督和检验检疫的工作制度，承担进出口食品、化妆品的检验检疫等工作。卫生检疫监管司设立检疫查验处等 5 部门，主要负责拟订出入境卫生检疫监管的工作制度，承担出入境卫生检疫工作等。

2. 职能演变

在我国进出境植物检疫机构演变的同时，进出境植物检疫机构的职能也在发生着变化，这体现在两个方面。

一是业务范围的变化。在 1992 年以前，进出境植物检疫的范围仅限于进出口货物中的种子、种苗、繁殖材料和其他农林产品，对于其他可能传带植物危险性有害生物的途径并没有加以管制。为解决这一问题，1992 年之后，检疫范围扩大到旅客携带物、邮寄物、运输工具、包装铺垫材料等。在 2001 年质检总局成立后，一些深加工的、检疫风险小的农产品及新鲜蔬菜的检疫被划给了进出口食品安全局，进出口食品安全局主要关注进出口食品的安全卫生问题，对所辖产品的检疫问题也要兼顾。

二是进出境植物检疫作用的多元化。进出境植物检疫作为一项技术性贸易措施，它的贸易壁垒作用逐渐被人们所认识。我国加入 WTO 后的一段时间内，进出境植物检疫除了保护农业生产和生态环境安全外，国家还将促进国际贸易、扩大出口的职责赋予了它。

3. 管理体系

我国的进出境植物检疫工作由国家质检总局主管，国家质检总局内设动植物检疫监管司执行进出境植物检疫的管理职能。动植物检疫监管司的主要职责是：研究拟定出入境动植物检验检疫的规章、制度，研究提出禁止入境动植物名录；组织实施出入境动植物及动植物产品检验检疫和监管；管理出入境转基因生物及其产品的检验检疫工作；收集国外有关动植物疫情信息，按分工组织实施风险分析和紧急预防措施；依法管理进出境动植物检疫注册和审批工作。动植物检疫监管司中有两个处与进出境植物检疫有关，分别是植物检疫处、生物安全处。生物安全处有 2 名植物检疫人员，负责国外植物、植物产品的解禁和风险分析的组织工作，植物检疫处 4 人，负责其他进出境植物检疫管理工作。

国家质检总局在各国除中国台湾、香港、澳门以外的各省、市、自治区及深圳、珠海、宁波共设立了 35 个直属进出境检疫机构，在全国 328 个口岸都有进出境植物检疫的分支机构。质检总局直属的中国检验检疫科学研究院负责科学研究和植物检疫风险分析的具体工作；标准法规中心负责收集各国的植物检疫法律法规和标准，并负责 SPS 咨询通报工作；标准化委员会负责国内标准的制订。全系统植物检疫工作人员约 4 000人。

三、中国进出境植物检疫法律体系

为了防止棉铃虫从美国传入，当时的中国政府农矿部于在 1928 年 12 月公布了《农产物检查条例》，这是我国第一部与植物检疫有关的部门规章。1957 年农业部公布《国内植物检疫试行办法》和《国内植物检疫对象名单》，1983 年国务院发布了《植物检疫条例》，1991

年制定出台了《中华人民共和国进出境动植物检疫法》，2006年农业部发布了新的《全国农业植物检疫性有害生物名单》和《应施检疫的植物及植物产品名单》，2000年到2014年期间，国家质量监督检验检疫总局先后颁布了10余部规章制度，如《进境动植物检疫审批管理办法》《出入境人员携带物检疫管理办法》《出境水果检验检疫监督管理办法》《进出境非食用动物产品检验检疫监督管理办法》等规章制度，是对《中华人民共和国进出境动植物检疫法》的补充和完善，我国检疫法规制度日趋完善。

我国的进出境植物检疫法律体系分3个层次。

1. 中国进出境植物检疫法律法规及与进出境植物检疫相关的其他法律、法规、规章

《中华人民共和国进出境动植物检疫法》是我国第一部也是目前唯一的一部以植物检疫为主题的法律，1991年10月30日通过，1992年4月1日起施行。它是由于1982年国务院颁布的《中华人民共和国进出口动植物检疫条例》经修改上升而成。从“进出口动植物检疫”改为“进出境动植物检疫”，一字之差，使进出境植物检疫的范围不仅仅限于进出口的贸易性货物，而是涵盖了一切进出国境的动植物及其产品，它包括了入境旅客携带的和邮寄入境的动植物及其产品，及一切来自动植物疫区的入境船舶、飞机、车辆等交通工具，连同装载容器都在检疫的范围之列。对港、澳、台地区来讲，可以理解为进出关境，也纠正了将旅客、船舶、飞机等和货物一起称为进出口的错误说法。

1996年12月2日，时任国务院总理李鹏签署第206号国务院令，发布《中华人民共和国进出境动植物检疫法实施条例》，自1997年1月1日起施行。

1983年1月3日国务院颁布了《植物检疫条例》，1992年5月3日国务院对其进行了修改并发布，是目前我国国内植物检疫工作的法律依据。林业部于1994年7月26日发布了1994年第4号令《植物检疫条例实施细则（林业部分）》，农业部于1995年2月25日发布1995年第5号令《植物检疫实施细则（农业部分）》。

2000年，我国颁布了《中华人民共和国种子法》，该法主要是为了规范种子繁育和销售行为，打击制售假种子的行为。该法的第46条至第50条涉及种子检验检疫的内容。

2. 进出境植物检疫的部门规章和规范性文件

1997年，农业部72号公告，发布了新修订的《中华人民共和国进境植物检疫禁止进境物名录》，这是一份重要的进出境植物检疫的规范性文件。截至2014年，国家出入境检验检疫局和质检总局发布的进出境植物检疫部门规章共有17部，见表5-1。

另外，从1981年起，由农业部、动植物检疫总所、动植物检疫局以及国家出入境检验检疫总局和国家质检总局还下发了一系列的规范性文件，仍有效力的有159件。其中一部分文件，按照其效力和对植物检疫工作的影响，应以部门规章的形式发布。如农业部发布的《进境植物检疫危险性病、虫、杂草名录》、动植物检疫局发布的《进境植物检疫潜在危险性病、虫、杂草名录》，国家质检总局的《出入境动植物检验检疫风险预警及快速反应管理规定实施细则》等。

表 5－1　进出境植物检疫部门规章

规章名称	发布时间（年份）
《进境水果检疫管理办法》	1999
《进境植物繁殖材料检疫管理办法》	1999
《进境植物繁殖材料隔离检疫圃管理办法》	1999
《进境栽培介质检疫管理办法》	1999
《对美国、日本输往中国货物木质包装检疫监管规定》	1999
《出入境粮食饲料检验检疫管理办法》	2001
《出入境快件检验检疫管理办法》	2001
《进境植物和植物产品风险分析管理规定》	2002
《进境动植物检疫审批管理办法》	2002
《出入境人员携带物检疫管理办法》	2003
《出境竹木草制品检疫管理办法》	2003
《出境水果检验检疫监督管理办法》	2006
《中华人民共和国进境植物检疫性有害生物名录》	2007
《出入境检验检疫查封、扣押管理规定》	2008
进出口化妆品检验检疫监督管理办法	2011
《出入境人员携带物检疫管理办法》	2012
《进出境非食用动物产品检验检疫监督管理办法》	2014

3. 检疫标准、操作规程

1998 年以来，我国开始注重植物检疫标准的制定工作。已制定 1 项植物检疫的国家标准，谷斑皮蠹检疫鉴定方法，另外已制定的植物检疫行业标准有 32 项，绝大多数为检疫方法标准。

1997 年，国家动植物检疫局编印过了《中国进出境植物检疫手册》。2003 年，国家质检总局编印了《检验检疫工作手册（植物检验检疫分册）》。这两本手册作为内部参考资料，起到了我国进出境植物检疫操作规程的作用。

四、我国进出境植物检疫管理的个案分析

1. 引进种苗繁殖材料检疫管理

在我国，引进种子种苗必须获得农业、林业主管部门或质检总局颁发的检疫审批单或许可证。要依据《中华人民共和国进出境动植物检疫法》《植物检疫条例》《植物检疫条例实施细则（农业部分）》《国外引种检疫审批管理办法》，因科学研究需要引进种苗繁殖材料的，由国家质检总局审批特许引种检疫手续，用于生产或引种的种苗繁殖材料由农、林业主管部门审批。农业检疫部门对引种的数量明确的限制（表 5－2），负责办理农业植物，包括粮食及经济作物、蔬菜、水（瓜）果、花卉、中药材、牧草、草坪草、绿肥、食用菌等种子、种苗及其他繁殖材料的引种检疫审批手续；林业部门对引种数量没有明确的限制，但需

经过检疫申请、受理、审批和监督管理等步骤，负责办理森林植物种子、苗木及其他繁殖材料的检疫审批手续。

对引进的种苗繁殖材料，《植物检疫条例》和《植物检疫条例实施细则（农业部门）》及原国家出入境检验检疫局下发的《进境植物繁殖材料检疫管理办法》，都明确规定要隔离试种，隔离试种是防止危险性有害生物随引进种苗传入为害的最后一道防线，可有效防止传入检疫性有害生物、有利于发现新的危险性有害生物，有助于加大植物检疫工作的纵深，有效防止国外检疫性的和潜在检疫性的病、虫、草害的蔓延扩散。但实际上我国近年来从国外引种面广量大，种类繁多，用途较广，一般经营性引种的落实隔离试种的很少。

1993 年农业部确定的“生产种苗引种检疫审批限量”，根据《国外引种检疫审批管理办法》和目前我国农业生产用种需求和国内外植物疫情的变化，1999 年，农业部适当调整省级检疫审批限量，对于超过审批限量，应由省级农业厅（局）植物检疫机构签署审核意见后，报农业部植物检疫机构审批。

表 5－2　农业部生产用种苗引种检疫审批限量　　单位：kg，株

类别		限量
粮食作物	稻、麦、玉米、豆类、谷类、高粱	100
经济作物	油菜、花生、甘蔗、棉、麻等	300
	茄科（如番茄等）、烟草	10
	芦笋、椰菜花等	50
	芹菜、瓜菜、甘蓝、洋葱、菜心等	150
	白菜、菜豆、菠菜、胡萝卜、豌豆、白芸豆等	500
	果树类（如苹果、柑橘等）	500
特殊类别	草本花卉	1 000
	木本花卉	250
	西瓜、牧草	500
	甜菜、油葵	2 000
	空心菜	5 000

2. 产地预检

在国际上，为缓解入境口岸的通关压力，降低入境植物、植物产品传带外来有害生物的风险，在货物在出口国装运前，由进口国检疫人员在产地进行检疫，已经成为一种通行做法。我国对进口烟叶、葡萄苗和马铃薯种薯等高风险的植物、植物产品实施了产地预检。由于人员和经费的问题，除了烟草之外，能完成的预检工作量很少，因而进口量也很小。近年来，我国开始尝试进口水果的产地预检，但只能完成每两年一次的议定书执行情况的检查，并不是真正的产地预检。

3. 出境检疫

“三检合一”以来，我国对出境植物、植物产品的植物检疫实行了产地检疫制度。所谓产地检疫制度，就是出境的植物、植物产品应由生产、加工所在地所属的进出境植物检疫机构实施检疫，签发植物检疫证书，离境口岸的进出境植物检疫机构验证放行。而“三检合一”之前，对此并没有严格的规定，出口商可以根据自己的需要向生产、加工所在地或离境口岸所在地的进出境植物检疫机构报检。

4. 信息工作

我国进出境植物检疫的信息工作基础比较薄弱，最突出的表现就是国内疫情不明朗，这严重影响了进出境植物检疫决策的科学性。国内的疫情发生情况是制定检疫性有害生物名单的基础。我国植物疫情复杂，但对疫情的普查和研究不够。新中国成立以来，仅在改革开放以前，农业部组织过两次全国的植物病虫害普查。近些年，农林业部门仅对某些突发性的检疫性有害生物，如稻水象甲、松材线虫、美洲斑潜蝇的分布、寄主、传播途径进行过普查研究，还没有对全国植物病虫害监测的计划。从 2001 年起，进出境植物检疫部门对检疫性实蝇的发生情况进行了监测，但监测计划不完善，每年都对监测点的数量和分布进行较大的调整，没有维持监测计划的稳定性，使得对监测数据的进一步分析利用变得很困难。2004 年，由于监测用药剂的进口报关遇到了麻烦，使得监测工作中断，监测数据不完整。2006 年在我国 31 个省、市及自治区初步建立了疫情监测网络，共设立监测点 22 000余个。随着技术的不断革新和运用，植物检疫的信息工作更加有效，更加精准。

5. 风险预警和快速反应

2002 年以来，我国建立起了进出境动植物风险预警和快速反应机制，国家质检总局年均发布进境植物检疫风险警示通报近 10 个，初步形成了进出境风险预警和快速反应的应急机制。一旦收集到重要植物疫情的风险信息，国家质检总局会发出预警通报，先后对香蕉穿孔线虫、松材线虫、苜蓿黄萎病菌、松脂溃疡病菌、西花蓟马、红火蚁等有害生物风险进行了预警通报，通知直属局及相关部门采取行动，严防疫情的传入，取得了良好的效果。

五、我国进出境植物检疫工作已具备进一步发展的基础

我国进出境植物检疫开始于 20 世纪 20 年代末期，新中国成立后得以快速发展。经过多年的努力，目前已有了一定的工作基础。

1. 法制建设日臻完善，检疫工作有法可依

1982 年国务院颁布《中华人民共和国进出口动植物检疫条例》（外检条例），1983 年发布了《植物检疫条例》（植物内检条例），到 1992 年《中华人民共和国进出境动植物检疫法》及其实施条例的颁布，明确了进出境动植物检疫的范围，明确了国家进出境植物检疫机关的职能，完善了检疫审批制度，确立了检疫注册登记制度，规范了旅客携带物检疫，强化了检疫监督制度，从立法的角度避免经进出境植物检疫机构检疫的物品被国内检疫部门重复检疫情况的发生，规定了违法行为的处罚额度。在检疫法和实施条例实施以来，结合我国改革开放和加入 WTO 的形势发展，根据进出境植物检疫工作的实际需要，制定了一系列的

配套法规和规章办法。2003年，编写了《中国进出境植物检疫工作手册》，成为我国进出境植物检疫工作者的操作规范。到2014年，国家质量监督检验检疫总局审议通过《出入境人员携带物检疫管理办法》和《质量监督检验检疫统计管理办法》等17部针对检验检疫工作的法律法规，农业部也颁布了《国外引种检疫审批管理办法》等数部法规，是对我国检验检疫法律法规的不断补充和完善。

2. 检疫网络遍及全国

质检总局在除中国台湾、香港、澳门以外的全国各省、区、市及深圳、珠海、宁波共设立了35个直属进出境检疫机构，在全国各个口岸都有进出境植物检疫的分支机构，各直属局都配备了植物检疫实验室，国家质检总局直属的中国检验检疫研究院中有植物检疫研究所，每个直属进出境检疫机构都有植物检疫技术中心。目前，农业部门在全国设有已经3个植物检疫隔离监测场，25个检疫实验室、25个危险性病虫检测站、7个TCK疫情监测站、1个葡萄苗木监测中心和1个有害生物风险分析中心。

3. 基础设施逐步完善

“十一五”时期以来，国家通过植保工程加强了检疫设施建设，开展了非疫区建设、阻截带建设，农业植物检疫基础设施得到大大改善。并且投资建设了31个省级农作物有害生物监控中心、108个市级和1 066个县级有害生物预警与控制站，实现了省级全面建设。基础设施的逐步加强为我国的检验检疫工作带来先进的技术和极大地提高了工作效率。

4. 非疫区生产点建设初见成效

在非疫区生产点建设，建设非疫生产区是促进农产品出口和安全最有效和最经济的措施之一。1996年联合国粮农组织（FAO）制定了《建立非疫生产区的要求》，1999年又制定了《建立非疫生产地和非疫生产点的要求》，以指导和规范各国非疫区生产点建设工作。在加入世界贸易组织的新形势下，提高我国农产品的国际竞争能力，建设一批高标准、规模化的非疫区出口和加工基地，是当前迫切需要解决的重大课题。建立非疫区是打破进出口技术壁垒，促进农产品出口的国际通行办法。

20世纪80年代，巴西、美国、澳大利亚、墨西哥等国开始建立水果非疫区，并且取得了很好的效果。80年代以来，国家先后发布了10种作物的产地检疫规程，其中许多做法对今后非疫生产点建设有很大的借鉴作用。利用PRA方法在进口水果、种苗、小麦等农产品解禁方面获得成功，对促进农产品贸易方面作了有意的探索。

六、进出境植物检疫的发展面临较大的困难

1. 法律法规不适应形势的要求

我国的植物检疫法规由相对独立的两个体系组成，即进出境植物检疫和国内植物检疫。规范进出境植物检疫的法律是《中华人民共和国进出境动植物检疫法》，法规是《中华人民共和国进出境动植物检疫法实施条例》。规范国内植物检疫的法规是《植物检疫条例》，这个条例有两个细则，即《植物检疫条例实施细则（农业部分）》和《植物检疫条例实施细则（林业部分）》。进出境植物检疫与国内植物检疫的法律地位不平等，有关条文和规定相互矛

盾和冲突，不符合国际惯例，也有悖于 SPS 协议的有关原则。

2. 检疫力量分散，职责交叉严重

我国的植物检疫管理体制也由进出境植物检疫与国内植物检疫两个体系组成，国内植物检疫又分为农业植物检疫和林业植物检疫。进出境植物检疫局是为国家进行出入境检验检疫工作的部门，对出入境的货物、人员、交通工具、集装箱、行李邮包携带物等进行包括卫生检疫、动植物检疫、商品检验等的检查。这两个体系 3 个方面相对封闭运行，沟通、协调不够，导致检疫力量分散，重复建设，资源浪费，效率低下。如花卉、中药材检疫问题农业植物检疫和林业植物检疫部门都要检疫，造成职责交叉。

3. 业务增长与人员严重不足的矛盾突出

近年来，进出境植物检疫的业务增长很快，而且问题越来越复杂，尽管 2012 年全国已有农业专职植物检疫人员 1.6 万名，比 2006 年增加近 4 000名，但受机构改革的影响，我国进出境植物检疫的人员结构有了较大变化，从事业务管理和研究的队伍跟不上工作发展的需要，对植物检疫相关法律法规的掌握与操作不熟练，终日忙于应付日常事务，几乎没有时间和精力考虑战略发展问题。

4. 标准体系与国际差距大

随着贸易自由化的进展，技术性贸易壁垒的作用越来越大，特别是发达国家参与 WTO 有关规则的制订，对有关条款的运用水平高，并且其生产管理水平、植物检疫标准和保护措施明显高于发展中国家，根据国民待遇原则，这些国家借其植物检疫标准和保护措施高于他国，想方设法将其产品打入他国市场。而国内农产品没有标准或标准低于进口国，就无法拒绝别国产品的进口。近年来，我国也加快了标准制定的步伐，但与检疫维护国家农林生产安全和经济利益的需要相比，我们的植物检疫措施标准还有很大的差距。一是大多数国内检疫标准陈旧，标准偏低，这也是由我国的社会生产力水平决定的；二是我国现行的植物检疫标准，很多没有根据国际标准来制定；三是中国内检疫标准与进出境的检疫标准不衔接，不符合 WTO 的原则，难以实施。

5. 全社会的检疫法制意识淡薄

植物检疫是国家意志的表现，植物检疫法规是全社会应该遵守的规范。但由于宣传不够，人们对检疫性病虫草传播蔓延的危害认识不足，逃检漏检的现象时有发生，造成很大的隐患。通过加强植物检疫执法和强化植物检疫服务功能，使执法队伍专业化、稳定化和知识化，从而确保农产品的安全顺利进出口，防止境外有害生物的侵入，可以有效地保护我国农产品的安全与生产，提高国家在国际社会的竞争力和创新力。

七、我国进出境植物检疫面临挑战

1. 我国进出境植物检疫面临着国内的经济、社会和生态的压力

我国人多地少，资源不足的矛盾突出，提高单产、改善品质成为确保农产品总量稳定增长的主要途径。20 世纪 90 年代以来，除了在国内努力培育优良种质资源外，我国开始从国内大量引种。从国外引种是导致外来有害生物传入风险极高的一项活动。根据来自农业部和

国家林业局的统计，目前我国除西藏之外的其他省、市、自治区共 1 500多家单位到国外引进种苗，引进的种苗来自全球五大洲的46 个国家，几乎包括了所有的气候带和生态区。每年引进种苗的种类涉及林木、粮谷、棉麻、油料、糖料、蔬菜、瓜果、花卉、牧草、药材等 11 大类共 410 多种，种子引进的数量达 500t，苗到木引进量达 720 万株。在市场经济条件下，引种不完全是为了繁育，经营性引种增多，在全国范围内销售，种植地分散，给植物检疫部门的监管带来了很大的困难，大大增加了国外疫情传入的机会。

目前，外来生物物种入侵的形势十分严峻，外来物种入侵的问题引起了社会各界的关注。据国家环保总局公布的数字，目前已有 16 种外来物种在我国形成严重危害，仅这些外来物种每年侵占的林地面积已达 150 万 hm^2，农田面积超过 140 万 hm^2，由此造成的农林业直接经济损失每年已达 574 亿元，相当于海南省一年的国民生产总值。外来物种入侵更大的危害，是对我国生态环境的破坏。能够成功入侵的外来物种，往往具有先天的竞争优势，一旦在新的滋生地摆脱了人类的控制和天敌的制约，就会出现爆发性的疯长，排挤本土物种，形成单一种群优势，最终导致滋生地物种多样性、生物遗传资源多样性丧失，成为可持续发展的心腹大患。2001 年 8 月，世界银行有关中国环境问题的最新研究报告指出：几乎所有中国独有和具有全球意义的生物多样性资源都处于濒危。中国的许多物种受到严重威胁，其中大约 1/5 处于濒危，近 1/4 的物种被列入国际濒危物种保护协定（CITES）。国家环境保护部和中国科学院于 2003 年和 2010 年联合公布两批外来入侵物种名单，总计 35 种，但是数量远不止这些。截至 2014 年，入侵我国生态系统的有害生物高达 520 余种，入侵植物就占 51.5%，每年还会以 0.5% ~1% 的速度增长，世界上半数最具威胁的物种入侵到中国。其中，仅 2004 年，外来入侵生物所带来的经济损失高达 1 198.76亿元。到 2009 年时，经济损失已高达 2 000亿元这种损失每年还在不断地增加。

近年来，由于经济的高速发展，我国的生态环境面临着高度恶化的趋势。除了工业化导致的三废排放之外，农业的污染也很严重。根据来自农业部的数据，近年来，我国每年大概施用 25 万 t 农药，其中 80% 为高毒农药，但农药的利用率只有 40%，其余 60% 对土壤、水和大气造成严重的污染。根据世界银行 2000 年的评估，我国和印度、印度尼西亚、韩国、马来西亚和泰国都被列入了“经济高增长—环境质量高度恶化”的经济增长模式。

在当前的经济、社会和生态的压力之下，经济全球化进程的不断加快，国际贸易量大幅增加，给我国带来了前所未有的机遇和挑战，进出境植物检疫作为保护农产品质量安全，增强农产品对外市场的竞争力的第一道保障，面临着及其严峻的挑战。关系到我国农业生产能否免受外来的植物病、虫、草害的威胁，关系到我国粮食生产的安全，关系到农民的利益、关系到我国改革、发展和稳定的大局。

2. 我国进出境植物检疫必须面对经济全球化的挑战

我国在 2001 年年底加入了世界贸易组织，成为了 WTO 的第 143 个成员，这意味着我国将逐渐完全融入经济全球化的大潮。进出境植物检疫与贸易的关系非常密切。植物检疫作为防止危险性有害生物传播蔓延、保护农业生产安全的重要措施，也是保证农产品贸易顺利进行的前提。需要完善和编制出入境植物检验检疫手册，了解其他成员国的出入境植物检疫具体程序和要求，适应新采用的出入境植物检疫标准，加大检疫措施的透明度，从而践行《实施动植物检疫措施协定》和亚太区域检疫协防的义务和责任。加入世贸后，我国的进出境植物检疫除了要面对国内经济、政治和生态的挑战之外，还必须面对经济全球化带来的挑战。

3. 来自 WTO 规则的挑战

我国在享受到 WTO 成员国的权利的同时，也必须履行一个 WTO 成员国的义务。在我国的入世承诺中，有关 WTO《实施卫生与植物卫生检疫措施的协议》（SPS 协议）的承诺占 10%，这些承诺与进出境植物检疫工作直接相关。SPS 协议承认在国际农产品贸易中实施检疫的必要性，同时强调检疫对贸易的影响应降到最小。SPS 协议要求：采取和实施进出境植物检疫措施必须是以保护植物的生命或健康为目的、要有充分的科学依据、应根据国际标准、指南或建议、应以风险分析为基础。风险分析与科学依据有密切关系，风险评估的数据是采取动植物卫生检疫措施的科学证据。

入世后，我国的进出境植物检疫必须在相应的国际协议、协定和标准的原则下开展工作，如 SPS 协议的科学依据、非歧视性、协调一致和透明度等。这对我们是个严峻的考验。我国目前的进出境植物检疫水平离发达国家还有相当的距离，我们的进出境植物检疫措施、标准体系还不健全，与风险分析相关的基础工作还很薄弱，风险分析水平有待提高水平。

4. 外来有害生物传入风险提高的挑战

随着贸易全球化和我国对外开放的逐渐扩大，我国与世界各国间涉及植物、植物产品的贸易将不断扩大，外来有害生物传入的风险越来越高，传入的频率有所加快。2002 年，我国入世刚一年，国家出入境检验检疫部门在全国口岸截获到的各类有害生物种类和数量就比入世前的 2001 年分别增加了 1.5 倍和 3.4 倍，达到了 1 310种 22 448批次。2012 年，出入境检验检疫机构在进境农产品检疫过程中共截获有害生物 4 331种、579 356次，其中检疫性有害生物 284 种、50 898次，一般有害生物 4 047种、528 458次。2014 年，出入境检验检疫机构在进境农产品检疫过程中共截获有害生物 1 519种 33 362次，其中，检疫性有害生物 108 种 3 064次，一般有害生物 1 411种 30 298次，截获的有害生物主要是昆虫，其次为杂草、真菌、细菌等。近年来，国外农作物病虫害灾难频发，如小麦矮腥黑穗病（TCK）、小麦印度腥黑穗病、地中海实蝇等。由于贸易的增长，国外发生的病虫害对我国的农业生产也构成了潜在的威胁。

5. 农林产品进口量逐年增加的挑战

入世后我国农产品进口逐年攀升，在农产品方面，2012 年中国进口玉米达到 520.7 万 t，小麦进口达 368.9 万 t，大米则达到 231.6 万 t，此前的两年，中国玉米的进口分别为 157 万 t 和 175 万 t，翻了好几番。在林林产品方面，2014 年进出口贸易额再创历史新高，全国林产品进出口贸易额为 1 399.5亿美元，比 2013 年增长 8.4%，进口额增长主要是由原木、锯材、纸浆大幅增长所带动，其中，原木进口量 5 119.4万 m^3，锯材进口量 2 574.6万 m^3。中国对粮食，木材等产品的日益增长的需求给检疫检验工作带来了极其繁重的工作任务，大大增加了检验检疫性病虫害的入侵概率。

第二节　烟草检疫

我国作为世界第一大烟草生产国和消费国，每年进口烟叶总量近 9 万 t，其中烤烟占主要比例，另有少量香料烟和白肋烟，进口国家主要有美国、津巴布韦、巴西等。烟叶作为高风险的植物检疫物，具有携带多种有害生物的风险，特别是烟草霜霉病。因此，对进口烟草的检验检疫是保护我国烟草生产和安全的基础工作，具有重大的战略意义。进口烟草的检疫是严格遵守我国烟草管理制度，维护烟草企业的利益，防止烟草有害生物传入国境和威胁我国烟草业生产安全。

一、制定和完善烟草检验检疫制度

烟草灰霉病（tobacco grey mold）由真菌引起的病害，苗床期及成熟采烤期多发此病，具有极强的传播能力和毁灭性的破坏作用。自 1960 年在中欧流行后，先后在美国、加拿大和古巴等国大面积发生，给当地的烟草行业造成重大的损失。我国将烟草灰霉病作为一级检疫对象，已形成了一套较为完整的体系，为其他病虫害的检疫工作提供了参考。

烟草霜霉病的检疫首先要进行境外预检、进口报检、供检材料登记、初检、检疫圃试种、隔离试种、结果评定等步骤，对于检验不合格的产品要进行销毁或者退回原地。预检要对生产国进行现场检疫，严格遵守由 1996 年国家烟草专卖局实施的《烟草种子霜霉病检疫规程》、出入境检验检疫局 2000 年起草的《烟叶霜霉病菌检疫鉴定方法》和相关规章制度。引种入境前，需要引种审批单、出口国的检疫证书、贸易合同等材料，具有严格的程序和标准。

对种子检验需要按一定比例抽查取样，可采用对角线五点、棋盘式和分层取样，首先，取一定量的烟草种子，进行震荡离心，取悬浮液制片，检验有无树枝状孢子梗和对生孢子囊。其次，进行卵孢子检验，用乳酚油和苯胺蓝作为浮载剂，从而辨别卵孢子的数量等。最后，进行萌芽检验，在培养皿中培养成苗后，观察幼苗是否有烟草灰霉病侵染的迹象。

二、云南烟草隔离检疫负压温室

由于国内种植广泛且抗病强的品种稀少，烟草种质资源匮乏，培育和引进风格多样化、优质、高病的新品种，全面提升烟草品质和档次已迫在眉睫。但是，随着中国加入 WTO，农产品贸易量逐年增加，大大地增加了国外危险性有害生物（如烟草霜霉病、环斑病毒病）的传入机会，特别是美国、巴西等烟草霜霉病疫区引进的烟草品种、花粉及繁殖材料具有较高风险，烟草隔离检疫负压温室在如此背景下建立起来。烟草隔离检疫负压温室于 2004 年建成，总占地面积 667m^2，分为 4 个负压区，通过环流风机系统、雾喷系统、滴灌系统可设定温湿度、光照、压力的专业参数，通过进、出口风机调节进风量来控制温室内部的压力，可产生 15～30Pa 的负压；通过 3 层过滤网，可有效防止 $>$5mm 的花粉或真菌孢子进入；通过污水处理系统，可进行无害化处理；通过固体废弃物处理室，可将植物残体等固体物质处理掉，满足了烟株正常生长发育的需要。

围绕着负压温室隔离种植检疫，云南省烟草科学研究院开展和引进了霜霉病洗涤、萌芽法检测和隔离试种观察研究。2004 年办理了 8 份巴西引进烟草品种许可证；2005 年办理了 9 份巴西引进烟草品种许可证；2006 年办理了 7 份烤烟品种许可证；2008 年办理了 4 份烤烟品种许可证。2012 年累计办理了了 60 份国外引进烟草品种许可证，截至目前已经达到 70 余份国外引进烟草品种烟霜霉病检测与隔离试种观察，其中 2007 年示范种植的 NC102 和 NC297 两品种，生物性状良好和抗病性强，感官评吸各具特色等优点，对我国烟草检疫新技术的应用和发展具有重要意义。

负压温室的建立有如下作用：①提高了对检疫性烟草霜霉病检测和隔离试种观察能力，有效防止病虫害的传入和蔓延，确保检疫和隔离的顺利进行；②在“优质、高香、低危、多抗、特色”新品种的引进上提供安全保障；③作为行业唯一的专业隔离检疫设施，具有经济节能、操作简单、自动化程度高等特点，规范了烟草霜霉病的检疫流程；④对我国的烟叶引种和烟叶健康可持续发展具有重要意义。

三、加强后续检疫监管和检疫除害处理

烟叶进境需要检疫部门与其他相关单位统一协调，通力合作才能有效的做好检疫监管工作和检疫除害处理工作。定期评估进口烟叶携带有害生物的风险，做好检查，抽查工作，如发现入侵生物时，及时向出口国疫情通报，并在双边议定书中增加相关检疫状况和要求，指导产地预检和入境口岸检疫工作。与此同时，规范进口烟叶的包装（生产年份、品种、等级、数量、唛头、收发货人、合同号）等必要信息需要完整和准确。如果在进出口岸发现疫情，应采取如下措施：①实施根除处理措施，禁止调离入境口岸就地烧毁或退回；②烧毁烟叶、烟丝、根茎等，用 2% 福尔马林对土壤进行熏蒸处理或太阳紫外线辐照处理；③土地闲置和种植非寄主植物等方法。

四、运用现代技术手段，杜绝检疫病虫害的入侵

随着科技的发展与进步，检疫病虫害的技术手段呈现多样化、现代化、高效化的发展趋势，为检疫检验工作的发展和进步注入了新活力，现仅以烟草环斑病毒的检疫技术作为举例进行讨论。

烟草环斑病毒（Tobacco ringspot virus，TRSV）是二类进境检疫有害生物，属于豇豆花叶病毒科 Comoviridae 线虫传多面体病毒属 *Nepovirus*。具有传播范围广，侵染寄主种类多样等特点，可侵染豆类、瓜类、烟草、果树等。目前，较为普遍使用 ELISA、胶体金免疫层析法和 DAS-ELISA 试剂盒检测 TRSV 的存在，具有较好的效果。另外，A 蛋白酶联吸附法、琼脂双扩散技术，魏梅生等运用柠檬酸三钠还原法，制成免疫层析检测试纸条；封立平等建立电化学酶联免疫分析法检测 TRSV 灵敏度高达 10ng/ml；孔宝华建立了 RT-PCR 检测 TRSV 的方法；杨伟东建立了实时荧光 RT-PCR 检测方法均具有高效性、灵敏度高等优点。

五、发展趋势与展望

烟草进出口关系到烟草行业的发展与稳定，作为世界上最大的烟草生产国和消费国尤为重要，虽然近几年烟草的检验检疫技术取得了长足的发展，但与发达国家相比还有很大差距，需要取长补短，互惠互利，实现双赢。烟草的检疫适用于烤烟、白肋烟、香料烟的检验检疫，包括烟梗、烟末、烟丝、烟草薄片等。烟草检疫要符合国家法律法规、进口国的检疫要求、双边检疫检验协议、贸易合同等。烟草检疫流程可以参照植物检疫的流程和措施进行完善，因为烟草的特殊性，在发展中，要有区别的对待。随着国际秩序的进一步规范和检疫水平的提高，我国农业和烟草行业的健康有序发展环境进一步改善。

附　　录

附录一　烟草主要病害识别简表

病害名称	主要发病部位	主要症状
烟草炭疽病	叶、茎	主要发生在苗床期。发病初期在叶片上产生暗绿色水渍状小点，1～2d后可扩大成直径2～5mm的圆形病斑。中心为灰白色、白色或黄褐色，俗称“水点子”或“雨斑”。在潮湿条件下，有时有轮纹或产生小黑点；天气干燥时，没有轮纹或小黑点，病斑密集时，常愈合成大斑块或枯焦似火状，所以俗称“烘斑”或“热瘟”
烟草猝倒病	茎基部	主要发生在苗床期和大田前期。被侵染幼苗在接近土壤表面部分先发病，茎基部呈褐色水渍状软腐，并环绕茎部，幼苗随即倒卧地面，如苗床湿度大时，周围可见密生一层白色絮状粉。幼苗5～6片真叶时被侵染，叶片凋萎变黄，茎基部常变细，地上部因缺支撑而倒折。移栽大田的病幼苗，在环境条件不利于烟苗生长时，茎秆全部软腐，会继续蔓延到叶部，烟株很快死亡；幸存的烟株可继续生长，当遇到潮湿天气，接近土壤的茎基部出现褐色或黑色水渍状侵蚀斑块，茎基部下陷皱缩，干瘪弯曲。茎的木质部呈褐色，髓部呈褐色或黑色，常分裂呈碟片状。故大田期也称茎黑腐症
烟草立枯病	茎基部	主要发生在苗床期。发病初在茎基部表面形成褐色斑点，逐渐扩大到茎的四周，被害茎变细，病苗干枯甚至倒伏。在高湿的情况下也能引起烟苗大面积死亡。此病的显著特征是接近地面的茎基部呈显著的凹陷收缩状，病部及周围土壤上常有菌丝黏附，有时在重病株旁可找到黑褐色菌核
烟草黑胫病	叶基部	主要发生在大田期。移栽烟苗受害呈“猝倒”状；旺长期受侵染时茎上无明显症状，而根系变黑死亡，导致叶片迅速凋萎、变黄下垂，呈“穿大褂状”，严重时全株死亡；“黑胫”为此病典型的症状，从茎基部侵染并迅速向横向和纵向扩展，可达烟茎1/3以上，纵剖病茎，可见髓干缩成褐色“碟片状”，其间有白色菌丝；“腰烂”，在多雨季节，随雨水飞溅的孢子可以从株杈等茎伤口处侵入，形成茎斑，使茎易从病斑处折断；叶斑，多雨潮湿时下部叶片可以受侵染，形成直径4～5cm的坏死斑，又称“狗屎斑”
烟草赤星病	叶片	主要发生在烟叶成熟期。随着叶片的成熟，病斑自下而上逐步发展。最初在叶片上出现黄褐色圆形小斑点，以后变成褐色。病斑圆形或不规则圆形，褐色，病斑产生明显的同心轮纹，病斑边缘明显，外围有淡黄色晕圈。病斑中心有深褐色或黑色霉状物。湿度大病斑较大，干旱则小，最初不足0.1cm，以后逐渐扩大，病斑直径1～2cm。天气干旱时病斑中部可能破裂。病害严重时，病斑相互连接并和，致使病斑枯焦脱落，进而造成整个叶片破碎而无使用价值。茎秆、蒴果上也可产生深褐色或黑色圆形或长圆形凹陷病斑

（续表）

病害名称	主要发病部位	主要症状
烟草根黑腐病	根	主要发生在幼苗期至现蕾期。病菌从幼苗土表部位侵入，病斑环绕茎部，向上侵入子叶，向下侵入根系，使整株腐烂呈“猝倒”症状。较大的幼苗感病后，根尖和新生的小根系变黑腐烂，大根系上呈现黑斑，病部粗糙，严重时腐烂，拔出幼苗大部分根系断在土壤中，仅见到变黑的茎基部和少数短而粗的黑根与主干相连。大田期被侵染的烟苗生长缓慢，重病株大部分根系变黑腐败，在病斑上方常见到新生的不定根，植株严重矮化，中下部叶片变黄枯萎，易早花。轻病株生长在中午气温高时呈萎蔫状，夜间和清晨可恢复正常。在田间极少整田发病，多为局部或零星发病
烟草灰霉病	叶片和茎	烟霉病在烟草整个生长期都可以发生。多见于现蕾期下部接近土表的叶片上。病斑多为圆形，褐色，具不清晰的多雨高湿的环境下病斑迅速扩展，直径可达5cm以上，病斑呈湿腐状，其上布满黑色霉层，为病菌分生孢子梗及分生孢子，严重时整叶萎缩但不脱落，病害可沿叶柄蔓延至茎秆，造成长达数厘米的长形黑色病斑，表面布满灰霉。甚至导致茎基部腐烂，植株死亡，后期病斑处形成菌核
烟草煤污病	叶片	煤污病多发生在大田中后期。在蚜虫发生严重的烟株上，叶片表面有很多蚜虫分泌的蜜露，容易产生一层煤灰色霉层，多呈不规则形或圆形，易脱落。受害烟叶因光照不足，光合作用受阻，影响碳水化合物形成和叶片生长，导致叶片变黄，重病叶出现黄色斑块，叶片变薄，品质变劣
烟草枯花叶斑病	叶片	成熟的烟草花冠或玉米等其他植物的花粉散落在烟叶上，被叶片腺毛分泌的胶粘物黏住，随着花器腐败，与叶片接触处出现小而色暗的坏死斑。潮湿条件下，病斑迅速扩展，出现大型坏死斑并布满灰霉，晴日里，病斑为褐色至灰白色
烟草蛙眼病	叶片	病斑一般先从中下部叶片上发生，成熟的叶片比幼嫩叶片感病，病斑圆形，直径2～15mm，病斑有狭窄深褐色边缘，内层为褐色或茶褐色，中心为灰白色羊皮纸状，形如蛙眼，在病斑中央散布着灰色霉状物
烟草白粉病	叶片	在苗期和大田期均可发生，主要发生在叶片上，严重时也可蔓延到茎上，其显著特征是先从下部叶片发病，发病初期，在叶片上先出黄褐色小斑，随后在叶片正、烦两面及病茎上着生一层白粉。受害烟苗，叶上长满白粉，叶片变黄，逐渐干枯死亡
烟草低头黑病	地上各部分	主要发生在大田期。在茎上初为微小的圆形或椭圆形黑色斑点，其后向茎上、下扩展形成条斑，且有病斑一侧叶片半边凋萎，呈现偏枯态，同时顶芽向有病一侧弯曲，病斑上有密集的小黑点
破烂叶斑病	叶片	幼苗和成株期都可受害，多在旺长至打顶期下部叶发生。病斑圆形到不规则形，黄棕色，有灰至红褐色中心，边缘明显隆起，直径可达2.5cm以上，叶片背面呈暗棕黄色，病斑常相互愈合成大的枯斑。病斑组织变薄如纸状，易破碎，外形破烂。也可以侵染茎秆，形成褐色长形病斑。在坏死组织和茎基部病斑上，可发现有散生的浅黑色圆形小颗粒

（续表）

病害名称	主要发病部位	主要症状
烟草黄瓜花叶病毒病	整株	发病初期表现“脉明”症状，后逐渐在新叶上表现花叶，病叶变窄，伸直呈拉紧状，叶表面茸毛稀少，失去光泽。有的病叶粗糙、发脆，如革质，叶基部常伸长，两侧叶肉组织变窄变薄，甚至完全消失。叶尖细长，有些病叶边缘向上翻卷。也能引起叶面形成黄绿相间的斑驳或深黄色疱斑。在中下部叶上常出现沿主侧脉的褐色坏死斑，或沿叶脉出现对称的深褐色的闪电状坏死斑纹。植株随发病早晚也有不同程度矮化，根系发育不良，遇干旱或阳光曝晒，极易引起花叶灼斑
烟草普通花叶病毒病	整株	幼苗感病后，先在新叶上发生“脉明”。以后蔓延至整个叶片，形成黄绿相间的斑驳。再过几天后形成“花叶”。病叶边缘有时向背面卷曲，叶基松散，甚至叶片皱缩扭曲呈畸形，有时有缺刻，严重时叶尖也可呈鼠尾状或带状。早期发病烟株节间缩短、植株矮化、生长缓慢。重病株的花器变形、果实小而皱缩，种子大半不能发芽。有时出现“花叶灼斑”在表现花叶的植株中下部叶片常有1～2片叶沿叶脉产生闪电状坏死纹
烟草马铃薯Y病毒病	整株	自幼苗到成株期都可发病，但以大田成株期发病较多。株系不同症状不一样，主要有花叶及脉带轻度症状和各种叶面、叶脉、茎甚至根系的坏死症状。与TMV、CMV、PVX和TEV复合侵染会引起严重的叶脉坏死症
烟草蚀纹病毒病	整株	主要发生在大田期。田间可出现两种症状类型。一种是感病叶片初现1～2mm大小的褪绿小黄点，严重时布满叶面，进而沿细脉扩展呈褐白色线状蚀刻症。另一种是初为脉明，进而扩展呈蚀刻坏死条纹。两种症状后期叶肉均坏死脱落，仅留主、侧脉骨架。患病植株的茎和根亦可出现干枯条纹或坏死。轻度发病的叶片有隐症或轻微褪绿脉明。重病株除叶面典型蚀纹症状外，整个株形和叶形亦发生病变，使叶柄拉长，叶片变窄，整株发育迟缓，与健株差异明显
烟草曲顶病	整株	发病初期新生叶明脉，之后叶尖、叶缘向外反卷，叶间缩短，大量增生侧芽，叶片浓绿，质地变脆，中上部叶片皱褶，叶脉生长受阻，叶肉突起呈泡状，整个叶片反卷呈钩状。下部叶往往正常。病株严重矮化，比健株矮1/2～2/3，重者顶芽呈僵顶，后逐渐枯死。烟草生长后期发病，仅顶叶卷曲旱“菊花顶”状，下部叶仍可采收
烟草环斑病	整株	感病烟株在叶片上最初出现褪绿斑，后形成直径4～6mm的三层同心坏死环斑或弧形波浪线条斑，周围有失绿晕圈，大叶脉上病斑不规则，沿叶脉和分枝发展呈条纹状，造成叶片断裂枯死。叶柄和茎上病斑褐色条状，下陷溃烂。早期感染的重病株矮化，叶片变小变轻，引起小花不育，结实少或不结实
烟草青枯病	整株	发病初期，晴天中午可见1～2片叶凋萎下垂，而夜间又可以恢复，萎蔫一侧的茎上有褪绿条斑。随着病情加重，表现“偏枯”，但顶芽不向有病一侧弯曲，而萎蔫叶片仍为青色，褪绿条斑也变为黑色条斑，可达植株顶部，发病中期枯萎叶片由绿变浅绿，然后逐渐变黄，全部叶片萎蔫。有条斑的茎和根部变黑，横切茎部有黄自色乳状黏液
烟草剑叶病	整株	初期症状是叶片边缘黄化，逐渐向中脉，最后全部脉间变成黄色，而支脉则保持暗绿色，呈网状。叶片带状或剑状，烟株顶端生长受到抑制，呈现矮化，长出超过正常叶数数倍的剑状叶片，形成丛枝。有时下部叶子变黄，根部略粗短，无其他异常现象

（续表）

病害名称	主要发病部位	主要症状
烟草野火病	叶片	主要发生在大田期，苗期湿度大也可发生。发病初期为褐色水渍状圆斑，周围有一圈很宽的黄晕，以后逐渐扩大，病斑直径可达1～2cm，病斑为圆形或近圆形，褐色，上有轮纹，病斑可合并成不规则大斑。茎、蒴果、萼片也可被侵染形成不规则褐色至黑褐色小斑，黄晕不明显。天气潮湿时，病叶上可有溢脓产生
烟草角斑病	叶片	主要发生在大田期，病斑黑褐色，四周无明显黄晕，病斑多角形或不规则形，病害严重时，病斑可扩大到1～2cm。天气潮湿时，病叶上可有溢脓产生
烟草空茎病	茎部	病菌从打顶或抹杈造成的伤口处侵入，并沿髓部向下蔓延，受侵染后髓部组织出现软腐，严重时腐烂，顶叶萎蔫叶片下垂脱落，茎部变空。叶片受害，最初表现暗绿色斑点，严重时叶肉消失，仅残留叶脉
烟草根结线虫病	根	苗床期至大田生长期均可发生，苗床期发病 一般地上无明显症状，至移栽前，受害重的烟苗生长缓慢，基部叶片呈黄白色，幼苗根部有少量米粒大小的根结，须根稀少；大田生长期初从下部叶片的叶尖、叶缘开始褪绿变黄，整株叶片由下而上逐渐变黄色，植株萎黄、生长缓慢，高矮不齐，呈点片缺肥状。后期中下部叶片的叶尖、叶缘出现不规则褐色坏死斑并逐渐枯焦内卷，类似缺钾症状。拔起病根可见根系上生有大小不等的瘤状根结，须根稀少。后期土壤湿度大时，根系腐烂，仅残留根皮和木质部，植株提早枯死
烟草胞囊线虫病	根	从苗期即可发生，但在成株期出现症状。病株地上部分生长矮化，逐渐枯萎，叶片细小，叶缘、叶尖呈深褐色干枯，大多数向下勾卷，根系不发达或粗细不匀，不舒展或部分坏死。小根尖呈弯曲状。病株较正常株绿色加深，花期推迟，叶片成熟慢。仔细观察可在根上发现有直径0.5mm左右的白色或褐色的球形颗粒—胞囊线虫雌虫
氮失调症	整株	烟草从幼苗到成熟期整个生长阶段，都能出现氮素缺乏症状。氮肥不足，烟株生长缓慢，植株矮小，叶色淡绿。尤其是下部老叶首先黄化，变成柠檬色，然后逐渐干枯脱落，其余叶片与基部的夹角变小，叶片小而薄，单叶重降低 氮素营养过剩，烟株徒长，叶片大而厚，叶色浓绿，烟叶不易落黄，成熟晚。不易烘烤，烟叶内蛋白质和烟碱含量高，碳氮比失调 晶质下降
缺磷症	叶	植株生长迟缓，矮小而瘦弱，叶片短窄而直立，顶叶浓绿，呈簇生状；中下部叶色暗绿无光泽。严重缺磷时，下部叶片出现一些白色小斑点后变为红褐色，斑点连成块斑而枯焦。缺磷症状首先从老叶开始，逐渐向上部发展。缺磷叶片烤后色泽暗淡，呈棕褐色
缺钾症	叶	首先在烟株下部叶片的叶尖、叶缘发黄，并出现一些浅黄色斑块，逐渐扩大发展成棕褐色呈烧焦状。严重缺钾时，下部叶片的叶尖、叶缘向下卷曲、皱缩，且坏死组织常脱落，留下锯齿状的外缘，植株生长缓慢矮小，根系发育不良，易遭受病虫危害
缺钙症	叶	首先在上部幼芽嫩叶上表现出来。顶芽、幼叶的叶尖叶缘向背面卷曲，叶色淡绿。严重时，叶尖及边缘坏死，造成叶形残破，叶片呈扇贝状。但较老的叶片仍保持正常状态。缺钙烟株根尖停止生长，根系发育不良

（续表）

病害名称	主要发病部位	主要症状
缺镁症	叶	最易在多雨季节种植在沙质土壤上的烟株上出现。一般以旺长期最为明显。缺镁植株下部叶片的叶尖叶缘和叶脉间失去绿色，叶肉变为黄白色，但叶脉保持绿色，使叶片呈网状。烟株叶片褪绿由下部向上部叶片发展。严重缺镁时，除顶芽还能保持绿色外，中、下部叶片由淡绿几乎变成白色，但叶片很少出现干枯和坏死的斑点
缺硫症	叶	多发生在烟株生长的早期，尤其是在干旱季节里较易发生。烟株缺硫时，叶绿素含量下降，叶色呈淡绿色，与缺氮症相似。整株变成淡绿色，但新叶和上部叶片比下部叶片有更淡的倾向，叶脉叶明显缺绿发白，叶片呈均匀黄化。黄化症状逐渐向老叶发展。下部叶早衰，烟株停止生长
缺铁症	整株	首先表现顶芽与幼叶失绿、黄化，老叶与失绿叶叶脉仍保持绿色。严重缺铁时上部叶片除主脉呈绿色外，整片黄化或近于白色
缺硼症	整株	烟株矮小、瘦弱，生长停滞。由于硼不易从老组织中转移到幼嫩组织中，在缺硼时，顶芽、幼叶呈淡绿色，基部呈灰白，扭曲畸形，顶芽发黑，溃烂坏死。下部叶变厚失去柔软性，发脆。由于根部生长受抑制或停止生长，根系段耳勺，呈黄棕色，最后甚至枯萎
缺锰症	叶	新生幼叶褪绿，叶脉间的组织变成淡绿色到近白色，叶脉仍保持绿色，叶片呈网状，叶片软，易下披。严重时叶片上出现黄褐色小斑点，逐渐扩展到整个叶片。缺锰严重的烟株矮化，茎秆细长，叶片狭长，叶缘、叶尖卷曲，叶面的褐色斑点扩大连片，直到坏死脱落
缺锌症	叶	生长缓慢，株矮叶小，节间缩短，顶叶簇生，叶面皱褶，上部叶色暗绿，厚而发脆。新叶脉间失绿，呈失绿条纹，亦有黄斑出现。下部叶片脉间出现不规则的枯斑，初为水渍状，后扩展使叶组织坏死，呈褐色斑块
缺铜症	叶	烟株矮小，生长迟缓，首先是上部叶失绿，主脉和支脉两侧出现白色泡状失绿黄色斑点、泡斑呈透明状。严重时泡斑连成片最后干枯呈烧焦状，叶片破碎脱落。花序下垂、落花，不结实
缺钼症	叶	烟株茎细，叶片展不开呈狭长状，下部叶呈黄绿色，小而厚，脉间有坏死斑点

附录二　中国烟草主要病害名录

病害名称	病原	发生规律
真菌病害		
烟草黑胫病	烟草疫霉（*Phytophthora nicotianae* Breda），异名寄生疫霉烟草变种［*Phytophthora parasitica* var. *nicotianae*（Breda de Hean）Tucker］	病原菌以菌丝体和厚垣孢子随病残体遗落土中越冬，借流水、带菌土壤和农事操作传播
烟草猝倒病	瓜果腐霉（*Pythium aphanidermatum*）	腐霉菌为非专性寄生菌，有些种类有广泛的寄主范围
烟草茎枯病	瓜果腐霉（*Pythium aphanidermatum*）	与烟草猝倒病的发病规律相似
烟草颈腐病	畸雌腐霉（Pythium irregulare）	与烟草猝倒病的发病规律相似
烟草茎黑腐病	簇囊腐霉（*Pythium torulosum*）	与烟草猝倒病的发病规律相似
烟草黑根病	寡雄腐霉（*Pythium oligandrum*）	与烟草猝倒病的发病规律相似
烟草基腐病	间型腐霉（*Pythium intermedium*）	与烟草猝倒病的发病规律相似
烟草白绢病	齐整小核菌（*Sclerotium rolfsii*）	病原菌以菌核或菌丝的形态在田间病株残体和土壤中越冬
烟草颈腐猝倒病	立枯丝核菌（*Rhizoctonia solani*）	病原菌寄主范围广泛，可以侵染200多种植物，引起立枯病、纹枯病和根茎腐烂病
烟草根茎腐病	立枯丝核菌（*Rhizoctonia solani*）	病原菌寄主范围广泛，可以侵染200多种植物，引起立枯病、纹枯病和根茎腐烂病
烟草镰刀菌根腐病	尖镰孢（*Fusarium oxysporum*）、茄病镰孢（*F. solani*）和半裸镰孢（*F. semitectum*）	病原菌寄主范围广泛，能在多种植物上寄生为害
烟草枯萎病	尖镰孢烟草专化型（*Fusarium oxysporum* f. sp. *nicotianae*）	病原菌主要以厚垣孢子在病株残体内或土壤中存活，通过伤口、自然孔口或直接侵入根的细胞伸长区或分生区，向木质部扩展和定殖
烟草炭疽病	烟草炭疽菌（*Collectotrichum tabacum*）、烟炭疽菌（*C. nicotinae*）、毁坏炭疽菌（*C. destructivum*）	病原菌以菌丝体和分生孢子随病残体遗留在土壤中越冬，或以菌丝和分生孢子在种子内或种子表面上越冬，成为翌年苗床病害初侵染源；再侵染菌源来自病苗和土壤中病残体
烟草灰霉病	灰葡萄孢（*Botrytis cinerea*）	病原菌以菌核或菌丝在病残体上越冬，以分生孢子借气流传播和侵染，降雨和高湿度有利于发病
烟草白粉病	烟草粉孢（*Oidium tabaci*）	病原菌为专性寄生菌，有较广泛的寄主范围，可寄生于其他寄主上以菌丝体和分生孢子越冬，成为翌年的主要初侵染来源

（续表）

病害名称	病原	发生规律
烟草赤星病	长柄链格孢（*Alternaria longipes*）	病原菌主要以菌丝或分生孢子在病株残体上越冬，越冬菌源产生的分生孢子作为初侵染来源
烟草黑斑病	细极链格孢（*Alternaria tenuissina*），异名烟草链格孢（*Alternaria tabacina*）	病原菌以菌丝体和分生孢子在田间病残体上越冬
烟草早疫病	茄链格孢（*Alternaria solani*）	病原菌有广泛的寄主范围，通常随病残体在土壤越冬或寄生于其他作物上传播侵染，可随气流和雨传播
烟草斑点病	烟草叶点霉（*Phyllosticta nicotianae*）、烟草生叶点霉（*P. nicotianicola*）和烟白星叶点霉（*P. tabaci*）	病原菌以菌丝、分生孢子器或子囊座在病株残体上越冬，来年条件适宜时以分生孢子或子囊孢子进行初侵染，分生孢子借风、雨传播，进行再侵染
烟草茎点霉斑点病	茎点霉（*Phoma* sp.）	病原菌以菌丝体及分生孢子器在病株残体上越冬，分生孢子以气流、风雨传播进行初侵染和再侵染
烟草叶霉病	多主枝孢（*Cladosporium herbarum*）	病原菌寄主范围广泛，存在与土壤和空气中
烟草灰斑病	拟盘多毛孢（*Pestalotiopsis* sp.）	病原菌以菌丝体在病组织越冬，来年分生孢子借风雨传播
烟草碎叶病	烟球腔菌（*Mycosphaerella nicotianae*）	病原菌以子囊座和子囊孢子在病株残体上越冬，子囊孢子经气流传播
烟草破烂叶斑病	烟草壳二孢（*Ascochyta nicotianae*）	病原菌主要以菌丝或分生孢子在病株残体上越冬，越冬菌源产生的分生孢子成为第二年的初侵染源
烟草靶斑病	瓜亡革菌（*Thanatephorus cucumeris*）	病原菌以菌丝或菌核在土壤和病株残体上越冬，越冬后产生担孢子，经气流传播，担孢子萌发后直接侵染寄主组织，在病组织上产生新的担孢子进行再侵染
烟草煤污病	出芽短梗孢霉（*Aureobasidium pullulans*）	病原菌是一类腐生性强的真菌，以昆虫的排泄物和死亡的虫体为养料营腐生生活
细菌病害		
烟草青枯病	青枯拉尔菌（*Ralstonia solanacearum*），异名青枯假单胞菌（*Pseudomonas solanacearum*）	病原菌主要在土壤和病残体上越冬，通过流水、肥料、病土以及人为因素传播
烟草空茎病	胡萝卜软腐果胶杆菌胡萝卜软腐致病型（*Pectobacterium carotovora* subsp. *carotovora*），异名胡萝卜软腐欧文菌胡萝卜软腐致病型（*Erwinia carotovora* subsp. *carotovora*）	病原菌在自然界广泛分布，可在土壤中或病株残体上存活，通过雨水、昆虫或人为因素传播
烟草野火病	丁香假单胞杆菌烟草致病变种（*Pseudomonas syrngae* pv. *tabaci*）	病原菌在病残组织和种子上越冬，带菌种子和未分解的病残组织为主要的初次侵染源

（续表）

病害名称	病原	发生规律
烟草角斑病	丁香假单胞杆菌角斑致病变种（*Pseudomonas syrngae* pv. *angulata*）	病原菌在烟草种子上和田间病株残体上越冬，借风雨、水流或昆虫传播，通过伤口和气孔、水孔等途径侵入叶片，引起发病；通过雨水冲溅而传播，引起再侵染
病毒病害		
烟草普通花叶病毒病	烟草普通花叶病毒（Tobacco mosaic virus，TMV）	寄主范围广泛，能侵染茄科、十字花科、葫芦科、豆科等多种作物，能在多种植物上越冬
烟草黄瓜花叶病毒病	黄瓜花叶病毒（Cucumber mosaic virus，CMV）	可侵染烟草种子、杂草种子，并随种子越冬；也能侵染多年生植物和杂草，在这些田间寄主上越冬
烟草马铃薯Y病毒病	马铃薯Y病毒（Potato virus，PVY）	主要通过蚜虫传播和汁液摩擦传染
烟草蚀纹病毒病	烟草蚀纹病毒（Tobacco etch virus，TEV）	在田间自然条件下寄主范围较窄，主要限于茄科作物，包括烟草、番茄、辣椒，以及藜科的菠菜等；但在自然条件该病毒存在于许多杂草上，如曼陀罗、野苋藜、酸浆草、刺儿菜、龙葵等
烟草环斑病毒病	烟草环斑病毒（Tobacco ringspot virus，TRSV）	自然寄主包括一年生和多年生的木本和草本植物，传毒介体主要是美洲剑线虫，以持久性方式传播，也可通过汁液摩擦接种及种子传毒
线虫病害		
烟草根结线虫病	根结线虫（*Meloidogyne* spp.），包括南方根结线虫（*M. incognita*）、爪哇根结线虫（*M. javanica*）、花生根结线虫（*M. arenaria*）、北方根结线虫（*M. hapla*）4种线虫	根结线虫主要以卵囊肿的卵和卵内的幼虫越冬，残留于田间的病根，带有虫卵和根结的病土是主要初侵染源
烟草肾形线虫病	肾状肾形线虫（*Rotylenchulus reniformis*）	肾状肾形线虫为定居型半内寄生线虫，卵产于由特化的阴道细胞分泌的胶质卵囊中
烟草根腐线虫病	穿刺根腐线虫（*Pratylenchus penetrans*）	穿刺根腐线虫是迁移型内寄生线虫，生存于植物根内，也可以离开植物组织而在土壤中生活一段时间
烟草矮化线虫病	矮化线虫（*Tylenchorhychus*）重要种克莱顿矮化线虫（*T. claytoni*）	矮化线虫存活于土壤以及土壤内的植物根残体中。主要通过被侵染的根和带虫土壤传播
烟草螺旋线虫病	螺旋线虫（*Helicotylenchus*），主要种双宫螺旋线虫（*H. dihystera*）	螺旋线虫存活于土壤以及土壤内的植物根残体中。主要通过被侵染的根和土壤传播
烟草针线虫病	针线虫（*Paratylenchus*），主要种突出针线虫（*P. projactus*）	针线虫为植物根部的外寄生线虫，主要通过被侵染的根和土壤传播

附录三　中国田间烟草主要害虫及天敌名录

害虫名称	形态特征	为害状
主要害虫		
烟青虫 Tobacco budworm	成虫：体长15～18mm。雌蛾身体背面及前翅为棕黄色，雄蛾为淡灰略带黄绿色；腹面淡黄色 幼虫：初孵幼虫体长平均2.0mm，老熟幼虫31～41mm，头部黄褐色。体色因食物或环境条件的变化而变化，一般夏季为绿色或青绿色，秋季体色多为红色或暗褐色	在烟草现蕾以前为害新芽与嫩叶，吃成小孔洞；留种田烟株现蕾后，为害蕾和果实，有时还能钻入嫩茎取食，造成上部幼芽、嫩叶枯死
烟蚜 Green peach aphid	无翅孤雌胎生蚜：体长1.5～2.0mm，长卵圆形，体色有绿色、黄绿色、暗绿色、赤褐色等多种颜色 有翅孤雌胎生蚜：体长约2mm，头部黑色颚瘤显著，向内倾斜。胸部黑色，腹部绿色或黄绿色	具有明显的趋嫩性，避光性。有翅蚜对黄色有正趋性。对银灰色和白色有负趋性。烟蚜吸食幼嫩烟叶汁液，同时分泌蜜露污染烟叶，造成烟叶品质下降；有翅蚜传播烟草黄瓜花叶病毒等多种病毒病害
斑须蝽 Sugarbeet stink bug	成虫：雌虫体长11.3～12.5mm，雄虫体长8.9～10.6mm。体长椭圆形，黄褐色或褐色，全身密布黑色刻点及白色细茸。中胸小盾片为长三角形，末端为鲜明的黄色 若虫：共5龄。暗灰褐色或黄褐色，有白色绒毛和黑色刻点。腹部黄色	在烟草上主要以成虫和若虫刺吸烟叶叶脉基部、嫩茎等汁液，使烟叶或烟株顶梢萎蔫
地老虎 Cutworm	成虫头部及胸部褐色或灰褐色，头顶有黑斑。雄蛾触角双栉齿状，雌蛾触角丝状；前翅肾形斑外有一黑色楔形斑与两个尖端向内的楔形黑斑相对。老熟幼虫体色较暗，体表粗糙，有龟裂状皱纹及黑色小颗粒；腹部第1至第8节背面有4个毛片，且后方两个较前方两个大1倍以上，臀板上有两条对称的深褐色纵带 黄地老虎成虫前翅黄褐色，其上散布小黑点，肾状纹、环状纹及棒状纹明显，各斑纹边缘为黑褐色；中央暗褐色。老熟幼虫腹背面4个毛片大小相近，臀板中央有黄色纵纹，其两侧各有一黄褐色大斑	主要以第1代幼虫为害移栽至团棵期的幼苗，造成缺苗断垄。1～2龄幼虫取食嫩烟叶成小孔或缺刻，3龄后昼伏夜出，在近地面处咬断茎
蝼蛄 Mole ricket	华北蝼蛄成虫黄褐色，体粗壮，长40mm以上，前足腿节内侧外缘弯曲，后足胫节内上方有刺0～1个 东方蝼蛄成虫淡黄褐色，体较小，长约30mm，腹部近纺锤形，前足腿节内侧外缘平直，后足胫节内上方有刺3～4个	成虫和若虫在烟田及苗床活动时，形成纵横交错道，致使烟苗枯萎，还可取食播下的种子，幼根、茎基部被取食后呈乱麻状

（续表）

害虫名称	形态特征	为害状
烟粉虱 Tobacco white fiy	成虫：体长1mm，身覆白粉，体淡黄色，2对翅，休息时呈屋脊状。翅脉简单 若虫：初孵幼虫椭圆形，扁平，灰白色。以后体灰黄色，很像介壳虫	成若虫均能为害，幼虫为害严重。刺吸烟叶及嫩茎汁液，使受害叶出现退绿斑，并分泌蜜露，污染烟叶，形成煤污病
烟蓟马 Tobacco thripidae	烟蓟马成虫体长1～1.3mm，淡黄色，背面黑褐色，缨翅，前翅狭长，透明。淡黄色。翅脉退化 卵：乳白色，侧面看为肾脏型，长0.3mm 若虫：体淡黄色，体形略似成虫，无翅	以成若虫为害烟草叶片、生长点及花。蓟马以锉吸式口器吸取汁液，造成组织失水，生理代谢失调。烟草小苗期受害，轻者叶背呈现银灰色斑点或下陷的小斑，俗称为“白脓”，重者叶片变形。生长点受害，造成叶片肥大，形成无头烟或多头烟。烟草团棵期受害，烟草叶片皱缩、变形。现蕾开花期受害，使种子发育不良
烟草粉螟 Tobacco moth	成虫为小型蛾类，体长5～7mm；前翅灰黑色，有棕褐色花纹，近翅基部及端部各有一淡色横纹；后翅银灰色，半透明 老熟幼虫体长10～15mm，部赤褐色，前胸盾片、臀板及毛片黑褐色，腹部淡黄或黄色，背面通常桃红色	以幼虫为害烟叶，喜于柔软多糖的烟叶中吐丝缠连，潜伏取食，烟叶被食成不规则的孔洞，有时仅留叶脉，且虫尸、虫粪、丝状物污染烟叶，降低烟叶品质
烟草甲 Tobacco bettle	成虫椭圆形，赤褐色，有光泽，全身密布黄褐色细毛；头隐于前胸下，口器无上唇，上颚外露；触角锯齿状。幼虫体长3.5mm左右，体弯曲呈C形，乳白色，全身有较密的细长绒毛；头部褐色，两侧各有一深褐色斑块；口器上唇退化，上颚具2齿；前胸背面无硬皮板，胴部多皱纹	烟草甲主要以幼虫为害仓储烟叶，被害烟叶穿孔、破碎，影响出丝率，卷烟被害后因漏气而无法抽吸，虫尸、粪便严重影响品质
大谷盗 Cadelle	成虫体长6.5～10mm，扁平，长椭圆形，深赤褐色至漆黑色，体光滑，无毛，有光泽；触角棍棒状，小盾片半圆形，每个鞘翅上有7条纵点线 老熟幼虫体长约20mm，细长，扁平；头部黑褐色，前胸盾板黑褐色，盾片中央有一淡色窄缝，中、后胸背面各有一对黑色斑，腹部污白色，有光泽，多皱纹，各节两侧有黄褐色长毛	以成虫和幼虫取食烟叶成缺刻或孔洞，并能咬破麻片等包装材料
金龟甲 Chafer	华北大黑鳃金龟成虫长椭圆形，有光泽；每鞘翅上有4条纵肋；小盾片近半圆形，臀板隆凸，顶端圆尖。幼虫头部前顶毛每侧3根，臀节腹面具散生钩状毛 暗黑鳃金龟成虫窄长卵形，无光泽，与华北大黑鳃金龟不同之处是本种前胸背板最宽处位于两侧缘中点以后，而华北大黑鳃金龟则位于中点以前。幼虫不同之处是其头部前顶毛每侧1根	成虫取食烟叶、烟花成缺刻、孔洞，幼虫取食烟根，伤口整齐，严重时造成死苗

（续表）

害虫名称	形态特征	为害状
金针虫 Click bettle	沟金针虫老熟幼虫体长 25～30mm，金黄色，体形宽而扁平，背面中央有一条细纵沟；尾节两侧缘有 3 对锯齿状突起，尾端分叉，各叉内侧均有一小齿 细胸金针虫老熟幼虫体长约 23mm，淡黄色，较细长。尾节圆锥形，其背面有 4 条褐色纵纹，近基角两侧各有一褐色圆斑	多在烟苗移栽后至团棵前蛀食地面及土中嫩茎，留有残缺不齐的孔洞，有时为害侧根和须根，使叶片变黄枯萎，甚至死苗
烟草潜叶蛾 Potato tuber moth	成虫：体长 5～6mm。前翅狭长，黄褐色或灰褐色，其上布黑褐色斑点 幼虫：老熟幼虫体 10～13mm，食叶肉的幼虫为绿色	以幼虫潜食烟叶，幼虫孵化后即钻入烟叶的上下表皮之间，蛀食叶肉，仅留上下表皮，形成白色呈丝状弯曲的隧道。随着烟草的生长，隧道逐渐扩大，最后连成一片，形成透亮的大斑，称为“亮泡”

主要天敌

天敌名称	形态特征	生物学特性
烟蚜茧蜂 *Aphidius gifuensis*	雌蜂体长 2.8～3.0mm，触角 2.0～2.2mm；雄蜂体长 2.4～2.6mm，触角 2.0～2.1mm。头黑褐色，颊、唇基、口器黄色，触角黄褐色。胸部黄褐色，并胸腹节黄色	专性单内寄生蜂，寄主范围较窄，主要寄生烟蚜，也可寄生萝卜蚜和麦长管蚜。成蜂将产卵于蚜虫体内，幼虫孵化后取食蚜虫体内结茧化蛹，并使蚜虫僵化形成僵蚜
棉铃虫齿唇姬蜂 *Campoletis chlorideae*	雌蜂体长 5.3mm 左右，黑色，密生白色长毛。头部黑色，颜面中央圆形鼓起。唇基横椭圆形，无唇基沟。颜面和唇基具细密刻纹。上颚黄色，末端 2 齿赤褐色，两颚交合，呈横长方形	寄主范围很广。在烟田可寄生棉铃虫、烟青虫、斜纹夜蛾、黄地老虎等幼虫
六斑月瓢虫 *Menochilus sexmaculata*	成虫体长 4.6～6.5mm，体宽 4.0～6.2mm。复眼黑色，额部黄色，唯雌虫黄色前缘中央有黑斑或呈黑色，复眼内侧有黄斑。上颚及口器为黄褐色至黑褐色，前胸背板黑色，唯前缘和前角及侧缘黄色，缘折大部分褐色	成虫和幼虫均可取食蚜虫、粉虱和木虱等，成虫日捕食蚜虫量（包括成蚜、若蚜）为 200 只左右
龟纹瓢虫 *Propylea japonica*	成虫体长 3.4～4.7mm，体宽 2.6～3.2mm。基色体色而带有龟纹状黑色斑纹。雄虫前额黄色而基部在前胸背板之下黑色，雌虫前额有 1 个三角形的黑斑，有时扩大至全头黑色。复眼黑色，口器、触角黄褐色	可捕食蚜虫、粉虱、木虱、棉铃虫卵和幼虫、叶螨等。成虫羽化后，一般 3～4d 即可交配
黑斑虎甲 *Clicindela kaleea*	成虫体长 8.5～9.5mm，宽 2.8～3.5mm。体和足墨绿色，体背和足部分具铜红色光泽。下颚和下唇须末节和触角基部 4 节均为金属绿色，后者并具铜红色光泽。上颚淡棕色，前缘黑色	成虫、幼虫均为捕食性，捕食其他小昆虫或小动物，因而在害虫生物防治中常被用作捕食性的天敌
金斑虎甲 *Clicindela aurulenta*	成虫体长 15～20mm，体宽 5～6mm，体粗壮，复眼突出。上颚前后端黑色，中部黄色，前缘有 5 个锯齿；上颚长大，黑色，基半部外侧乳白色，左右交叉重叠放置，内侧有 3 个大齿	成虫在 4～10 月出现，捕食小型昆虫

（续表）

天敌名称	形态特征	生物学特性
三齿婪步甲 *Harpalus tridens*	成虫体长 10.5mm，宽 3.5mm。体黑色，口须、触角、足棕红色。头顶光洁，唇基具毛 2 根；触角不达前胸背板基部，第3节为第2节长度的2倍。上颚端不锐，颏齿突出，具毛1对	成虫和幼虫捕食蝗虫及夜蛾幼虫等
梭毒隐翅虫 *Paederus fuscipes*	成虫体长 6.5～7.0mm。头部黑色，触角基部3～4节黄褐色，其余暗褐色；前胸黄褐色；鞘翅蓝色至暗绿色；中、后胸黑褐色；腹部黄褐色，但尾端2节黑褐色；中、后足（或包括前足）腿节末端暗褐色	成虫和幼虫可捕食烟蚜、烟青虫及棉铃虫等幼虫，也可捕食螨类和线虫
大草蛉 *Chrysopa pallens*	成虫体长约 14mm，翅展约 35mm。黄绿色，有黑斑纹。头部触角 1 对，细长，丝状，除基部两节与头同样为黄绿色外，其余均为黄褐色；复眼很大，呈半球状，突出于头部两侧，呈金黄色；头上有2～7个黑斑，触角下边的2个较大，两颊和唇基两侧各1个，头中央还有1个，常见的多为4斑或5斑，均为同种	主要捕食蛴类、蚜虫类、螨类等害虫
黑带食蚜蝇 *Episyphus balteatus*	成虫体长 8～11mm。头部棕黄色，覆灰黄粉被；额具黑毛，在触角上方两侧各有一个小黑斑；颜中突裸；触角红棕色，粉被灰色，具4条亮黑色纵条；小盾片黄色，被较长黑色。足棕黄色，基节与转节黑色，后足第2～5跗节棕褐色	主要以幼虫捕食蚜虫、叶蝉、介壳虫、蓟马及蛾蝶类害虫的卵和初孵幼虫
短刺刺腿食蚜蝇 *Ischiodon scutellaris*	成虫体长 9～10mm。眼裸。雄性眼合生，额与颜黄色，颜面中突明显；触角棕黄色至棕色，第3节长约为宽的2倍；芒裸，黑色	幼虫捕食蚜虫、粉虱等
轮刺猎蝽 *Scipinia horrida*	成虫体长 10.0～11.5mm，赭色。头背面基部、腹部侧接缘第5、6节间的大色斑及第7节端部均为黑色。前翅爪片暗褐色；膜片青铜色，顶端色淡，半透明	成虫和若虫均能捕食烟蚜、烟粉虱、斜纹夜蛾、黄曲条跳甲及叶蝉等。捕食前常将前足向前伸出，引诱猎物，而后捕杀。常在黄昏活动
溪岸蠼螋 *Labidura riparia*	成虫体长 8.2～28.0mm（带尾铗）。体长且大，褐黄色，触角浅黄色，鞘翅褐色，腹面颜色较浅，通常带褐红色。头部宽大，头缝明显	在育苗棚及烟田中，可捕食地表、土缝中或烟株上的一些小型昆虫。目前对溪岸蠼螋研究尚少，对其生物学特性了解也少
乔蛛螋 *Timomenus oannes*	成虫体长 17～19mm（带尾铗）。褐色，稍有光泽，头部和胸部黑色，前胸背板两侧边缘褐黄色，前翅褐红色。头部圆隆，中缝较深，后角稍圆；复眼较突出	可捕食鳞翅目幼虫及其他小型昆虫。其他生物学特性与溪岸蠼螋相近

附录四　中国烟田主要杂草名录

杂草名称	学名	主要特征
小麦	*Triticum aestivum* L.	秆高可达到1m以上，通常具6～7节。叶片条状披针形，叶耳、叶舌较小。穗状花序约由10～20个小穗组成，排列在穗轴的两侧
大麦	*Hordeum vulgare* L.	须根系，次生根因分蘖多少而定，入土较浅，根量较少，抗倒性不如小麦。株高60～150cm，茎秆伸长节间4～7个。叶片较短而宽，叶色稍淡。叶耳较大，无茸毛，呈半月形，紧贴茎秆
马唐	*Digitaria sanguinalis*(L.) Scop.	一年生草本。秆基部倾卧地面，着地后节易生根，高30～80cm，光滑无毛。叶片条状披针形，长4～12cm，宽5～10mm，两面疏生软毛或无毛；叶鞘短于节间，鞘口或下部疏生软毛；叶舌膜质，先端钝圆，长1～3cm
旱稗	*Echinochloa hispidula* (Retz.) Nees	一年生草本。秆丛生，直立或斜升，高40～100cm。叶片条形，长10～30cm，宽6～12mm，无毛，先端渐尖；无叶舌
狗牙根（绊根草）	*Cynodon dactylon* (L.) Pers.	多年生草本，具根状茎或匍匐茎，节间长短不等。秆匍匐部分长达1m以上，并于节上生根及分枝，直立部分高10～30cm。叶条形，宽1～3mm，叶舌短小，具小纤毛
牛筋草（蟋蟀草）	*Eleusine indica* (L.) Gaertn.	一年生草本。秆扁，自基部分枝，斜生或偃卧，有时近直立，高15～90cm，质地坚韧。叶片条形；叶鞘压扁，鞘口具柔毛；叶舌短
细柄黍	*Panicum psilopodium* Trin.	一年生草本。秆直立或基部斜卧并在节上生根，高66～100cm。叶鞘疏松，无毛，或边缘有纤毛；叶舌长约0.5mm，生有小纤毛；叶片长4～15cm，宽4～12mm
金色狗尾草	*Setaria glauca* (L.) Beauv.	一年生草本。秆直立或基部倾斜地面，高20～90cm。叶片条形，叶鞘扁而具脊，淡红色，光滑无毛；叶片具长1mm的纤毛
圆果雀稗	*Paspalum orbiculare* Forst.	多年生草本。秆单生或丛生，直立，高30～80cm。叶片条形，叶鞘具脊，无毛，幼苗暗紫色；叶舌膜质，褐色
甘蓝型油菜	*Brassica napus* L.	甘蓝型油菜即胜利油菜，产量高、籽粒大，种皮多为黑褐色
荠菜	*Capsella bursa - pastoris* (L.) Medic	一年生或越年生草本。茎直立，具分枝，高20～50cm，有分枝毛或单毛。基生叶丛生，大头羽状分裂，长达10cm，顶生裂片较大，侧生裂片较小，狭长，具长叶柄；茎生叶披针形至长圆形，基部抱茎，边缘有缺刻或锯齿
藜（灰菜）	*Chenopodium album* L.	一年生草本。茎直立，高30～120cm，多分枝，有条纹。叶互生，具长柄，叶形变化大，多为卵形、菱形或三角形，边缘具波状齿，叶背生灰绿色粉粒

（续表）

杂草名称	学名	主要特征
小藜	*Chenopodium serotinum* L.	一年生草本。茎直立，高 20～50cm，分多枝，有绿色条纹。叶互生，具柄；叶片多为长圆形，边缘有波状齿刻，叶两面疏生粉粒
酸模叶蓼	*Polygonum lapathifolium* L.	一年生草本。茎直立，高 30～100cm，光滑无毛，有分枝，节部粉红色膨大。叶互生，具柄；叶片披针形或宽披针形，叶面常有黑褐色斑块，无毛，全缘，边缘有粗硬毛
野荞麦	*Polygonum gracilipes* Hemsl.	一年生草本，高 30～60cm。茎直立，具分枝。下部叶具长柄，叶片宽三角状戟形，全缘或微波状；下部叶较小
辣子草（向阳花）	*Galinsoga parviflora* Cav.	一年生草本。茎直立，多分枝，高 15～50cm，有纤毛。叶片卵圆形至披针形，边缘有齿，基部三出脉明显。叶对生，具柄
龙葵	*Solanum nigrum* L.	一年生草本。茎直立，多分枝，无毛，高 30～100cm。叶片卵形，全缘或有不规则的波状粗齿，两面较光滑。叶互生，具长柄
曼陀罗	*Datura stramonium* L.	一年生草本。茎直立，粗壮，圆柱形，光滑无毛，上部二叉状分枝，高 50～150cm。叶片宽卵形，边缘有不规则波状浅裂或疏齿。叶互生，具长柄
狗尾草	*Setaria viridis*（L.）Beauv.	一年生草本植物。根为须状，高大植株具支持根。秆直立或基部膝曲，高 10～100cm，基部径达 3～7mm。叶鞘松弛，无毛或疏具柔毛或疣毛，边缘具较长的密绵毛状纤毛
看麦娘	*Alopecurus aequalis* Sobol.	一年生。秆少数丛生，细瘦，光滑，节处常膝曲，叶鞘光滑，短于节间；叶舌膜质；叶片扁平，长 3～10cm，宽 2～6mm
千金子	*Leptochloa chinensis*（L.）Nees	一年生、直立、簇生草本；小穗极小，有 2 至多数小花，两侧压扁，无柄或具短柄，紧贴或散生于纤细的总轴之一侧，排成延长的圆锥花序，颖不等或近相等，无芒；外稃 3 脉，脉上有时被毛
稗草	*Echinochloa crusgalli*（L.）Beauv.	一年生草本。秆直立，基部倾斜或膝曲，光滑无毛。叶鞘松弛，下部者长于节间，上部者短于节间；无叶舌；叶片无毛
早熟禾	*Poa annua* L.	年生或冬性禾草。秆直立或倾斜，质软，高 6～30cm，全体平滑无毛。叶鞘稍压扁，中部以下闭合；叶片扁平或对折，质地柔软，常有横脉纹，顶端急尖呈船形，边缘微粗糙
辣蓼	*Polygonum flaccidum* Meissn.	一年生草本，高 60～90cm，全株散布腺点及毛茸。茎直立，或下部伏地，通常紫红色，节膨大，叶互生，有短柄。叶片广披针形，先端渐尖，基部楔形，两面被粗毛，上面深绿色，有八字形的黑斑，托叶鞘膜质，缘生长刺毛
藿香蓟	*Ageratum conyzoides*	一年生草本，高 50～100cm，有时又不足 10cm，稀疏的短柔毛且有黄色腺点，上面沿脉处及叶下面的毛稍多有时下面近无毛。上部叶的叶柄或腋生幼枝及腋生枝上的小叶的叶柄通常被白色稠密开展的长柔毛

（续表）

杂草名称	学名	主要特征
牛膝菊	*Galinsoga parviflora* Cav.	一年生草本，高 10 ~ 80cm。茎纤细，基部径不足 1mm，或粗壮，基部径约 4mm，不分枝或自基部分枝，分枝斜升，全部茎枝被疏散或上部稠密的贴伏短柔毛和少量腺毛，茎基部和中部花期脱毛或稀毛
水蓼	*Polygonum hydropiper*	一年生草本，高 20 ~ 80cm，直立或下部伏地。茎红紫色，无毛，节常膨大，且具须根。叶互生，披针形成椭圆状披针形，长 4 ~ 9 cm，宽 5 ~ 15mm，两端渐尖，均有腺状小点，无毛或叶脉及叶缘上有小刺状毛；托鞘膜质，筒状，有短缘毛；叶柄短

附录五　植物检疫术语核心词汇表（附英文对照）

1. 附加声明（Additional Declaration）：进口国要求的一项提供有关一批货物额外特定植物卫生状况的声明，该声明将被加在植检证书上。

2. 地区范围（Area）：一个国家内官方 划定的一部分地区，在该地区内，可决定某些特定有害生物的存在，并能将植物、植物产品和其他规定的物品的生产、调运或存在控制在指定的植物卫生安全程度上。

3. 鳞茎和块茎（Bulbs and Tubers）：用于种植的处于休眠状态的植物地下器官。

4. 证书（Certificate）：证明受植物检疫法规限制的货物及其植物卫生状况的官方文件。

5. 商品（Commodity）：被调运的用于贸易或其他目的的一类植物、植物产品或其他规定的物品。

6. 商品类别（Commodity class）：一类在植物检疫法规中可被放在一起考虑的相类似商品。

7. 托运的货物（Consignment）：从一国调往另一国的，由同一植物检疫证书所包含的一定量（可包括一批或数批）的植物、植物产品和（或）其他规定的物品。

8. 生产国（Country of Origin）：托运植物所生长的国家。

9. 转口国（Country of Reexport）：指托运的植物货物所经过并被分散运输、储藏或改变其包装的国家。

10. 转运国（Country of Transit）：指一批托运的植物货物所经过但未被分散运输、储藏或改变其包装，也未曾暴露而被有害生物污染的国家。

11. 切花和枝条（Cut Flowers and Branches）：用于装饰而非种植目的的植物的新鲜部分。

12. 去皮（Debarking）：从圆木上去除树皮（去皮无须除净圆木上的树皮）。

13. 定界调查（Delimiting Survey）：为确定被某一有害生物侵染或无此有害生物的地区界限而进行的一种调查。

14. 侦检调查（Detection Survey）：为确定某一地区或国家内是否存在有害生物而进行的一种调查。

15. 扣留（Detention）：因植物卫生原因而被扣留或监管并等候裁定的一批托运货物。

16. 衬木（Dunnage）：用于楔人或支撑货物的木料。

17. 根除（Eradication）：从一个特定的国家或地区内彻底消除某一有害生物。

18. 定植并扎根（Established）：指在一个国家或地区内从外传人的一种有害生物，能生存下来，并可能继续繁衍下去。

19. 田地（Field）：产地内有确定界限的生长某一产品的一小块土地。

20. 田间检查（Field Inspection）：生长季节内在田间对植物的检查。

21. 未见有害生物（Find Free）：检查一批货物、田间或产地并认定其无某一特定有害生物。

22. 无有害生物（Free From）：不带有应用适当检疫程序能发现的一定量的有害生物（或某一特定有害生物）。

23. 新鲜的（Fresh）：活的，而非干的、冷藏的或保藏的。

24. 果实和蔬菜（Fruits and Vegetables）：用于消费或加工的植物新鲜部分。

25. 熏蒸（Fumigation）：用一种化学药剂以气体状态基本上或完全接触产品和规定的物品的一种处理方法。

26. 种质（Germplasm）：用于繁殖或资源保存项目的植物。

27. 谷物（Grain）：用于加工或消费而非种植的种子（见种子）。

28. 生长介质（Growing Medium）：植物根能在其中生长或意欲达到此目的的任何物质。

29. 生长季（Growing Season）：植物一年内在一个地区旺盛生长的时期。

30. 生长季检查（Growing Season Inspec - tion）：见“田间检查”（Field Inspection）。

31. 寄主范围（Host Range）：某一特定有害生物不需在特定条件下进行人工接种而能寄生其上的一些植物种类。

32. 紧邻区（Immediate Vicinity）：与另一田地相邻的田地，或与另一产地相邻的产地。

33. 进口许可证（Import Permit）：按照特定要求批准某一产品进口的官方文件。

34. 检查（Inspect）：对植物、植物产品或规定的物品进行官方的肉眼检查以确定是否存在有害生物和（或）确定货物是否 按照植物检疫法规进行的。

35. 检查员（Inspector）：由国家级植物保护机构授权的履行其职责的人员。

36. （货物的）截获［Interception（of a Consignment）］：因不符合植物检疫法规而对进口货物的拒绝或控制进口。

37. （有害生物的）截获［Interception（of a pest）］：在对进口货物的检查中发现某一有害生物。

38. 传入（Introduction）：一种有害生物进入一个它以前不曾发生过的国家或地区。

39. 国际植保公约（IPPC）：国际植物保护公约，如1951年在罗马所签定的以及后来所修订的文本。

40. 批次（Lot）：一定单位量的单一商品，可根据其组成的同质性、来源等确定为同一的，它是货物的组成部分。

41. 国家级植物保护组织（National Plant Protection Organzation）：见“植物保护组织（国家级）”。

42. 发生（Occur）：如果一种有害生物被正式报道为某地固有的或已生存于该地区，而且并未被报道为已被根除了的话，指该有害生物在一个地区或国家内发生。

43. 正式的、官方的（Official）：由一个国家级的植物保护组织所设立的、批准的或执行的。

44. 途择（Pathway）：一种有害生物可从一个地方移动或被移动到另一地方的任何方式。

45. 有害生物（Pest）（=植物有害生物）（Plant Pest）：对植物或植物产品具危险性或具潜在危险性的任何形式的植物或动物生命，或任何病原物。

46. 植物卫生（Phytosanitary）：相当于通常所指的植物检疫（Plant Quarantine）。

47. 植物检疫证书（Phytosanitary Certificate）：按 IPPC 模式证书所制定的证书。

48. 植物检疫出证（Phytosanitary Certification）：签发植物检疫证书的检疫程序的运用。

49. 植物检疫立法（Phytosanitary Legislation）：授予一个国家级植物保护组织的基本立法权力机关，它可起草植物检疫法规。

50. 植物检疫法规（Phytosanitary Regulation [s]）：通过对商品或其他物品的生产、调运和存续时间、或人的正常活动作出规定，并建立植物检疫出证的体制而达到防止有害生物的传人和（或）定植扎根 为目的的官方规定。

51. 产地（Place of Production）：作为一个单个的生产单位或农场单位的田地的设施或集合体。

52. 植物有害生物（Plant Pest）：见“有害生物”（Pest）。

53. 植物（Plant）：活的植物体和其部分，因而也包括种子在内。

54. 植物产品（PlantProduct）：未经加工的植物性材料（包括谷物），和那些虽经加工，但由于其性质或加工的性质而仍可具传播有害生物的危险性的产品。

55. 植物保护组织（国家级）[Plant Protection Organization（National）]：政府建立的旨在履行 IPPC 所规定的职责的官方机构。

56. 植物保护组织（区域性的）[Plant Protection Organization（Regional）]：一个政府间的具有国际植物保护公约（IPPC）第八条所规定职责的组织。

57. 种植（同时，也适于补植或再种）[Planting（and, as appropriate, Replantmg）]：一种将植物置于生长介质中以确保其生长、繁殖或增殖的操作。

58. 植物检疫（Plant Quarantine）：指一切旨在防止有害生物传入或定植扎根或确保对其根除等各方面的活动。

59. 种植用植物（Plants for Planting）：准备继续用于种植的植物，指被种植，或被再种植。

60. 组织培养中的植物（Plants in Tissue Culture）：在一密封、透明的容器内生长于清亮、无菌介质中的植物。

61. 钵栽植物（Pot Plant）：一种已生根的、已被种植了的、并将不被再种植的植物。

62. 实际无有害生物（Practically Free）：所带的有害生物（或指某一特定的有害生物）在数量上不超过预期值，并与该商品在生产和销售中所采用的良好的栽培与管理方式一致。

63. 产地国植检出证检查（Preclearance）：由进口国植保机构执行或在其监督下由出口国植物保护组织执行的常规出证检查。

64. 禁止（Prohibition）：禁止某种特定有害生物．商品或规定的物品的植物检疫法规。

65. 繁殖材料（Propagative Material）：见“种植用植物”（Plants for Planting）。

66. 受保护区（Protected Area）：指这样一个地区，在其中某一检疫性有害生物未见发生或仅有限分布，并且特定货物或其他物品的进人或被禁止，或受限制。

67. 检疫（Quarantine）：按照有关观察、研究或进一步检查和（或）检测的植物检疫法规对植物的官方限制。

68. 检疫区（Quarantine Area）：受植物检疫法规制约的地区。

69. 检疫性有害生物（Quarantine Pest）：一种对受威胁国具潜在的全国性经济重要性的有害生物，它在该国尚未存在，既或存在，但也分布未广或正处于被积极地控制中。

70. 检疫程序（Quarantine Procedure）：指官方规定的与植物检疫有关的履行检查、测试、调查或处理等方法。

71. 检疫站或检疫设施（Quarantine Station or Facility）：官方的对植物进行检疫的场所。

72. 拒绝（Refusal）：禁止二批不符合植物检疫法规的货物或规定物品的进入。

73. 地区（Region）：一个区域性植物保护组织成员国领土的总和。

74. 区域性植物保护组织（Regional Plant Protection Organization）：见“植物保护组织（区域性）”（Plant Protection Organization〔Regional〕）。

75. 规定的项目（Regulated article）：能藏带或传播植物有害生物，尤指在国际运输中的任何储藏地、运输工具及其他物品材料。

76. 再种植（Replanting）：见“种植”（Planting）。

77. 圆木（Round Wood）：未经纵向切割、仍保持其本来圆柱形表面、带或不带树皮的木头。

78. 锅木（Sawn Wood）：经过纵向切割、仍具或不具其圆柱表面、带或不带树皮的木材。

79. 种子（Seeds）：用于种植，而非消费或加工的种子（见“谷物”）。

80. 土壤（Soil）：地表生长植物的疏松物质。

81. 储藏产品（Stored Products）：未经加工，但以干的形式储藏并用于消费或加工的植物产品（此处尤指谷物以及干果和干菜等）。

82. 调查（Survey）：用以决定一个有害生物群体的特性，如地理分布、密度等的有条理的方法上的程序。

83. 检测（Test）：确定有害生物是否存在或鉴定有害生物除目测外的官方检查。

84. 组织培养（Tissue Culture）：见“组织培养中的植物”（Plants in Tissue Culture）。

85. 转口（Transit）：见“转口国”（Country of Transit）。

86. 处理（Treatment）：官方指定的目的在于杀灭、取消植物有害生物或使其丧失繁殖能力的程序。

87. 木材（Wood）：带或不带树皮的圆木、锯木、木屑或木衬板等。

附录六 国际植物保护公约（IPPC）

联合国粮食及农业组织1999年于罗马

序言

各缔约方

——认识到国际合作对防治植物及植物产品有害生物，防止其在国际上扩散，特别是防止其传入受威胁地区的必要性；

——认识到植物检疫措施应在技术上合理、透明，其采用方式对国际贸易既不应构成任意或不合理歧视的手段，也不应构成变相的限制；

——希望确保对针对以上目的的措施进行密切协调；

——希望为制定和应用统一的植物检疫措施以及制定有关国际标准提供框架；

——考虑到国际上批准的保护植物、人畜健康和环境应遵循的原则；

——注意到作为乌拉圭回合多边贸易谈判的结果而签订的各项协定，包括《卫生和植物检疫措施实施协定》。

第1条 宗旨和责任

1. 为确保采取共同而有效的行动来防止植物及植物产品有害生物的扩散和传入，并促进采取防治有害生物的适当措施，各缔约方保证采取本公约及按第XVI条签订的补充协定规定的法律、技术和行政措施。

2. 每一缔约方应承担责任，在不损害按其他国际协定承担的义务的情况下，在其领土之 内达到本公约的各项要求。

3. 为缔约方的粮农组织成员组织与其成员国之间达到本公约要求的责任，应按照各自的权限划分。

4. 除了植物和植物产品以外，各缔约方可酌情将仓储地、包装材料、运输工具、集装箱、土壤及可能藏带或传播有害生物的其他生物、物品或材料列入本公约的规定范围之内，在涉及国际运输的情况下尤其如此。

第2条 术语使用

1. 就本公约而言，下列术语含义如下：

"有害生物低度流行区"——主管当局确定的由一个国家、一个国家的一部分、几个国家的全部或一部分组成的一个地区；在该地区特定有害生物发生率低并有有效的监测、控制或消灭措施；

"委员会"——按第XI条建立的植物检疫措施委员会；

"受威胁地区"——生态因素有利于有害生物定殖、有害生物在该地区的存在将带来重大经济损失的地区；

"定殖"——当一种有害生物进入一个地区后在可以预见的将来长期生存；

"统一的植物检疫措施"——各缔约方按国际标准确定的植物检疫措施；

"国际标准"——按照第 X 条第 1 款和第 2 款确定的国际标准；

"传入"——导致有害生物定殖的进入；

"有害生物"——任何对植物和植物产品有害的植物、动物或病原体的种、株（品）系或生物型；

"有害生物风险分析"——评价生物或其他科学和经济证据以确定是否应限制某种有害生物以及确定对它们采取任何植物检疫措施的力度的过程；

"植物检疫措施"——旨在防止有害生物传入和/或扩散的任何法律、法规和官方程序；

"植物产品"——未经加工的植物性材料（包括谷物）和那些虽经加工，但由于其性质或加工的性质而仍有可能造成有害生物传入和扩散危险的加工品。

"植物"——活的植物及其器官，包括种子和种质；

"检疫性有害生物"——对受其威胁的地区具有潜在经济重要性、但尚未在该地区发生，或虽已发生但分布不广并进行官方防治的有害生物；

"区域标准"——区域植物保护组织为指导该组织的成员而确定的标准；

"限定物"——任何能藏带或传播有害生物的植物、植物产品、仓储地、包装材料、运输工具、集装箱、土壤或任何其他生物、物品或材料，特别是在涉及国际运输的情况下；

"非检疫性限定有害生物"——在栽种植物上存在、影响这些植物本来的用途、在经济上造成不可接受的影响，因而在输入缔约方境内受到限制的非检疫性有害生物；

"限定有害生物"——检疫性有害生物和/或非检疫性限定有害生物；

"秘书"——按照第 XII 条任命的委员会秘书；

"技术上合理"——利用适宜的有害生物风险分析，或适当时利用对现有科学资料的类似研究和评价，得出的结论证明合理。

2. 本条中规定的定义仅适用于本公约，并不影响各缔约方根据国内的法律或法规所确定的定义。

第 3 条　与其他国家国际协定的关系

本协定不妨碍缔约方按照有关国际协定享有的权利和承担的义务。

第 4 条　与国家植物保护组织安排有关的一般性条款

1. 每一缔约方应尽力成立一个官方国家植物保护组织。该组织负有本条规定的主要责任。

2. 国家官方植物保护组织的责任应包括下列内容：

（a）为托运植物、植物产品和其他限定物颁发与输入缔约方植物检疫法规有关的证书；

（b）监视生长的植物，包括栽培地区（特别是大田、种植园、苗圃、园地、温室和实验室）和野生植物以及储存或运输中的植物和植物产品，尤其要达到报告有害生物的发生、暴发和扩散以及防治这些有害生物的目的，其中包括第 VIII 条 1（a）款提到的报告；

（c）检查国际货运业务承运的植物和植物产品，酌情检查其他限定物，尤其为了防止有害生物的传入和/或扩散；

（d）对国际货运业务承运的植物、植物产品和其他限定物货物进行杀虫或灭菌处理以达 到植物检疫要求；

（e）保护受威胁地区，划定、保持和监视非疫区和有害生物低度流行区；

（f）进行有害生物风险分析；

（g）通过适当程序确保经有关构成、替代和重新感染核证之后的货物在输出之前保持植 物检疫安全；

（h）人员培训和培养。

3. 每一缔约方应尽力在以下方面作出安排：

（a）在缔约方境内分发关于限定有害生物及其预防和治理方法资料；

（b）在植物保护领域内的研究和调查；

（c）颁布植物检疫法规；

（d）履行为实施本公约可能需要的其他职责。

4. 每一缔约方应向秘书提交一份关于其国家官方植物保护组织及其变化情况的说明，如有要求，缔约方应向其他缔约方提供关于其植物保护组织安排的说明。

第 5 条　植物检疫证明

1. 每一缔约方应为植物检疫证明做好安排，目的是确保输出的植物、植物产品和其他限定物及其货物符合按照本条第 2（b）款出具的证明。

2. 每一缔约方应按照以下规定为签发植物检疫证书做好安排：

（a）应仅由国家官方植物保护组织或在其授权下进行导致发放植物检疫证书的检验和其他有关活动。植物检疫证书应由具有技术资格、经国家官方植物保护组织适当授权、代表它并在它控制下的公务官员签发，这些官员能够得到这类知识和信息，因而输入缔约方当局可信任地接受植物检疫证书作为可靠的文件。

（b）植物检疫证书或有关输入缔约方当局接受的相应的电子证书应采用与本公约附件样本中相同的措辞。这些证书应按有关国际标准填写和签发。

（c）证书涂改而未经证明应属无效。

3. 每一缔约方保证不要求进入其领土的植物或植物产品或其他限定物货物带有与本公约附件所列样本不一致的检疫证书。对附加声明的任何要求应仅限于技术上合理的要求。

第 6 条　限定有害生物

1. 各缔约方可要求对检疫性有害生物和非检疫性限定有害生物采取植物检疫措施，但这些措施应：

（a）不严于该输入缔约方领土内存在同样有害生物时所采取的措施；

（b）仅限于保护植物健康和/或保障原定用途所必须的、有关缔约方在技术上能提出正当理由的措施。

2. 各缔约方不得要求对非限定有害生物采取植物检疫措施。

第7条　对输入的要求

1. 为了防止限定有害生物传入它们的领土和/或扩散，各缔约方应有主权按照适用的国际协定来管理植物、植物产品和其他限定物的进入，为此目的，它们可以：

（a）对植物、植物产品及其他限定物的输入规定和采取植物检疫措施，如检验、禁止输入和处理；

（b）对不遵守按（a）项规定，采取植物检疫措施的植物、植物产品及其他限定物，或将其货物拒绝入境，或扣留，或要求进行处理、销毁，或从缔约方领土上运走；

（c）禁止或限制限定有害生物进入其领土；

（d）禁止或限制植物检疫关注的生物防治剂和声称有益的其他生物进入其领土。

2. 为了尽量减少对国际贸易的干扰，每一缔约方在按本条第1款行使其权限时保证依照下列各点采取行动：

（a）除非出于植物检疫方面的考虑有必要并在技术上有正当理由采取这样的措施，否则各缔约方不得根据它们的植物检疫法采取本条第1款中规定的任何一种措施。

（b）植物检疫要求、限制和禁止一经采用，各缔约方应立即公布并通知它们认为可能直接受到这种措施影响的任何缔约方。

（c）各缔约方应根据要求向任何缔约方提供采取植物检疫要求、限制和禁止的理由。

（d）如果某一缔约方要求仅通过规定的入境地点输入某批特定的植物或植物产品，选择的地点不得妨碍国际贸易。该缔约方应公布这些入境地点的清单，并通知秘书、该缔约方所属区域植物保护组织以及该缔约方认为直接受影响的所有缔约方并应要求通知其他缔约方。除非要求有关植物、植物产品或其他限定物附有检疫证书或提交检验或处理，否则不应对入境的地点做出这样的限制。

（e）某一缔约方的植物保护组织应适当注意到植物、植物产品或其他限定物的易腐性，尽快地对供输入的这类货物进行检验或采取其他必要的检疫程序。

（f）输入缔约方应尽快将未遵守植物检疫证明的重大事例通知有关的输出缔约方，或酌情报告有关的转口缔约方。输出缔约方或适当时有关转口缔约方应进行调查并应要求将其调查结果报告有关输入缔约方。

（g）各缔约方应仅采取技术上合理、符合所涉及的有害生物风险、限制最少、对人员、商品和运输工具的国际流动妨碍最小的植物检疫措施。

（h）各缔约方应根据情况的变化和掌握的新情况，确保及时修改植物检疫措施，如果发现已无必要应予以取消。

（i）各缔约方应尽力拟定和增补使用科学名称的限定有害生物清单，并将这类清单提供给秘书、它们所属的区域植物保护组织，并应要求提供给其他缔约方。

（j）各缔约方应尽力对有害生物进行监视，收集并保存关于有害生物状况的足够资料，用于协助有害生物的分类，以及制订适宜的植物检疫措施。这类资料应根据要求向缔约方提供。

3. 缔约方对于可能不能在其境内定殖、但如果进入可能造成经济损失的有害生物可采取本条规定的措施。对这类有害生物采取的措施必须在技术上合理。

4. 各缔约方仅在这些措施对防止有害生物传入和扩散有必要且技术上合理时方可对通过其领土的过境货物实施本规定的措施。

5. 本条不得妨碍输入缔约方为科学研究、教育目的或其他用途输入植物、植物产品和其他限定物以及植物有害生物作出特别规定，但须充分保障安全。

6. 本条不得妨碍任何缔约方在检测到对其领土造成潜在威胁的有害生物时采取适当的紧急行动或报告这一检测结果。应尽快对任何这类行动作出评价以确保是否有理由继续采取这类行动。所采取的行动应立即报告各有关缔约方、秘书及其所属的任何区域植物保护组织。

第 8 条　国际合作

1. 各缔约方在实现本公约的宗旨方面应通力合作，特别是：

（a）就交换关于植物有害生物的资料进行合作，尤其是按照委员会可能规定的程序报告可能构成当前或潜在危险的有害生物的发生、暴发或蔓延情况；

（b）在可行的情况下，参加防治可能严重威胁作物生产并需要采取国际行动来应付紧急情况的有害生物的任何特别活动；

（c）尽可能在提供有害生物风险分析所需要的技术和生物资料方面进行合作。

2. 每一缔约方应指定一个归口单位负责交换与实施本公约有关的情况。

第 9 条　区域植物保护组织

1. 各缔约方保证就在适当地区建立区域植物保护组织相互合作。

2. 区域植物保护组织应在所包括的地区发挥协调机构的作用，应参加为实现本公约的宗旨而开展的各种活动，并应酌情收集和传播信息。

3. 区域植物保护组织应与秘书合作以实现公约的宗旨，并在制定标准方面酌情与秘书和委员会合作。

4. 秘书将召集区域植物保护组织代表定期举行技术磋商会，以便：

（a）促进制定和采用有关国际植物检疫措施标准；

（b）鼓励区域间合作，促进统一的植物检疫措施，防治有害生物并防止其扩散和/或传入。

第 10 条　标准

1. 各缔约方同意按照委员会通过的程序在制定标准方面进行合作。

2. 各项国际标准应由委员会通过。

3. 区域标准应与本公约的原则一致；如果适用范围较广，这些标准可提交委员会，供作后备国际植物检疫措施标准考虑。

4. 各缔约方开展与本公约有关的活动时应酌情考虑国际标准。

第 11 条　植物检疫措施委员会

1. 各缔约方同意在联合国粮食及农业组织（粮农组织）范围内建立植物检疫措施委员会。

2. 该委员会的职能应是促进全面落实本公约的宗旨，特别是：

（a）审议世界植物保护状况以及对控制有害生物在国际上扩散及其传入受威胁地区而采取行动的必要性；

（b）建立并不断审查制定和采用标准的必要体制安排及程序，并通过国际标准；

（c）按照第 XIII 条制订解决争端的规则和程序；

（d）建立为适当行使其职能可能需要的委员会附属机构；

（e）通过关于承认区域植物保护组织的指导方针；

（f）就本公约涉及的事项与其他有关国际组织建立合作关系；

（g）采纳实施本公约所必需的建议；

（h）履行实现本公约宗旨所必需的其他职能。

3. 所有缔约方均可成为该委员会的成员。

4. 每一缔约方可派出一名代表出席委员会会议，该代表可由一名副代表、若干专家和顾问陪同。副代表、专家和顾问可参加委员会的讨论，但无表决权，副代表获得正式授权代替代表的情况除外。

5. 各缔约方应尽一切努力就所有事项通过协商一致达成协议。如果为达成协商一致穷尽一切努力而仍未达成一致意见，作为最后手段应由出席并参与表决的缔约方的 2/3 多数做出决定。

6. 为缔约方的粮农组织成员组织及为缔约方的该组织成员国，均应按照粮农组织《章程》和《总规则》经适当变通行使其成员权利及履行其成员义务。

7. 委员会可按要求通过和修改其议事规则，但这些规则不得与本公约或粮农组织《章程》相抵触。

8. 委员会主席应召开委员会的年度例会。

9. 委员会主席应根据委员会至少 1/3 成员的要求召开委员会特别会议。

10. 委员会应选举其主席和不超过两名的副主席，每人的任期均为两年。

第 12 条　秘书处

1. 委员会秘书应由粮农组织总干事任命。

2. 秘书应由可能需要的秘书处工作人员协助。

3. 秘书应负责实施委员会的政策和活动并履行本公约可能委派给秘书的其他职能，并应就此向委员会提出报告。

4. 秘书应：

（a）在国际标准通过之后 60 天内向所有缔约方散发；

（b）按照第 VII 条第 2（d）款向所有缔约方散发缔约方提供的入境地点清单；

（c）向所有缔约方和区域植物保护组织散发按照第 VII 条第 2（i）款禁止或限制进入的限定有害生物清单；

（d）散发从缔约方收到的关于第 VII 条第 2（b）款提到的植物检疫要求、限制和禁止的信息以及第 IV 条第 4 款提到的国家官方植物保护组织介绍。

5. 秘书应提供用粮农组织正式语言翻译的委员会会议文件和国际标准。

6. 在实现公约目标方面，秘书应与区域植物保护组织合作。

第 13 条　争端的解决

1. 如果对于本公约的解释和应用存在任何争端或如果某一缔约方认为另一缔约方的任何行动有违后者在本公约第 V 条和第 VII 条条款下承担的义务，尤其关于禁止或限制输入来自其领土的植物或其他限定物品的依据，有关各缔约方应尽快相互磋商解决这一争端。

2. 如果按第 1 款所提及的办法不能解决争端，该缔约方或有关各缔约方可要求粮农组织总干事任命一个专家委员会按照委员会制定的规则和程序审议争端问题。

3. 该委员会应包括各有关缔约方指定的代表。该委员会应审议争端问题，同时考虑到有关缔约方提出的所有文件和其他形式的证据。该委员会应为寻求解决办法准备一份关于争端的技术性问题的报告。报告应按照委员会制定的规则和程序拟订和批准，并由总干事转交有关缔约方。该报告还可应要求提交负责解决贸易争端的国际组织的主管机构。

4. 各缔约方同意，这样一个委员会提出的建议尽管没有约束力，但将成为有关各缔约方对引起争议的问题进行重新考虑的基础。

5. 各有关缔约方应分担专家的费用。

6. 本条条款应补充而非妨碍处理贸易问题的其他国际协定规定的争端解决程序。

第 14 条　替代以前的约定

本公约应终止和代替各缔约方之间于 1881 年 11 月 3 日签订的有关采取措施防止 Phylloxera vastatrix 的国际公约、1889 年 4 月 15 日在伯尔尼签订的补充公约和 1929 年 4 月 16 日在罗马签订的《国际植物保护公约》。

第 15 条　适用的领土范围

1. 任何缔约方可以在批准或参加本公约时或在此后的任何时候向总干事提交一项声明，说明本公约应扩大到包括其负责国际关系的全部或任何领土，从总干事接到这一声明之后 30 天起，本公约应适用于声明中说明的全部领土。

2. 根据本条第 1 款向粮农组织总干事提交声明的任何缔约方，可以在任何时候提交另一声明修改以前任何声明的适用范围或停止使用本公约中有关任何领土的条款。这些修改或停止使用应在总干事接到声明后第 30 天开始生效。

3. 粮农组织总干事应将所收到的按本条内容提交的任何声明通知所有缔约方。

第 16 条　补充协定

1. 各缔约方可为解决需要特别注意或采取行动的特殊植物保护问题签订补充协定。这类协定可适用于特定区域、特定有害生物、特定植物和植物产品、植物和植物产品国际运输的特定方法，或在其他方面补充本公约的条款。

2. 任何这类补充协定应在每一有关的缔约方根据有关补充协定的条款接受以后开始对其生效。

3. 补充协定应促进公约的宗旨，并应符合公约的原则和条款以及透明和非歧视原则，避免伪装的限制，尤其关于国际贸易的伪装的限制。

第17条　批准和加入

1. 本公约应在1952年5月1日以前交由所有国家签署并应尽早加以批准。批准书应交粮农组织总干事保存，总干事应将交存日期通知每一签署国。

2. 本公约根据第XXII条开始生效，即应供非签署国和粮农组织的成员组织自由加入。加入应于向粮农组织总干事交存加入书后生效，总干事应将此通知所有缔约方。

3. 当粮农组织成员组织成为本公约缔约方时，该成员组织应在其加入时依照粮农组织《章程》第II条第7款的规定，酌情通报其根据本公约接受书对其依照粮农组织《章程》第II条第5款提交的权限声明作必要的修改或说明。本公约任何缔约方均可随时要求已加入本公约的成员组织提供情况，即在成员组织及其成员国之间，哪一方负责实施本公约所涉及的任何具体事项。该成员组织应在合理的时间内告知上述情况。

第18条　非缔约方

各缔约方应鼓励未成为本公约缔约方的任何国家或粮农组织的成员组织接受本公约，并应鼓励任何非缔约方采取与本公约条款及根据本公约通过的任何标准一致的植物检疫措施。

第19条　语言

1. 本公约的正式语言应为粮农组织的所有正式语言。

2. 本公约不得解释为要求各缔约方以缔约方语言以外的语言提供和出版文件或提供其副本，但以下第3款所述情况除外。

3. 下列文件应至少使用粮农组织的一种正式语言：

（a）按第IV条第4款提供的情况；

（b）提供关于按第VII条第2（b）款传送的文件的文献资料的封面说明；

（c）按第VII条第2（b）、（d）、（i）和（j）款提供的情况；

（d）提供关于按第VIII条第1（a）款提供的资料的文献资料和有关文件简短概要的说明；

（e）要求主管单位提供资料的申请及对这类申请所做的答复，但不包括任何附带文件；

（f）缔约方为委员会会议提供的任何文件。

第20条　技术援助

各缔约方同意通过双边或有关国际组织促进向有关缔约方，特别是发展中国家缔约方提供技术援助，以便促进本公约的实施。

第21条　修正

1. 任何缔约方关于修正本公约的任何提案应送交粮农组织总干事。

2. 粮农组织总干事从缔约方收到的关于本公约的任何修正案，应提交委员会的例会或特别会议批准，如果修正案涉及技术上的重要修改或对各缔约方增加新的义务，应在委员会之前由粮农组织召集的专家咨询委员会审议。

3. 对本公约提出的除附件修正案以外的任何修正案的通知应由粮农组织总干事送交各缔约方，但不得迟于将要讨论这一问题的委员会会议议程发出的时间。

4. 对本公约提出的任何修正案应得到委员会批准，并应在2/3的缔约方同意后第30天开始生效。就本条而言。粮农组织的成员组织交存的接受书不应在该组织的成员国交存接受书以外另外计算。

5. 然而，涉及缔约方承担新义务的修正案，只有在每一缔约方接受后第 30 天开始对其生效。涉及新义务的修正案的接受书应交粮农组织总干事保存，总干事应将收到接受修正案的情况及修正案开始生效的情况通知所有缔约方。

6. 修正本公约附件中的植物检疫证书样本的建议应提交秘书并应由委员会审批。已获批准的本公约附件中的植物检疫证书样本的修正案应在秘书通知缔约方 90 天后生效。

7. 从本公约附件中的植物检疫证书样本的修正案生效起不超过 12 个月的时期内，就本公约而言，原先的证书也应具有法律效力。

第 22 条　生效

本公约一俟三个签署国批准，即应在它们之间开始生效。本公约应在后来每一个批准或参加的国家或粮农组织的成员组织交存其批准书或加入书之日起对其生效。

第 23 条　退出

1. 任何缔约方可在任何时候通知粮农组织总干事宣布退出本公约。总干事应立即通知所有缔约方。

2. 退出应从粮农组织总干事收到通知之日起一年以后生效。

实施卫生与植物卫生措施协定

各成员重申不应阻止各成员为保护人类、动物或植物的生命或健康而采用或实施必需的措施，但是这些措施的实施方式不得构成在情形相同的成员之间进行任意或不合理歧视的手段，或构成对国际贸易的变相限制；

期望改善各成员的人类健康、动物健康和植物卫生状况；

注意到卫生与植物卫生措施通常以双边协议或议定书为基础实施；

期望有关建立规则和纪律的多边框架，以指导卫生与植物卫生措施的制定、采用和实施，从而将其对贸易的消极影响减少到最低程度；

认识到国际标准、指南和建议可以在这方面作出重要贡献；

期望进一步推动各成员使用协调的、以有关国际组织制定的国际标准、指南和建议为基础的卫生与植物卫生措施，这些国际组织包括食品法典委员会、国际兽疫组织以及在《国际植物保护公约》范围内运作的有关国际和区域组织，但不要求各成员改变其对人类、动物或植物的生命或健康的适当保护水平；

认识到发展中国家成员在遵守进口成员的卫生与植物卫生措施方面可能遇到特殊困难，进而在市场准人及在其领土内制定和实施卫生与植物卫生措施方面也会遇到特殊困难，期望协助它们在这方面所做的努力；

因此期望对适用 GATT 1994 关于使用卫生与植物卫生措施的规定，特别是第 20 条（b）项 1 的规定详述具体规则；

特此协议如下：

第1条 总则

1. 本协定适用于所有可能直接或间接影响国际贸易的卫生与植物卫生措施。此类措施应依照本协定的规定制定和适用。

2. 就本协定而言，适用附件A中规定的定义。

3. 各附件为本协定的组成部分。

4. 对于不属于本协定范围的措施，本协定的任何规定不得影响各成员在《技术性贸易壁垒协定》项下的权利。

第2条 基本权利和义务

1. 各成员有权采取为保护人类、动物或植物的生命或健康所必需的卫生与植物卫生措施，只要此类措施与本协定的规定不相抵触。

2. 各成员应保证任何卫生与植物卫生措施仅在为保护人类、动物或植物的生命或健康所必需的限度内实施，并根据科学原理，如无充分的科学证据则不再维持，但第5条第7款规定的情况除外。

3. 各成员应保证其卫生与植物卫生措施不在情形相同或相似的成员之间，包括在成员自己领土和其他成员的领土之间构成任意或不合理的歧视。卫生与植物卫生措施的实施方式不得构成对国际贸易的交相限制。

4. 符合本协定有关条款规定的卫生与植物卫生措施应被视为符合各成员根据GATT1994有关使用卫生与植物卫生措施的规定所承担的义务，特别是第20条（b）项的规定。

第3条 协调

1. 为在尽可能广泛的基础上协调卫生与植物卫生措施；各成员的卫生与植物卫生措施应根据现有的国际标准、指南或建议制定，除非本协定、特别是第3款中另有规定。

2. 符合国际标准、指南或建议的卫生与植物卫生措施应被视为为保护人类、动物或植物的生命或健康所必需的措施，并被视为与本协定和GATT1994的有关规定相一致。

3. 如存在科学理由，或一成员依照第5条第1款至第8款的有关规定确定动植物卫生的保护水平是适当的，则各成员可采用或维持比根据有关国际标准、指南或建议制定的措施所可能达到的保护水平更高的卫生与植物卫生措施。尽管有以上规定，但是所产生的卫生与植物卫生保护水平与根据国际标准、指南或建议制定的措施所实现的保护水平不同的措施。均不得与本协定中任何其他规定相抵触。

4. 各成员应在力所能及的范围内充分参与有关国际组织及其附属机构，特别是食品法典委员会，国际兽疫组织以及在《国际植物保护公约》范围内运作的有关国际和区域组织，以促进在这些组织中制定和定期审议有关卫生与植物卫生措施所有方面的标准、指南和建议。

5. 第12条第1款和第4款规定的卫生与植物卫生措施委员会（本协定中称“委员会”）应制定程序，以监控国际协调进程，并在这方面与有关国际组织协同努力。

第 4 条 等效

1. 如出口成员客观地向进口成员证明其卫生与植物卫生措施达到进口成员适当的卫生与植物卫生保护水平，则各成员应将其他成员的措施作为等效措施予以接受，即使这些措施不同于进口成员自己的措施，或不同于从事相同产品贸易的其他成员使用的措施，为此，应请求，应给予进口成员进行检查、检验及其他相关程序的合理机会。

2. 应请求，各成员应进行磋商，以便就承认具体卫生与植物卫生措施的等效性问题达成双边和多边协定。

第 5 条 风险评估和适当的卫生与植物卫生保护水平的确定

1. 各成员应保证其卫生与植物卫生措施的制定以对人类、动物或植物的生命或健康所进行的、适合有关情况的风险评估为基础，同时考虑有关国际组织制定的风险评估技术。

2. 在进行风险评估时，各成员应考虑可获得的科学证据：有关工序和生产方法；有关检查、抽样和检验方法；特定病害或虫害的流行；病虫害非疫区的存在；有关生态和环境条件；以及检疫或其他处理方法。

3. 各成员在评估对动物或植物的生命或健康构成的风险并确定为实现适当的卫生与植物卫生保护水平以防止此类风险所采取的措施时，应考虑下列有关经济因素：由于虫害或病害的传入、定居或传播造成生产或销售损失的潜在损害；在进口成员领土内控制或根除病虫害的费用；以及采用替代方法控制风险的相对成本效益。

4. 各成员在确定适当的卫生与植物卫生保护水平时，应考虑将对贸易的消极影响减少到最低程度的目标。

5. 为实现在防止对人类生命或健康、动物和植物的生命或健康的风险方面运用适当的卫生与植物卫生保护水平的概念的一致性，每一成员应避免其认为适当的保护水平在不同的情况下存在任意或不合理的差异，如此类差异造成对国际贸易的歧视或变相限制。各成员应在委员会中进行合作，依照第 12 条第 1 款、第 2 款和第 3 款制定指南，以推动本规定的实际实施。委员会在制定指南时应考虑所有有关因素，包括人们自愿承受人身健康风险的例外特性。

6. 在不损害第 3 条第 2 款的情况下，在制定或维持卫生与植物卫生措施以实现适当的卫生与植物卫生保护水平时，各成员应保证此类措施对贸易的限制不超过为达到适当的卫生与植物卫生保护水平所要求的限度，同时考虑其技术和经济可行性。

7. 在有关科学证据不充分的情况下，成员可根据可获得的有关信息，包括来自有关国际组织以及其他成员实施的卫生与植物卫生措施的信息，临时采用卫生与植物卫生措施。在此种情况下，各成员应寻求获得更加客观地进行风险评估所必需的额外信息，并在合理期限内据此审议卫生与植物卫生措施。

8. 如一成员有理由认为另一成员采用或维持的特定卫生与植物卫生措施正在限制或可能限制其产品出口，且该措施不是根据有关国际标准、指南或建议制定的，或不存在此类标准、指南或建议，则可请求说明此类卫生与植物卫生措施的理由，维持该措施的成员应提供此种说明。

第 6 条　适应地区条件，包括适应病虫害非疫区和低度流行区的条件

1. 各成员应保证其卫生与植物卫生措施适应产品的产地和目的地的卫生与植物卫生特点，无论该地区是一国的全部或部分地区，或几个国家的全部或部分地区。在评估一地区的卫生与植物卫生特点时，各成员应特别考虑特定病害或虫害的流行程度，是否存在根除或控制计划以及有关国际组织可能制定的适当标准或指南。

2. 各成员应特别认识到病虫害非疫区和低度流行区的概念，对这些地区的确定应根据地理、生态系统、流行病监测以及卫生与植物卫生控制的有效性等因素。

3. 声明其领土内地区属病虫害非疫区或低度流行区的出口成员，应提供必要的证据，以便向进口成员客观地证明此类地区属、且有可能继续属病虫害非疫区或低度流行区。为此，应请求，应使进口成员获得进行检查、检验及其他有关程序的合理机会。

第 7 条　透明度

各成员应依照附件 B 的规定通知其卫生与植物卫生措施的变更，并提供有关其卫生与植物卫生措施的信息。

第 8 条　控制、检查和批准程序

各成员在实施控制、检查和批准程序时，包括关于批准食品、饮料或饲料中使用添加剂或确定污染物允许量的国家制度，应遵守附件 C 的规定，并在其他方面保证其程序与本协定规定不相抵触。

第 9 条　技术援助

1. 各成员同意以双边形式或通过适当的国际组织便利向其他成员、特别是发展中国家成员提供技术援助。此类援助可特别针对加工技术、研究和基础设施等领域，包括建立国家管理机构，并可采取咨询、信贷、捐赠和赠予等方式，包括为寻求技术专长的目的，为使此类国家适应并符合为实现其出日市场的适当卫生与植物卫生保护水平所必需的卫生与植物卫生措施而提供的培训和设备。

2. 当发展中国家出口成员为满足进口成员的卫生与植物卫生要求而需要大量投资时，后者应考虑提供此类可使发展中国家成员维持和扩大所涉及的产品市场准入机会的技术援助。

第 10 条　特殊和差别待遇

1. 在制定和实施卫生与植物卫生措施时，各成员应考虑发展中国家成员。特别是最不发达国家成员的特殊需要。

2. 如适当的卫生与植物卫生保护水平有余地允许分阶段采用新的卫生与植物卫生措施，则应给予发展中国家成员有利害关系产品更长的时限以符合该措施，从而维持其出口机会。

3. 为保证发展中国家成员能够遵守本协定的规定，应请求，委员会有权，给予这些国家对于本协定项下全部或部分义务的特定的和有时限的例外，同时考虑其财政、贸易和发展需要。

4. 各成员应鼓励和便利发展中国家成员积极参与有关国际组织。

第 11 条　磋商和争端解决

1. 由《争端解决谅解》详述和适用的 GATT1994 第 22 条和第 23 条的规定适用于本协定项下的磋商和争端解决，除非本协定另有具体规定。

2. 在本协定项下涉及科学或技术问题的争端中，专家组应寻求专家组与争端各方磋商后选定的专家的意见。为此，在主动或应争端双方中任何一方请求下，专家组在其认为适当时，可设立一技术专家咨询小组，或咨询有关国际组织。

3. 本协定中的任何内容不得损害各成员在其他国际协定项下的权利，包括援用其他国际组织或根据任何国际协定设立的斡旋或争端解决机制的权利。

第 12 条　管理

1. 特此设立卫生与植物卫生措施委员会，为磋商提供经常性场所。委员会应履行为实施本协定规定并促进其目标实现所必需的职能，特别是关于协调的目标。委员会应经协商一致做出决定。

2. 委员会应鼓励和便利各成员之间就特定的卫生与植物卫生问题进行不定期的磋商或谈判。委员会应鼓励所有成员使用国际标准、指南和建议。在这方面，委员会应主办技术磋商和研究，以提高在批准使用食品添加剂或确定食品，饮料或饲料中污染物允许量的国际和国家制度或方法方面的协调性和一致性。

3. 委员会应同卫生与植物卫生保护领域的有关国际组织，特别是食品法典委员会、国际兽疫组织和《国际植物保护公约》秘书处保持密切联系，以获得用于管理本协定的可获得的最佳科学和技术意见。并保证避免不必要的重复工作。

4. 委员会应制定程序，以监测国际协调进程及国际标准、指南或建议的使用。为此，委员会应与有关国际组织一起，制定一份委员会认为对贸易有较大影响的与卫生与植物卫生措施有关的国际标准、指南或建议清单。在该清单中各成员应说明那些被用作进口条件或在此基础上进口产品符合这些标准即可享有对其市场准入的国际标准、指南或建议。成员不将国际标准、指南或建议作为进口条件的情况下，该成员应说明其中的理由，特别是它是否认为该标准不够严格，而无法提供适当的卫生与植物卫生保护水平，如一成员在其说明标准、指南或建议的使用为进口条件后改变其立场，则该成员应对其立场的改变提供说明，并通知秘书处以及有关国际组织，除非此类通知和说明已根据附件 B 中的程序做出。

5. 为避免不必要的重复，委员会可酌情决定使用通过有关国际组织实行的程序、特别是通知程序所产生的信息。

6. 委员会可根据成员的倡议，通过适当渠道邀请有关国际组织或其附属机构审查有关特定标准、指南或建议的具体问题，包括根据第 4 款对不使用所作说明的依据。

7. 委员会应在《WTO 协定》生效之日后 3 年后，并在此后有需要时，对本协定的运用和实施情况进行审议。在适当时，委员会应特别考虑在本协定实施过程中所获得的经验，向货物贸易理事会提交修正本协定文本的建议。

第 13 条　实施

各成员对在本协定项下遵守其中所列所有义务负有全责。各成员应制定和实施积极的措施和机制，以支持中央政府机构以外的机构遵守本协定的规定。各成员应采取所能采取的合理措施，以保证其领土内的非政府实体以及其领土内相关实体为其成员的区域机构，符合本协定的相关规定，此外，各成员不得采取其效果具有直接或间接要求或鼓励此类区域或非政府实体、或地方政府机构以与本协定规定不一致的方式行事作用的措施。各成员应保证只有在非政府实体遵守本协定规定的前提下，方可依靠这些实体提供的服务实施卫生与植物卫生措施。

第 14 条　最后条款

对于最不发达国家成员影响进口或进口产品的卫生与植物卫生措施，这些国家可自《WTO 协定》生效之日起推迟 5 年实施本协定的规定。对于其他发展中国家成员影响进口或进口产品的现有卫生与植物卫生措施，如由于缺乏技术专长、技术基础设施或资源而妨碍实施。则这些国家可自《WTO 协定》生效之日起推迟 2 年实施本协定的规定，但第 5 条第 8 款和第 7 条的规定除外。

附件 A　定义 4

1. 卫生与植物卫生措施——用于下列目的的任何措施：

（a）保护成员领土内的动物或植物的生命或健康免受虫害、病害、带病有机体或致病有机体的传入、定居或传播所产生的风险；

（b）保护成员领土内的人类或动物的生命或健康免受食品、饮料或饲料中的添加剂、污染物、毒素或致病有机体所产生的风险。

（c）保护成员领土内的人类的生命或健康免受动物、植物或动植物产品携带的病害，或虫害的传入、定居或传播所产生的风险；

（d）防止或控制成员领土内因虫害的传入、定居或传播所产生的其他损害。

卫生与植物卫生措施包括所有相关法律、法令、法规、要求和程序，特别包括：最终产品标准；工序和生产方法；检验、检查、认证和批准程序；检疫处理，包括与动物或植物运输有关的或与在运输过程中为维持植物生存所需物质有关的要求；有关统计方法、抽样程序和风险评估方法的规定；以及与粮食安全直接有关的包装和标签要求。

2. 协调——不同成员制定、承认和实施共同的卫生与植物卫生措施。

3. 国际标准、指南和建议

（a）对于粮食安全，指食品法典委员会制定的与食品添加剂、兽药和除虫剂残余物、污染物、分析和抽样方法有关的标准、指南和建议，及卫生惯例的守则和指南；

（b）对于动物健康和寄生虫病，指国际兽疫组织主持制定的标准指南和建议；

（c）对于植物健康，指在《国际植物保护公约》秘书处主持下与在《国际植物保护公约》范围内运作的区域组织合作制定的国际标准、指南和建议；以及

（d）对于上述组织未涵盖的事项，指经委员会确认的、由其成员资格向所有 WTO 成员开放的其他有关国际组织公布的有关标准。指南和建议。

4. 风险评估——根据可能适用的卫生与植物卫生措施评价虫害或病害在进口成员领土内传入、定居或传播的可能性，及评价相关潜在的生物学后果和经济后果；或评价食品、饮

料或饲料中存在的添加剂、污染物、毒素或致病有机体对人类或动物的健康所产生的潜在不利影响。

5. 适当的卫生与植物卫生保护水平——制定卫生与植物卫生措施以保护其领土内的人类、动物或植物的生命或健康的成员所认为适当的保护水平。

注：许多成员也称此概念为“可接受的风险水平”。

6. 病虫害非疫区——由主管机关确认的未发生特定虫害或病害的地区，无论是一国的全部或部分地区，还是几个国家的全部或部分地区。

注：病虫害非疫区可以包围一地区、被一地区包围或毗连一地区，可在一国的部分地区内，或在包括几个国家的部分或全部地理区域内，在该地区内已知发生特定虫害或病害，但已采取区域控制措施，如建立可限制或根除所涉虫害或病害的保护区、监测区和缓冲区。

7. 病虫害低度流行区——由主管机关确认的特定虫害或病害发生水平低、且已采取有效监测、控制或根除措施的地区，该地区可以是一国的全部或部分地区，也可以是几个国家的全部或部分地区。

附件 B　卫生与植物卫生法规的透明度

法规的公布

1. 各成员应保证迅速公布所有已采用的卫生与植物卫生法规 5，以使有利害关系的成员知晓。

2. 除紧急情况外，各成员应在卫生与植物卫生法规的公布和生效之间留出合理时间间隔，使出口成员、特别是发展中国家成员的生产者有时间使其产品和生产方法适应进口成员的要求。

咨询点

3. 每一成员应保证设立一咨询点，负责对有利害关系的成员提出的所有合理问题作出答复，并提供有关下列内容的文件：

（a）在其领土内已采用或提议的任何卫生与植物卫生法规；

（b）在其领土内实施的任何控制和检查程序、生产和检疫处理方法、杀虫剂允许量和食品添加剂批准程序；

（c）风险评估程序、考虑的因素以及适当的卫生与植物卫生保护水平的确定；

（d）成员或其领土内相关机构在国际和区域卫生与植物卫生组织和体系内，及在本协定范围内的双边和多边协定和安排中的成员资格和参与情况，及此类协定和安排的文本。

4. 各成员应保证在如有利害关系的成员索取文件副本，除递送费用外，应按向有关成员本国国民 6 提供的相同价格（如有定价）提供。

通知程序

5. 只要国际标准、指南或建议不存在或拟议的卫生与植物卫生法规的内容与国际标准、指南或建议的内容实质上不同，且如果该法规对其他成员的贸易有重大影响，则各成员即应：

（a）提早发布通知，以使有利害关系的成员知晓采用特定法规的建议；

（b）通过秘书处通知其他成员法规所涵盖的产品，并对拟议法规的目的和理由做出简要说明。此类通知应在仍可进行修正和考虑提出的意见时提早做出；

（c）应请求，向其他成员提供拟议法规的副本，只要可能，应标明与国际标准、指南或建议有实质性偏离的部分；

（d）无歧视地给予其他成员合理的时间以提出书面意见，应请求讨论这些意见，并对这些书面意见和讨论的结果予以考虑。

6. 但是，如一成员面临健康保护的紧急问题或面临发生此种问题的威胁，则该成员可省略本附件第5款所列步骤中其认为有必要省略的步骤，只要该成员：

（a）立即通过秘书处通知其他成员所涵盖的特定法规和产品，并对该法规的目标和理由做出简要说明，包括紧急问题的性质；

（b）应请求，向其他成员提供法规的副本；

（c）允许其他成员提出书面意见，应请求讨论这些意见，并对这些书面意见和讨论的结果予以考虑。

7. 提交秘书处的通知应使用英文、法文或西班牙文。

8. 如其他成员请求，发达国家成员应以英文、法文或西班牙文提供特定通知所涵盖的文件，如文件篇幅较长，则应提供此类文件的摘要。

9. 秘书处应迅速向所有成员和有利害关系的国际组织散发通知的副本，并提请发展中国家成员注意任何有关其特殊利益产品的通知。

10. 各成员应指定中央政府机构，负责在国家一级依据本附件第5款、第6款、第7款和第8款实施有关通知程序的规定。

一般保留

11. 本协定的任何规定不得解释为要求：

（a）使用成员语文以外的语文提供草案细节或副本或公布文本内容，但本附件第8款规定的除外；或

（b）各成员披露会阻碍卫生与植物卫生立法的执行或会损害特定企业合法商业利益的机密信息。

附件C　控制、检查和批准程序

1. 对于检查和保证实施卫生与植物卫生措施的任何程序，各成员应保证：

（a）此类程序的实施和完成不受到不适当的迟延，且对进口产品实施的方式不严于国内同类产品；

（b）公布每一程序的标准处理期限，或应请求，告知申请人预期的处理期限；主管机构在接到申请后迅速审查文件是否齐全；并以准确和完整的方式通知申请人所有不足之处；主管机构尽快以准确和完整的方式向申请人传达程序的结果，以便在必要时采取纠正措施；即使在申请存在不足之处时，如申请人提出请求，主管机构也应尽可能继续进行该程序；以及应请求，将程序所进行的阶段通知申请人，并对任何迟延做出说明；

（c）有关信息的要求仅限于控制、检查和批准程序所必需的限度，包括批准使用添加

剂或为确定食品、饮料或饲料中污染物的允许量所必需的限度；

（d）在控制、检查和批准过程中产生的或提供的有关进口产品的信息，其机密性受到不低于本国产品的遵守，并使合法商业利益得到保护；

（e）控制、检查和批准产品的单个样品的任何要求仅限于合理和必要的限度；

（f）因对进口产品实施上述程序而征收的任何费用与对国内同类产品或来自任何其他成员的产品所征收的费用相比是公平的，且不高于服务的实际费用；

（g）程序中所用设备的设置地点和进口产品样品的选择应使用与国内产品相同的标准，以便将申请人、进口商、出口商或其代理人的不便减少到最低程度；

（h）只要由于根据适用的法规进行控制和检查而改变产品规格，则对改变规格产品实施的程序仅限于为确定是否有足够的信心相信该产品仍符合有关规定所必需的限度；

（i）建立审议有关运用此类程序的投诉的程序，且当投诉合理时采取纠正措施。

进口成员实行批准使用食品添加剂或制定食品、饮料或饲料中污染物允许量的制度，以禁止或限制未获批准的产品进入其国内市场，则进口成员应考虑使用有关国际标准作为进入市场的依据，直到做出最后确定为止。

2. 如卫生与植物卫生措施规定在生产阶段进行控制，则在其领土内进行有关生产的成员应提供必要协助，以便利此类控制及控制机构的工作。

3. 本协定的内容不得阻止各成员在各自领土内实施合理检查。

附录七　中华人民共和国进出境动植物检疫法

（1991 年 10 月 30 日第七届全国人民代表大会常务委员会第二十二次会议通过
1991 年 10 月 30 日中华人民共和国主席令第 53 号公布　自 1992 年 4 月 1 日起施行）

第一章　总则

第一条　为防止动物传染病、寄生虫病和植物危险性病、虫、杂草以及其他有害生物（以下简称病虫害）传入、传出国境，保护农、林、牧、渔业生产和人体健康，促进对外经济贸易的发展，制定本法。

第二条　进出境的动植物、动植物产品和其他检疫物，装载动植物、动植物产品和其他检疫物的装载容器、包装物，以及来自动植物疫区的运输工具，依照本法规定实施检疫。

第三条　国务院设立动植物检疫机关（以下简称国家动植物检疫机关），统一管理全国进出境动植物检疫工作。国家动植物检疫机关在对外开放的口岸和进出境动植物检疫业务集中的地点设立的口岸动植物检疫机关，依照本法规定实施进出境动植物检疫。

贸易性动物产品出境的检疫机关，由国务院根据情况规定。

国务院农业行政主管部门主管全国进出境动植物检疫工作。

第四条　口岸动植物检疫机关在实施检疫时可以行使下列职权：

（一）依照本法规定登船、登车、登机实施检疫；

（二）进入港口、机场、车站、邮局以及检疫物的存放、加工、养殖、种植场所实施检疫，并依照规定采样；

（三）根据检疫需要，进入有关生产、仓库等场所，进行疫情监测、调查和检疫监督管理；

（四）查阅、复制、摘录与检疫物有关的运行日志、货运单、合同、发票及其他单证。

第五条　国家禁止下列各物进境：

（一）动植物病原体（包括菌种、毒种等）、害虫及其他有害生物；

（二）动植物疫情流行的国家和地区的有关动植物、动植物产品和其他检疫物；

（三）动物尸体；

（四）土壤。

口岸动植物检疫机关发现有前款规定的禁止进境物的，作退回或者销毁处理。

因科学研究等特殊需要引进本条第一款规定的禁止进境物的，必须事先提出申请，经国家动植物检疫机关批准。

本条第一款第二项规定的禁止进境物的名录，由国务院农业行政主管部门制定并公布。

第六条 国外发生重大动植物疫情并可能传入中国时，国务院应当采取紧急预防措施，必要时可以下令禁止来自动植物疫区的运输工具进境或者封锁有关口岸；受动植物疫情威胁地区的地方人民政府和有关口岸动植物检疫机关，应当立即采取紧急措施，同时向上级人民政府和国家动植物检疫机关报告。

邮电、运输部门对重大动植物疫情报告和送检材料应当优先传送。

第七条 国家动植物检疫机关和口岸动植物检疫机关对进出境动植物、动植物产品的生产、加工、存放过程，实行检疫监督制度。

第八条 口岸动植物检疫机关在港口、机场、车站、邮局执行检疫任务时，海关、交通、民航、铁路、邮电等有关部门应当配合。

第九条 动植物检疫机关检疫人员必须忠于职守，秉公执法。

动植物检疫机关检疫人员依法执行公务，任何单位和个人不得阻挠。

第二章 进境检疫

第十条 输入动物、动物产品、植物种子、种苗及其他繁殖材料的，必须事先提出申请，办理检疫审批手续。

第十一条 通过贸易、科技合作、交换、赠送、援助等方式输入动植物、动植物产品和其他检疫物的，应当在合同或者协议中订明中国法定的检疫要求，并订明必须附有输出国家或者地区政府动植物检疫机关出具的检疫证书。

第十二条 货主或者其代理人应当在动植物、动植物产品和其他检疫物进境前或者进境时持输出国家或者地区的检疫证书、贸易合同等单证，向进境口岸动植物检疫机关报检。

第十三条 装载动物的运输工具抵达口岸时，口岸动植物检疫机关应当采取现场预防措施，对上下运输工具或者接近动物的人员、装载动物的运输工具和被污染的场地作防疫消毒处理。

第十四条 输入动植物、动植物产品和其他检疫物，应当在进境口岸实施检疫。未经口岸动植物检疫机关同意，不得卸离运输工具。

输入动植物，需隔离检疫的，在口岸动植物检疫机关指定的隔离场所检疫。因口岸条件限制等原因，可以由国家动植物检疫机关决定将动植物、动植物产品和其他检疫物运往指定地点检疫。在运输、装卸过程中，货主或者其代理人应当采取防疫措施。指定的存放、加工和隔离饲养或者隔离种植的场所，应当符合动植物检疫和防疫的规定。

第十五条 输入动植物、动植物产品和其他检疫物，经检疫合格的，准予进境；海关凭口岸动植物检疫机关签发的检疫单证或者在报关单上加盖的印章验放。

输入动植物、动植物产品和其他检疫物，需调离海关监管区检疫的，海关凭口岸动植物检疫机关签发的《检疫调离通知单》验放。

第十六条 输入动物，经检疫不合格的，由口岸动植物检疫机关签发《检疫处理通知单》，通知货主或者其代理人作如下处理：

（一）检出一类传染病、寄生虫病的动物，连同其同群动物全群退回或者全群扑杀并销毁尸体；

（二）检出二类传染病、寄生虫病的动物，退回或者扑杀，同群其他动物在隔离场或者其他指定地点隔离观察。

输入动物产品和其他检疫物经检疫不合格的，由口岸动植物检疫机关签发《检疫处理通知单》，通知货主或者其代理人作除害、退回或者销毁处理。经除害处理合格的，准予进境。

第十七条　输入植物、植物产品和其他检疫物，经检疫发现有植物危险性病、虫、杂草的，由口岸动植物检疫机关签发《检疫处理通知单》，通知货主或者其代理人作除害、退回或者销毁处理。经除害处理合格的，准予进境。

第十八条　本法第十六条第一款第一项、第二项所称一类、二类动物传染病、寄生虫病的名录和本法第十七条所称植物危险性病、虫、杂草的名录，由国务院农业行政主管部门制定并公布。

第十九条　输入动植物、动植物产品和其他检疫物，经检疫发现有本法第十八条规定的名录之外，对农、林、牧、渔业有严重危害的其他病虫害的，由口岸动植物检疫机关依照国务院农业行政主管部门的规定，通知货主或者其代理人作除害、退回或者销毁处理。经除害处理合格的，准予进境。

第三章　出境检疫

第二十条　货主或者其代理人在动植物、动植物产品和其他检疫物出境前，向口岸动植物检疫机关报检。

出境前需经隔离检疫的动物，在口岸动植物检疫机关指定的隔离场所检疫。

第二十一条　输出动植物、动植物产品和其他检疫物，由口岸动植物检疫机关实施检疫，经检疫合格或者经除害处理合格的，准予出境；海关凭口岸动植物检疫机关签发的检疫证书或者在报关单上加盖的印章验放。检疫不合格又无有效方法作除害处理的，不准出境。

第二十二条　经检疫合格的动植物、动植物产品和其他检疫物，有下列情形之一的，货主或者其代理人应当重新报检：

（一）更改输入国家或者地区，更改后的输入国家或者地区又有不同检疫要求的；

（二）改换包装或者原未拼装后来拼装的；

（三）超过检疫规定有效期限的。

第四章　过境检疫

第二十三条　要求运输动物过境的，必须事先商得中国国家动植物检疫机关同意，并按照指定的口岸和路线过境。

装载过境动物的运输工具、装载容器、饲料和铺垫材料，必须符合中国动植物检疫的规定。

第二十四条 运输动植物、动植物产品和其他检疫物过境的，由承运人或者押运人持货运单和输出国家或者地区政府动植物检疫机关出具的检疫证书，在进境时向口岸动植物检疫机关报检，出境口岸不再检疫。

第二十五条 过境的动物经检疫合格的，准予过境；发现有本法第十八条规定的名录所列的动物传染病、寄生虫病的，全群动物不准过境。

过境动物的饲料受病虫害污染的，作除害、不准过境或者销毁处理。

过境的动物的尸体、排泄物、铺垫材料及其他废弃物，必须按照动植物检疫机关的规定处理，不得擅自抛弃。

第二十六条 对过境植物、动植物产品和其他检疫物，口岸动植物检疫机关检查运输工具或者包装，经检疫合格的，准予过境；发现有本法第十八条规定的名录所列的病虫害的，作除害处理或者不准过境。

第二十七条 动植物、动植物产品和其他检疫物过境期间，未经动植物检疫机关批准，不得开拆包装或者卸离运输工具。

第五章 携带、邮寄物检疫

第二十八条 携带、邮寄植物种子、种苗及其他繁殖材料进境的，必须事先提出申请，办理检疫审批手续。

第二十九条 禁止携带、邮寄进境的动植物、动植物产品和其他检疫物的名录，由国务院农业行政主管部门制定并公布。

携带、邮寄前款规定的名录所列的动植物、动植物产品和其他检疫物进境的，作退回或者销毁处理。

第三十条 携带本法第二十九条规定的名录以外的动植物、动植物产品和其他检疫物进境的，在进境时向海关申报并接受口岸动植物检疫机关检疫。

携带动物进境的，必须持有输出国家或者地区的检疫证书等证件。

第三十一条 邮寄本法第二十九条规定的名录以外的动植物、动植物产品和其他检疫物进境的，由口岸动植物检疫机关在国际邮件互换局实施检疫，必要时可以取回口岸动植物检疫机关检疫；未经检疫不得运递。

第三十二条 邮寄进境的动植物、动植物产品和其他检疫物，经检疫或者除害处理合格后放行；经检疫不合格又无有效方法作除害处理的，作退回或者销毁处理，并签发《检疫处理通知单》。

第三十三条 携带、邮寄出境的动植物、动植物产品和其他检疫物，物主有检疫要求的，由口岸动植物检疫机关实施检疫。

第六章　运输工具检疫

第三十四条　来自动植物疫区的船舶、飞机、火车抵达口岸时，由口岸动植物检疫机关实施检疫。发现有本法第十八条规定的名录所列的病虫害的，作不准带离运输工具、除害、封存或者销毁处理。

第三十五条　进境的车辆，由口岸动植物检疫机关作防疫消毒处理。

第三十六条　进出境运输工具上的泔水、动植物性废弃物，依照口岸动植物检疫机关的规定处理，不得擅自抛弃。

第三十七条　装载出境的动植物、动植物产品和其他检疫物的运输工具，应当符合动植物检疫和防疫的规定。

第三十八条　进境供拆船用的废旧船舶，由口岸动植物检疫机关实施检疫，发现有本法第十八条规定的名录所列的病虫害的，作除害处理。

第七章　法律责任

第三十九条　违反本法规定，有下列行为之一的，由口岸动植物检疫机关处以罚款：

（一）未报检或者未依法办理检疫审批手续的；

（二）未经口岸动植物检疫机关许可擅自将进境动植物、动植物产品或者其他检疫物卸离运输工具或者运递的；

（三）擅自调离或者处理在口岸动植物检疫机关指定的隔离场所中隔离检疫的动植物的。

第四十条　报检的动植物、动植物产品或者其他检疫物与实际不符的，由口岸动植物检疫机关处以罚款；已取得检疫单证的，予以吊销。

第四十一条　违反本法规定，擅自开拆过境动植物、动植物产品或者其他检疫物的包装的，擅自将过境动植物、动植物产品或者其他检疫物卸离运输工具的，擅自抛弃过境动物的尸体、排泄物、铺垫材料或者其他废弃物的，由动植物检疫机关处以罚款。

第四十二条　违反本法规定，引起重大动植物疫情的，比照刑法第一百七十八条的规定追究刑事责任。

第四十三条　伪造、变造检疫单证、印章、标志、封识，依照刑法第一百六十七条的规定追究刑事责任。

第四十四条　当事人对动植物检疫机关的处罚决定不服的，可以在接到处罚通知之日起十五日内向作出处罚决定的机关的上一级机关申请复议；当事人也可以在接到处罚通知之日起十五日内直接向人民法院起诉。

复议机关应当在接到复议申请之日起60日内作出复议决定。当事人对复议决定不服的，可以在接到复议决定之日起15日内向人民法院起诉。复议机关逾期不作出复议决定的，当事人可以在复议期满之日起15日内向人民法院起诉。

当事人逾期不申请复议也不向人民法院起诉、又不履行处罚决定的，作出处罚决定的机关可以申请人民法院强制执行。

第四十五条 动植物检疫机关检疫人员滥用职权，徇私舞弊，伪造检疫结果，或者玩忽职守，延误检疫出证，构成犯罪的，依法追究刑事责任；不构成犯罪的，给予行政处分。

第八章 附则

第四十六条 本法下列用语的含义是：

（一）“动物”是指饲养、野生的活动物，如畜、禽、兽、蛇、龟、鱼、虾、蟹、贝、蚕、蜂等；

（二）“动物产品”是指来源于动物未经加工或者虽经加工但仍有可能传播疫病的产品，如生皮张、毛类、肉类、脏器、油脂、动物水产品、奶制品、蛋类、血液、精液、胚胎、骨、蹄、角等；

（三）“植物”是指栽培植物、野生植物及其种子、种苗及其他繁殖材料等；

（四）“植物产品”是指来源于植物未经加工或者虽经加工但仍有可能传播病虫害的产品，如粮食、豆、棉花、油、麻、烟草、籽仁、干果、鲜果、蔬菜、生药材、木材、饲料等；

（五）“其他检疫物”是指动物疫苗、血清、诊断液、动植物性废弃物等。

第四十七条 中华人民共和国缔结或者参加的有关动植物检疫的国际条约与本法有不同规定的，适用该国际条约的规定。但是，中华人民共和国声明保留的条款除外。

第四十八条 口岸动植物检疫机关实施检疫依照规定收费。收费办法由国务院农业行政主管部门会同国务院物价等有关主管部门制定。

第四十九条 国务院根据本法制定实施条例。

第五十条 本法自一九九二年四月一日起施行。一九八二年六月四日国务院发布的《中华人民共和国进出口动植物检疫条例》同时废止。

附录八　中华人民共和国进出境动植物检疫法实施条例

（1996 年 12 月 2 日国务院令第 206 号）

第一章　总则

第一条　根据《中华人民共和国进出境动植物检疫法》（以下简称进出境动植物检疫法）的规定，制定本条例。

第二条　下列各物，依照进出境动植物检疫法和本条例的规定实施检疫：

（一）进境、出境、过境的动植物、动植物产品和其他检疫物；

（二）装载动植物、动植物产品和其他检疫物的装载容器、包装物、铺垫材料；

（三）来自动植物疫区的运输工具；

（四）进境拆解的废旧船舶；

（五）有关法律、行政法规、国际条约规定或者贸易合同约定应当实施进出境动植物检疫的其他货物、物品。

第三条　国务院农业行政主管部门主管全国进出境动植物检疫工作。

中华人民共和国动植物检疫局（以下简称国家动植物检疫局）统一管理全国进出境动植物检疫工作，收集国内外重大动植物疫情，负责国际间进出境动植物检疫的合作与交流。

国家动植物检疫局在对外开放的口岸和进出境动植物检疫业务集中的地点设立的口岸动植物检疫机关，依照进出境动植物检疫法和本条例的规定，实施进出境动植物检疫。

第四条　国（境）外发生重大动植物疫情并可能传入中国时，根据情况采取下列紧急预防措施：

（一）国务院可以对相关边境区域采取控制措施，必要时下令禁止来自动植物疫区的运输工具进境或者封锁有关口岸；

（二）国务院农业行政主管部门可以公布禁止从动植物疫情流行的国家和地区进境的动植物、动植物产品和其他检疫物的名录；

（三）有关口岸动植物检疫机关可以对可能受病虫害污染的本条例第二条所列进境各物采取紧急检疫处理措施；

（四）受动植物疫情威胁地区的地方人民政府可以立即组织有关部门制定并实施应急方案，同时向上级人民政府和国家动植物检疫局报告。

邮电、运输部门对重大动植物疫情报告和送检材料应当优先传送。

第五条 享有外交、领事特权与豁免的外国机构和人员公用或者自用的动植物、动植物产品和其他检疫物进境，应当依照进出境动植物检疫法和本条例的规定实施检疫；口岸动植物检疫机关查验时，应当遵守有关法律的规定。

第六条 海关依法配合口岸动植物检疫机关，对进出境动植物、动植物产品和其他检疫物实行监管。具体办法由国务院农业行政主管部门会同海关总署制定。

第七条 进出境动植物检疫法所称动植物疫区和动植物疫情流行的国家与地区的名录，由国务院农业行政主管部门确定并公布。

第八条 对贯彻执行进出境动植物检疫法和本条例做出显著成绩的单位和个人，给予奖励。

第二章 检疫审批

第九条 输入动物、动物产品和进出境动植物检疫法第五条第一款所列禁止进境物的检疫审批，由国家动植物检疫局或者其授权的口岸动植物检疫机关负责。

输入植物种子、种苗及其他繁殖材料的检疫审批，由植物检疫条例规定的机关负责。

第十条 符合下列条件的，方可办理进境检疫审批手续：

（一）输出国家或者地区无重大动植物疫情；

（二）符合中国有关动植物检疫法律、法规、规章的规定；

（三）符合中国与输出国家或者地区签订的有关双边检疫协定（含检疫协议、备忘录等，下同）。

第十一条 检疫审批手续应当在贸易合同或者协议签订前办妥。

第十二条 携带、邮寄植物种子、种苗及其他繁殖材料进境的，必须事先提出申请，办理检疫审批手续；因特殊情况无法事先办理的，携带人或者邮寄人应当在口岸补办检疫审批手续，经审批机关同意并经检疫合格后方准进境。

第十三条 要求运输动物过境的，货主或者其代理人必须事先向国家动植物检疫局提出书面申请，提交输出国家或者地区政府动植物检疫机关出具的疫情证明、输入国家或者地区政府动植物检疫机关出具的准许该动物进境的证件，并说明拟过境的路线，国家动植物检疫局审查同意后，签发《动物过境许可证》。

第十四条 因科学研究等特殊需要，引进进出境动植物检疫法第五条第一款所列禁止进境物的，办理禁止进境物特许检疫审批手续时，货主、物主或者其代理人必须提交书面申请，说明其数量、用途、引进方式、进境后的防疫措施，并附具有关口岸动植物检疫机关签署的意见。

第十五条 办理进境检疫审批手续后，有下列情况之一的，货主、物主或者其代理人应当重新申请办理检疫审批手续：

（一）变更进境物的品种或者数量的；

（二）变更输出国家或者地区的；

（三）变更进境口岸的；

（四）超过检疫审批有效期的。

第三章　进境检疫

第十六条　进出境动植物检疫法第十一条所称中国法定的检疫要求，是指中国的法律、行政法规和国务院农业行政主管部门规定的动植物检疫要求。

第十七条　国家对向中国输出动植物产品的国外生产、加工、存放单位，实行注册登记制度。具体办法由国务院农业行政主管部门制定。

第十八条　输入动植物、动植物产品和其他检疫物的，货主或者其代理人应当在进境前或者进境时向进境口岸动植物检疫机关报检。属于调离海关监管区检疫的，运达指定地点时，货主或者其代理人应当通知有关口岸动植物检疫机关。属于转关货物的，货主或者其代理人应当在进境时向进境口岸动植物检疫机关申报；到达指运地时，应当向指运地口岸动植物检疫机关报检。

输入种畜禽及其精液、胚胎的，应当在进境前 30 日报检；输入其他动物的，应当在进境前 15 日报检；输入植物种子、种苗及其他繁殖材料的，应当在进境前 7 日报检。

动植物性包装物、铺垫材料进境时，货主或者其代理人应当及时向口岸动植物检疫机关申报；动植物检疫机关可以根据具体情况对申报物实施检疫。

前款所称动植物性包装物、铺垫材料，是指直接用作包装物、铺垫材料的动物产品和植物、植物产品。

第十九条　向口岸动植物检疫机关报检时，应当填写报检单，并提交输出国家或者地区政府动植物检疫机关出具的检疫证书、产地证书和贸易合同、信用证、发票等单证；依法应当办理检疫审批手续的，还应当提交检疫审批单。无输出国家或者地区政府动植物检疫机关出具的有效检疫证书，或者未依法办理检疫审批手续的，口岸动植物检疫机关可以根据具体情况，作退回或者销毁处理。

第二十条　输入的动植物、动植物产品和其他检疫物运达口岸时，检疫人员可以到运输工具上和货物现场实施检疫，核对货、证是否相符，并可以按照规定采取样品。承运人、货主或者其代理人应当向检疫人员提供装载清单和有关资料。

第二十一条　装载动物的运输工具抵达口岸时，上下运输工具或者接近动物的人员，应当接受口岸动植物检疫机关实施的防疫消毒，并执行其采取的其他现场预防措施。

第二十二条　检疫人员应当按照下列规定实施现场检疫：

（一）动物：检查有无疫病的临床症状。发现疑似感染传染病或者已死亡的动物时，在货主或者押运人的配合下查明情况，立即处理。动物的铺垫材料、剩余饲料和排泄物等，由货主或者其代理人在检疫人员的监督下，作除害处理。

（二）动物产品：检查有无腐败变质现象，容器、包装是否完好。符合要求的，允许卸离运输工具。发现散包、容器破裂的，由货主或者其代理人负责整理完好，方可卸离运输工具。根据情况，对运输工具的有关部位及装载动物产品的容器、外表包装、铺垫材料、被污染场地等进行消毒处理。需要实施实验室检疫的，按照规定采取样品。对易滋生植物害虫或者混藏杂草种子的动物产品，同时实施植物检疫。

（三）植物、植物产品：检查货物和包装物有无病虫害，并按照规定采取样品。发现病虫害并有扩散可能时，及时对该批货物、运输工具和装卸现场采取必要的防疫措施。对来自动物传染病疫区或者易带动物传染病和寄生虫病病原体并用作动物饲料的植物产品，同时实施动物检疫。

（四）动植物性包装物、铺垫材料：检查是否携带病虫害、混藏杂草种子、沾带土壤，并按照规定采取样品。

（五）其他检疫物：检查包装是否完好及是否被病虫害污染。发现破损或者被病虫害污染时，作除害处理。

第二十三条 对船舶、火车装运的大宗动植物产品，应当就地分层检查；限于港口、车站的存放条件，不能就地检查的，经口岸动植物检疫机关同意，也可以边卸载边疏运，将动植物产品运往指定的地点存放。在卸货过程中经检疫发现疫情时，应当立即停止卸货，由货主或者其代理人按照口岸动植物检疫机关的要求，对已卸和未卸货物作除害处理，并采取防止疫情扩散的措施；对被病虫害污染的装卸工具和场地，也应当作除害处理。

第二十四条 输入种用大中家畜的，应当在国家动植物检疫局设立的动物隔离检疫场所隔离检疫 45 日；输入其他动物的，应当在口岸动植物检疫机关指定的动物隔离检疫场所隔离检疫 30 日。动物隔离检疫场所管理办法，由国务院农业行政主管部门制定。

第二十五条 进境的同一批动植物产品分港卸货时，口岸动植物检疫机关只对本港卸下的货物进行检疫，先期卸货港的口岸动植物检疫机关应当将检疫及处理情况及时通知其他分卸港的口岸动植物检疫机关；需要对外出证的，由卸毕港的口岸动植物检疫机关汇总后统一出具检疫证书。

在分卸港实施检疫中发现疫情并必须进行船上熏蒸、消毒时，由该分卸港的口岸动植物检疫机关统一出具检疫证书，并及时通知其他分卸港的口岸动植物检疫机关。

第二十六条 对输入的动植物、动植物产品和其他检疫物，按照中国的国家标准、行业标准以及国家动植物检疫局的有关规定实施检疫。

第二十七条 输入动植物、动植物产品和其他检疫物，经检疫合格的，由口岸动植物检疫机关在报关单上加盖印章或者签发《检疫放行通知单》；需要调离进境口岸海关监管区检疫的，由进境口岸动植物检疫机关签发《检疫调离通知单》。货主或者其代理人凭口岸动植物检疫机关在报关单上加盖的印章或者签发的《检疫放行通知单》《检疫调离通知单》办理报关、运递手续。海关对输入的动植物、动植物产品和其他检疫物，凭口岸动植物检疫机关在报关单上加盖的印章或者签发的《检疫放行通知单》《检疫调离通知单》验放。运输、邮电部门凭单运递，运递期间国内其他检疫机关不再检疫。

第二十八条 输入动植物、动植物产品和其他检疫物，经检疫不合格的，由口岸动植物检疫机关签发《检疫处理通知单》，通知货主或者其代理人在口岸动植物检疫机关的监督和技术指导下，作除害处理；需要对外索赔的，由口岸动植物检疫机关出具检疫证书。

第二十九条　国家动植物检疫局根据检疫需要，并商输出动植物、动植物产品国家或者地区政府有关机关同意，可以派检疫人员进行预检、监装或者产地疫情调查。

第三十条　海关、边防等部门截获的非法进境的动植物、动植物产品和其他检疫物，应当就近交由口岸动植物检疫机关检疫。

第四章　出境检疫

第三十一条　货主或者其代理人依法办理动植物、动植物产品和其他检疫物的出境报检手续时，应当提供贸易合同或者协议。

第三十二条　对输入国要求中国对向其输出的动植物、动植物产品和其他检疫物的生产、加工、存放单位注册登记的，口岸动植物检疫机关可以实行注册登记，并报国家动植物检疫局备案。

第三十三条　输出动物，出境前需经隔离检疫的，在口岸动植物检疫机关指定的隔离场所检疫。输出植物、动植物产品和其他检疫物的，在仓库或者货场实施检疫；根据需要，也可以在生产、加工过程中实施检疫。

待检出境植物、动植物产品和其他检疫物，应当数量齐全、包装完好、堆放整齐、唛头标记明显。

第三十四条　输出动植物、动植物产品和其他检疫物的检疫依据：

（一）输入国家或者地区和中国有关动植物检疫规定；

（二）双边检疫协定；

（三）贸易合同中订明的检疫要求。

第三十五条　经启运地口岸动植物检疫机关检疫合格的动植物、动植物产品和其他检疫物，运达出境口岸时，按照下列规定办理：

（一）动物应当经出境口岸动植物检疫机关临床检疫或者复检；

（二）植物、动植物产品和其他检疫物从启运地随原运输工具出境的，由出境口岸动植物检疫机关验证放行；改换运输工具出境的，换证放行；

（三）植物、动植物产品和其他检疫物到达出境口岸后拼装的，因变更输入国家或者地区而有不同检疫要求的，或者超过规定的检疫有效期的，应当重新报检。

第三十六条　输出动植物、动植物产品和其他检疫物，经启运地口岸动植物检疫机关检疫合格的，运达出境口岸时，运输、邮电部门凭启运地口岸动植物检疫机关签发的检疫单证运递，国内其他检疫机关不再检疫。

第五章　过境检疫

第三十七条　运输动植物、动植物产品和其他检疫物过境（含转运，下同）的，承运人或者押运人应当持货运单和输出国家或者地区政府动植物检疫机关出具的证书，向进境口岸动植物检疫机关报检；运输动物过境的，还应当同时提交国家动植物检疫局签发的《动物过境许可证》。

第三十八条 过境动物运达进境口岸时，由进境口岸动植物检疫机关对运输工具、容器的外表进行消毒并对动物进行临床检疫，经检疫合格的，准予过境。进境口岸动植物检疫机关可以派检疫人员监运至出境口岸，出境口岸动植物检疫机关不再检疫。

第三十九条 装载过境植物、动植物产品和其他检疫物的运输工具和包装物、装载容器必须完好。经口岸动植物检疫机关检查，发现运输工具或者包装物、装载容器有可能造成途中散漏的，承运人或者押运人应当按照口岸动植物检疫机关的要求，采取密封措施；无法采取密封措施的，不准过境。

第六章 携带、邮寄物检疫

第四十条 携带、邮寄植物种子、种苗及其他繁殖材料进境，未依法办理检疫审批手续的，由口岸动植物检疫机关作退回或者销毁处理。邮件作退回处理的，由口岸动植物检疫机关在邮件及发递单上批注退回原因；邮件作销毁处理的，由口岸动植物检疫机关签发通知单，通知寄件人。

第四十一条 携带动植物、动植物产品和其他检疫物进境的，进境时必须向海关申报并接受口岸动植物检疫机关检疫。海关应当将申报或者查获的动植物、动植物产品和其他检疫物及时交由口岸动植物检疫机关检疫。未经检疫的，不得携带进境。

第四十二条 口岸动植物检疫机关可以在港口、机场、车站的旅客通道、行李提取处等现场进行检查，对可能携带动植物、动植物产品和其他检疫物而未申报的，可以进行查询并抽检其物品，必要时可以开包（箱）检查。

旅客进出境检查现场应当设立动植物检疫台位和标志。

第四十三条 携带动物进境的，必须持有输出动物的国家或者地区政府动植物检疫机关出具的检疫证书，经检疫合格后放行；携带犬、猫等宠物进境的，还必须持有疫苗接种证书。没有检疫证书、疫苗接种证书的，由口岸动植物检疫机关作限期退回或者没收销毁处理。作限期退回处理的，携带人必须在规定的时间内持口岸动植物检疫机关签发的截留凭证，领取并携带出境；逾期不领取的，作自动放弃处理。

携带植物、动植物产品和其他检疫物进境，经现场检疫合格的，当场放行；需要作实验室检疫或者隔离检疫的，由口岸动植物检疫机关签发截留凭证。截留检疫合格的，携带人持截留凭证向口岸动植物检疫机关领回；逾期不领回的，作自动放弃处理。

禁止携带、邮寄进出境动植物检疫法第二十九条规定的名录所列动植物、动植物产品和其他检疫物进境。

第四十四条 邮寄进境的动植物、动植物产品和其他检疫物，由口岸动植物检疫机关在国际邮件互换局（含国际邮件快递公司及其他经营国际邮件的单位，以下简称邮局）实施检疫。邮局应当提供必要的工作条件。

经现场检疫合格的，由口岸动植物检疫机关加盖检疫放行章，交邮局运递。需要作实验室检疫或者隔离检疫的，口岸动植物检疫机关应当向邮局办理交接手续；检疫合格的，加盖检疫放行章，交邮局运递。

第四十五条　携带、邮寄进境的动植物、动植物产品和其他检疫物，经检疫不合格又无有效方法作除害处理的，作退回或者销毁处理，并签发《检疫处理通知单》交携带人、寄件人。

第七章　运输工具检疫

第四十六条　口岸动植物检疫机关对来自动植物疫区的船舶、飞机、火车，可以登船、登机、登车实施现场检疫。有关运输工具负责人应当接受检疫人员的询问并在询问记录上签字，提供运行日志和装载货物的情况，开启舱室接受检疫。

口岸动植物检疫机关应当对前款运输工具可能隐藏病虫害的餐车、配餐间、厨房、储藏室、食品舱等动植物产品存放、使用场所和泔水、动植物性废弃物的存放场所以及集装箱箱体等区域或者部位，实施检疫；必要时，作防疫消毒处理。

第四十七条　来自动植物疫区的船舶、飞机、火车，经检疫发现有进出境动植物检疫法第十八条规定的名录所列病虫害的，必须作熏蒸、消毒或者其他除害处理。发现有禁止进境的动植物、动植物产品和其他检疫物的，必须作封存或者销毁处理；作封存处理的，在中国境内停留或者运行期间，未经口岸动植物检疫机关许可，不得启封动用。对运输工具上的泔水、动植物性废弃物及其存放场所、容器，应当在口岸动植物检疫机关的监督下作除害处理。

第四十八条　来自动植物疫区的进境车辆，由口岸动植物检疫机关作防疫消毒处理。装载进境动植物、动植物产品和其他检疫物的车辆，经检疫发现病虫害的，连同货物一并作除害处理。装运供应香港、澳门地区的动物的回空车辆，实施整车防疫消毒。

第四十九条　进境拆解的废旧船舶，由口岸动植物检疫机关实施检疫。发现病虫害的，在口岸动植物检疫机关监督下作除害处理。发现有禁止进境的动植物、动植物产品和其他检疫物的，在口岸动植物检疫机关的监督下作销毁处理。

第五十条　来自动植物疫区的进境运输工具经检疫或者经消毒处理合格后，运输工具负责人或者其代理人要求出证的，由口岸动植物检疫机关签发《运输工具检疫证书》或者《运输工具消毒证书》。

第五十一条　进境、过境运输工具在中国境内停留期间，交通员工和其他人员不得将所装载的动植物、动植物产品和其他检疫物带离运输工具；需要带离时，应当向口岸动植物检疫机关报检。

第五十二条　装载动物出境的运输工具，装载前应当在口岸动植物检疫机关监督下进行消毒处理。

装载植物、动植物产品和其他检疫物出境的运输工具，应当符合国家有关动植物防疫和检疫的规定。发现危险性病虫害或者超过规定标准的一般性病虫害的，作除害处理后方可装运。

第八章　检疫监督

第五十三条　国家动植物检疫局和口岸动植物检疫机关对进出境动植物、动植物产品的生产、加工、存放过程，实行检疫监督制度。具体办法由国务院农业行政主管部门制定。

第五十四条　进出境动物和植物种子、种苗及其他繁殖材料，需要隔离饲养、隔离种植的，在隔离期间，应当接受口岸动植物检疫机关的检疫监督。

第五十五条　从事进出境动植物检疫熏蒸、消毒处理业务的单位和人员，必须经口岸动植物检疫机关考核合格。

口岸动植物检疫机关对熏蒸、消毒工作进行监督、指导，并负责出具熏蒸、消毒证书。

第五十六条　口岸动植物检疫机关可以根据需要，在机场、港口、车站、仓库、加工厂、农场等生产、加工、存放进出境动植物、动植物产品和其他检疫物的场所实施动植物疫情监测，有关单位应当配合。

未经口岸动植物检疫机关许可，不得移动或者损坏动植物疫情监测器具。

第五十七条　口岸动植物检疫机关根据需要，可以对运载进出境动植物、动植物产品和其他检疫物的运输工具、装载容器加施动植物检疫封识或者标志；未经口岸动植物检疫机关许可，不得开拆或者损毁检疫封识、标志。

动植物检疫封识和标志由国家动植物检疫局统一制发。

第五十八条　进境动植物、动植物产品和其他检疫物，装载动植物、动植物产品和其他检疫物的装载容器、包装物，运往保税区（含保税工厂、保税仓库等）的，在进境口岸依法实施检疫；口岸动植物检疫机关可以根据具体情况实施检疫监督；经加工复运出境的，依照进出境动植物检疫法和本条例有关出境检疫的规定办理。

第九章　法律责任

第五十九条　有下列违法行为之一的，由口岸动植物检疫机关处5 000元以下的罚款：

（一）未报检或者未依法办理检疫审批手续或者未按检疫审批的规定执行的；

（二）报检的动植物、动植物产品和其他检疫物与实际不符的。

有前款第（二）项所列行为，已取得检疫单证的，予以吊销。

第六十条　有下列违法行为之一的，由口岸动植物检疫机关处3 000元以上3 万元以下的罚款：

（一）未经口岸动植物检疫机关许可擅自将进境、过境动植物、动植物产品和其他检疫物卸离运输工具或者运递的；

（二）擅自调离或者处理在口岸动植物检疫机关指定的隔离场所中隔离检疫的动植物的；

（三）擅自开拆过境动植物、动植物产品和其他检疫的包装，或者擅自开拆、损毁动植物检疫封识或者标志的；

（四）擅自抛弃过境动物的尸体、排泄物、铺垫材料或者其他废弃物，或者未按规定处理运输工具上的泔水、动植物性废弃物的。

第六十一条　依照本法第十七条、第三十二条的规定注册登记的生产、加工、存放动植物、动植物产品和其他检疫物的单位，进出境的上述物品经检疫不合格的，除依照本法有关规定作退回、销毁或者除害处理外，情节严重的，由口岸动植物检疫机关注销注册登记。

第六十二条　有下列违法行为之一的，依法追究刑事责任；尚不构成犯罪或者犯罪情节显著轻微依法不需要判处刑罚的，由口岸动植物检疫机关处2万元以上5万元以下的罚款：

（一）引起重大动植物疫情的；

（二）伪造、变造动植物检疫单证、印章、标志、封识的。

第六十三条　从事进出境动植物检疫熏蒸、消毒处理业务的单位和人员，不按照规定进行熏蒸和消毒处理的，口岸动植物检疫机关可以视情节取消其熏蒸、消毒资格。

第十章　附　则

第六十四条　进出境动植物检疫法和本条例下列用语的含义：

（一）“植物种子、种苗及其他繁殖材料”，是指栽培、野生的可供繁殖的植物全株或者部分，如植株、苗木（含试管苗）、果实、种子、砧木、接穗、插条、叶片、芽体、块根、块茎、鳞茎、球茎、花粉、细胞培养材料等；

（二）“装载容器”，是指可以多次使用、易受病虫害污染并用于装载进出境货物的容器，如笼、箱、桶、筐等；

（三）“其他有害生物”，是指动物传染病、寄生虫病和植物危险性病、虫、杂草以外的各种为害动植物的生物有机体、病原微生物，以及软体类、啮齿类、螨类、多足虫类动物和危险性病虫的中间寄主、媒介生物等；

（四）“检疫证书”，是指动植物检疫机关出具的关于动植物、动植物产品和其他检疫物健康或者卫生状况的具有法律效力的文件，如《动物检疫证书》《植物检疫证书》《动物健康证书》《兽医卫生证书》《熏蒸/消毒证书》等。

第六十五条　对进出境动植物、动植物产品和其他检疫物因实施检疫或者按照规定作熏蒸、消毒、退回、销毁等处理所需费用或者招致的损失，由货主、物主或者其代理人承担。

第六十六条　口岸动植物检疫机关依法实施检疫，需要采取样品时，应当出具采样凭单；验余的样品，货主、物主或者其代理人应当在规定的期限内领回；逾期不领回的，由口岸动植物检疫机关按照规定处理。

第六十七条 贸易性动物产品出境的检疫机关，由国务院根据情况规定。

第六十八条 本条例自 1997 年 1 月 1 日起施行。

附录九　烟草种子管理办法

国烟科〔2006〕819号（2006年11月17日发布）

第一章　总　则

第一条　为加强烟草种子管理工作，维护烟草品种选育者和种子生产者、经营者、使用者的合法权益，有效地推广应用优良品种，提高种子质量，推动种子产业化，促进烟草生产的持续发展，依据《中华人民共和国种子法》和《中华人民共和国烟草专卖法》，制订本办法。

第二条　从事烟草品种选育、种子生产、经营、使用、进出口和管理工作的单位和个人，应遵守本办法。

第三条　本办法所称烟草种子，是指各种烟草类型的育种家种子、原种和良种。

育种家种子是指育种家育成的遗传性状稳定、特征特性一致的品种或杂交种亲本的最初一批种子。

原种是指用育种家种子繁殖的第一代及按原种生产技术规程生产的达到原种质量标准的种子。

良种是指用原种繁殖的第一代和杂交种达到良种质量标准的种子。

第四条　烟叶种植必须使用由全国烟草品种审定委员会或省烟草品种审定专家组审定通过的品种。

第五条　国家烟草专卖局鼓励烟草育种、引种和繁种工作采用先进技术，提高烟草种子工作的科学技术水平；鼓励品种选育和种子生产、经营相结合，推动种子产业化。

第六条　国家烟草专卖局建立种子贮备制度。原种、良种贮备由中国烟叶公司组织有关单位贮备。

第七条　国家烟草专卖局授权中国烟叶公司具体负责管理全国烟草种子工作，省级烟草专卖局（公司）的烟叶处（公司）负责管理本行政区域内的烟草种子工作。

第二章　种质资源

第八条　本办法所指种质资源是选育烟草新品种的基础材料，包括烟草栽培种、野生种和濒危稀有种的繁殖材料，以及利用上述繁殖材料人工创造的各种遗传材料。

第九条　种质资源是国家战略性物资，属于国家所有，任何单位和个人不得侵占、破坏。

第十条 国家烟草专卖局委托其授权单位有计划地搜集、整理、鉴定、保存、交流和利用烟草种质资源，定期公布可供利用的种质资源目录和种质资源分类目录。国家烟草专卖局授权有条件的单位建立中国烟草种质资源库，对烟草种质资源进行集中保存。任何单位和个人有义务将持有国家未登记保存的烟草种质资源送中国烟草种质资源库登记保存。

第十一条 国家烟草专卖局鼓励从境外引进烟草种质资源，但必须按照本办法第三十四条、第三十五条规定办理并提供适量种子供保存和利用。

第十二条 与境外交换烟草种质资源，按照种质资源分类目录管理。

属于“有条件对外交换的”和“可以对外交换的”种质资源，经国家烟草专卖局批准，可向境外适量提供，种子以0.2公顷播量为限。

属于“不能对外交换的”和未列入种质资源分类目录的种质资源不得对外提供。

第三章　品种选育与审定

第十三条 国家鼓励、支持单位和个人选育烟草新品种。国家烟草专卖局和省级烟草专卖局（公司）扶持并组织有关单位进行烟草品种的选育及育种理论、技术和方法的研究。

第十四条 烟草品种实行两级审定制度。具体审定办法及标准另行制订。

第十五条 国家烟草专卖局设立全国烟草品种审定委员会，负责组织全国烟草品种试验和审定，是烟草品种审定的权力机构。经国家烟草专卖局批准，部分烟叶主产省可设立省级烟草品种审定专家组，负责本省烟草品种的省级审定工作。省级烟草专卖局（公司）可相应设立省级烟草品种审评委员会，负责组织省级品种试验和对在省级品种试验中品种综合表现进行审评并将审评通过的品种推荐参加全国品种试验或省级品种审定。

第十六条 通过审定的品种由全国烟草品种审定委员会颁发证书，国家烟草专卖局公布，通过国家级审定的品种可以在全国适宜的生态区推广，通过省级审定的品种在相应的省（直辖市、自治区）推广。国家烟草专卖局制订《烟草新品种保护条例》，对烟草新品种实行保护制度。烟草种子技术的专利受《中华人民共和国专利法》保护，技术转让依照国家有关技术转让的规定办理。

第十七条 未通过审定的烟草品种不得生产、经营，不得发布广告，不得在生产上推广应用。

第十八条 审定通过的品种，在生产推广应用过程中，如发现有不可克服的弱点或严重退化问题，应当发布公告，停止推广。

第十九条 转基因烟草品种的选育、试验、审定和推广应当进行安全性评价并采取严格的安全控制措施。具体办法按照《烟草基因工程研究及其应用管理办法》（国烟法〔1998〕168号）和国家有关规定办理。

第二十条 国外企业或组织在中国申请烟草品种审定的，应当委托具有法人资格的中国种子科研、生产、经营机构代理。

第四章　种子生产与经营

第二十一条　从事烟草种子生产经营的单位，必须经烟草种子主管部门批准。

第二十二条　烟草常规种原种种子、杂交种及其亲本种子生产经营由中国烟叶公司直接管理，按照一次繁殖、分年使用的原则执行。省区域内的常规良种生产经营由各省级烟草专卖局（公司）烟叶处（公司）管理，跨省区域的常规良种生产经营由中国烟叶公司统一管理。

第二十三条　从事烟草种子生产经营的单位，应当具备下列条件：

（一）是中国烟草原种（良种）繁殖基地或在此基础上组建的种子公司以及科研育种单位；

（二）具有繁殖种子的隔离和培育条件；

（三）具有与种子生产经营相适应的资金及承担民事责任的能力；

（四）具有与种子生产经营相适应的营业场所及生产、加工、包装、贮藏保管设施和检验种子质量的仪器设备；

（五）具有相应的专业种子生产、加工、检验和贮藏保管的技术人员；

（六）法律、法规规定的其他条件。

第二十四条　生产经营的种子应当按有关行业标准及规程进行生产、加工、包装。种子包装应当标注烟草类型、品种名称、产地、质量指标、粒数、生产日期、品种使用说明书、生产单位名称、地址、联系方式等并附有质量检验合格证。有下列情况的，应当分别加注：

（一）经过药剂处理的种子，应当表明注意事项；药剂含有有毒物质的，应当注明有害物质的名称及含量并要附有警示标志，用红色标明“有毒”字样。

（二）种子中含有有害杂草种子的，应当标明有害杂草种子的种类和比率。

（三）转基因种子应当加注“转基因”字样，安全控制措施包装标注的内容应当与包装内的种子相符。

第二十五条　烟草种子生产经营应当建立种子生产档案，载明生产地点、生产地块环境、前茬作物、亲本种子来源、亲本种子质量、技术负责人、田间检验记录、产地气象记录、加工、贮藏、运输和质量检测各环节的简要说明及责任人、种子流向等方面内容，并保存1～2年。

第二十六条　种子发布广告应经省级以上烟草主管部门审核。种子广告的内容应当符合《中华人民共和国广告法》和本办法的有关规定，主要性状描述应当与审定公告的品种标准一致。

第二十七条　种子广告不得有以下内容：

（一）含有高产、优质、抗逆性强、适宜种植范围广等笼统性语言；

（二）利用种子科研、学术或其他机构专家、领导的名义和形象；

（三）含有不科学的表示产量、品质、抗性、适宜种植范围等性状的断言和保证；

（四）法律、行政法规和国家其他有关规定禁止的其他内容。

第五章　种子检验与检疫

第二十八条　种子生产经营单位用于经营的烟草种子，其生产、加工、包装、检验、贮藏必须严格按国家标准或行业标准执行。

第二十九条　中国烟叶公司和省级烟草专卖局（公司）烟叶处（公司）负责对种子质量的监督。可以委托烟草种子质量检验机构对种子质量进行检验。

第三十条　承担烟草种子质量检验的机构应当具备相应的检测条件和能力，配备专业种子检验员并严格按国家规定经人民政府有关主管部门考核合格。种子检验员应具有有关主管部门颁发的种子检验资格证书。

第三十一条　禁止任何单位和个人生产、经营下列烟草种子：

（一）未经审定的烟草品种；

（二）质量低于国家标准及规定的；

（三）种子种类、品种、质量与标签标注内容不符的；

（四）有害杂草种子比率超过国家规定的。

第三十二条　种子经营买卖双方对经销的每批（次）种子，应当共同取样封存，各自保留样品，以备发生种子质量纠纷时使用。封存样品至少保存一个生育周期。

第三十三条　从事品种选育和种子生产、经营以及管理的单位和个人应当遵守国家有关检疫法律、行政法规的规定，防止烟草危险性病、虫、杂草及其他有害生物的传播和蔓延。

禁止任何单位和个人在烟草种子生产基地从事病虫害接种试验。

第三十四条　任何单位和个人从国（境）外引入或携带、邮寄烟草种子、种苗、花粉及其他繁殖材料都必须实施检疫。引进单位或个人统一将引进材料报中国烟草育种（南方）中心，由中国烟草育种（南方）中心集中办理检疫审批手续，在其指定的隔离场所检疫。具体检疫工作按照《中华人民共和国进出境动植物检疫法》及其《中华人民共和国进出境动植物检疫法实施条例》、《国外引种检疫审批管理办法》等有关法律、行政法规的规定执行。

第三十五条　任何单位和个人以最终服务于烟草生产为目的，从国（境）外引入或携带、邮寄烟草种子、种苗、花粉及其他繁殖材料除必须遵守本办法第三十四条规定外，还应填写《境外引进烟草种子登记表》，中国烟草育种（南方）中心汇总报国家烟草专卖局备案，以便进行相应的技术指导和监督管理工作。

第三十六条　通过贸易、科技合作、交换、赠送、援助等方式输入的烟草种子，应当在合同或者协议中订明中国法定的检疫要求并订明必须附有输出国家或者地区政府动植物检疫机关出具的检疫证书。

第三十七条　引进烟草品种隔离检疫合格后，方可进入田间对比试验，具有推广应用前景的品种，经过烟草品种区域试验和生产试验，推荐全国烟草品种审定委员会或省级烟草品种审定专家组审定通过，可在适宜烟区推广种植。

第六章　种子进出口和对外合作

第三十八条　进出口烟草种子必须实施检疫，防止烟草危险性病、虫、杂草及其他有害生物传入境内或传出境外，具体检疫工作按照有关植物进出境检疫法律、行政法规的规定执行。

第三十九条　从事商品种子进出口业务的法人和其他组织，应依照国家有关对外贸易法律、行政法规的规定取得从事种子进出口贸易的许可。

进出口烟草种子的审核、审批及管理，按照国家有关规定办理。

第四十条　进口商品种子的质量，应当达到国家标准或行业标准。

第四十一条　进口商品种子的品种，应当是通过我国审定的品种，且又是国内短缺而生产上急需的。

第四十二条　境外企业、其他经营组织或者个人来我国投资烟草种子生产经营的，审批程序和管理办法由国家烟草专卖局依照国家有关法律、行政法规规定执行。

第七章　罚　则

第四十三条　不具备本办法规定的烟草种子生产经营条件的，其生产经营的烟草种子，严禁在烟草生产上推广使用；当地烟草专卖局应责令其停止生产经营行为，没收经营所得并立即向上级烟草主管部门报告，同时追究相关责任。

第四十四条　生产或销售未拥有新品种知识产权或未经授权的品种种子的单位或个人，当地烟草部门应追究有关责任人的责任。

第四十五条　非法经营或推广未经审定通过的烟草品种的单位或个人，当地烟草部门应追究有关责任人的责任。

第四十六条　销售不符合质量标准的烟草种子或以次充好、掺杂使假的，中国烟叶公司可以取消其种子生产经营资格并追究有关责任。

第四十七条　在烟草种子生产基地做病虫害接种试验的，当地烟草部门要立即制止并向上级烟草专卖局报告，追究相关责任。

第四十八条　私自从国（境）外引入烟草品种，未按本办法第三十四条、第三十五条进行隔离检疫、并未上报登记而直接进入田间试验的，当地烟草部门要立即制止并向上级烟草部门报告，追究有关责任人的责任。

第四十九条　对违反本办法的行业内直接责任者，按照干部管理权限由主管部门给予行政处分。构成犯罪的，由司法机关依法追究刑事责任。

第八章　附　则

第五十条　有关省级烟草专卖局（公司）可依照本办法制订实施细则。

第五十一条　本办法由国家烟草专卖局负责解释。

第五十二条　本办法自公布之日起施行。国家烟草专卖局2001年9月28日发布的《烟草种子管理办法》同时废止。

附录十　烟草品种审定办法

国烟科〔2006〕819号（2006年11月17日发布）

第一章　总　则

第一条　为适应烟草品种审定工作需要，科学、公正、及时地审定烟草新品种，因地制宜地推广应用，促进烟草生产发展，依据《烟草种子管理办法》和《主要农作物品种审定办法》（中华人民共和国农业部令〈第44号〉）规定，制订本办法。

第二条　凡国内选育、国外引进以及合作培育的烟草新品种（品系）（以下简称品种）在国内烟区推广种植，必须申报审定。

第三条　烟草品种实行两级审定制度，在全国推广的品种实行国家级审定，由全国烟草品种审定委员会（以下简称全国品审会）负责品种审定工作，审定通过的烟草品种在全国适宜烟区推广种植；经国家烟草专卖局批准，在部分烟叶主产省实行省级审定，由全国品审会省级烟草品种审定专家组（以下简称省级品审组）负责该省（区、市）品种审定工作，审定通过的烟草品种在该省（区、市）适宜烟区推广种植。

第二章　申请与审定材料

第四条　申报国家级审定的品种应当具备下列条件：

（一）人工选育或发现并经过改良的与现有品种（已受理或审定通过的烟草品种）有明显区别、遗传性状稳定、形态特征和生物学特性一致的品种。

（二）并同时具备下列条件之一：

1. 经过全国烟草品种区域试验和生产试验并通过品审会组织的农业评审和工业评价；

2. 通过一省（区、市）省级品审组审定通过的品种，经过全国烟草品种生产试验并通过全国品审会组织的农业评审和工业评价；

3. 经两个以上省级品审组审定通过的品种。

第五条　申报国家级品种审定的，应于当年烟草品种审定会议召开前一个月向全国品审会办公室提交申请书、品种审定材料各1份。

（一）申请书要求按规定格式填写、打印后，逐级上报，签署意见并加盖公章。

1. 育（引）种主持人提出申请并签章；

2. 育（引）种所在单位审核并签章；

3. 全国烟草品种区域试验主持单位推荐并签章；

4. 省烟草品种审评委员会（以下简称省审评会）签署意见并盖章。

（二）品种审定材料应当包含以下内容：

1. 新品种选育报告（引进品种还包括检疫合格证书）（复印件）。

2. 省级有关品种试验报告和省审评报告（复印件）；通过省级审定的，提交省级审定材料。

3. 全国有关品种区域试验和生产试验报告（复印件）。

4. 全国品审会组织的农业评审和工业评价报告。

5. 全国品审会指定的专业单位的抗病（虫）鉴定报告（复印件）。

6. 新品种特征图谱和烟叶样品，包括群体、单株、叶片等照片。

7. 新品种栽培调制技术及繁种技术要点。

8. 报审品种为杂交种的，还应当提供亲本品种特征特性及制种技术资料。

9. 提交烟草新品种 DUS（指新品种特异性、一致性和稳定性）测试证明和中国烟草种质资源库出具的烟草种质入库证明。

10. 全国品审会要求提交的其他材料。

第六条 申报省级审定的品种应当具备下列条件：

（一）人工选育或发现并经过改良的与现有品种有明显区别、遗传性状稳定、形态特征和生物学特性一致的品种。

（二）经过本省烟草品种区域试验和生产试验，通过省审评会组织的农业评审和全国品审会组织的工业评价。

第七条 申报省级品种审定的，应于当年省级烟草品种审定会议召开前一个月向省审评会办公室提交申请书、品种审定材料各 1 份。

（一）申请书要求按规定格式填写、打印后，逐级上报，签署意见，加盖公章：

1. 育（引）种主持人提出申请并签章；

2. 育（引）种所在单位审核并签章；

3. 省烟草品种区域试验主持单位推荐并签章；

4. 省审评会签署意见并盖章。

（二）品种审定材料应当包含以下内容：

1. 新品种选育报告（引进品种还包括检疫合格证书）（复印件）；

2. 省级有关品种区域试验和生产试验报告（复印件）；

3. 省审评会组织的农业评审报告；

4. 全国品审会组织的工业评价报告；

5. 省审评会指定的专业单位的抗病（虫）鉴定报告（复印件）；

6. 新品种特征图谱和烟叶样品，包括群体、单株、叶片等照片；

7. 新品种栽培调制技术及繁种技术要点；

8. 报审品种为杂交种的，还应当提供亲本品种特征特性及制种技术资料；

9. 提交烟草新品种 DUS 测试证明和中国烟草种质资源库出具的烟草种质入库证明；

10. 省级品审组要求提交的其他材料。

第三章　省级审评、农业评审和工业评价

第八条　省级审评。对于在省级品种区域试验和生产试验中综合表现优异的品种，由品种选育者向省审评会提出省级审评申请，省审评会组织有关省审评会委员进行审评，审评通过的品种可推荐参加全国品种试验或省级审定，省级审评报告为今后审定品种的重要材料之一。具体审评办法和标准由省审评会依据本办法相关规定另行制订。

第九条　农业评审。对提出烟草品种审定的，国家级审定的由全国品审会（省级审定的由省审评会）办公室组织部分全国品审会委员成立农业评审组，在烟株生长关键时期对指定生产试验或生产田对试验品种进行评审。

（一）评审内容：

1. 听取品种选育与试验示范情况汇报；

2. 评议品种田间表现，包括品种的遗传稳定性、植物学性状、生长发育情况、群体结构、抗病、抗旱等抗逆性，烟叶成熟特性等；

3. 评议品种栽培与调制技术要点和特点，评议调制后烟叶外观质量等。

（二）评审结论：

根据新品种与对照品种有关性状的对比分析，形成评审意见，品质与综合性状优于或相当于对照品种的方可视为通过农业评审。

第十条　工业评价。全国品审会负责安排国家级和省级品种审定的取样和送样工作。所有烟叶样品应于当年 10 月 31 日前寄送烟叶评吸专家组。

（一）取样：

1. 取样地点：国家级品种审定，由全国品审会依据品种生态适宜性，确定三个全国生产试验点作为工业评价的取样点；省级品种审定，由全国品审会根据品种生态适宜性，确定三个省内生产试验点作为工业评价的取样点。

2. 取样方法：各取样点在打顶时确定取样烟株，新品种和对照品种均按如下叶位取样：中部叶为 8 ~ 11 叶位，上部叶为 14 ~ 17 叶位。每个部位取样量为 4kg。

（二）评价内容：

1. 样品烟叶外观质量鉴定：按国标规定的质量因素对样品烟叶进行外观质量鉴定；

2. 物理特性测定：测定样品烟叶的叶片大小、厚度、梗叶比、填充性、拉力、出丝率等；

3. 化学成分测定：测定样品烟叶糖碱比、还原糖、总氮、烟碱、钾、氯、淀粉、石油醚提取物及挥发性碱的含量；

4. 评吸鉴定：由指定单位将评吸样品统一切丝、卷制、挑选、编号，组织评定。

（三）评价结论：

烟叶评吸专家组负责对烟叶样品进行评吸鉴定。到会评吸专家人数超过应到专家总数的2/3，鉴定有效；2/3以上评吸专家的评吸结果相当于或好于对照，作为评吸质量的最低标准，达到或超过这一标准的，且烟叶外观质量、物理特性、化学成分相当于或好于对照的，视为通过工业评价。

第四章　审定与公告

第十一条　申请者可以申请国家级审定或省级审定，也可以同时向几个省（区、市）申请省级审定。

第十二条　对于完成上述程序，符合本办法第四条、第五条、第六条、第七条规定的，国家级审定由全国品审会（省级审定由省审评会）办公室对申请者申报的材料进行初审，初审合格后提交全国品审会或省级品审组并通知申请者准备会议材料。

第十三条　品种审定采取会议审定方式。全国品审会召开会议，根据品种选育报告、区试示范结果、省级审评报告、农业评审报告、工业评价报告或两个省以上品种审定材料等进行国家级品种审定。省级品审组召开会议进行省级品种审定。

第十四条　会议对申报的品种进行认真讨论后，以无记名投票的方法审定。到会委员人数超过应到委员总数的2/3，投票有效，赞成票数达到或超过到会委员人数的2/3者，通过审定。

第十五条　审定通过的国家级审定品种，由全国品审会办公室负责将审定通过的品种性状、评语及命名，统一编号、登记，签发审定合格证书，由国家烟草专卖局公布。审定通过的省级审定品种，由该省（区、市）审评会办公室将审定通过的品种性状、评语及命名，统一编号、登记并经全国品审会常务委员会审核后，签发审定合格证书，由国家烟草专卖局公布。

第十六条　对审定有争议的品种，需经实地考察后，提交下次全国品审会或省级品审组复审，如果复审仍未通过，不再进行第二次复审。

第五章　审定评价标准

第十七条　对烟草品种的审定项目，主要包括经济性状、品质性状、抗性三个方面。品种遗传性状稳定，烟叶外观品质、物理特性、化学成分、评吸结果、抗病性、适应性等主要性状优于或相当于对照品种，有扩大推广应用前景的品种，方可通过品种审定。

第十八条　烟叶外观品质：烟草新品种的烟叶外观品质在两年的区域试验中必须优于或与对照品种相当。烤烟品种要求叶片颜色多橘黄与金黄，光泽强，色度浓，油分多，结构疏松，厚度适中，成熟度好，含梗率低于33%；白肋烟品种要求厚度适中，颜色红至浅红棕色，光泽鲜明，身份适中，结构疏松；香料烟品种要求叶色橘黄（巴斯马型）或咖啡色（沙姆逊型），油分足，光泽好，弹性强，组织细致。

第十九条　烟叶化学成分：要求还原糖含量与对照品种相比在 ±20% 以内，烟碱含量与对照品种相比在 ±15% 以内，主要化学成分比例协调。

第二十条　单料烟评吸质量：评吸综合指标必须优于或相当于对照品种。

第二十一条　抗病性：对烟草主要病害黑胫病、青枯病、赤星病、普通花叶病、黄瓜花叶病、马铃薯 Y 病毒病和根结线虫病等，两年诱发鉴定结果，必须达到高抗其中一种或中抗其中两种病害。

第二十二条　适应性：在连续两年区域试验中有多数试点表现优异，综合性状稳定，参加一至两年生产试验适应性表现较好。

第六章　附　则

第二十三条　本办法由全国烟草品种审定委员会负责解释。

第二十四条　本办法自发布之日起生效。国家烟草专卖局 2001 年 9 月 28 日发布的《烟草品种审定办法》同时废止。

附件：烟草品种审定申请书

附件：

编号：烟审第　　号

烟草品种审定申请书

品种名称____________________
申请单位____________________
主 持 人____________________
联系电话____________________
通信地址____________________
邮政编码____________________
电子邮箱____________________

全国烟草品种审定委员会办公室制

年　月　日

<table>
<tr><td colspan="3">一、基本情况</td></tr>
<tr><td>烟草类型</td><td>品系代号或暂定名</td><td>建议审定后品种名称</td></tr>
<tr><td>选育目的</td><td colspan="2"></td></tr>
<tr><td>亲本
来源和
选育过程</td><td colspan="2"></td></tr>
</table>

二、品种试验结果	
区域试验	
生产试验	
抗病性鉴定	

三、品种性状	
主要特征特性	
主要优点	
主要缺点	

四、配套栽培调制技术	
栽培技术要点	
采收调制技术要点	
繁（制）种技术要点	
适宜烟区	

五、农业评审结果

六、工业评价结果

七、品种审定材料目录

1. 品种选育报告
2. 省级品种试验报告和省审评报告（通过省级审定的，提交省级审定材料）
3. 全国品种区域试验和生产试验报告
4. 农业评审报告
5. 工业评价报告
6. 抗性鉴定报告
7. 新品种特征图谱，包括群体、单株、叶片等照片
8. 新品种栽培调制技术及繁种技术要点（报审品种为杂交种的，提供亲本特征特性及制种技术要点）
9. 烟草新品种 DUS 测试证明
10. 中国烟草种质资源库出具的烟草种质入库证明

八、育（引）种主持人申请意见   （签章） 年　月　日
九、育（引）种所在单位意见   （签章） 年　月　日
十、烟草品种区域试验主持单位意见   （签章） 年　月　日

<table>
<tr><td>十一、省级烟草品种审评委员会意见

（签章）
年　月　日</td></tr>
<tr><td>十二、全国烟草品种审定委员会办公室意见

（签章）
年　月　日</td></tr>
</table>

附录十一　烟草品种试验管理办法

国烟科〔2006〕819号（2006年11月17日发布）

第一章　总　则

第一条　烟草品种试验是新品种选育、引种与推广应用的中间环节。主要任务是鉴定品种（系）的农艺性状、抗病抗逆性、适宜种植区域、工农业利用价值，确定新品种的最佳栽培调制配套技术，为品种审定、品种推广和实行品种合理布局提供科学依据。为了提高试验的准确性和可靠性，使试验工作规范化，根据《烟草种子管理办法》第十四、十五条规定，制订本办法。

第二条　申请审定的国内选育、国外引进以及合作培育的烤烟、白肋烟、香料烟等烟草新品种（系）都必须进行统一的烟草品种试验。

第二章　试验组织与管理

第三条　烟草品种试验包括区域试验和生产试验，按照全国和省级两级进行，统一安排。

第四条　全国烟草品种试验由全国烟草品种审定委员会（以下简称全国品审会）组织并委托指定的单位主持实施。

第五条　全国烟草品种试验主持单位的任务是：制订全国烟草品种试验方案，定期检查试验方案落实情况及试验工作进展，协调解决试验中出现的问题，完成试验总结报告，定期向全国品审会报告工作。

第六条　全国烟草品种试验由全国品审会指定有条件的科研单位设立病害诱发鉴定圃，统一进行病害鉴定；指定单位进行试验样品的物理特性、化学成分检测和评吸鉴定。

第七条　省级烟草品种试验由省烟草品种审评委员会（以下简称省审评会）组织并委托指定的单位主持实施。

第八条　省级烟草品种试验主持单位的任务是：制订本省（区、市）烟草品种试验方案，定期检查试验方案落实情况及试验工作进展，协调解决试验中出现的问题，完成试验总结报告，定期向省（区、市）审评会和全国烟草品种试验主持单位报告工作。

第九条　省级烟草品种试验的病害鉴定由省审评会组织，由全国品审会指定的病害鉴定单位设立病害诱发鉴定圃，统一进行病害鉴定；指定单位进行试验样品的物理特性、化学成分检测和评吸鉴定。

第三章　试验点的设置

第十条　全国或省级烟草品种试验点应根据不同烟草品种类型的种植区划和各生态区的自然条件、生产条件和耕作制度，本着少而精的原则设置。具体要求是：

（一）具有区域生态条件的代表性；

（二）领导重视，有较强的技术力量和较高的试验生产水平；

（三）有相对固定的试验地点，较好的水利条件和试验生产设施。

第十一条　试验点设定要相对稳定，从事试验管理的技术人员要相对稳定。

第四章　参试品种

第十二条　国内育种单位和个人选育、引进的烟草新品种（系），完成规定的试验程序，表现好的品种（系），可以推荐参加省级烟草品种试验。

第十三条　参加省级烟草品种试验2～3年，表现突出的品种（系），可以推荐参加全国烟草品种区域试验或省级品种审定。

从国外引进的优良烟草品种，经检疫试种和生态试验，表现优良的，可以推荐参加省级烟草品种生产试验或全国烟草品种区域试验。

第十四条　在全国烟草品种区域试验中表现突出的品种，可以推荐参加全国烟草品种生产试验；通过省级审定的品种，经省（区、市）审评会签署意见并盖章，可直接参加全国烟草品种生产试验。

第十五条　省级和全国烟草品种区域试验的参试品种均实行申请审批制度。申报参试品种的单位须填报参试品种（系）申请书，提供包括品种（系）来源、特征、特性、产量、品质、抗性等资料。

第十六条　申报参加省（区、市）烟草品种试验的品种（系），申报材料必须于每年11月30日之前上报省（区、市）审评会办公室，经省（区、市）审评会审核，择优参试。

第十七条　申报参加全国烟草品种试验的品种（系），由省级品种区域试验主持单位签署推荐意见并经所在省（区、市）审评会审评通过及签署推荐意见。申报材料必须于每年11月30日之前报全国品审会办公室，对材料齐全、表现优良的申请参试品种（系）提报全国品审会审核，择优参试。

第十八条　省（区、市）审评会应将省（区、市）烟草品种区域试验中表现突出的品种（系）推荐参加全国烟草品种区域试验；全国品审会可以直接从省（区、市）烟草品种区域试验中提取表现突出的品种（系）参加全国烟草品种区域试验。

第五章　试验周期与对照品种

第十九条　全国或省级烟草品种试验采取周期性滚动试验办法，每个品种参试周期为2~3年，每年都可以有新品种（系）参试，也可有新品种（系）提升或淘汰，品种参加区域试验的年限一般为2年，参加生产试验的年限一般为1年，在区域试验中表现优异的品种可以在第二年同时参加区域试验和生产试验。

第二十条　区域试验和生产试验的对照品种相对稳定，由全国统一确定，对照品种的种子应由指定单位统一提供。

第六章　试验总结及品种评价

第二十一条　承试单位定期向主持单位报告试验进展情况，主持单位组织有关品种专家定期对试验点工作进行检查，及时向上级主管部门报告检查结果。

第二十二条　承试单位按期向主持单位送交试验总结，主持单位在对各承试单位试验资料复查核实基础上，做出年度和周期的试验总结，对参试品种（系）分别做出评价，报送主管部门及有关单位。

第二十三条　对完成试验周期的品种，向品种推荐单位发放试验结果报告单，向省（区、市）审评会或全国品审会提出处理意见。

第七章　经　费

第二十四条　全国烟草品种区试主持单位经费、全国品种区试样品检测和工业评价费用、承试单位及病害鉴定单位的补助费，由国家烟草专卖局以科技专项经费形式下拨。

第二十五条　省级烟草品种区试主持单位的经费、样品检测费以及试验补助费，由省级烟草专卖局（公司）承担。

第八章　奖　惩

第二十六条　主持单位对承试单位的试验工作进行考核，根据考核情况核发试验补助经费，对出色完成试验任务的承试单位和个人，由主持单位提名，经全国品审会或省审评会审核，国家烟草专卖局或省烟草专卖局（公司）给予表彰和奖励；对承试单位因人为原因连续两年不能按要求完成试验任务或弄虚作假的，主持单位有权取消其承试资格并通报批评。

第二十七条　对推荐参试品种表现较差，参试品种一年淘汰的推荐单位，暂停其两年的参试资格。

第九章　附　则

第二十八条　本办法由全国烟草品种审定委员会负责解释。

第二十九条　省级烟草品种审评委员会可依据本办法制订本省（区、市）烟草品种试验管理办法。

第三十条　本办法自发布之日起施行。国家烟草专卖局2001年9月28日发布的《烟草品种试验管理办法》同时废止。

附录十二　烟草霜霉病检疫规程 负压温室隔离试种

中华人民共和国烟草行业标准

YC/T 508—2014

烟草霜霉病检疫规程 负压温室隔离试种

Quarantine rules for tobacco blue mold (*Peronospora tabacina*) —Isolated screening in the negative air pressure greenhouse

2014－07－23 发布
国家烟草专卖局 发布
ICS 65.160 X 85
备案号：46593_ 2014
2014－08－15 实施

1　范围

本标准规定了国外引进烟草种子负压温室隔离试种期内烟草霜霉病的检测规程。

本标准适用于从国外引进的烟草种子和花粉。

2　规范性引用文件

下列文件对于本文件的应用是必不可少的。凡是注日期的引用文件，仅注日期的版本适用于本文件。凡是不注日期的引用文件，其最新版本（包括所有的修改单）适用于本文件。

GB/T 15699 烟孕霜霉病检疫规程

GB/T 25241.1 烟草集约化育苗技术规程 第1部分：漂浮育苗

3　术语和定义

下列术语和定义适用于本文件。

3.1　陌离检疫负压温室 isolated quarantine negative pressure greenhouse

具有一定的负压差、光照、水分、温湿度条件调节及杀菌消毒功能的温室。主要用于进口植物的隔离试种，专门进行病虫害检疫。

3.2　隔离试种检测 isolated screen for the introduced tobacco cultivars and germplasm

在隔离检疫负压温室内，对报检后的国外引进烟草品种进行一个生长周期内的试种，观察是否携带检疫性烟草霜霉病菌的过程。

4　设施、仪器及试剂

4.1　设施

烟草隔离检疫负压温室应配备负压系统、水处理系统、消毒系统、计算机智能控制系统，具备遮阴、灌溉，通风换气及升降温条件。附属设施包括焚烧炉、材料与工具预处理室及植保检测室等。温室负压值为15～50Pa，温度范围为15～25℃，相对湿度为90%±5%，光照强度大于300μmol·m^{-2}·s^{-1}。

4.2　仪器

数码显微镜、培养箱、超净工作台、冰箱、高速冷冻离心机、焚烧炉、高压灭菌锅、微波炉、基因扩增仪（PCR仪）、电泳仪、凝胶成像仪、紫外分光光度计、恒温水浴锅、移液器。

4.3　试剂

10%的NaClO溶液、Taq酶、琼脂糖、氯化镁（$MgCl_2$）、牛血清白蛋白（BSA、脱氧核糖核苷三磷酸（dNTP）、三羟甲基氨基甲烷（Tris）、硼酸、乙二胺四乙酸二钠（LDTA）、DNA提取试剂盒等。

5　烟草种子的霜霉病检测

烟草种子的霜霉病检测按GB/T 15699的规定执行。

6 消毒

6.1 土壤消毒

取3年内未栽种过茄科作物的土壤，根据市售土壤熏蒸剂使用方法盖膜熏蒸消毒7d，揭膜通风，通风期间可翻动土壤2～3次，通风14d后备用。

6.2 育苗基质消毒

育苗基质装入消毒袋，121℃湿热灭菌15min后备用。

6.3 育苗盘消毒

用终浓度为1%的NaClO稀释液浸泡育苗盘30min，消毒备用。

6.4 育苗池消毒

用终浓度为1%的NaClO稀释液浸泡育苗池盘15min，晾干备用。

7 烟株栽培管理

7.1 播种、育苗

在负压湿室中进行，播种与育苗按照GB/T 25241.1规定执行。

7.2 移栽

负压温室内，烟苗长至四叶一心时进行移栽，行株距为1m×0.3m。每个待试种品种移栽株数不少于30株，剩余的烟苗留在苗盘中继续隔离观察。

7.3 移栽后的管理

7.3.1 温室条件

烟株移栽后，温室内湿度保持在90%以上、温度18～22℃、光照强度大于300μmol·m^2/s。

7.3.2 栽培管理

负压温室内移栽烟株施肥、培土等农艺措施同大田生产，至现蕾期结束，不采收。温室内采用滴灌浇水。

7.3.3 水处理

集中收集负压温室内产生的废水，通过专用密封管路泵入消毒罐，按消毒罐说明书加热消毒处理后，以水泵泵回负压温室供循环使用。

7.3.4 烟株处理

引进品种完成一个生育期的隔离种检测后，连根拔起整棵烟株，在温室内晾干。用纸质样品袋装好已晾干的烟株，送入焚烧炉内焚烧，炉灰可添加到温室土壤，循环利用。

8 负压温室隔离试种期间烟草霜霉病病原菌检测

8.1 观察与取样

出苗后每天观察烟苗，移栽成活后每隔7d观察所有烟株叶片是否呈杯状，杯状叶片正面是否有褪绿现象。叶片背面是否出现灰或蓝色的霉层等烟草霜霉病早期症状，如果出现上述症状，用自封袋套袋截取叶片取样，每个单株重复3次取样后进行镜检。

8.2 镜检

在负压温室植保操作间，用镊子挑起烟叶病害部位霉层、病斑或叶片组织放在载玻片上，加一滴蒸馏水，盖上载玻片，用10倍物镜检查。

8.3 镜检判断

数码显微镜检查有无树枝状孢囊梗，若镜检发现病原菌有树枝状孢囊梗，有5～8次的双分叉分枝（附录A）则判定为烟草霜霉病，否则判定该病原菌不是烟草霜霉病。

8.4 烟草霜霉病PCR检测

8.4.1 DNA提取

移栽温室30d后，用DNA提取试剂盒提取所有移栽烟株中下部叶片DNA，用紫外分光光度计在260nm和280nm下吸光度的比值（OD_{240}/OD_{280}）估测样品DNA纯度，样品DMA的OD_{240}/OD_{280}的比值控制在1.7～1.9。

8.4.2 PCR检测方法

检测方法见附录B。

8.4.3 PCK检测结果

若阳性对照和待测样品出现预期大小的扩增条带。阴件对照未出现扩增条带，则判定被检烟株含烟草霜霉病病原菌；若待测样品未出现PCR扩增片段，则判定待测样品不含烟草霜霉病病原菌。

9 隔离试种检测结果的判定

隔离试种期间，镜检未检测出霜霉病病原菌PCR检测为阴性的，则判定这批种子未携带烟草霜霉病病原菌，可进行种植。若镜检检测到烟草霜霉病病原菌且PCR检测为阳性的，则立即拔除目标烟株，装入灭菌袋，121℃湿热灭菌20min后晒干焚烧；所引进的种子按照GB/T 15699的规定执行。

10 负压温室日常维护

10.1 种植土壤

隔离试种结束后，按照6.1消毒土壤。土壤使用4～5年应更换。

10.2 滤网清洁与更换

在隔离试种观察期间，每隔30d应清洗初滤网和超滤网，每年更换一次初滤网和超滤网。

10.3 玻璃洗涤

温室光照强度小于300μmol·m^{-1}·s^{-1}时，应洗涤或更换玻璃。

10.4 微压差表及温湿度变送器校准

每年将微压差表及温湿度变送器送有资质的计量测试机构进行检定和校准。

10.5 配件更换与维护

应储备风机轴承和风扇，以便出现故障时及时更换；每15d清洗一次滴管口；每3年更换一次滴管；每180d对风机轴承、减速电机、齿轮齿条和轴承支架滴加润滑油，进行维护保养。

附录 A（规范性附录，见彩图版附录 A）

附录 B（规范性附录）
烟草霜霉病 PCR 检测

B. 1　对照样品

B. 1. 1　阳性对照

已确认感染烟草霜霉病的烟叶作为阳性对照样品。

B. 1. 2　阴性对照

已确认未感染烟草霜霉病的烟叶作为阴性对照样品。

B. 2　DNA 提取

按 8. 4. 1 的规定提取 DNA。

B. 3　PCR 检测

B. 3. 1　引物

以烟草霜霉病内转录间隔区（internal transcribed spacer，ITS）序列及 5. 8SrDNA 序列设计烟草霜霉病 PCR 检测引物。引物序列为 PTAB5′ - ATCTTTTTGCTGGCTGGCTA - 3’ 和 ITS45’ - TCCTC - CGCTTATTG ATATCX - 3′扩增片段长度为 764bp。

B. 3. 2　PCR 扩增体系

每 50μL 扩增体系含 10 ~ 30ng 样品 DNA，5μL 的 10 × PCR 冲液，35. 25L 无菌去离子水，1. 8μL 浓度为 10mmol/L 的 MgCl 水溶液 2μL 浓度为 2. 50mmol/L 的 dNTPs，2μLPTAB 特异引物，2mlITS4 引物，0. 25μL 浓度为 10mg/ml 的牛血清蛋白（BSA）水溶液，1U 的 Taq 酶。

B. 3. 3　PCR 扩增条件

在 50μl 体系中，分别添加 10 ~ 30ng 样品 DNA，5μl 的 10 × PCR 缓冲液，35. 25ml 无菌去离子水，1. 8μl 浓度为 10mmol/L 的 $MgCl_2$ 水溶液，2μl 浓度为 2. 50mmol/L 的 dNTPs，2μlPTAB 特好引物，2μlITS4 引物，0. 25μl 浓度为 10 mg/ml 的牛血清蛋白（BSA）水溶液，1U 的 *Taq* 酶；PCR 反应步骤和条件是：96T 预变性 2min，接若进行 35 轮 PCR 循环，每轮循环为 96℃变性 1min，55℃退火 1min，72t 延伸 2min，循环结束后，72℃延伸 10min。

B. 3. 4　电泳及凝胶观察

PCR 产物以 0. 5 × TBE（Tris、硼酸及 EDTA）缓冲液、1. 6% 的琼脂糖凝胶电泳检测，用凝胶成像仪进行成像观察。

电泳检测结果水例图见彩图版附录 B。

参考文献

北京农业大学. 1989. 植物检疫学［M］. 北京：中国农业大学出版社.

曹洪麟，葛学军，叶万辉. 2004. 外来种飞机草在广东的分布与危害［J］. 广东林业科技，20（2）：57－59.

曹洪麟. 2004. 外来种飞机草在广东的分布与危害［J］. 广东林业科技，20（20）：57－59.

曹骥. 1988. 植物检疫手册［M］. 北京：科学出版社.

陈洪俊. 2012. 外来有害生物防御方略［M］. 北京：中国农业出版社.

陈吉棣，等. 1980. 棉花黄萎病种子内部带菌的研究［J］. 植物保护学报，7（3）：159－164.

陈冀胜，等. 1987. 中国有毒植物［M］. 北京：科学出版社.

陈进军，黎秋旋，肖俊梅. 2005. 飞机草在广东的分布、危害及化学成分预试［J］. 生态环境，14（5）：686－689.

陈立杰，段玉玺，范圣长，等. 2005. 大豆胞囊线虫病的生防因子研究进展［J］. 西北农林科技大学学报，（33）：190－194.

陈乃中. 2009. 海灰翅夜蛾. 中国进境植物检疫性有害生物：昆虫卷［M］.

陈其煐. 1992. 棉花病害防治新技术［M］. 北京：金盾出版社.

陈瑞泰. 1987. 中国烟草栽培学［M］. 上海：上海科学技术出版社.

陈善铭. 1978. 烟草霜霉病植物检疫［M］. 上海：上海科学技术出版社.

陈吴健，吴蓉，林晓佳. 2010. 毛刺属线虫传毒种及其研究进展［J］. 浙江林业科技，30（4）：94－98.

陈秀贤，曾会才，何汉兴，等. 2008. 海南腐霉新纪录 *Pythium splendens* 的鉴定及其对油棕苗的致病性测定［J］. 云南农业大学学报，23（3）：321－424.

陈旭升，陈永萱，黄骏麒. 2001. 棉花黄萎病菌致病性生理生化研究进展［J］. 棉花学报，13（3）：183－187.

陈学军，刘勇，张谊寒，等. 2013. 烟草霜霉病检测技术研究概况［J］. 安徽农业科学（05）：1952－1953.

陈燕芳，陈京，宋淑敏，等. 1999. 烟草环斑病毒的检疫检测方法［J］. 植物检疫（04）：24－26.

陈耀艾. 2002. 紫茎泽兰的发生危害及防治措施［J］. 植保技术与推广，22（5）：27－29.

陈玉兰. 2008. 植物检疫在国际贸易中的作用和地位［J］. 商场现代化（10）：6－8.

陈泽坦. 2003. 飞机草粗提物对棉铃虫的生物活性［J］. 农药，42（4）：9，45.

陈中义，李博，陈家宽. 2004. 米草属植物入侵的生态后果及管理对策［J］. 生物多样性，12（2）：280－289.

程子超，赵洪海，李建立，等. 2012. 山东省寄生烟草的孢囊线虫种类鉴定及种内群体 rDNAITSRFLP 分析［J］. 植物病理学报，42（4）：387－395.

崔汝强，赵立荣，钟国强. 2010. 菊花滑刃线虫快速分子检测江西农业大学学报［J］. 32（4）：0714－0717.

丁智慧，张学锢，刘吉开，等. 2001. 飞机草中的化学成分［J］. 天然产物研究与开发，13（5）：22－24.

董梅，陆建忠，张文驹，等. 2006. 加拿大一枝黄花一种正在迅速扩张的外来入侵植物［J］. 植物分类学报，44（1）：72－85.

杜宇，蒋小龙，李生贵，等. 云南 3 种拟毛刺线虫描述［J］. 植物检疫，24（5）：42－45.

杜宇. 2004. 云南进境种苗（球）上的寄生线虫种类描述［J］. 植物检疫，18（3）：156－158.

范在丰，李怀方，韩成贵，等. 2007. 马修斯植物病毒学（R. 赫尔，原书第 4 版）［M］. 北京：科学出版社.

封立平，陈长法，孙伟，等. 2003. 电化学酶联免疫分析法检测烟草花叶病毒和烟草环斑病毒［J］. 检验检疫科学，13（2）：4－5，3.

冯志新. 2001. 植物线虫学［M］. 北京：中国农业出版社.

付东亚，洪键，陈集双，等. 2004. 芜菁花叶病毒外壳蛋白在寄主植物叶绿体中的积累及其对光系统 II 活性的影响［J］. 植物生理与分子生物学报，30（1）：34.

付玉杰，刘威，侯春莲，等. 2007. RP-HPLC/二极管阵列检测器同时测定飞机草中 3 种黄酮［J］. 应用化学，24（12）：1452－1454.

高增祥，季荣，徐汝梅，等. 2003. 外来种入侵的过程、机理和预测［J］. 生态学报，23（3）：559－570.

广东省植物研究所. 1974. 海南植物志第三卷［M］. 北京：科学出版社.

国家环保总局. 2003. 中国第一批外来入侵种名单［N］. 国务院公报，23.

海尔·G·瑞尼. 2003. 理解和管理公共组织［M］. 北京：清华大学出版社.

何大愚，刘伦辉. 1987. 泽兰实蝇的安全性试验［J］. 生物防治通报，3（1）：1－3.

何海明. 2005. 蔬菜花斑虫在伊犁河谷的发生及防治研究［J］. 中国植保导刊，25（4）：32－34.

何显志. 1982. 广州郊区辣椒花叶病病原病毒鉴定［J］. 华南农学院学报，3（3）：73.

贺水山，郑经武. 2001. 浙江出口盆景上的矛线目寄生线虫［J］. 植物检疫，15（5）：305－307.

洪健，李德葆，周雪平，等. 2002. 植物病毒分类图谱［M］. 北京：科学出版社.

胡坚. 2006. 烟田主要虫害防治研究概述［J］. 西南农业学报，［19（增刊）］：544－552.

环保总局.2003.中国第一批外来入侵种名单 [N]. 国务院公报，23.
黄宝华，张金兰，等.植物检疫研究报告（检疫性杂草）[J]. 农牧渔业部植物检疫实验所.
黄江华，陈秀菊，彭仁，等.2008.烟草环斑病毒研究进展 [J]. 现代农业科学（1）：24－27.
黄亚成，秦云霞.2012.植物中活性氧的研究发展 [J]. 中国农学通报，28（36）：219.
惠肇祥.1982.飞机草及其防除 [J]. 云南农业科技（4）：34－38，22.
季良.1995.植物种传病毒及其检疫 [M]. 北京：中国农业出版社.
季良.2009.植物病毒病防治与检疫 [M]. 北京：中国农业出版社.
贾树丹，王绍东，王建辉，等.2012.ChiVMV 四川分离物的分子鉴定及致病性的初步研究 [J]. 四川大学学报：自然科学版，49（4）：924.
姜生林，马骏.2007.敦煌棉花黄萎病发生情况及防治对策 [J]. 植物保护，33（3）：138－140.
孔宝华，蔡红，陈海如，等.2001.RT-PCR 方法检测烟草环斑病毒的研究 [J]. 云南农业大学学报，16（1）：13－15.
匡崇义.1991.热带亚热带优良牧草伏生臂形草 [J]. 中国草地（3）：79－80.
奎嘉祥，匡崇义，占星，等.1997.中国云南南部建植臂形草混播草场防治飞机草的研究 [J]. 中国草地（5）：55－58.
奎嘉祥.1997.中国云南南部建植混播草场防治飞机草的研究 [J]. 中国草地（5）：55－58.
黎松森.2013.关于进出境烟草检疫管理措施研究 [J]. 商（16）：72.
李德山，段刚，赵汗青.2003.植物检疫除害处理研究现状及方向 [J]. 植物检疫（05）：289－292.
李笃肇.1984.四川省植物地上部滑刃线虫种的记述 [J]. 西南农学院学报（1）：70－74.
李凡，陈海如.2001.引起烟草病害的病毒种类研究 [J]. 云南农业大学学报，16（2）：160－166.
李金华，王俊红，孙岩国.2011.棉花黄枯萎病发病规律及防治措施 [J]. 现代农业科技（21）：197.
李润田，等.1988.中国烟草地理 [M]. 北京：农业出版社.
李卫芬，黄新动，胡先奇，等.2005.云南花卉寄生线虫初步调查 [J]. 云南农业大学学报，20（2）：196－200.
李学锋，王成菊，邱立红.2007.马铃薯甲虫防治技术及其抗药性研究进展 [J]. 昆虫知识（04）：496－500.
李艳娥，张忠福，崔建云，等.2009.阜康市上户沟乡西沟村马铃薯甲虫防治技术 [J].新疆农业科技，186（3）：37.
李扬汉.1998.中国杂草志 [M]. 北京：中国农业出版社.
李一农，李芳荣，黄佩卿.2000.建议将拟毛刺线虫属定为潜在危险性线虫 [J]. 中国检验检疫（9）：7.

李友莲. 1999. 植物检疫（中册）病害及杂草部分［M］. 北京：中国农业科学技术出版社.

李芝芳，张生，朱光新，等. 1979. 马铃薯 X、Y、S 和 G 病毒抗血清的制备及其鉴定的技术方法［J］. 黑龙江农业科学（5）：22 – 26.

李志刚，郑启恩，黎桦，等. 2006. 广西隆安屏山石灰岩山地飞机草群落特征分析［J］. 热带亚热带植物学报，14（3）：196 – 201.

联合国粮农组织. 1996. 国际植物检疫措施标准，第四部分：有害生物监督，建立非疫区的要求.

林福益. 2003. “外来草”入侵茂名森林公园：环境与发展［J］. 羊城晚报.

林丽飞，李卫芬，胡先奇，等. 2009. 绣球花短粗根病病原线虫的种类鉴定［J］. 植物保护，35（2）：131 – 133.

凌冰，张茂新，孔垂华，等. 2003. 飞机草挥发油的化学组成及其对植物、真菌和昆虫生长的影响［J］. 应用生态学报，14（5）：744 – 746.

刘国道，白昌军. 1999. 臂形草属牧草品种比较实验［J］. 草业科学，16（1）：22 – 24.

刘国道，罗丽娟. 1999. 中国热带饲用植物资源［M］. 北京：中国农业大学出版社.

刘金海，黄必志，罗富成. 2006. 飞机草的危害及防治措施简介［J］. 草业科学，23（10）：73 – 77.

刘清瑞，杨利民，杨卫生，等. 2007. 瓜棉套种棉花黄萎病发生原因及生物防治［J］. 平原大学学报，24（2）：130 – 132.

刘维志. 1995. 植物线虫学研究技术［D］. 沈阳：辽宁科学技术出版社.

刘维志. 2000. 植物病原线虫学［M］. 北京：中国农业出版社.

刘维志. 2004. 植物线虫志［M］. 北京：中国农业出版社.

刘晓妹，蒲金基，蒙美英. 2004. 飞机草不同溶剂粗提液抑菌活性的测定［J］. 广西热带农业（6）：1 – 3.

刘雅婷，郑元仙，李永忠，等. 2009. 番茄斑萎病毒在烟草植株上症状学特征［J］. 中国农学通报，25（19）：190 – 193.

刘勇. 2005. 论 WTO 规则下中国出入境植物检疫制度改革［D］. 长春：吉林大学.

刘元明. 2003. 植物检疫在农产品非疫区生产中的地位与作用［J］. 湖北植保（06）：31 – 32.

卢厚林，李今中，蒲民，等. 2012. 多指标综合评价法在进出境植物检疫疫情截获评价体系中的应用研究［J］. 植物检疫（03）：69 – 75.

鲁萍，桑卫国，马克平. 2006. 外来入侵种飞机草在不同环境胁迫下抗氧化酶系统的变化［J］. 生态学报，26（11）：3578 – 3585.

陆家云，等. 1983. 江苏省棉花黄萎病致病力的分化［J］. 南京农学院学报（1）：36 – 43.

陆永跃，梁广文，邵婉婷，等. 2002. 异源植物提取物对香蕉交脉蚜的控制作用［J］. 华中农业大学学报，21（43）：334 – 337.

罗伯特 B 丹哈特，珍妮特 V 丹哈特. 2002. 新公共服务：服务而非掌舵. 中国行政管理

（10）：38－44.
马存，等.1983.棉花黄萎病发病与温度关系研究［J］. 中国棉花（6）：35－36.
马江峰，张丽萍.2007.地膜棉田黄萎病发生与气象因子关系的初步研究［J］. 石河子大学学报，25（5）：542－544.
马铃薯甲虫专用杀虫剂［P］. 北京天山黑马生物技术有限公司.
马宗斌，严根土，刘桂珍，等.2012.棉花黄萎病防治技术研究进展［J］. 河南农业科学（2）：12－17.
美国白蛾组.1981.美国白蛾［M］. 北京：农业出版社.
农业部植物检疫所.1990.中国植物检疫对象手册［M］. 合肥：安徽科技出版社.
欧文·E·休斯.2002.公共管理导论［M］. 北京：中国人民大学出版社.
潘玉梅，唐赛春，蒲高忠，等.2008.岩溶区土著植物黄荆条和红背山麻杆水浸提液对侵植物飞机草萌发的影响［J］. 中国岩溶，27（2）：97－102.
裴峰，农卫东.2004.从新公共管理到新公共服务：西方公共行政理论发展的新趋向［J］. 兰州学刊（3）：182－183.
彭昌家，唐高民，丁攀，等.2010.对农业植物检疫及有害生物防控的探讨［J］. 植物检疫（01）：49－51.
彭世逞.1997.实用烤烟生产技术［M］. 北京：气象出版社.
青藏高原科学考察丛书.1985.西藏植物志第四卷［M］. 北京：科学出版社.
卿贵华.2003 紫茎泽兰的危害现状及其防治措施［J］. 农业高等专科学校学报，17（3）：78－81.
邱立红，张文吉.1999.害虫及螨对阿维菌素（avermectins）的抗药性发展及治理策略探讨［J］. 中国农业大学学报（01）：43－48.
全国明，章家恩，徐华勤，等，2009.外来入侵植物飞机草的生物学特性及控制策略［J］. 中国农学通报，25（9）：236－243.
全国农业技术推广服务中心.2001.植物检疫性有害生物图鉴［M］. 北京：中国农业出版社.
芮昌辉，Beth B. A.，Grafius E. J.2000.走向21世纪的中国昆虫学［M］. 北京：中国科学技术出版社.
商鸿生.2000.植物检疫学［M］. 北京：中国农业出版社.
商鸿生.2010.植物免疫学［M］. 北京：中国农业出版社.
沈其益.1992.棉花危害－基础研究与防治［M］. 北京：科学出版社.
时焦，石金开.1996.烟草霜霉病研究概况［J］. 中国烟草（02）：9－15.
时焦，王凤龙.2005.美国烟草霜霉病大范围预测预报研究概况［J］，中国烟草科学（03）：45－47.
宋学贞，杨国正.2013.棉花抗黄萎病育种研究进展［J］. 中国农学通报，中国农学通报，29（21）：16－22.
苏彪，姚伏初，曹志平，等.2010.当前农业植物检疫工作的现状与思考［J］. 作物研究

（04）：301 –302，308.

覃伟权，张茂新，凌冰，等. 2004. 3 种热带杂草挥发油干扰小菜蛾行为的研究［J］. 华南农业大学学报：自然科学版，25（4）：，39 –42.

谭根堂，史联联，尚惠兰，等. 2003. 陕西线辣椒病毒病病原检测简报［J］. 辣椒杂志（3）：32 –33.

唐洪元. 1989. 中国农田杂草彩色图谱［M］. 上海：上海科学技术出版社.

唐湘梧. 1988. 热带草地杂灌：飞机草的生物防治［J］. 中国草业科学，5（4）：36 –37.

汪开治. 2005. 美利用捻津贺色杆菌防治农业害虫［J］. 生物技术通报（05）：30.

王本利，曹培忠，周艳波. 2003. 论入世条件下农业法律体系的生态化构筑：以市场条件下政府职能的转变为视角［J］. 甘肃政法学院学报（5）：37 –42.

王春林. 1999. 植物检疫的理论与实践［M］. 北京：中国农业出版社.

王春林. 2003. 从生产环节入手突破绿色壁垒：建设种植业非疫生产区的思考［N］. 植保技与推广，1：34 –36.

王达新，王健华，赵焕阁，等. 2007. 辣椒叶脉斑驳病毒研究进展［J］. 华南热带农业大学学报，13（2）：32 –36.

王凤龙，王刚，等. 2013. 图说烟草病虫害防治关键技术［M］. 北京：中国农业出版社.

王福祥，冯晓东，刘慧，等. 2012. 农业植物检疫面临的形势和对策［J］. 中国植保导刊（02）：53 –56.

王福祥，冯晓东，熊红利，等. 2012. 不断发展的农业植物检疫［J］. 植物检疫（03）：61 –63.

王建书，李扬汉. 1995. 假高粱的生物学特性、传播及其防治和利用［J］. 杂草学报（1）：14 –16.

王俊，王登元，侯洪. 2008. 新疆马铃薯甲虫的发生与防治现状［J］. 新疆农业科技，180（3）：60.

王俊峰，冯玉龙，李志. 2003. 飞机草和兰花菊三七光合作用对生长光强的适应［J］. 植物生理与分子生物学学报，29（6）：542 –548.

王莉，杨秦一. 2011. 棉花黄萎病的研究进展［J］. 植保论坛，1（206）：15 –16.

王满莲，冯玉龙，李新. 2006. 紫茎泽兰和飞机草的形态和光合特性对磷营养的响应［J］. 应用生态学报，17（4）：602 –606.

王满莲，冯玉龙. 2005. 紫茎泽兰和飞机草的形态、生物量分配和光合特性对氮营养的影响［J］. 植物生态学报，29（5）：695 –705.

王明祖. 1998. 中国植物线虫研究［M］. 武汉：湖北科学技术出版社.

王锡云，吴贵宏，白学慧，等. 2015. 缅甸烟草霜霉病菌入侵中国云南的风险分析及管理对策［J］. 植物检疫（02）：69 –71.

王现军. 1995. 中国烟草布局及其发展趋势［D］. 中国农业科学院研究生院和自然资源与区划研究所.

王秀丽. 2001. 美发现能抑制草地夜蛾生长的植物基因［J］. 农业科技通讯（2）：37
王学江，田锡珍，李文晋. 2006. 植物检疫现状及对策［J］. 安徽农业科学（05）：942－1026.
王永卫，卢国政，卢凤超. 棉花黄萎病、枯萎病防治的初步研究，第二届全国绿色环保农药新技术、新产品交流会：145－153.
王重高. 1992. 进出境植物检疫法学［M］. 北京：中国政法大学出版社.
威廉·N. 邓恩. 2002. 公共政策分析导论［M］. 北京：中国人民大学出版社.
魏鸿钧，黄文琴. 1994. 马铃薯甲虫的药剂防治［J］. 植物检疫（02）：80－81.
魏梅生，李桂芬，张周军，等. 2002. 胶体金免疫层析法快速检测烟草环斑病毒［J］. 植物检疫，16（2）：81－83.
闻伟刚，谭钟，张颖. 2010. 基于 TaqMan MGB 探针的花生矮化病毒检测研究［J］. 植物保护，36（3）：121－124.
吴邦兴. 1981. 滇南飞机草群落的初步研究［J］. 西华师范大学学报：自然科学版（1）：40－64.
吴邦兴. 1982. 滇南飞机草群落的初步研究［J］. 云南植物研究，4（2）：177－184.
吴锦容，彭少麟. 2005. 化感：外来入侵植物的 *Novel Weapons*［J］. 生态学报，25（11）：3093－3097.
吴锦容，赵厚本，潘浣钰，等. 2007. 土壤水分变化对外来入侵植物飞机草生长的影响［J］. 生态环境，16（3）：935－938.
吴仁润，徐学军. 1992. 我国云南南部种植臂形草对飞机草耕作防治的研究［J］. 草业科学，9（5）：18－20.
吴仁润，张德银，卢欣石. 1984. 紫茎泽兰和飞机草在云南省的分布、危害与防治［J］. 中国草地学报（2）：17－22.
吴仁润. 1992. 利用机械、耕作、化学、生物方法防治飞机草，国外畜牧学：草原与牧草［P］.（4）：1－3.
吴兴海，陈长法，张云霞，等. 2006. 基因芯片技术及其在植物检疫工作中应用前景［J］. 植物检疫（02）：108－111.
吴征镒. 1985. 西藏植物志第四卷［M］. 北京：科学出版社.
夏红民. 2002. 图说动植物检疫［M］. 北京：新世界出版社.
夏红民. 2004. 中国的进出境植物检疫［M］. 北京：中国农业出版社.
夏敬源. 2001. 加强检疫法制建设，迎接 WTO 挑战［J］. 植物检疫，21（11）：7－9.
冼继东，詹根祥，梁广文，等. 2001. 植物乙醇提取物对荔枝蛀蒂蛀虫的防治研究［J］. 热带作物学报，22（3）：45－51.
谢辉，冯志新. 1996. 香港拟毛刺属线虫的种类鉴定［J］. 华南农业大学学报（2）：70－73.
谢辉，胡先奇，郭宏伟，等. 1999. 云南菊花叶枯线虫的记述［D］. 云南省植物病理重点实验室论文集. 昆明：云南科学技术出版社.
谢辉. 2005. 植物病原线虫学（第二版）［M］. 北京：高等教育出版社.
谢辉. 2007. 菊花滑刃线虫及其检测和防疫方法［J］. 植物检疫，21（3）：190－192.
谢清云，张海滨，郑炜，等. 2007. 湖州出口竹苗内植物寄生线虫种类调查［J］. 植物检疫，21（1）：49－50.
辛传海. 2004. 从"新公共管理"到"新公共服务"［J］. 陕西省经济管理干部学院学报，18（2）：21－24.
徐国金，等. 1988. 植物有害生物检疫熏蒸技术［M］. 北京：农业出版社.
徐理，朱龙付，张献龙. 2012. 棉花抗黄萎病机制研究进展［J］. 作物学报，38（9）：1553－1560.
许泽永. 1987. 我国花生病毒病研究［J］. 中国油料，（3）：73－79.
许志刚. 2001. 植物检疫学［M］. 北京：中国农业科学技术出版社.
薛光华，等. 1999. 新疆田间杂草种子图鉴［M］. 乌鲁木齐：新疆科技卫生出版社.
闫俊杰，成杰群，贾乾涛. 2011. 我国植物检疫现状及除害处理研究进展［J］. 农业灾害研究（02）：63－67.
杨勤民，王玉玺，常兆芝，等. 2007. 后过渡期植物检疫面临的形势及应对策略［J］. 植物检疫（05）：304－307.
杨伟东，郑耘，章桂明，等. 2006. 烟草环斑病毒 IC－RT－Realtime PCR 检测方法研究［J］. 中国病毒学，21（3）：277－280.
杨秀娟，何玉仙，翁启勇，等. 1999. 利用植物防治植物寄生线虫的研究概况［J］. 福建农业学报，14（1）：28－33.
姚朝晖. 2003. 恶性有毒杂草紫茎泽兰的防治和利用［J］. 农业与技术（2）：23－27.
姚文国，崔茂森. 2001. 马铃薯有害生物及其检疫［M］. 北京：中国农业出版社.
姚文国. 1994. 我国害虫检疫工作值得注意的几个问题［J］. 植物保护（04）：36－37.
姚文国. 1997. 国际多边贸易规则与中国动植物检疫［M］. 北京：法律出版社.
姚耀文，李成葆，等. 1984. 棉花枯、黄萎病种子消毒方法研究，中国棉花病害研究及其综合防治［M］. 北京：农业出版社.
姚耀文，李庆基，等. 1982. 棉花黄萎病菌生理型鉴定的初步研究［J］. 植物保护学报，9（3）：145－148.
叶萱. 2012. 酞胺组合库物质的合成和其对草地夜蛾的活性的评估［J］. 世界农药，34（5）：26－28.
叶贞琴. 2012. 创新思路，强化管理，全面开创我国植物检疫工作新局面［J］. 中国植保导刊，32（1）：5－9.
阴知勤. 1982. 新疆高等寄生植物：菟丝子 *Cuscuta* L.［J］. 新疆八一农学院学报（1）：7－14，52.
印丽萍，颜玉树. 1996. 杂草种子图鉴［M］. 北京：中国农业科学技术出版社.

余香琴，冯玉龙，李巧明. 2010. 外来入侵植物飞机草的研究进展与展望［J］. 植物生态学报，34（5）：591－600.

余永年. 1998. 中国真菌志第6卷，霜霉目［M］. 北京：科学出版社.

袁福锦. 2005. 不同施氮水平对俯仰臂形草生长性能的影响［J］. 草业科学，22（2）：48－51.

袁经权，冯洁，杨峻山，等. 2008. 飞机草挥发油成分的GC－MS分析［J］. 中国现代应用药学杂志，5（3）：202－205.

袁增伟. 2003. 绿色幽灵，飞机草作恶雷州半岛［J］. 羊城晚报.

云南植物研究所. 1979. 云南植物志第二卷［M］. 北京：科学出版社.

张昊，戴素明，肖启明，等. 2007. 烟草胞囊线虫防治研究概况［J］. 湖南农业科学（3）：128－129，131.

张慧丽，段维军，张吉红，等. 2013. 环介导等温扩增技术检测油棕猝倒病菌的研究［J］. 浙江农业学报，25（2）：303－308.

张慧丽，王建峰，段维军，等. 2012. 油棕猝倒病菌实时荧光PCR检测方法［J］. 植物保护（6）：98－100.

张建华，范志伟，沈奕德，等. 2008. 外来杂草飞机草的特性及防治措施［J］. 广西热带农业（3）：6－28.

张黎，马友鑫，李红梅，等. 2007. 云南临沧地区公路两侧紫茎泽兰分布格局［J］. 生态环境，16（2）：516－522.

张黎华，冯玉龙. 2007. 飞机草的生防作用物［J］. 中国生物防治，23（1）：83－88.

张黎华. 2007. 紫茎泽兰和飞机草茎、叶若干成分含量的测定及红外光谱比较［J］. 云南大学学报：自然科学版，29（S1）：205－209.

张立海，廖金铃，冯志新. 2001. 松材线虫rDNA的测序和PCR－SSCP分析［J］. 植物病理学报，31（1）：84－89.

张培. 2007. 我国出入境植物检疫技术标准及研究现状［J］. 植物检疫（S1）：11－13.

张萍，刘健，朱峰，等. 2004. 辣椒脉斑驳病毒对烟草活性氧代谢和光合特性的影响［J］. 四川大学学报（自然科学版），51（1）：183－188.

张伟锋，邓琼，邹建平，等. 2012. 深圳口岸进口烟叶检疫概况［J］. 植物检疫（03）：90－92.

张希玲. 1990. 海灰翅夜蛾［J］. 植物检疫，4（5）：382－383.

张智英，魏艺，何大愚. 1988. 泽兰实蝇生物学特性的初步研究［J］. 生物防治通报，4（1）：10－13.

张仲凯，方琦，丁铭，等. 2000. 侵染烟草的番茄斑萎病毒（TSWV）电镜诊断鉴定［J］. 电子显微学报，19（3）：339－340.

张宗义，陈坤荣，许泽永. 1999. 自然侵染菜豆的花生矮化病毒研究［J］. 植物病理学报，29（1）：68－72.

章正，等. 1996. 烟草霜霉病卵孢子提取方法研究［J］. 植物病理学报，26（3）：223 – 230.
章正，等. 1998. 烟草霜霉病检疫病理学特性的研究［J］. 植物病理学报，28（2）：131 – 138.
章正. 1996. 烟霜霉病菌，中国进境植物检疫有害生物选编［M］. 北京：中国农业出版社.
赵国祥，刘兴军，宗树林，等. 2000. 烟草胞囊线虫病药剂防治研究［J］. 中国烟草学，21（1）：23 – 26.
赵建周. 1995. 国外马铃薯甲虫发生危害与防治概况［J］. 植物保护（04）：35 – 36.
赵立荣，谢辉，武目涛，等. 2005. 昆明地区隶属根际的毛刺科线虫记述［J］. 华南农业大学学报，26（4）：59 – 61.
赵弄昌. 1966. 植物检疫（鉴定手册）［M］. 北京：科学出版社.
赵玉强，罗金燕，姚红梅，等. 2013. 浅析农业植物检疫执法工作现状及对策［J］. 植物检疫（06）：76 – 78.
郑耘，杨伟东，陈枝楠，等. 2007. 烟草环斑病毒 DB – RT – Realtime PCR 检测方法研究［J］. 植物保护（01）：117 – 120.
中国科学院植物研究所. 1979. 中国植物志第六十七卷第二分册［M］. 北京：科学出版社.
中国科学院植物研究所. 1985. 中国高等植物图鉴［M］. 北京：科学出版社.
中国科学院中国植物志编委会. 1978. 中国植物志第六十七卷第一分册［M］. 北京：科学出版社.
中国科学院中国植物志编委会. 1979. 中国植物志第六十九卷［M］. 北京：科学出版社.
中国科学院中国植物志编委会. 1979. 中国植物志第六十四卷第一分册［M］. 北京：科学出版社.
中国科学院中国植物志编委会. 1979. 中国植物志第五十五卷［M］. 北京：科学出版社.
中华人民共和国动植物检疫局，农业部植物检疫实验所. 1996. 中国进出境植物检疫有害生物选编［M］. 北京：中国农业出版社.
中华人民共和国进境植物检疫危险性病、虫、杂草名录［M］. 农（检疫）字（1992）第 17 号.
中华人民共和国农业部. 1992. 中华人民共和国进境植物检疫危险性病、虫、杂草名录.
中华人民共和国农业部公告. 1997. 第七十二号.
朱峰，张萍，林宏辉，等. 2012. 木生烟 NbSABP2 和 NbSAMT 基因的克降以及 VIGS 表达载体的构建［J］. 四川大学学报：自然科学版（49）：453.
朱西儒，徐志宏，陈枝楠. 2004. 植物检疫学［M］. 北京：化学工业出版社.
朱贤朝，王彦亭，王智发，等. 2002. 中国烟草病虫害防治手册［M］. 北京：中国农业出版社.
卓天文. 2003. 谨防生物入侵［J］. 科学画报（4）：42 – 43.
Aderungboye F O, Esuruoso O F. 1976. Ecological studies on Pythium splendens braun in oil palm (*Elaeis guineensis* Jacq.) plantation soils［J］. Plant and Soil, 44（2）：397 – 406.

Alegbejo M D. 1990. Screening of pepper cultivars for resistance to pepper leaf curl virus [J]. Capsicum Eggplant Newslett, 18: 69 -72.

Ambika S R. 1980. Suppression of plantation crops by Eupatorium weed [J]. Current Science, 49 (22): 874 -875.

Ambika S R. 1996. Ecological adaptations of *Chromolaena odorata* (L.) King and Robinson [C] //Proceedings of the Fourth International Workshop on Biological Control and Management of *Chromolaena odorata*, Bangalore, India: 1 -10.

Ambika S R. 2002. Allelopathic plants. 5. *Chromolaena odorata* (L.) King and Robinson [J]. Allelopathy Journal, 9 (1): 35 -41.

Anindya R, Joseph J, Gowri T D S, et al. 2004. Complete genomic sequence of Pepper vein banding virus (PVBV): a distinct member of the genus Potyvirus [J]. Archives of virology, 149 (3): 625 -632.

Argentine J A, Clark J M, Lin H. 1992. Genetics and biochemical mechanisms of abamectin resistance in two isogenic strains of Colorado potato beetle [J]. Pesticide biochemistry and physiology, 44 (3): 191 -207.

Argentine J A, Clark J M. 1990. Selection for abamectin resistance in Colorado potato beetle (*Coleoptera Chrysomelidae*) [J]. Pesticide Science, 28 (1): 17 -24.

Ashton F M, Santana D. 1880. *Cuscuta* spp (*dodder*): a literature review of its biology and control [J]. Univ Calif Div Agric Sci Bull, 2: 1 -7.

Australian Plant Name Index (APNI), IBIS database. 2012. Centre for Plant Biodiversity Research, Australian Government, Canberra, 12: 7.

Avav T P A, Shave E I, Magani, Ahom R I. 2009. Effects of *Mucuna biomass* and *N-fertiliseron Striga hermonthica* Del. Benth. infestation in maize (Zea mays L.). Journal of Animal & Plant Sciences, 4: 320 -328.

Bais H P, Vepachedu R, Gilroy S, et al. 2003. Allelopathy and exotic plant invasion: from molecules and genes to species interactions [J]. Science, 301 (5638): 1377 -1380.

Bamba D, Bessière J M, Marion C, et al. 1993. Essential oil of *Eupatorium odoratum* [J]. Planta Medica (Germany), 3: 184 -185.

Bamba J. 2002. Chromolaena in Micronesia [C]. In: *Zachariades* C, *Muniappan* R, *Strathie* L W eds. Proceedings of the Fifth International Workshop on Biological Control and Management of *Chromolaena odorata*, Durban, South Africa, 10: 23 -25.

Bani G. 2002. Status and management of *Chromolaena odorata* in Congo [C] //Proceedings of the fifth international workshop on biological control and management of *Chromolaena odorata*, ARC-PPRI. 71 -73.

Barker N P, Von Senger I, Howis S, et al. 2005. Plant phylogeography based on rDNA ITS sequence data: two examples from the *Asteraceae* [J]. REGNUM VEGETABILE, 143: 217.

Barrett R D H, Schluter D. 2008. Adaptation from standing genetic variation [J]. Trends in Ecology & Evolution, 23 (1): 38 -44.

Barrett S H. 1983. Crop mimicry in weeds [J]. Economic Botany, 37 (3): 255 -282.

Batten C K, Powell N T. 1971. The *Rhizoctonia-Meloidogyne* disease complex in flue-cured tobacco [J]. Journal of nematology, 3 (2): 64.

Bennette F, Rao V. 1968. Distribution of an introduced weed *Eupatorium odoratum* Linn. (*Compositae*) in Asia and Africa and possibility of its biological control [J]. Int J Pest Manag, 14 (3): 277 -281.

Biswas K. 1934. Some foreign weeds and their distribution in India and Burma [J]. Current Science, 4: 861 -865.

Bohlen E. 1973. Crop pests in Tanzania and their control [M]. Verlag Paul Parey. 142.

Borovskaya M F, Bogdanova V N. 1966. Infection of Tobacco Seeds by *Peronospora* Tabak [M], 1: 47 -49.

Borovskaya M F. 1969. Reapearance of Blue Mold of Tobacco from *Overwintering Mycelium* [J]. Sel-khoz Biol, 4 (1): 122 -125.

Botanga C J, Alabi S O, Echekwu C A, et al. 2003. Genetics of Suicidal Germination of (Del.) Benth by Cotton [J]. Crop science, 43 (2): 483 -488.

Botanga C J, Timko M P. 2005. Genetic structure and analysis of host and nonhost interactions *of Striga gesnerioides* (witchweed) from central Florida [J]. Phytopathology, 95 (10): 1166 -1173.

Bouda H, Tapondjou L A, Fontem D A, et al. 2001. Effect of essential oils from leaves of *Ageratum conyzoides*, *Lantana camara* and *Chromolaena odorata* on the mortality of *Sitophilus zeamais* (*Coleoptera Curculionidae*) [J]. Journal of Stored Products Research, 37 (2): 103 -109.

Bradshaw A D. 1965. Evolutionary significance of phenotypic plasticity in plants [J]. Advances in genetics, 13 (1): 115 -155.

Brown E S, Dewhurst C F. 1975. The genus *Spodoptera* (*Lepidoptera Noctuidae*) in Africa and the Near East [J]. Bulletin of Entomological Research, 65 (02): 221 -262.

Brown J W, Zachariades C. 2007. A new species of Dichrorampha (*Lepidoptera Tortricidae Grapholitini*) from *Jamaica*: A potential biocontrol agent against *Chromolaena odorata* (*Asteraceae*) [J]. Proceedings of the Entomological Society of Washington, 109 (4): 938 -947.

Brudea V. 2002. Probl. [J]. Protect Plant, 30 (2): 219 -224.

Brunel S. 2009. Pathway analysis: aquatic plants imported in 10 EPPO countries [J]. EPPO bulletin, 39 (2): 201 -213.

Brunt A A, Crabtree K, Dallwitz M J, et al. 1996. Viruses of plants. Descriptions and lists from the VIDE database [M].

Brunt A A. 1992. The general properties of potyviruses [J]. Springer Vienna, 5: 3 -16.

Butler G D, Wilson L T, Henneberry T J. 1985. *Heliothis virescens* (*Lepidoptera Noctuidae*) initiation of summer diapause [J]. Journal of economic entomology, 78 (2): 320 - 324.

Cab Iintrenational. 2007. Distribution Maps of Plant Diseases [J]. Virological methods, 146 (1): 36 - 44.

Cetinsoy S, Tamer A, Aydemir M. 1998. Investigations on repellent and insecticidal effects of *Xanthium strumarium* (L.) on colorado potato beetle leptinotrasa decemlineata say (Col: Chrysomelidae) [J]. Turkish Journal of Agriculture and Forestry, 22: 543 - 552.

Chen YL, Kawahara T, Hind N, et al. 2009. Asteraceae Tribe Eupatorieae [M]. In: Flora of China Vol. 21. Beijing: Science Press.

Chiemsombat P, Sae-Ung N, Attathom S, et al. 1998. Molecular taxonomy of a new potyvirus isolated from chilli pepper in Thailand [J]. Archives of virology, 143 (10): 1855 - 1863.

Chiffaud J, Mestre J. 1990. Le criquet puant *Zonocerus variegatus* (Linne, 1758) [M].

Christopher Cutler G, Scott - Dupree C D, Tolman J H, et al. 2005. Acute and sublethal toxicity of novaluron, a novel chitin synthesis inhibitor to *Leptinotarsa decemlineata* (Coleoptera Chrysomelidae) [J]. Pest management science, 61 (11): 1060 - 1068.

Ciferri R. 1960. Outbreaks and New Records [J]. FAO Plant Prot. Bull, (2): 29.

Clark J M, Lee S H, Kim H J, et al. 2001. DNA-based genotyping techniques for the detection of point mutations associated with insecticide resistance in Colorado potato beetle *Leptinotarsa decemlineata* [J]. Pest management science, 57 (10): 968 - 974.

Clark M F Adams A N. 1977. Characteristics of the microplate method of enzyme-linked immunosorbent assay for the detection of plant viruses [J]. Journal of general virology, 34 (3): 475 - 483.

Clayton E E, Gaines J G. 1945. Temperature in relation to development and control of blue mold (Peronospora tabacina) of tobacco [J]. J agric Res, 71: 171 - 182.

Clayton E E. 1943. Peronospora tabacina Adam, the organism causing blue mold (downy mildew) disease of tobacco [M].

Clewett J F, Young P D. 1988. Silk sorghum [J]. Queensland-Agricultural, 114 (2): 122 - 124.

Cloutier C, Jean C. 1998. Synergism between natural enemies and biopesticides: a test case using the stinkbug *Perillus bioculatus* (*Hemiptera Pentatomidae*) and Bacillus thuringiensis tenebrionis against Colorado potato beetle (*Coleoptera Chrysomelidae*) [J]. Journal of Economic Entomology, 91 (5): 1096 - 1108.

Cohen Y, Eyal H. 1984. Infectivity of conidia of *Peronospora hyoscyami* after storage on tobacco leaves [J]. Plant disease, 68 (8): 688 - 690.

Cohen Y, Kuc J. 1980. Infectivity of conidia of *Peronospora tabacina* after freezing and thawing [J]. Plant Disease, 64 (6): 549 - 550.

Covell Jr C V. 1984. A field guide to the moths of eastern North America [M]. Houghton

Mifflin Co.

Cruickshank I A M. 1989. Effect of environment on sporulation, dispersal, longevity, and germination of conidia of *Peronospora hyoscyami* [J]. The Blue Mold of Tobacco, 5: 217 – 252.

Davis J M, Main C E, Bruck R I. 1981. Analysis of weather and the 1980 blue mold epidemic in the United States and Canada [J]. Plant Disease, 65 (6): 508 – 512.

Davis M A, Grime J P, Thompson K. 2000. Fluctuating resources in plant communities: a general theory of invasibility [J]. Journal of Ecology, 88 (3): 528 – 534.

Decker H. 1989. Plant Nematodes and Their Control: Phytonematology [M].

Delon R, Schiltz P. 1989. Spread and control of blue mold in Europe, North Africa and the Middle East [J]. Blue Mold of Tobacco. WE McKeen, ed. American Phytopathological Society, St. Paul, MN, 4 (2): 19 – 42.

Delon R. 1985. Results of the Coresta collaborative experiment on the pathogenicity of tobacco blue mold in 1985 [J]. Bulletin d'Information CORESTA, (4): 3 – 8.

Ding M, Yang C, Zhang L, et al. 2011. Occurrence of Chilli veinal mottle virus in *Nicotiana tabacum* in Yunnan, China [J]. Plant Disease, 95 (3): 357 – 357.

Doddamani M B, Chetti M B, Koti R V, et al. 1998. Distribution of *Chromolaena* in different parts of Karnataka [C] //Proceedings of the Fourht International Workshop on Biological Control and Management of *Chromolaena odorata*.

Dolja V V, Boyko V P, Agranovsky A A, et al. 1991. Phylogeny of capsid proteins of rod-shaped and filamentous RNA plant viruses: two families with distinct patterns of sequence and probably structure conservation [J]. Virology, 184 (1): 79 – 86.

Drake V A, Fitt G P. 1990. Studies of Heliothis mobility at Narrabri [C] //Proceedings of the Fifth Australian Cotton Conference. ACGRA, Wee Waa. 295 – 304.

Duan H, Qiang S, Su X H, et al. 2005. Genetic diversity of *Eupatorium adenophorum* determined by AFLP marker [J]. Acta Ecol Sin, 25: 2109 – 2114.

Durand L Z, Goldstein G. 2001. Photosynthesis, photoinhibition, and nitrogen use efficiency in native and invasive tree ferns in Hawaii [J]. Oecologia, 126 (3): 345 – 354.

D'JACKIN I I. 1962. The influence of curing and fermentation methods of tobacco attacked by blue mould, on the activity of the pathogen and on the quality of raw tobacco [J]. Proceedings 2nd Peronospora Coll, USSR, 19 (64): 103 – 6.

Ell ington J J, El-Sokkarii A. 1986. A measure of fecundity, ovipositional behavior, and mor ¥ A% lty of the bollworm, heliothis zea (boddie) in the laboratory [J]. 11 (3): 177 – 193.

El-Moshaty F I B, Pike S M, Novacky A J, et al. 1993. Lipid peroxidation and superoxide production in cowpea (*Vigna unguiculata*) leaves infected with tobacco ringspot virus or southern bean mosaic virus [J]. Physiological and molecular plant pathology, 43 (2): 109 – 119.

Eplee R E. 1981. Strigds Status as a Plant Parasite n the United States [J]. lant Disease, 65

(2): 951 -954.

EPPO Standards PM 1/2 (8) EPPO A1 and A2 lists of quarantine pests. 1999. In: EPPO Standards PM 1 General phytosanitary measures, 5 -17. OEPP/EPPO, Paris (FR).

EPPO/CABI Quarantine Pests for Europe, 2nd ed. 1996. CAB International, Wallingford (GB).

EPPO/CABI Tobacco ringspot nepovirus. 1997. In: Quarantine Pests for Europe, 2nd edn, pp. CAB International, Wallingford (GB). 1357 -1362.

Esguerra N M. 2002. Introduction and establishment of the tephritid gall fly *Cecidochares connexa* on Siam weed, *Chromolaena odorata*, in the Republic of Palau [C] //Proceedings of the fifth international workshop on biological control and management of *Chromolaena odorata*, Durban, South Africa. 148 -151.

Evans K, Trudgill D L, Webster J M. 1993. Plant parasitic nematodes in temperate agriculture [M]. CAB International.

Fan Z F, Chen H Y, Liang X M, et al. 2003. Complete sequence of the genomic RNA of the prevalent strain of a potyvirus infecting maize in China [J]. Archives of virology, 148 (4): 773 -782.

FAO, Guidelines for Pest Risk Analysis. 1996. International Standards for Phytosanitary Measures (Pub No. 2). Secretariat of the IPPC, FAO, Rome.

FAO. 1997. International Plant Protection Convention (new revised text). FAO, Rome (IT).

Fauquet C M, Mayo M A, Maniloff J, et al. 2005. Virus taxonomy: VIIIth report of the International Committee on Taxonomy of Viruses [M]. Academic Press.

Feng Y L, Lei Y B, Wang R F, et al. 2009. Evolutionary tradeoffs for nitrogen allocation to photosynthesis versus cell walls in an invasive plant [J]. Proceedings of the National Academy of Sciences, 106 (6): 1853 -1856.

Feng Y, Wang J, Sang W. 2007. Biomass allocation, morphology and photosynthesis of invasive and noninvasive exotic species grown at four irradiance levels [J]. Acta Oecologica, 31 (1): 40 -47.

Fernúndez A, García J A. 1996. The RNA helicase CI from plum pox potyvirus has two regions involved in binding to RNA [J]. FEBS letters, 388 (2): 206 -210.

Foerster L A, Dionizio A L M. 1989. Temperature requirements for the development of *Spodoptera eridania* (Cramer, 1782) (Lepidoptera: Noctuidae) on *Mimosa scabrella* Bentham (Leguminosae) [J]. Anais da Sociedade Entomologica do Brasil, 18 (1): 145 -154.

French N, Barraclough R M. 1961. Observations on the reproduction of Aphelen-choides rìtzemabosi (Schwartz) [J]. Nematologica, 6 (2): 89 -94.

Furlong M J, Groden E. 2001. Evaluation of synergistic interactions between the Colorado potato beetle (Coleoptera Chrysomelidae) pathogen *Beauveria bassiana* and the insecticides, imidacloprid and cyromazine [J]. Journal of Economic Entomology, 94 (2): 344 -356.

Gallie D R, Walbot V. 1992. Identification of the motifs within the tobacco mosaic virus 5′-leader responsible for enhancing translation [J]. Nucleic acids research, 20 (17): 4631 -4638.

Gao L X, Chen J K, Yang J. 2008. Phenotypic plasticity: Eco-Devo and evolution [J]. Journal of Systematics and Evolution, 46 (4): 441.

GATT. 1994. Agreement on the Application of Sanitary and Phytosanitary Measures [M].

Gautier L. 1992. Taxonomy and distribution of a tropical weed: *Chromolaena odorata* (L.) R. King & H. Robinson [J]. Candollea, 47 (2): 645 -662.

Gayed S K. 1985. The 1979 blue mold epidemic of flue-cured tobacco in Ontario and disease occurence in subsequent years [J]. Canadian Plant Disease Survey, 65 (2): 23 -27.

GB/T 23222—2008, 烟草病虫害分级及调查方法 [S].

GB/T 23224—2008, 烟草品种抗病性鉴定 [S].

George K. 1968. Herbicidal control of Eupatorium odoratum [J]. Indian Farming, 94: 817 -818.

Gerrit Meester, Reinout D. 1999. Woittiez, Aart de zeeuw: Plant and Disease, Wageingen Pers, Wageningen, The Netherland [M].

Gill L S, Anoliefo G O, Iduoze U V. 1993. Allelopathic effects of aqueous extract from Siam Weed on the growth of Cowpea [J]. Chromoleana newsletters, 8: 1 -11.

Goodall J M, Erasmus D J. 1996. Review of the status and integrated control of the invasive alien weed, *Chromolaena odorata*, in South Africa [J]. Agriculture, ecosystems & environment, 56 (3): 151 -164.

Green S K, Kim J S. 1991. Characteristics and control of viruses infecting peppers: a literature review [M]. Asian Vegetable Research and Development Center.

Green S K, Kim J S. 1991. Characteristics and control of viruses infecting peppers: a literature review [M]. Asian Vegetable Research and Development Center.

Grujicic G. 1972. Occurrence of nematode pests on tobacco in Serbia [J]. Tutun, 22 (1/2): 43 -60.

Guo L Y, Ko W H. 1994. Survey of root rot of Anthurium [J]. Plant Pathology Bulletin, 3 (1): 18 -23.

Hall J B, Kumar R, Enti A A. 1972. The obnoxious weed *Eupatorium odoratum* (Compositae) in Ghana [J]. Ghana Journal of Agricultural Science, 5 (1): 75 -78.

He K, Gou X, Yuan T, et al. 2007. BAK1 and BKK1 regulate brassinosteroid-dependent growth and brassinosteroid-independent cell-death pathways [J]. Current Biology, 17 (13): 1109 -1115.

Henneberry T J, Clayton T E. 1991. Tobacco budworm (Lepidoptera Noctuidae) temperature effects on mating, oviposition, egg viability, and moth longevity [J]. Journal of economic entomology, 84 (4): 1242 -1246.

Hernúndez J A, Díaz - Vivancos P, Rubio M, et al. 2006. Long-term plum pox virus infection produces an oxidative stress in a susceptible apricot, *Prunus armeniaca*, cultivar but not in a resistant cultivar [J]. Physiologia plantarum, 126 (1): 140 - 152.

Hess D E, Ejeta G. 1992. Inheritance of resistance to Striga in sorghum genotype SRN39 [J]. Plant Breeding, 109 (3): 233 - 241.

Heyns J. 1975. Paralongidorus maximus C I H [J]. Description of Plant-parasitica Nematodes, 5: 75.

Hilbeck A, Kennedy G G. 1996. Predators feeding on the Colorado potato beetle in insecticide-free plots and insecticide-treated commercial potato fields in eastern North Carolina [J]. Biological Control, 6 (2): 273 - 282.

Hill A V. 1966. Effect of inoculum spore load, length of infection period, and leaf washing on occurrence of *Peronospora tabacina* Adam, (blue mould) of tobacco [J]. Crop and Pasture Science, 17 (2): 133 - 146.

Hill A V. 1969. Factors Affecting Viability of Spore Inooulum In *Peronospora Tabacina* Adam and Lesion Produotion In tobaooo Plants [J]. Australian Journal of Biological Sciences, 22 (2): 399 - 412.

Hodges R W. 1971. Sphingoidea hawkmoths [M]. Entomological Reprint Specialists.

Hoevers R, M'Boob S S. 1993. The status of *Chromolaena odorata* (L.) RM King and H. Robinson in West and Central Africa [C] //Distribution, Ecology and Management of Chromolaena odorata: Proceedings of the Third International Chromolaena Workshop, Abidjan.

Holm L G, Doll J, Holm E, et al. 1997. World weeds: natural histories and distribution [M].

Hunt D J. 1993. Aphelenchida, Longidoridae and Trichodoridae: their systematics and bionomics [M].

Inagaki H, Powell N T. 1969. Influence of the root-lesion nematode on black shank symptom development in flue-cured tobacco [J]. Phytopathology, 59 (10): 1350 - 1355.

Indonesia. 1997. Compilation of Animal, Fish and Plant Quarantine Regulation [M].

Ingles Casanova R, Medina Gaud S. 1975. Notes on the life cycle of the tobacco hornworm, *Manduca sexta* (L.) (Lepidoptera Sphingidae), in Puerto Rico [J]. Journal of Agriculture of the University of Puerto Rico, 59 (1): 51 - 62.

Inya A S I, Oguntimein B O, et al. 1987. Phytochemical and antibacterial studies on the essential oil of *Eupatorium Odoratum*. [J]. International Journal of Crude Drug Research, 25 (1): 49 - 52.

IPPC Glossary of Phytosanitary Terms. 1999. ISPM no. 5. IPPC Secretariat, FAO, Rome (IT).

IPPC Principles of Plant Quarantine as Related to International Trade. 1993. ISPM NO. 1. IPPC Secretariat, FAO, Rome (IT).

Ivens G W. 1974. The problem of *Eupatorium odoratum* L. in Nigeria [J]. PANS Pest Articles & News Summaries, 20 (1): 76 - 82.

Ivens G W. 1974. The problem of *Eupatorium odoratum* Lin Nigeria Proceedings of the National [J]. Academy of Sciences of the United States of America, 20: 76 -82.

Iwu M M, Chiori C O. 1984. Antimicrobial activity of *Eupatorium Odoratum* extracts [J]. Fitoterapia, 55 (6): 354 -356.

Jacob F. 1996. General Report on the 1995 Blue Mold Epidemic [J]. Bull Inf. Coresta, 2: 9 -24.

Jacob F. 1997. Blue mould warning service. General report for 1997 [J]. Bulletin d'Information CORESTA (France).

Japan. 1998. Plant Protection Law and Regulations Relevant to Plant Quarantine [M].

Jiang S H, Yang C L. 2007. Research advances of *Chromolaena odorata* on application of botanical pesticides [J]. Guangdong Agricultural Sciences, 3: 43 -45.

Johnson C S, Komm D A, Jones J L. 1989. Control of Globodera tabacum solanacearum by alternating host resistance and nematicide [J]. Journal of nematology, 21 (1): 16.

Johnson C S. 1995. Use of fosthiazate to control tobacco cyst nematodes in flue-cured tobacco [J]. Tobacco Science, 39: 69 -76.

Johnson G I. 1989. Peronospora hyoscyami De Bary: Taxonomic history, strains and host range [J]. Blue Mold of Tobacco, 2: 1 -18.

Johnson S J. 1987. Migration and the life history strategy of the fall armyworm, *Spodoptera frugiperda* in the Western Hemisphere [J]. International Journal of Tropical Insect Science, 8 (4 -5 -6): 543 -549.

Joseph J, Savithri H S. 1999. Determination of 3′-terminal nucleotide sequence of pepper \ \ break vein banding virus RNA and expression of its coat protein in Escherichia coli [J]. Archives of virology, 144 (9): 1679 -1687.

Jothikumar N, Kang G, Hill V R. 2009. Broadly reactive TaqMan assay for real-time RT-PCR detection of rotavirus in clinical and environmental samples [J]. Journal of virological methods, 155 (2): 126 -131.

Kachelriess S, Hummlerand K, Fisher P. 2001. Extension aids. In Kroschel J, ed. A Technical Manual for Parasitic Weed Res and Extension [M]. The Netherlands: Kluwer Academic Publisher. 169 -179.

Karasawa A, Nakaho K, Kakutani T, et al. 1992. Nucleotide sequence analyses of peanut stunt cucumovirus RNAs 1 and 2 [J]. The Journal of general virology, 73: 701 -707.

Kasasian L. 1971. *Orbanche* spp [J]. PANS, 17: 35 -41.

Kayode J. 2006. The effect of aqueous extracts from leaf leachates and the soil beneath *Chromoleana odorata* and *Euphorbia heterophylla* on the germination of cowpea seeds [J]. Pakistan Journal of Scientific and Industrial Research, 49 (4): 296 -298.

Keane R M, Crawley M J. 2002. Exotic plant invasions and the enemy release hypothesis [J].

Trends in Ecology & Evolution, 17 (4): 164 - 170.

Kennedy T A, Naeem S, Howe K M, et al. 2002. Biodiversity as a barrier to ecological invasion [J]. Nature, 417 (6889): 636 - 638.

Khartoum. 1979. Conference Reports [J]. PANS, 25 (4): 466 - 471.

Kikkertm, Vanlentj, Stormsm, et al. 1999. Tomato spotted wilt virus partical morphogenes is inllant cells [J]. Journal of virology, 73 (3): 2288 - 2297.

Kim H, Hawthorne D J, Peters T, Dively G P, et al. 2005. Pestic [J]. Biochem Physiol, 81 (2): 85 - 96.

Kim S K. 2007. Genetics of maize tolerance of Shermonthica [J]. Crop Science, 34: 900 - 907.

Kimpinski J. 1976. Lelacheur K E, Marks C F, et al. Nematodes in tobacco in the Maritime Provinces of Canada [J]. Canada Journal of Plant Science, 56: 357 - 364.

King A B S. 1994. Heliothis/Helicoverpa (Lepidoptera: Noctuidae) In: Matthews G A, Tunstall J P (eds) Insect Pests of Cotton [J]. Wallingford UK: CAB International, Wallingford, 2: 39 - 106.

King R M, Robinson H. 1970. Studies in the Eupatorieae (Compositae). XXIV [J]. The genus Chromolaena. Phytologia, 20: 196 - 209.

Klun J A, Plimmer J R, Bierl-Leonhardt B A, Sparks A N, Chapman O L. 1979. Trace chemicals: the essence of sexual communication systems in Heliothis species [J]. Science, 204: 1328 - 1330.

Knight K W L, Hill C F, Sturhan, D. 2002. Further records of *Aphelenchoides fragariae* and *A. ritzemabosi* (Nematoda: Aphelenchida) from New Zealand [J]. Australasian Plant Pathology, 31 (1): 93 - 94.

Koga C, Mwenje E, Garwe D. 2011. Germination stimulation of *Striga gesnerioides* seeds from tobacco plantations by hosts and non-hosts [J]. Journal of Applied Biosciences, 37: 2453 - 2459.

Koga C, Mwenje E, Garwe D. 2011. Response of tobacco cultivars to varying fertiliser levels in *Striga gesnerioides* infested soils in Zimbabwe [J]. Agricultural Journal, (6): 347 - 352.

Komm D A. 1983. Reilly, J J & Elliott A P. Epidemiology of a tobacco cyst nematode (*Globodera solanacearum*) in Virginia [J]. Plant Disease, (67): 1249 - 1251.

Konate. 1999. Characterization and distribution of pepper veinal mottle virus in West Africa [J]. Cahiers-Agricultures, 8 (2): 132 - 134.

Korea. 1969. Plant Protection Act [M].

Krober H. 1969. Uber das Infektion der *Oosporen* von *P. tabacina* an Tabak [J]. *Phytopath* Z. 64 (1): 1 - 6.

KroissL J, BrozK L, Tong C B S, et al. 2002. Entomol [J]. Sci, 37 (3): 244 - 253.

Kureh I, Chiezey U F, Tarfa B D. 2000. On-station verification of the use of soybean trap crop for the control of Striga in maize. African Crop [J]. Science, 8: 295 -300.

Lai P Y, Muniappan R, Wang T H, et al. 2006. Distribution of *Chromolaena odorata* and its biological control in Taiwan [J]. Proceedings of the Hawaiian Entomological Society, 38: 119 -122.

Lain S, Martin M T, Riechmann J L, et al. 1991. Novel catalytic activity associated with positive-strand RNA virus infection: nucleic acid-stimulated ATPase activity of the plum pox potyvirus helicaselike protein [J]. J Virol, 65: 1 -6.

Lain S, Riechmann J L, Garcia J A. 1990. RNA helicase: a novel activity associated with a protein Encoded by a positive strand RNA virus [J]. Nucleic Acids Res, 18: 7003 -7006.

LaMondia J A. 2002. Genetics of burley and flue-cured tobacco resistance to *Globodera tabacum* [J]. Journal of Nematology, 34: 34 -37.

Lankau R A, Rogers W E, Siemann E. 2004. Constraints on the utilisation of the invasive Chinese tallow tree *Sapium sebiferum* by generalist native herbivores in coastal prairies [J]. Ecological Entomology, 29: 66 -75.

Larranaga S, Muino B, Chacon O, et al. 2008. Virulence and molecular characterization of *Cuban isolates* from *Peronospora hyoscyami* sp *tabacina* [J]. Phytopathology, 98 (6): 87.

Larsson M. 2012. Soil fertility status and Striga hermonthica infestation relationship due to management practices in Western Kenya. Swedish University of Agricultural Sciences. Master's Thesis in Soil [J]. Science,12: 15 -18.

Lavergne S, Molofsky J. 2007. Increased genetic variation and evolutionary potential drive the success of an invasive grass [J]. Proceedings of the National Academy of Sciences of the United States of America, 104: 3883 -3888.

Lea H W. 1999. Resistance of tobacco to pandemic blue mould (*Peronospora hyoscyami* de Bary syn P-tabacina Adam): a historical overview [J]. Australian ournal of experimental agriculture, 39 (1): 115 -118.

Lehman S G. 1931. Research in botany. A new tobacco root disease. North Carolina Agricultural Experimental Station Annual Report. 54: 73 -76.

Leslie A J, Spotila J R. 2001. Alien plant threatens Nile crocodile (*Crocodylus niloticus*) breeding in Lake St. Lucia, South Africa. [J]. Biological Conservation, 98: 347 -355.

Li X, Jiao D M, Liu Y L, et al. 2002. Chlorophyll fluo-rescence and membrane lipid peroxidation in the flag leaves of different high yield rice variety at late stage of development under national condition. [J]. Acta Botanica Sinica, 44 (4): 413.

Li Y P, Feng Y L. 2009. Differences in seed morphometric and germination traits of crofton weed (*Eupatorium adenophorum*) from different elevations. [J]. Weed Science, 57: 26 -30.

Lichtenthaler H K, Wellburn A R. 1983. Determinations of total carotenoids and chlorophylls a and b of leaf extracts in different solvents [J]. Biochem Soc Trans, 11: 591.

Lin R, Chen Y L, Shi Z. 1985. Flora Reipublicae Popularis Sinicae [M]. Beijing: Science

Press.

Linde C, et al. 1994. Root and root collar disease of *Eucalyptus grandis* caused by Pythium splendens [J]. Plant Disease, 78: 1006 - 1009.

Ling B, Zhang M X, Kong C H, et al. 2003. Chemical composition of volatile oil from *Chromolaena odorata* and its effect on plant, fungi and insect growth [J]. Chinese Journal of Applied Ecology, 744 - 746.

Liu J H, Huang B J, Luo F C. The damage and control measures of *Eupatorium odoratum*. [J]. Pratacultural Science, 23 (10): 73 - 77.

Loebenstein G, Thottappilly, George. 2003. Virus and virus-like diseases of major crops in developing countries [M]. Dordrecht, the Netherlands: Kluwer Academic Publishers.

London U K. 1982. The locust and grasshopper agricultural manual [J]. Centre for Overseas Pest Research, 3: 13 - 17.

Lonsdale W M. 1999. Global patterns of plant invasions and the concept of invisibility [J]. Ecology, 80: 1522 - 1536.

Lovei G L. 1997. Biodiversity global change through invasion [J]. Nature, 388: 627 - 628.

Lowe S, Browne M, Boudjelas S. 2000. de Poorter M 100 of the World's Worst Invasive Alien Species: A Selection from the Global Invasive Species Database. Invasive Species Specialist Group (ISSG), a specialist group of the Species Survival Commission (SSC) of the World Conservation Union (IUCN), University of Auckland, New Zealand.

Lu P, Sang W G, Ma K P. 2006. Activity of antioxidant enzymes in the invasive plant Eupatorium odoratum under various environmental stresses [J]. Acta Ecologica Sinica, 26: 3578 - 3585.

Lucas E, Giroux S, Demougeot S, et al. 2004. Appl [J]. Entomol, 128 (3): 233 - 239.

Lucas G B. 1975. Blue Mold In: Diseases of Tobacco, 3rd. ed [J]. Biological Consulting Associates, 7: 225 - 266.

Lucas G B. 1980. The War Against Blue Mold [J]. Science, 210 (10): 147 - 153.

Luken J O, Tholemeier T C, Kuddes L M, Kunkel B A. 1995. Performance, plasticity and acclimation of the nonindigenous shrub *Lonicera maackii* (Caprifoliaceae) in contrasting light environments [J]. Canadian Journal of Botany, 73: 1953 - 1961.

LW eds. Proceedings of the Fifth International Workshop on Biological Control and Management of *Chromolaena odorata*. Durban, South Africa.

Macleod D G. 1963. The Parasitism of cuscuta [M]. New Phytological, 62: 257 - 264.

Madrid M T Jr. 1974. Evaluation of herbicides fo the control of *Chromolaenaodorata*. Philippines [J]. Weed Science, 1: 25 - 29.

Main C E and Keever T. 1998. The 1998 Blue Mold Epidemic in North America [J]. Bull Inf Coresta, 6: 5 - 10.

Main C E. 1991. Blue Mold. In Compendium of Tobacco Diseases [M]. Edited by Shew H D and

Lucas G B APS Press: 5 -9.

Main C Eand Davis J M. 1989. Epidemiology and Biometeorology of Tobacco Blue Mold [M]. In Blue Mold of Tobacco, Edited by Mckeen, W E, APS Press: 201 -216.

Mangla S, Inderjit, Callaway R M. 2008. Exotic invasive plant accumulates native soil pathogens which inhibit native plants [J]. Journal of Ecology, 96: 58 -67.

Mann B P. 1877. Discriptions of Some Larvae of *Lepidoptera*, Respecting *Sphingidae* Especially [J]. Psyche: A Journal of Entomology, 2 (41 -42): 65 -79.

Markhaseva V A. 1964. Estimation of Ospore Vitality in *Peronospora tabacina* [J]. In 2nd Colloquium on Peronospora. USSR, 4: 115 -116.

Marks C F & Elliot J M. 1973. Damage to flue-cured tobacco by the needle nematode *Longidorus elongates* [J]. Canadian Journal of Plant Science, 53: 689 -692.

Marrs R A, Sforza R, Hufbauer R A. 2008. Evidence for multiple introductions of *Centaurea stoebe micranthos* (spotted knapweed, Asteraceae) to North America [J]. Molecular Ecology, 17: 4197 -4208.

McCuiston J L, Hudson L C, Subbotin S A, et al. 2007. Conventional and PCR detection of *Aphelenchoides fragariae* in diverse ornamental host plant species [J]. Journal of nematology, 39 (4): 343.

McFadyen REC. 1989. History and distribution of Chromolaena odorata [J]. In: Zachariades C, Muniappan R, Strathie L W eds. Proceedings of the Fifth International Workshop on Biological Control and Management of Chromolaena odorata. Bangkok, Thailand.

McFadyen REC. 1989. Siam weed: a new threat to Australia's north. [J]. Plant Protection Quarterly, 4: 3 -7.

McFadyen REC. 1991. The ecology of *Chromolaena odorata* in the Neotropics [J]. In: Muniappan R, Ferrar P eds. Proceedings of the Second International Workshop on Biological Control and Management of Chromolaena odorata. Bogor, Indonesia.

McFadyen REC. 1992. Chromolaena in Asia and the Pacific: spread continues but control prospects improve [J]. In: Zachariades C, Muniappan R, Strathie L W eds. Proceedings of the Fifth International Workshop on Biological Control and Management of Chromolaena odorata. Durban, South Africa.

McFadyen REC. 1993. Country report from Australia and the Pacific. In Prasad UK, Muniappan R, Ferrar P, Aeschliman J P, de Foresta H eds [J]. Proceedings of the Third International Workshop on Biological Control and Management of *Chromolaena odorata*. Abidjan, Ivory Coast.

McFadyen REC. 1998. Biological control of weeds [J]. Annual Review of Entomology, 43: 369 -393.

Mckeen W E. 1981. The 1979 Tobacco Blue Mold Disaster in Ontario, Canada [J]. Plant Disease, 65 (1): 8 -9.

Mckeen W E. 1989. The Canadian 1979 Blue Mold Epiphytotic [J]. In: Blue Mold of Tobacco. Edited by Mckeen W E, APS, 253 - 274.

Meagher J W. 1969. Nematodes as afactor in citrus production in Australia [J]. Proceedings of the First International Citus Symposium, 2: 999 - 1006.

Milholland R D, et al. 1981. Histopathology of *Peronospora tabacina* in Systemically Infected Burley Tobacco [J]. Phytopathology, 71 (1): 73 - 76.

Miller LI. 1986. Economic importance of cyst nematodes in North America. In: Lamberti F, Taylor CE, eds. Cyst Nematodes [M]. New York, USA, Plenum Press: 373 - 385.

Milne R G. 1984. Electron microscopy for the identification of plant virus in in-vitro preparations [J]. Methods in Virology, 7: 87 - 120.

Min X H, Han Y W, Liu Q. Evaluation of direct-PCR and immunocapture-PCR for detection seed-borne infection by tomato bacterial canker pathogens [J]. *Clavibacter michiganensissub* sp.

Miroslav G, Thierry C. 2005. Partial sequence analysis of atypical Turkish isolate provides Further Information on the evolutionary history of Plum pox virus (PPV) [J]. Virus Research, 108: 199 - 206.

Misra A, Tosh G C & Tosh B N. 1982. Preliminary studies on broomrape (*Orobanche* spp.) aparasitic weed on brinjal [J]. Abstr Ann Conf Indian Soc. Weed Sci.

Mochida O. 1973. Two important pests, *Spodoptera litura* and *S littoralis* on various crops morphological discrimination of the adult, pupal and larval stages [J]. pplied Entomology and Zoology, 8: 205 - 214.

Mohamed K I, Musselman L J, Riches C R. 2001. The genus *Striga* (*scrophulariaceae*) in Africa [J]. Annals of the Missouri Botanical Garden, 13: 60 - 103.

Monaghan N. 1979. The Biology of Johnson Grass (Sorghum halepense) [J]. Weed Research, 19 (4): 261 - 267.

Moorman G W, et al. 2002. Identification and characterization of Pythium species associated with greenhouse floral crops in Pennsylvania [J]. Plant Disease, 86: 1227 - 1231.

Moss A M. 1920. Sphingidae of Brazil [J]. Novitates Zoologicae, 27: 333 - 424.

Mountain W B. 1954. Studies of nematodes in relation to brown root rot of tobacco in Ontario [J]. Canadian Journal of Botany, 32: 737 - 759.

Moury B, Palloix A, Caranta C, et al. 2005. Serological, Molecular, and Pathotype Diversity of Pepper veinal mottle virus and Chili veinal mottle virus [J]. Phytopathology, 95: 227 - 232.

Muino G B L, Gonzalez G Y. 2009. *Peronospora hyoscyamif* sp *tabacina*. Morphological variability in sporangia of isolates (II) [J]. Fitosanidad, 13 (4): 253 - 257.

Muniappan R, Bamba J. 2000. Biological control of *Chromolena odorata*: successes and failures [J]. In: Spencer NR ed. Proceedings of the X International Symposium on Biological Control of Weeds. Bozeman, Montana, 81 - 85.

Muniappan R, Englberger K, Bamba J, et al. 2004. Biological control of *Chromolaena* in Micronesia. In: Day MD, McFadyen RE eds [J]. Proceedings of the Sixth International Workshop on Biological Control and Management of *Chromolaena odorata*. Cairns, Australia.

Muniappan R, Marutani M. 1988. Ecology and distribution of *Chromolaena odorata* in Asia and Pacific [J]. In: Muniappan R ed. Proceedings of the First International Workshop on Biological Control of *Chromolaena odorata*. Bangkok, Thailand.

Muniappan R, Reddy G V P, Lai P Y. 2005. Distribution and biological control of *Chromolaena odorata* [J]. In: Inderjit ed. Invasive Plants: Ecological and Agricultural Aspects. Birkhauser Verlag, Switzerland: 223 -233.

Muniappan R. 1996. Biological control of *Chromolaena odorata* [J]. Proceedings of the International Compositae Conference, 2: 333 -347.

Nickrent, D. L, and L. J. Musselman. 2004. Introduction to Parasitic Flowering Plants [J]. The Plant Health Instructor, 03: 01.

Nono-Womdim R. 2004. An overview of major virus diseases of vegetable crops in Africa and some Aspects of their control [J]. In: Plant Virology in sub-Saharan Africa (HUGHES J, ODU B, eds). International Institute for Tropical Agriculture, Ibadan: 211 -232.

Novak S J. 2007. The role of evolution in the invasion process [J]. Proceedings of the National Academy of Sciences of the United States of America, 104: 3671 -3672.

Nyambo B T. 1989. The pest status of *Zonocerus elegans* (Thunberg) (Orthoptera Acridoidea) in Kilosa District in Tanzania with some suggestions on control strategies [J]. Insect Science and its Application, 1991, 12 (1 -3): 231 -236. In Proceedings of the Second International Conference on Tropical Entomology, held in Nairobi, Kenya, on 31 July-4 August.

Olah B. 1979. Phytosociological relationships in the weed population of an apple orchard [J]. Botanikai Kozlemenyek, 66 (2 -4): 213 -222.

Orapa W, Donnelly G P, Bofeng I. 2002. The distribution of *Siam weed*, *Chromolaena odorata*, in Papua New Guinea. In: Zachariades C, Muniappan R, Strathie L W eds [J]. Proceedings of the Fifth International Workshop on Biological Control and Management of Chromolaena odorata. Durban, South Africa.

Ortiz M A, Tremetsberger K, Terrab A, et al. 2008. Phylogeography of the invasive weed *Hypochaeris radicata* (Asteraceae): from Moroccan origin to worldwide introduced populations [J]. Molecular Ecology, 17: 3654 -3667.

Ossom E, Lupupa B, Mhlongo S, Khumalo L. 2007. Implications of weed control methods on Sandanezwe (*Chromolaena odorata*) in Swaziland [J]. World Journal of Agricultural Sciences, 3: 704 -713.

Oswald A. 2005. Striga control: Technologies and their dissemination [J]. Crop Protection, 24: 333 -342.

Owusu E O. 2000. Effect of some Ghanaian plant components on control of two stored-product insect pests of cereals [J]. Journal of stored products research, 37 (1): 85 -91.

Parker C. 1965. The Striga problem A [J]. Review, PANS, 11 (2): 55 - 109.

Pattison R R, Goldstein G, Ares A. 1998. Growth, biomass allocation and photosynthesis of invasive and native Hawaiian minforest species [J]. Oecologia, 117: 449 -459.

Pawlick, A. 1961. Zur Frage der Uberwinterung von *Peronospora tabacina* Adam Beobachtungen uber Oosporenkeimung Zeits [J]. Fur Pflanzen und Pflanzenschutz. 68: 1193 - 1197.

Pearson A C, Sevacherian V, Ballmer G R, et al. 1989. Population dynamics of *Heliothis virescens* and *H zea* (Lepidoptera, Noctuidae) in the Imperial Valley of California [J]. Environmental Entomology, 18 (6): 970 -979.

Pegler D N, Waterston J M. 1966. Pythium splendens [J]. CMI Descriptions of Pathogenic Fungi and Bacteria, 120: 2.

Peng CI, Yang K C. 1998. Unwelcome naturalization of *Chromolaena odorata* (Asteraceae) [J]. Taiwania, 43: 289 -294.

Peresypkin V F, Markhaseva V A. 1964. Some Data on the Formative Conditions of Oospores of *Peronospora Tabacina* Adam [J]. In Peronospora Tabacina-Kishinev: 19 -23.

Piccirillo P, et al. 1995. Peronospora on tobacco is still a problem [J]. Informatore-Agrario, 51 (20): 7 -90. (CAB Abstracts 1996 - 1998)

Popivanov I. 1977. Study on the Extent of Blue Mold Infection of Oriental Varieties of Tobacco at the Complex Experimental Station in Sandanski [J]. Rasteniev dni-Nauki, 14 (6): 112 - 119 (CAB Abstr. 1976 - 1978).

Porter D M, Powell N T. 1967. Influence of certain Meloidogyne species on Fusarium wilt development in flue-cured tobacco [J]. Phytopathology, 57: 282 -285.

Powell N T, Porter D, Wood K. 1986. Disease control practices [J]. In: Tobacco Information, North Carolina Agricultural Extension Service, 37: 59 -92.

Prabhakara T K, Hosmant M M. 1981. Effect of Striga Infestation on Sorghum, Proc [J]. 8TH ASIAN-PAIFIC WEED SCI SOC CONF, 3: 287 -289.

Prentis P J, Wilson J R U, Dormontt E E, Richardson DM, Lowe AJ. 2008. Adaptive evolution in invasive species [J]. Trends in Plant Science, 13: 288 -294.

Ramirez Garcia L, Bravo Mojica H, Llanderal Cazares C. 1987. Development of *Spodoptera frugiperda* (J E Smith) (Lepidoptera, Noctuidae) under different conditions of temperature and humidity [J]. Agrociencia, 67: 161 - 171.

Rao Y R. 1920. Lantana insects in India. Memoirs, Department of Agriculture in India, Entomology Series, Calcutta, 5: 239 -314.

Rathore R S, Rajpurohit T S, Solanki J S, et al. 1993. Wild onion-a new record of *Sclerotinia sclerotiorum* [J]. Indian Phytopathology, 46 (3): 261 -262.

Ravi K S, Joseph J, Nagaraju N, et al. 1997. Characterization of a pepper vein banding virus from Chili pepper in India [J]. Plant Dis, 81: 673 -676.

Rich J R, Arnett J D, Shepherd J A, et al. 1989. Chemical control of nema-todes on flue-cured tobacco in Brazil, Canada, United States, and Zimbabwe [J]. Joumal of Nematology, 21 (4): 609 -611.

Richard J, Heitzman J E. 1987. Butterflies and Moths of Missouri. Missouri, USA [J]. Missouri Department of Conservation.

Rodenburg, J, Bastiaans L. 2011. Host-plant defence against *Striga* spp: reconsidering the role of tolerance [J]. Weed Research, 55 (5): 438 -441.

Roder W, Phengchanh S, Keoboualapha B, et al. 1995. *Chromolaena odorata* in slash-and-burn rice systems of Northern Laos [J]. Agroforestry Systems, 31: 79 -92.

Roger L, Hammer. 2004. The Lantana Mess a critical look at the Genus in Florida [J]. The palmetto, 23 (1): 21 -24.

Sahid I B, Sugau J B. 1993. Allelopathic effect of *Lantana* (Lantana-Camara) and *Siam* weed (Chromolaena-Odorata) on selected crops [J]. Weed Science, 41: 303 -308.

Sangakkara U R, Attanayake K B, Dissanayake U, Bandaranayake PRSD. 2008. Allelopathic impact of *Chromolaena odorata* (L.) King and Robinson on germination and growth of selected tropical crops [J]. Journal of Plant Diseases and Protection, 21: 321 -326.

Schiltz P. 1981. Downy Mildew of Tobacco [M]. In: The Downy Mildews. Edited by Spencer D M. Academic Press.

Schulz S, Hussaini M A, Kling J G, et al. 2003. Evaluation of integrated *Striga hermonthica* control technologies under farmer management [J]. Experimental Agriculture, 39: 99 -108.

Scott I M, Jensen H. 2003. Arch Insec. [J]. Biochem. Physiol, 54 (4): 212 -225.

Scott L J, Lange C L, Graham G C, et al. 1998. Genetic diversity and origin of *Siam weed* (Chromolaena odorata) in Australia [J]. Weed Technology, 12: 27 -31.

Scudder S H. 1893. Some notes on the early stages, especially the chrysalis of a few American Sphingidae [J]. Psyche, 6: 435 -437.

Seibert T F. 1989. Biological control of the weed, *Chromolaena odorata* (Asteraceae), by *Pareuchaetes pseudinsulata* (Lep, Arctiidae) on Guam and the Northern Mariana Islands [J]. Entomophaga, 34: 531 -539.

Seung K C, Jang K C, Won M P, et al. 1999. RT-PCRdetection and identification of three species of Cucumoviruses with a genusspecific single pair of primers [J]. Journal of Virological Methods, 83 (1): 67 -73.

Shah H, Khalid S, Ahmad I. 2001. Prevalence and Distribution of Four Pepper Viruses in Sindh, Punjab and North West Frontier Province [J]. OnLine Journal of Biological Sciences, 4: 214 -217.

Shang J, Xi D H, Yuan S, et al. 2010. Difference of Physiological Characters in Dark Grecn

Islands and Yellow Leaf Tissue of *Cucumber mosaic* Virus (CMV) -infected Nicotiana tabacum Leaves [J]. Z Naturforsch C, 65: 73.

Shepherd C J, Mandryk M. 1963. Germination in vivo [J]. Aust. J. Biol. Sci, 16: 77 -87.

Shepherd C J. 1962. Germination of conidia of *Peronospora tabacina* Adam I Germination in vitro, Aust. J Bilo [J]. Sci, 15: 483 -508.

Shepherd J A, Barker K R. 1990. Nematode parasites of tobacco [J]. Plant parasitic nematodes in subtropical and tropical agriculture, 13: 493 -517.

Shepherd J A, Barker K R. 1993. Nematode parasites of tobacco [J]. Lue M, Sikora R A Bridge J, Plant Parasitic Nematodes in Subtropical and Tropical Agriculture, in CAB International, 32: 493 -518.

Shepherd J A, Barker K R. 1993. Nematode parasites of tobacco [M] //Lue M, Sikora R A, Bridge J. Plant parasitic nematodes insubtropical and tropical agriculture. UK CAB International, 493 -518.

Siddiqi M R. 1974. *Aphelenchoides ritzemabosi.* [J]. Descriptions of Plant Parasitic Nematodes, 32: 38 -41.

Siddiqi M R. *Aphelenchoides ritzemabosi*, C I H Descriptions of Plantparasitic Nematodes Set 3, No. 32 [J]. St Albans, Herts, England Commonwealth Institute of Helminthology, 974.

Sikora, Dehne. 1979. Changes in plant susceptibility to Ditylenchus dipsaci and *Aphelenchoides ritzemabosi* induced by the endotrophic mycorrhizal fungus *Glomus mosseae* [J]. International Congress (IX) of Plant Protection.

Singh N D. 1974. Preliminary investigations on the parasitic nematodes associated with tobacco in Trinidad [J]. Nematropica, 4: 11 -16.

Siriwong P, Kittipakorn K, Ikegami M. 1995. Characterization of chilli vein-banding mottle virus I-solated from pepper in Thailand [J]. Plant Pathology, 44: 718 -727.

Smith I M, McNamara D G, Scott P R, et al. 1997. Quarantine pests for Europe. Data sheets on quarantine pests for the European Union and for the European and Mediterranean Plant Protection Organization [J]. CAB INTERNATIONAL, 5: 518 -525.

Smith I M, McNamara D G, Scott P R, et al. 1997. Quarantine pests for Europe. Data sheets on quarantine pests for the European Union and for the European and Mediterranean Plant Protection Organization [M]. CAB INTERNATIONAL.

Spurr H W, et al. 1982. Oospores in Blue Mold Diseased North Carolina Burley and Flue-cured Tobacco [J]. Tobacco Science, 184 (8): 27 -29.

Stace-Smith R. 1985. Tobacco ringspot virus. CMI/AAB Descriptions of Plant Viruses No. 309. (no. 17. revised) AAB, Wellesbourne (GB).

Stace-Smith R. 1987. Tobacco ringspot virus in Rubus [J]. In: Viruses Diseases of Small Fruits, Agriculture Handbook, 631: 227 -228. USDA/ARS, Washington (US).

Stadelbacher E A, Graham H M, Harris V E, et al. 1986. Heliothis populations and wild host plants in the southern U. S. In: johnson S J, King E G, Bradley J R, eds. Theory and Tactics of Heliothis Population management: 1-Cultural and Biological Control [J]. outhernn Cooperative Science Bulletin, 316: 54 -74.

Taiapatra S K. 1974. Flavonoid and terpenoid constituents of *Eupatorium odoratum* [J]. Phytochemistry, 13 (1): 284.

Tan G T, Shi L L, Shang H L, et al. 2003. Diagnosis of viruses in chili pepper in Shanxi province [J]. China Capsicum, 3: 32.

Tan G T, Shi L L, Shang H L, et al. 2003. Diagnosis of Viruses in Chili Pepper in Shanxi Province [J]. Journal of China Capsicum, (3): 32 -33.

Timko M P. 2008. Molecular genetics of race-specific resistance of cowpeas to *Striga gesnerioides*. Integrating new technologies for Striga control. Towards ending the witch hunt. World Scientific Publishing Company [J]. Pte Ltd, Singapore. 115 -128.

Todd E L, Poole R W. 1980. Keys and illustrations for the armyworm moths of the noctuid genus Spodoptera Guenee from the Western Hemisphere [J]. Annals of the Entomological Society of America, 73 (6): 722 -738.

Tripathi R S. 1967. Mutual interaction of gram (*Cicer arietinum* L.) and two common weeds (*Asphodelus tenuifolius* Cav and *Euphorbia dracunculoides* Lamk.) [J]. Tropical Ecology, 8 (1 - 2): 105 -109.

Tsai W S, Huang Y C, Ghang D Y, et al. 2008. Molccular characterization of the CP gene and 3'UIR of Chilli vcinal mottle virus from South and Southeast Asia [J]. Plant Pathol, 57 (3): 408 -416.

Urwin P E, Lilley C J, Atkinson H J. 2002. Ingestion of double-stranded RNA by preparasitic juvenile cyst nematodes leads to RNA interference [J]. Molecular Plant-Microbe Interactions, 15 (8): 747.

Van Gila H, Delfino J, Rugege D, et al. 2004. Efficacy of *Chromolaena odorata* control in a South African conservation forest [J]. South African Journal of Science, 100: 251 -253.

Verrier J L, et al. 1996. Collaborative Study of Blue Mold Pathogenicity Bull [J]. Inf. Coresta, 2: 25 -30.

Von Senger I, Barker N P, Zachariades C. 2002. Preliminary phylogeography of *Chromolaena odorata* finding the origin of South African weed. In: Zachariades C, Muniappan R, Strathie L W, eds [M]. Proceedings of the Fifth International Workshop on Biological Control and Management of Chromolaena odorata. Durban, south Africa.

Wallace H R. 1960. Observations On the Behaviour of Aphelenchoides Ritzema-Bosi in Chrysanthemum Leaves [J]. Nematologica, 5 (4): 315 -321.

Wang J, Liu Z, Niu S, et al. 2006. Natural Occurrence of Chilli veinal mottle virus on Capsicum

Chinense in China [J]. Plant Dis, 30: 77.

WANG J, LIU Z, NIU S, et al. 2006. Natural occurrence of Chilli veinal mottle virus on Capsicum chinense in China [J]. Plant Disease, 90: 377.

Wang J, Liu Z, Niu S, et al. 2006. Natural occurrence of Chilli veinal mottle virus on capsicum Chinese in China [J]. Plant Dis, 90 (3): 377.

Wang M L, Feng Y L, Li X. 2006. Effects of soil phosphorus level on morphological and photosynthetic characteristics of *Ageratina adenophora* and *Chromolaena odorata* [J]. Chinese Journal of Applied Ecology, 17: 602 -606.

Wang M. 2005. Feng Y L Effects of soil nitrogen levels on morphology, biomass allocation and photosynthesis in *Ageratina adenophora* and *Chromolaena odorata* [J]. Acta Phytoecologica Sinica, 29: 697 -705.

Wang X F, Guo X Q, Meng X B, et al. 2002. Molecular Biology of Plant Potyvirus Interactions [J]. Journal of Shandong Agricultural University (Natural Science), 33 (3): 386 -390.

Ward C W, McKern N M, Frenkel M J, et al. 1992. Sequence data as the major criterion for Potyvirus classification [J]. Arch Virol Suppl, 5: 283 -297.

Warwick S I, Black L D. 1983. The biology of Canadian weeds 61 *Sorghum halepense* (L.) Pers Can. [J]. Plant Sci, 63: 37 -41.

Waterhouse B M, Zeimer O. 2002. On the brink: the status of Chromolaena odorata in Northern Australia. In: Zachariades C, Muniappan R, Strathie L W, eds. Proceedings of the Fifth International Workshop on Biological Control and Management of *Chromolaena odorata* [J]. Durban, South Africa.

Waterhouse B M. 1994. Discovery of Chromolaena odorata in northern Queensland, Australia [J]. Chromolaena odorata Newsletter, 9: 1 -2.

Webster J M. 1972. Economic Nematology [M]. Academic Press, London and New York.

Wegorek P. 2004. Progre. [J]. Plant Protec, 2 (44): 1208 -1211.

Weischer. 1975. Further studies on the population development of *Ditylenchus dipsaci* and *Aphelenchoides ritzemabosi* in virus-infected and virus-free tobacco [J]. Nematologica, 21 (2): 213 -218.

Willers J L, Schneider J C, Ramaswamy S B. 1987. Fecundity, longevity and caloric patterns in female *Heliothis virescens*: changes with age due to flight and supplemental carbohydrate [J]. Journal of Insect Physiology, 33 (11): 803 -808.

Williamson V M, Caswell, chen E P, Wu F, et al. 1994. PCR for nematode identification [A] //Lamberti F, Giorgi C D, Birs D M. Advance in molecular plant nematology [M]. New York: Plnum Press.

Witkowski E T F, Wilson M. 2001. Changes in density, biomass, seed production and soil seed banks of the non-native invasive plant, *Chromolaena odorata* along a 15 year chronosequence

[J]. Plant Ecology, 152: 13 -27.

Wolf F A, et al. 1936. Further Studies on Downy Mildew of Tobacco [J]. Phytopathology, 26: 760 -777.

Wolf F A. 1957. Tobacco Diseases and Decays [M]. Duke Univ Press, 242 -262.

Wu B X. 1982. The primary studies on *Eupatorium odoratum* community in Southern Yunnan [J]. Acta Botanica Yunnanica (云南植物研究), 4: 177 -184.

Wu S H, Hsieh C F, Rejmanek M. 2004. Catalogue of the naturalized flora of Taiwan [J]. Taiwania, 49: 16 -31.

Xu H G, Qiang S, Han Z M, et al. 2004. The distribution and introduction pathway of alien invasive species in China [J]. Biodiversity Science, 12: 626 -638.

Xu P, Roossinek J Marilyn. Cucumber mosaic virus D Satellite RNA-induced Programmed Cell Death in Tomato [J]. Plant Cell, 12: 1079.

Xu Z Y, Colleen M H, Chen K R, et al. 1998. Evidence for a third taxonomic subgroup of Peanut stunt virusfrom china [J]. Plant Disease, 82 (9): 992 -998.

Yamamoto B T, Aragaki M. 1983. Etiology and control of seedling blight of *Brassaia actinophylla caused* by *Pythium splendens* in Hawaii [J]. Plant Disease, 67 (4): 396 -399.

Yamamoto M, McGhee J R, Hagiwara Y. 2001. Genetically manipulated bacterial toxin as a new generation mucosal adjuvant [J]. Scand J Immunol, 53 (3): 211.

Yang F J. 2003. Invasion Mechanism and Control Research of *Eupatorium Odoratum* a Kind of Harmful Invasion Plant PhD dissertation [D]. Northeast Forestry University. (in Chinese with English abstract)

Yang Y N, Qi M, Mei C S. 2004. Endogenous salicylic acid protects rice plants from oxidative damage caused by aging as well as biotic and abiotic stress [J]. Plant, 40: 909.

YC/T 41—1996, 烟草品种抗病性鉴定 [S].

Ye W H, Mu H P, Cao H L, Ge X J. 2004. Genetic structure of the invasive *Chromolaena odorata* in China [J]. European Weed Research Society Weed Research, 44: 29 -135.

Yoshikawa F, Worsham A D, Moreland D E and Eplee R. E. 1978. Biological requirements for seed germination and shoot development of Witchweed (*Striga asiatica*) [J]. Weed Sci.

YuLong F, ZhiYong L, Ru Z, et al. 2009. Adaptive evolution in response to environmental gradients and enemy release in invasive alien plant species [J]. Biodiversity Science, 17 (4): 340 -352.

Zachariades C, Good all J M. 2002. Distribution impact and management of *Chromolaena odorata* in southern Africa [J]. In: Zachariades C, Muniappan R, Strathie L W, eds. Proceedings of the Fifth International Workshop on Biological Control and Management of *Chromolaena odorata*. Durban, South Africa.

Zachariades C, von Senger I, Barker N P. 2004. Evidence for a northern *Caribbean origin* of the southern African biotype of *Chromolaena odorata*. In: Day M D, McFadyen R E, eds [J]. Proceedings of the Sixth International Workshop on Biological Control and Management of *Chromolaena odorata*. Cairns, Australia.

Zhang C L, Li Y P, Feng Y L, et al. 2009. The roles of phenotypic plasticity and local adaptation in *Eupatorium adenophorum* invasions in different altitude habitats [J]. Acta Ecologica Sinica, 29, 1940 - 1946 (in Chinese with English abstract).

Zhang J H, Fan Z W, Shen Y D, Lu Y, et al. 2008. The characteristics and control measures of exotic weed *Chromolaena odorata* [J]. Guangxi Tropical Agriculture, 3: 26 - 28 (in Chinese).

Zhang L H, Feng Y L. 2007. Biological control of alien invasive weeds and the effects of biocontrol agents on nontarget native species [J]. Acta Ecologica Sinica, 27: 802 - 809 (in Chinese with English abstract).

Zhang L H, Feng Y L. 2007. Potential biological control agents of *Chromolaena odorata* [J]. Chinese Journal of Biological Control, 23 (1): 83 - 88 (in Chinese with English abstract).

Zhang, et al. 1994. Viability Test for *Peronospora tabacina* in Stored Greek [J]. Oriental Tobacco. EPPO Bulletin, 24: 113 - 119.

Zhu F, Zhang P, Meng Y F, et al. 2013. Alpha-momor-charin, a RIP produced by bitter melon, enhances defense response in tobacco plants against diverse plant viruses and shows antifungal activity in vitro. [J]. Planta, 237 (1): 77.

Zhu Z J, Gercndas J, Bendixcn R, et al. 2000. Different tolerance to light stress in NO. 3. and NH4-grown *Phaseolus vulgaris* L. [J]. Plant biol, 2: 558.

附图　症状和有害生物照片或绘图

彩图 1–1　烟草霜霉病苗期叶片正面症状

彩图 1–2　烟草霜霉病叶片正面症状

彩图 1–3　烟草霜霉病叶片背面霉层

彩图 1–4　烟草霜霉病受害症状（K.L. Ivors ,2007）

彩图 1–5　霜霉病病菌（*Peronospora tabacina* Adam）（K.L. Ivors ,2007）

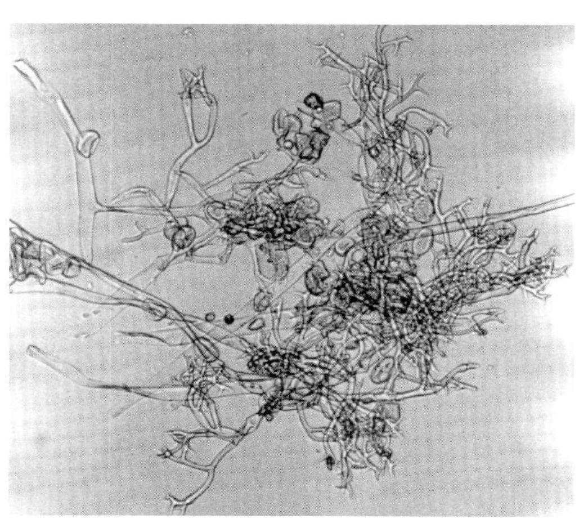

彩图 1–6　霜霉病病菌孢子囊

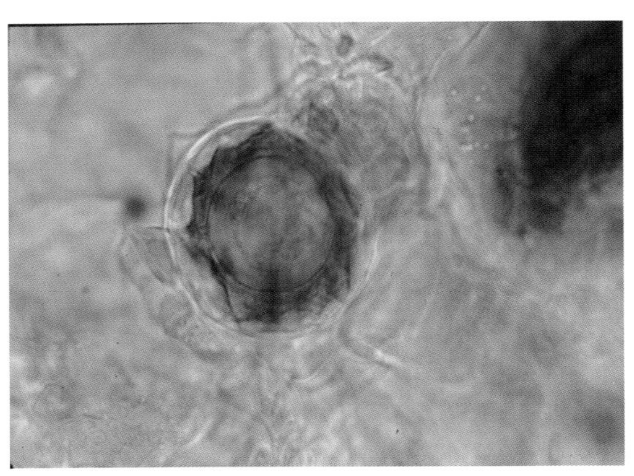

彩图 1–7　霜霉病病菌卵孢子

彩图 1–8　受油棕猝倒病菌侵染的芋茎部受害状

彩图 1–9　受油棕猝倒病菌侵染的植物根腐和基腐

彩图 1–10　受油棕猝倒病菌侵染的绿萝根腐（左为正常株，右为受害株）

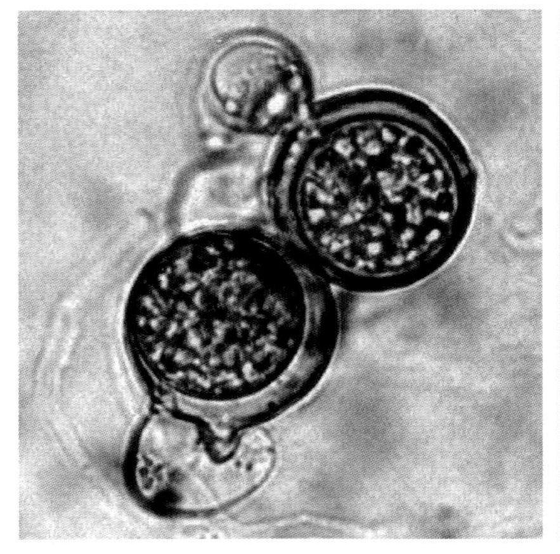

彩图 1–11　油棕猝倒病菌卵孢子

彩图 1–12　受棉花黄萎病菌侵染的全株枯萎

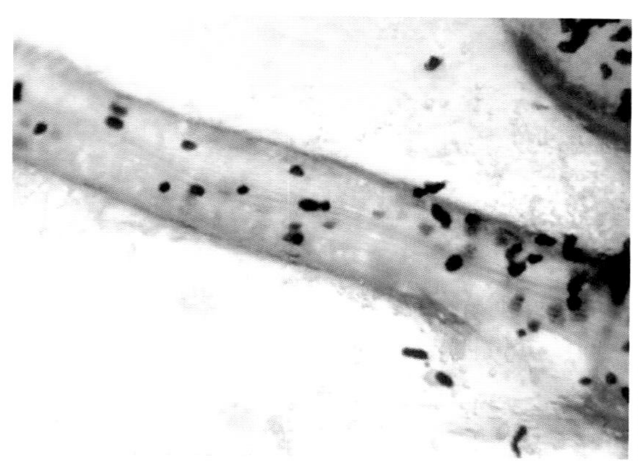

彩图 1–13　受棉花黄萎病菌侵染的植物组织上的菌核

彩图 1–14　ChiVMV 在 *VaVa/nn* 基因型烤烟品种上的症状［红花大金元（杨华兵拍摄）］

彩图 1–15　ChiVMV 在 *VaVa/nn* 基因型烤烟品种（NC55）上的症状

彩图 1–16　PSV 在烟草上引起的症状

彩图 1–17　云烟 87 Yunyan 87（杨华兵拍摄）

彩图 1–18　K326（杨华兵拍摄）

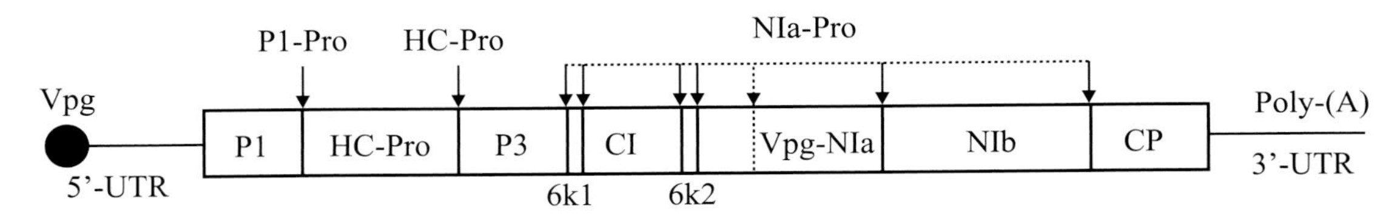

彩图 1-19 辣椒叶脉斑驳病毒基因组结构

图中横线表示 5′ 和 3′ 非翻译区，方框表示开放阅读框，垂直箭头指向多聚蛋白分裂位点，P1-Pro、HC-Pro 和 NIa-Pro 是病毒蛋白酶

彩图 1-20 ChiVMV 和 CMV 感染普通烟后的症状表现以及 NBT 和 DAB 染色结果（张萍拍摄）

彩图 1-21　受辣椒脉斑驳病毒侵染的症状

彩图 1-22　烟草马铃薯 X 病毒病的症状（a：植株症状；b：环斑症状）

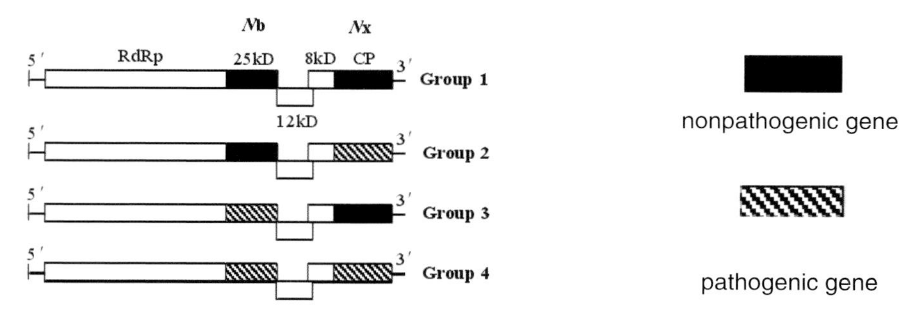

彩图 1-23　4 个 PVX 株系组的致病－无毒决定因子特点（PVX 基因组中黑色的框代表无毒基因，阴影框代表毒性基因）

彩图 1-24 PVX 侵染烟草的症状

彩图 1-26 烟草环斑病毒病的症状

彩图 1-25　番茄环斑病毒侵染烟草（表现为局部的坏死斑或坏死环斑）

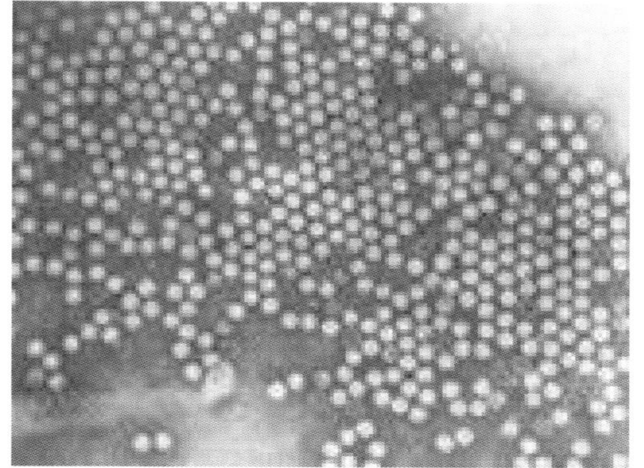

彩图 1-27　烟草环斑病毒粒子形态电镜图

彩图 1-28　烟草环斑毒病的症状

彩图 1–29　烟草斑萎病症状（a: 苗期；b: 团棵期；c: 旺长期）（董家红拍摄）

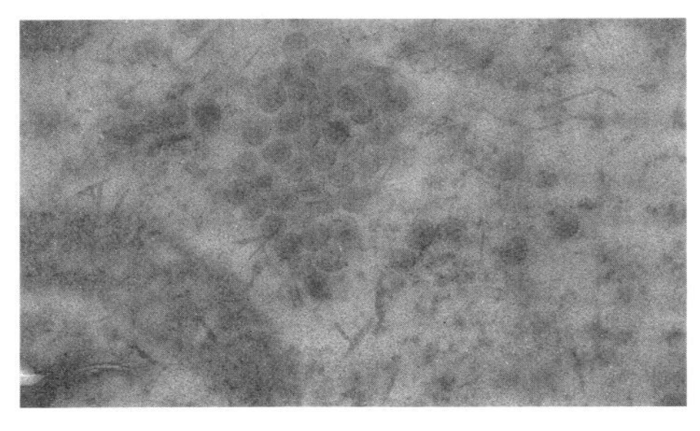

彩图 1–30　番茄环纹斑点病毒粒子（Bar=100 nm）（张仲凯拍摄）

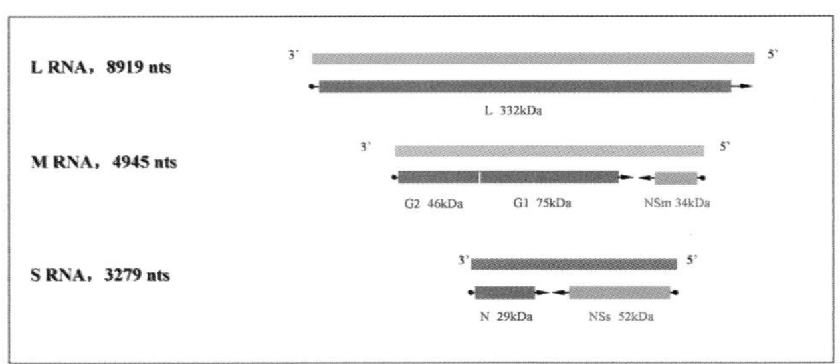

彩图 1–31　番茄环纹斑点病毒的基因组结构

彩图 1–32　受番茄斑萎病毒侵染烟草的症状

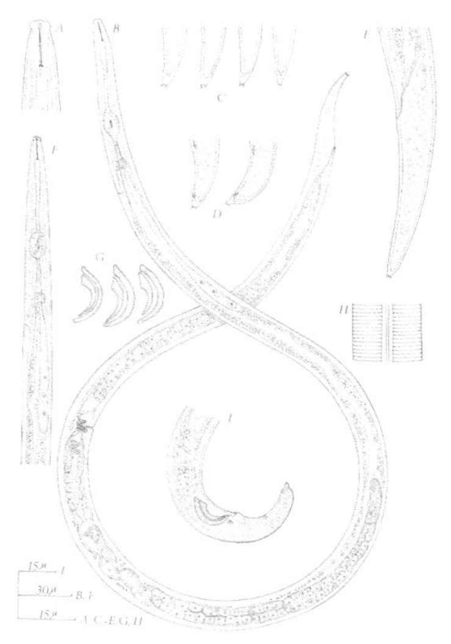

彩图 2-1　菊花滑刃线虫形态图

彩图 2-2　菊花滑刃线虫为害状

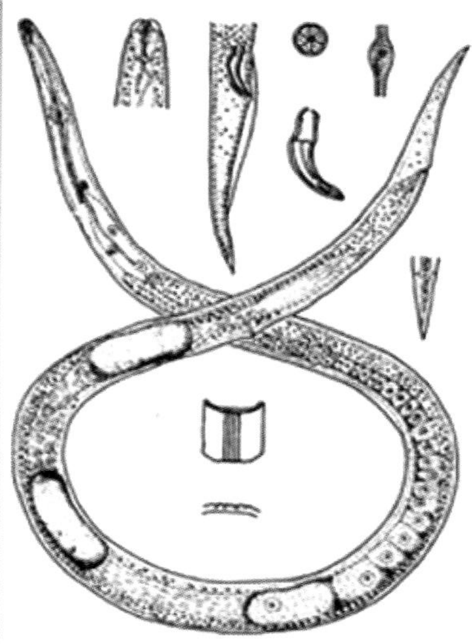

彩图 2-3　鳞球茎茎线虫形态图
（仿 Hooper, 1972）

彩图 2-4　鳞球茎茎线虫为害状

彩图 2-5　烟草球胞囊线虫雌虫形态图

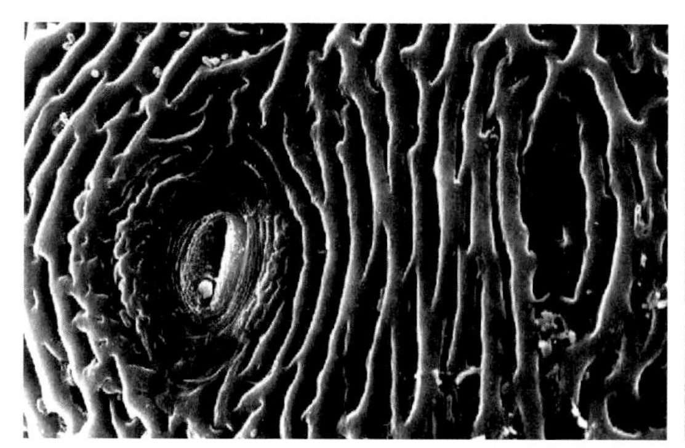

彩图 2-6　烟草球胞囊线虫阴门锥形态图

彩图 2-7　烟草球胞囊线虫为害状

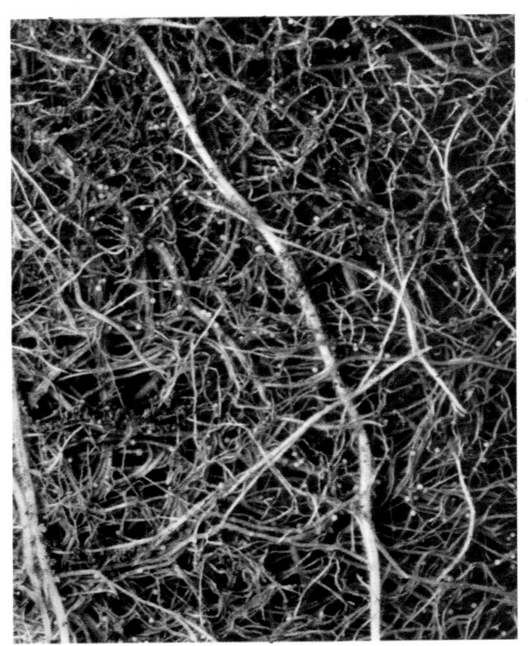

彩图 2-8　烟草球胞囊线虫胞囊在根表面图

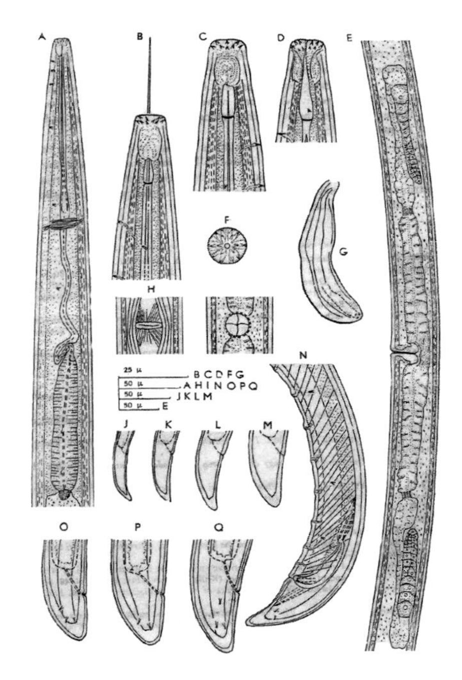

彩图 2-9　逸去长针线虫
（*L. elongatus*）形态图

彩图 2-10　长针线虫属为害图

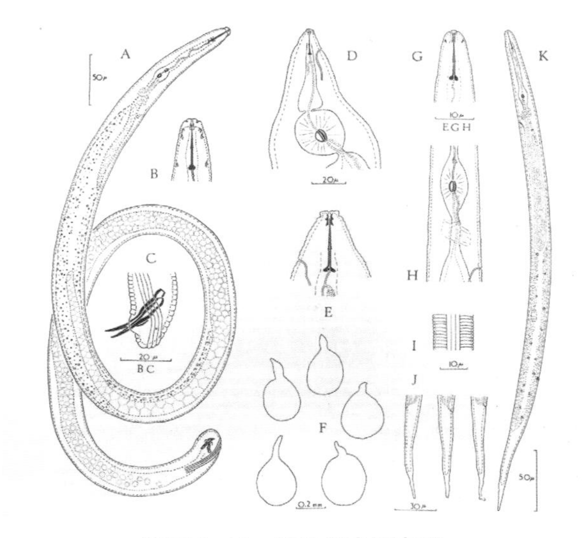

彩图 2-11　根结线虫形态图

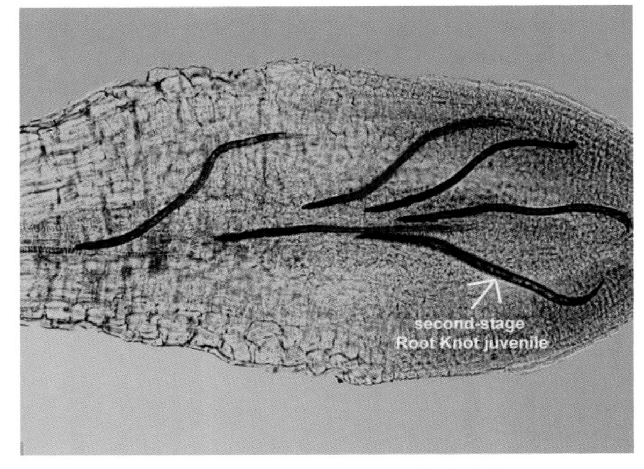

彩图 2-12　2 龄幼虫在根内的染色图

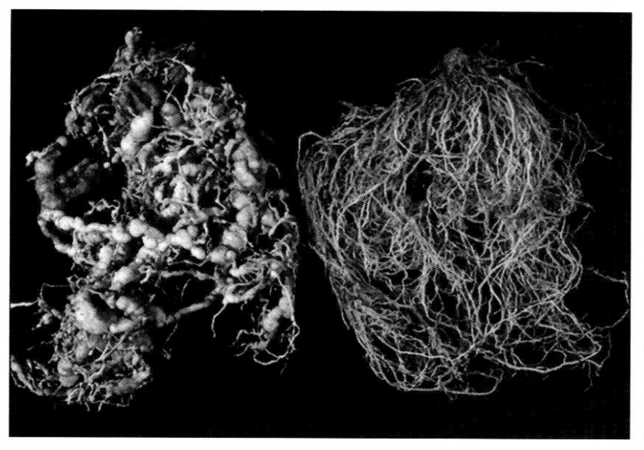

彩图 2–13　根结线虫为害番茄根系症状图

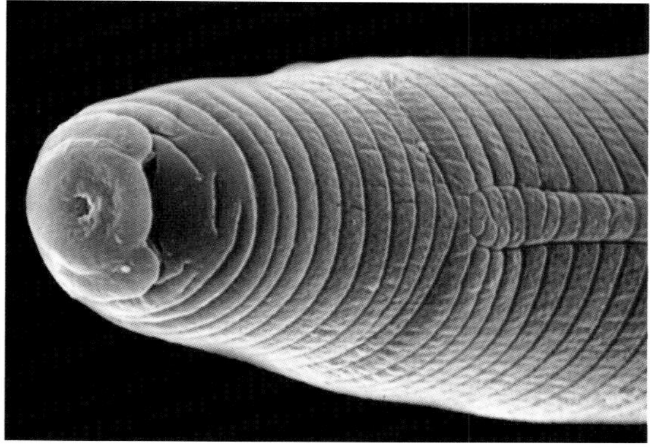

彩图 2–14　根结线虫头部扫描电镜图

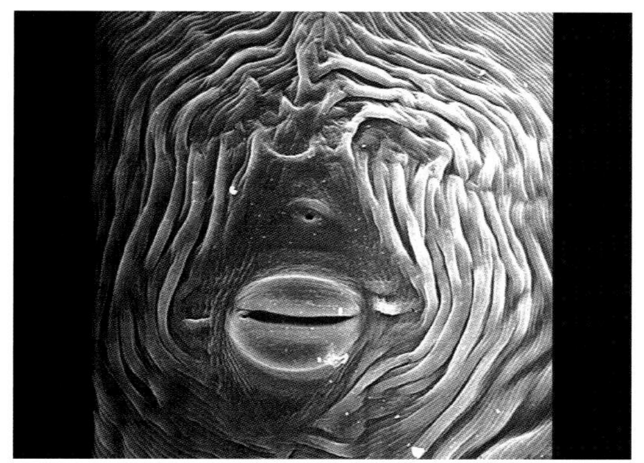

彩图 2–15　会阴花纹扫描电镜图

彩图 2–16　烟草根结线虫病根部症状
（陈德鑫拍摄）

彩图 2–17　受根结线虫为害叶片图（陈德鑫拍摄）

彩图 2–18　受根结线虫为害植株图(陈德鑫拍摄）

彩图 2-19　受根结线虫为害烟田图(陈德鑫拍摄)

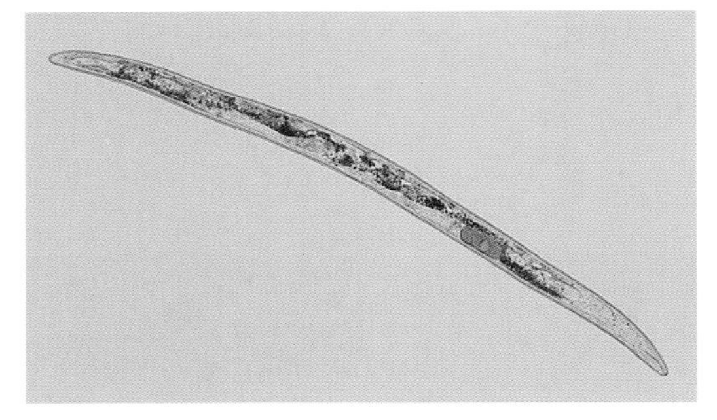

彩图 2-23　拟毛刺线虫雌虫整体

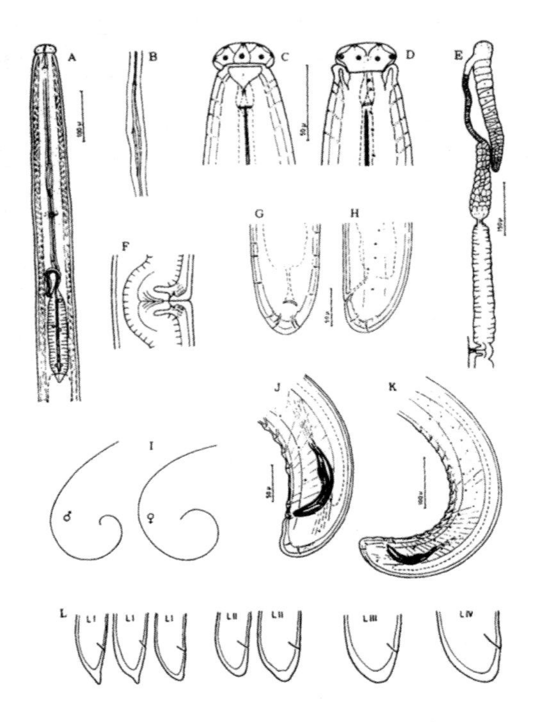

彩图 2-20　最大拟长针线虫形态特征图 (仿 Sturhan, 1963)

彩图 2-21　最大拟长针线虫为害状

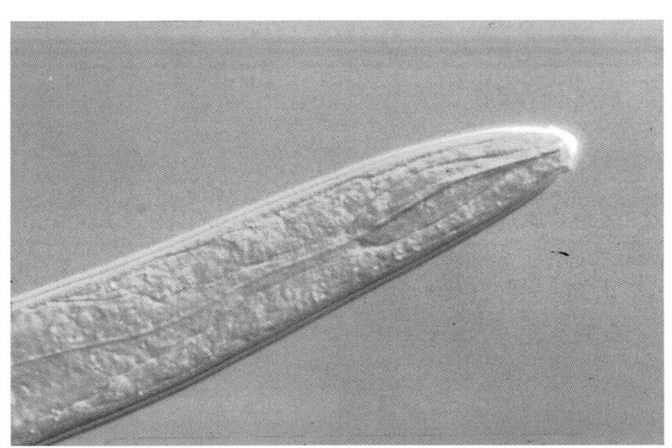

彩图 2-22　拟毛刺线虫虫体前部

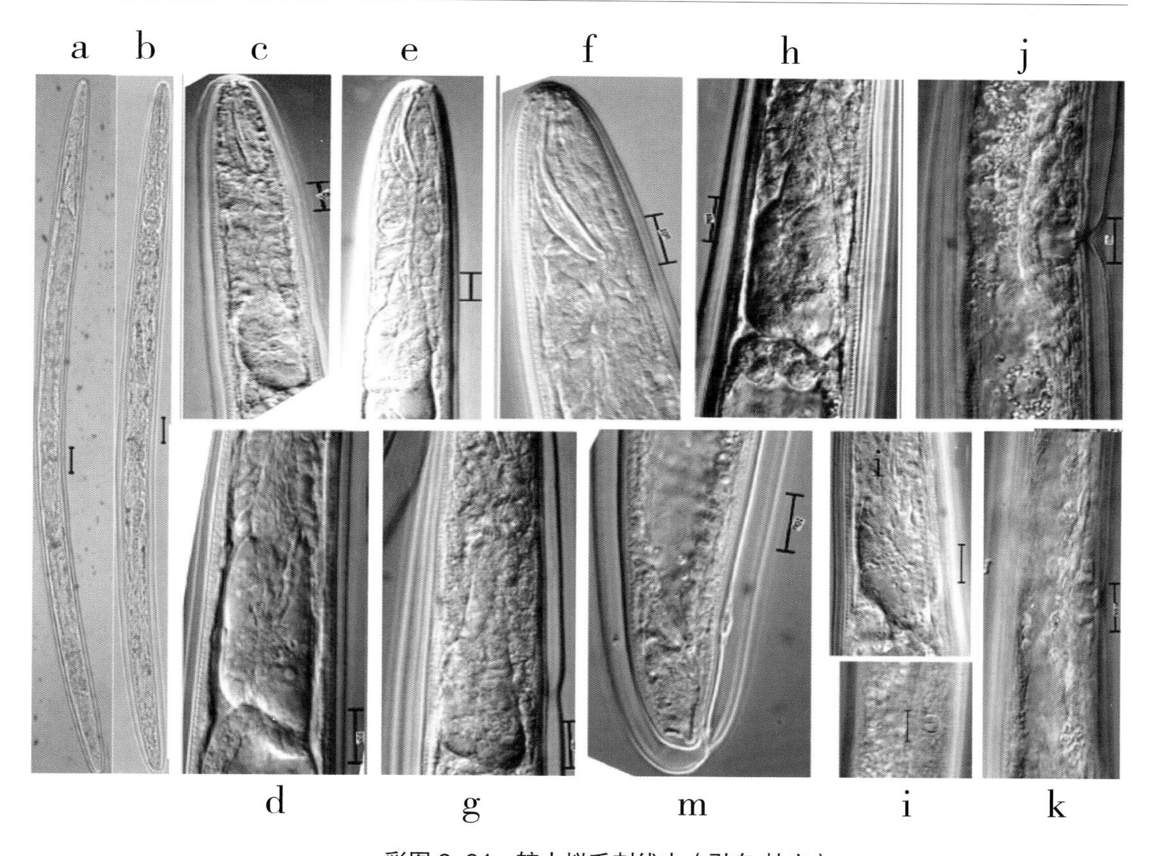

彩图 2-24　较小拟毛刺线虫（引自 杜宇）

注：雌虫 :a, c, e, f, d, g, h, j, k, m. 侧面观 ;b, i, l. 腹面观 ;a, b. 整体 ;c ~ l. 前体部 ;j–l. 部分生殖系统；m. 尾部（标尺 :a ~ b=20μm, c ~ m=10μm）

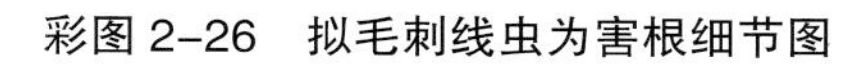

彩图 2-26　拟毛刺线虫为害根细节图

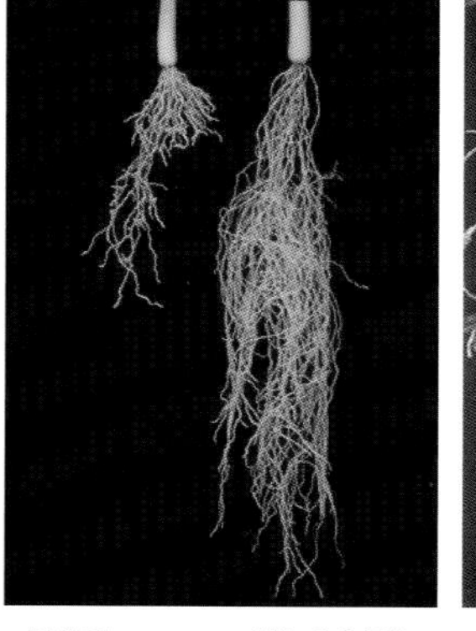

彩图 2-27　拟毛刺线虫为害状

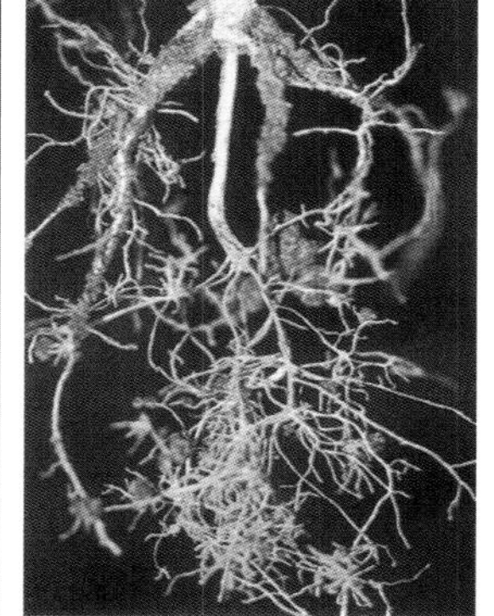

彩图 2-29　短体线虫为害状

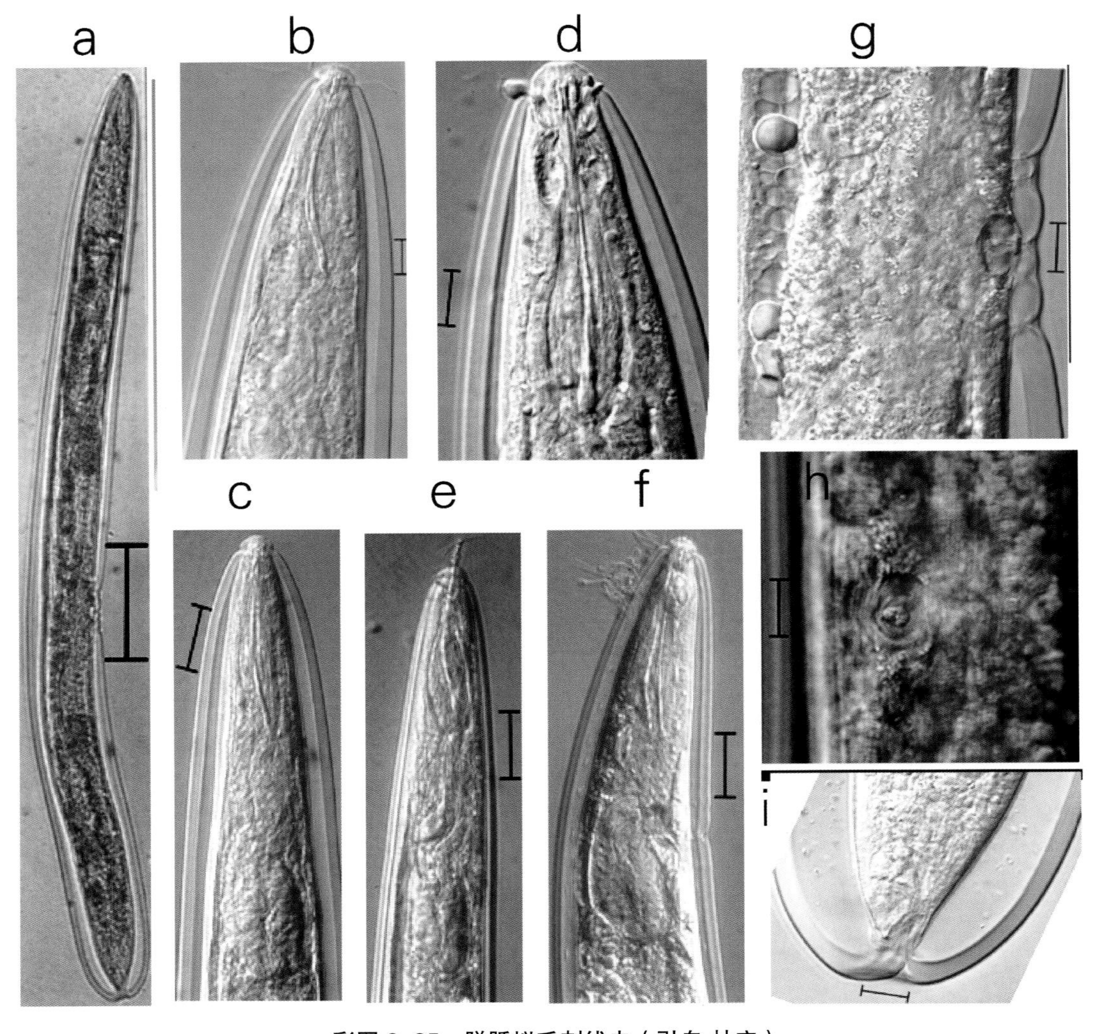

彩图 2-25　胼胝拟毛刺线虫（引自 杜宇）

注：雌虫：a ~ c，e ~ g．侧面观；d，h ~ i．腹面观；a．整体；b ~ f．前体部；g ~ h．部分生殖系统；i．尾部（标尺：a =50μm, b ~ i =10μm）

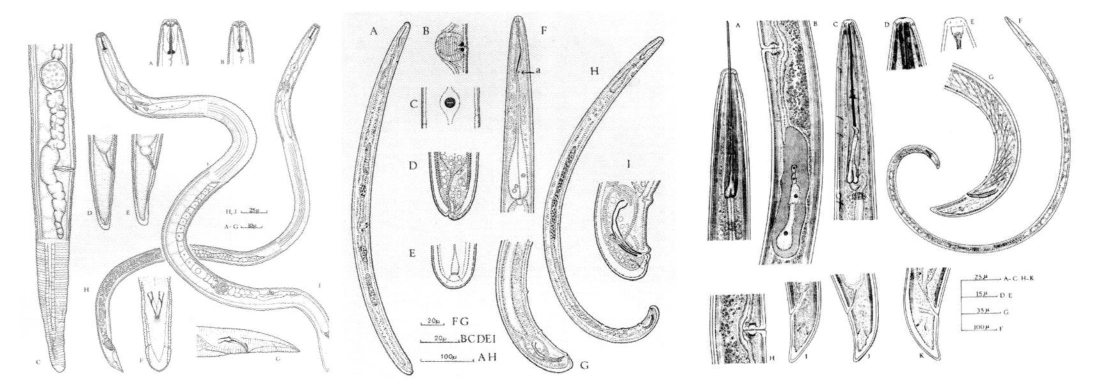

彩图 2-28　短体线虫形态图　　彩图 2-30　毛刺线虫形态图　　彩图 2-32　美洲剑线虫 *X. americanum* 形态图

彩图 2-31　毛刺线虫为害胡萝卜

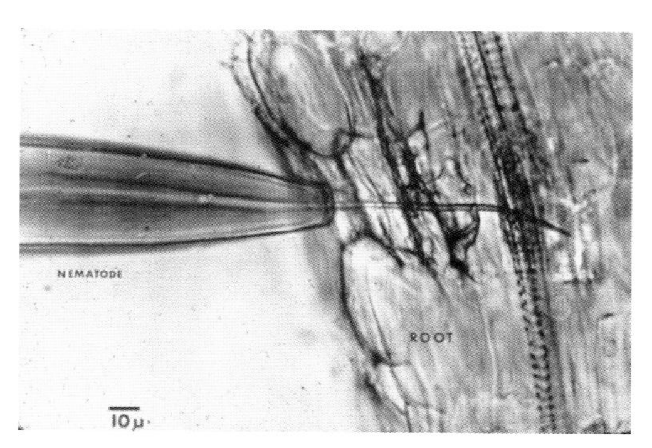

彩图 2-33　剑线虫侵染根部示意图

彩图 2-34　剑线虫为害状

彩图 3-1　美国马铃薯跳甲—成虫背面观

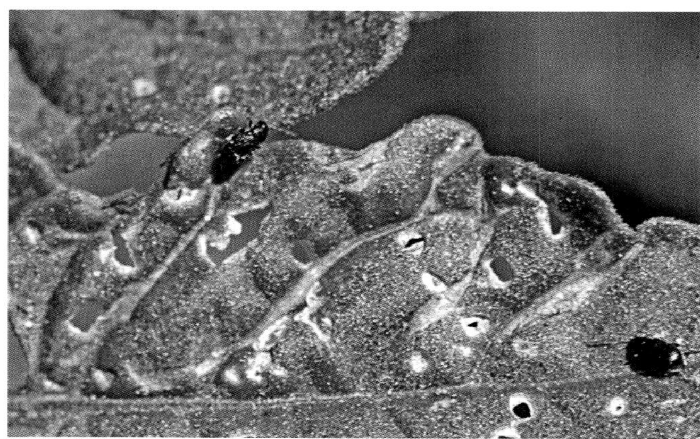

彩图 3-2　美国马铃薯跳甲—成虫为害状

彩图 3-3　马铃薯甲虫—成虫侧面观（张俊华拍摄）

彩图 3-4　马铃薯甲虫—幼虫为害状

彩图 3-5　马铃薯甲虫—成虫为害状

彩图 3-6　马铃薯甲虫—卵

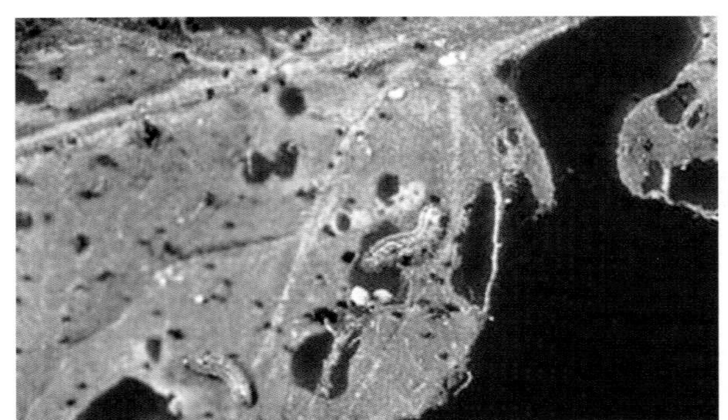

彩图 3-8　南方灰翅夜蛾幼虫为害烟草

彩图 3-9　南方灰翅夜蛾幼虫取食叶片

彩图 3–7　马铃薯甲虫（卵、幼虫及成虫，图片来自百度百科）

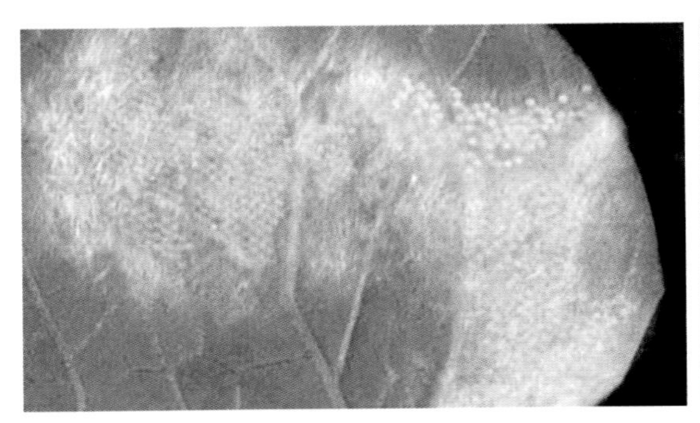

彩图 3-10　南方灰翅夜蛾卵

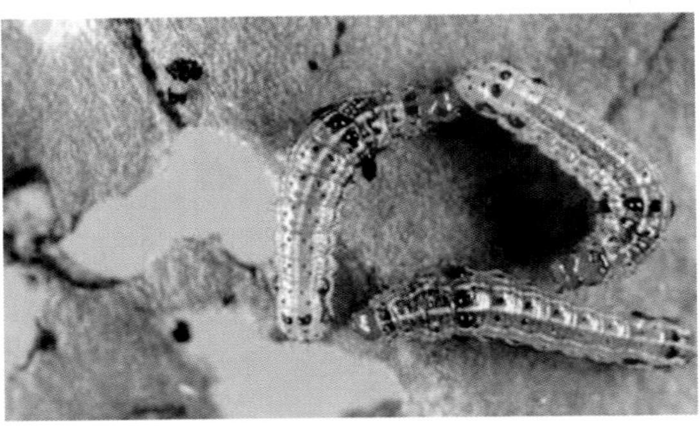

彩图 3-11　南方灰翅夜蛾 2~3 龄幼虫

彩图 3-12　南方灰翅夜蛾老熟幼虫

彩图 3-13　南方灰翅夜蛾成虫

彩图 3-14　草地夜蛾初孵幼虫

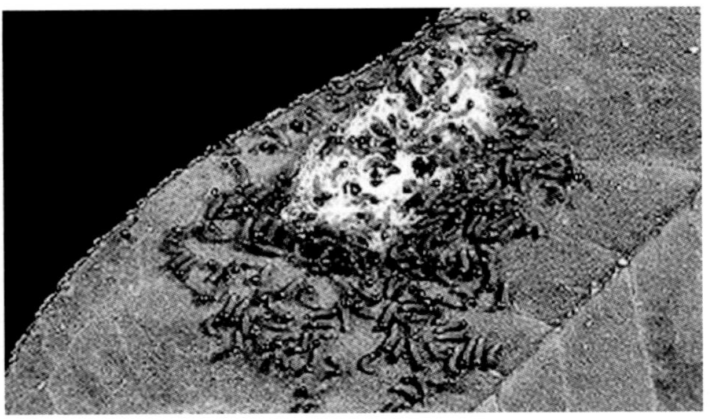

彩图 3-15　草地夜蛾卵块

彩图 3-16　草地夜蛾老熟幼虫

彩图 3-17　草地夜蛾蛹

彩图 3-18　草地夜蛾雄性成虫

彩图 3-19　草地夜蛾雌性成虫

彩图 3-20　海灰翅夜蛾幼虫

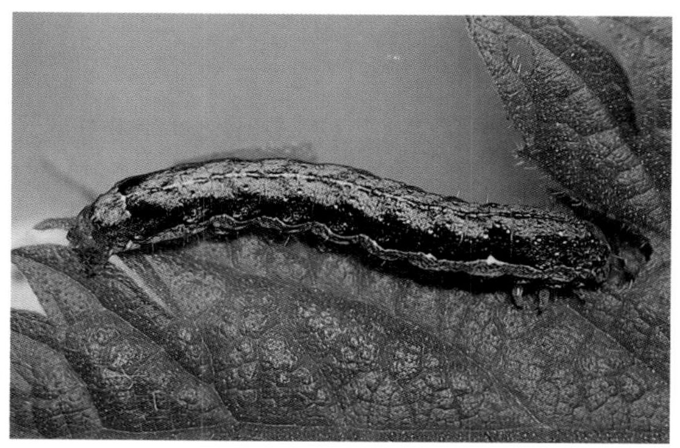

彩图 3-21　海灰翅夜蛾幼虫取食为害

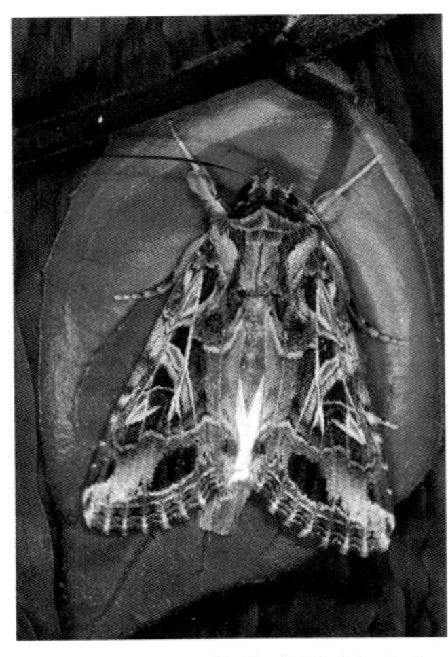

彩图 3-22　海灰翅夜蛾成虫

彩图 3-23　海灰翅夜蛾成虫

彩图 3-24　棉桃中的烟芽夜蛾幼虫

彩图 3-25　烟芽夜蛾成虫

彩图 3-26　烟草被害状（图片来自谷歌网站）

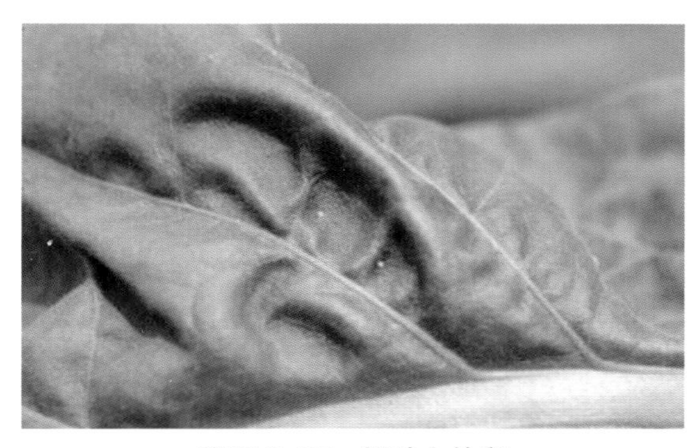

彩图 3–27　烟叶上的卵

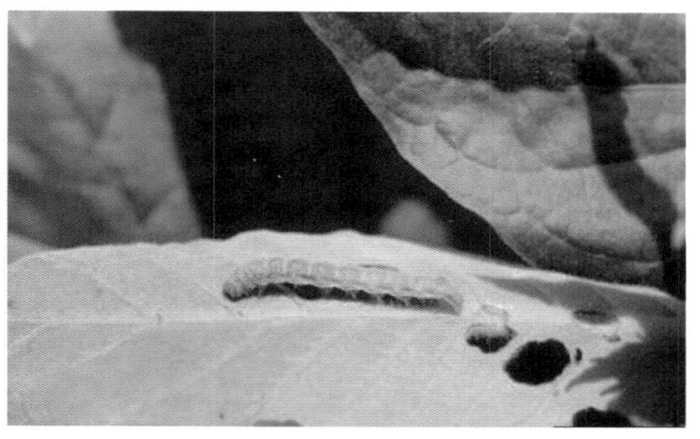

彩图 3–28　幼虫取食烟叶

彩图 3–29　幼虫（谷歌）

彩图 3–30　成虫近距离镜头特写（谷歌）

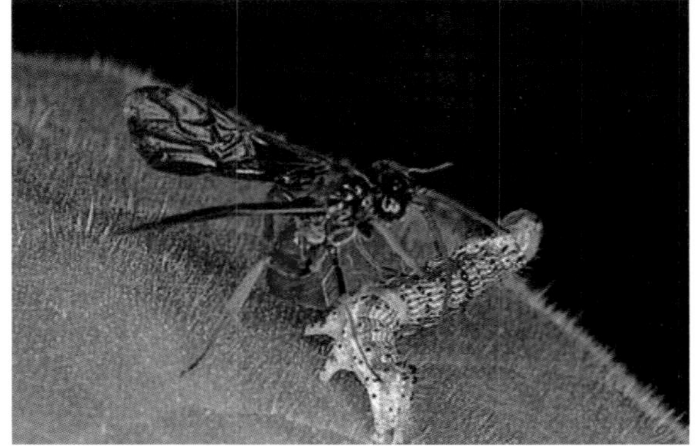

彩图 3–31　生物防治物——*Cardiochiles nigriceps* Viereck（谷歌）

彩图 3–32　成虫翅展图

彩图 3–33　烟草天蛾雄成虫（左：常见形态；右：相对低温条件时的形态）

彩图 3–34　烟草天蛾幼虫

彩图 3–36　卵和新孵化幼虫

彩图 3-35 烟草天蛾幼虫及寄生的绒茧蜂的卵

彩图 3-37 幼虫取食烟叶

彩图 3-38　取食烟叶的烟草天蛾幼虫及粪屑（图片来自谷歌）

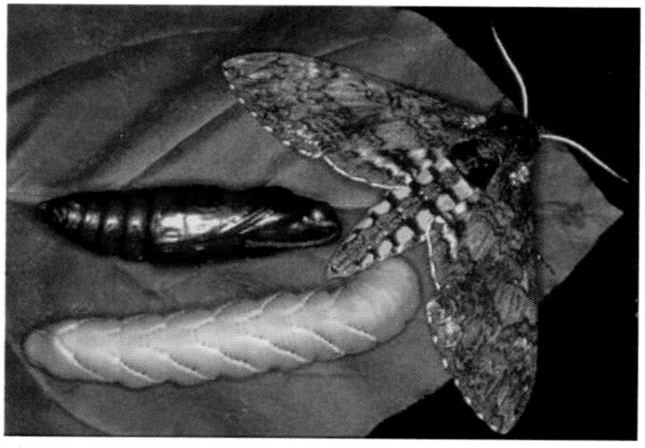

彩图 3-39　烟草天蛾幼虫、蛹及成虫（谷歌）

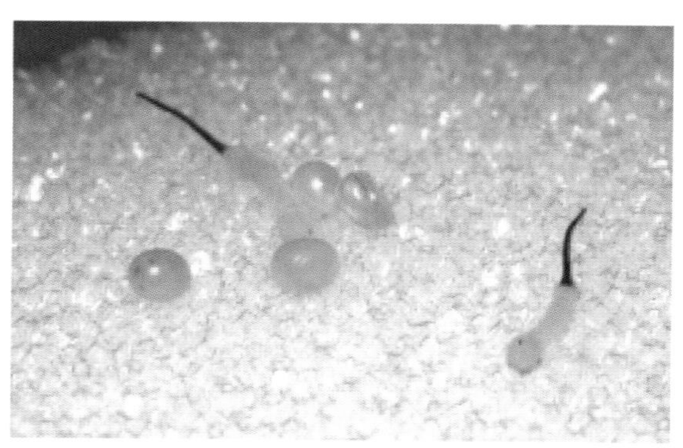

彩图 3-40　烟草天蛾卵和初孵幼虫

彩图 3-41　烟草天蛾 1 龄幼虫

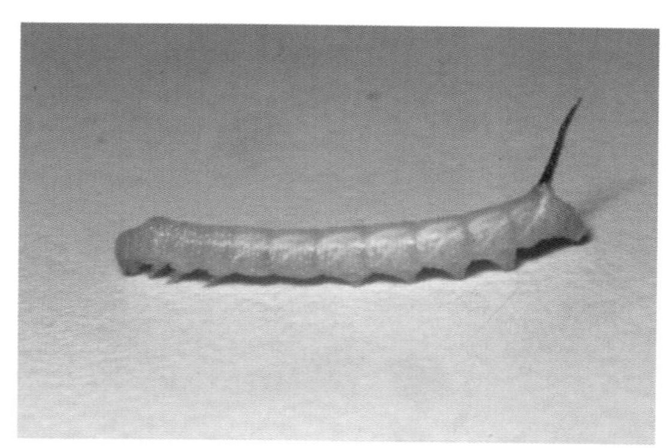

彩图 3-42　烟草天蛾 2 龄幼虫

彩图 3-43　烟草天蛾 3 龄幼虫

彩图 3-44　烟草天蛾 4 龄幼虫

彩图 3-48　烟草天蛾成虫

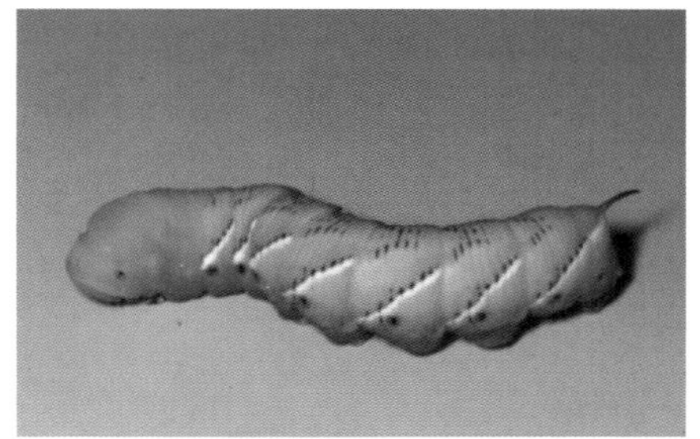

彩图 3-45　烟草天蛾 5 龄幼虫

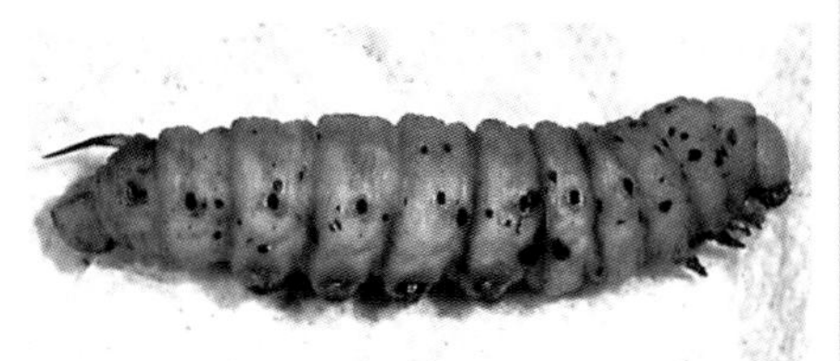

彩图 3-46　烟草天蛾预蛹

彩图 3-47　烟草天蛾蛹

彩图 3-49　棉短翅懒蝗若虫

彩图 3-50　棉短翅懒蝗成虫

彩图 3-51　棉短翅懒蝗若虫

彩图 3-52　非洲柚木杂色蝗取食飞行虫

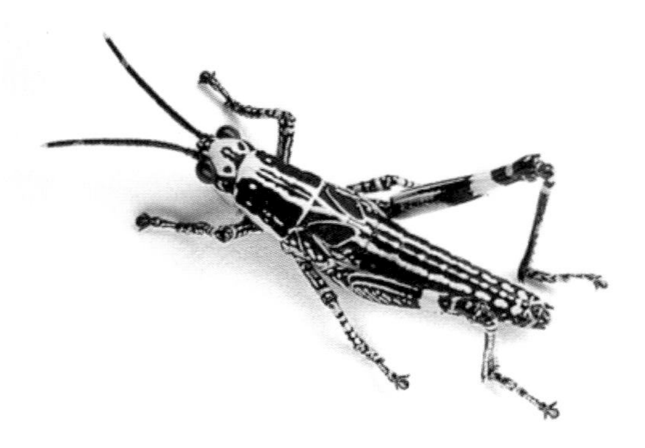

彩图 3-53　非洲柚木杂色蝗老熟若虫

彩图 3-54　非洲柚木杂色蝗成虫

彩图 3-55　非洲柚木杂色蝗取食状

彩图 3-56　木薯被害状

彩图 3–57　非洲柚木杂色蝗交配状

彩图 4–1　薄叶日影兰花序

彩图 4–2　薄叶日影兰花

彩图 4–3　薄叶日影兰果实

彩图 4–4　薄叶日影兰种子

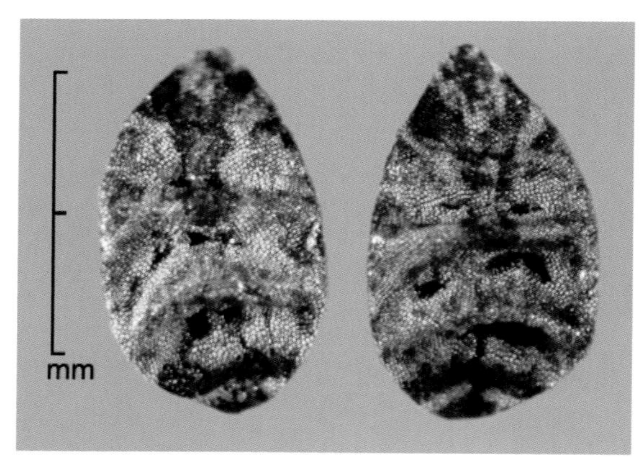

彩图 4–5　薄叶日影兰种子放大图

彩图 4–6　葶苈独行菜花序

彩图 4–7　葶苈独行菜种子

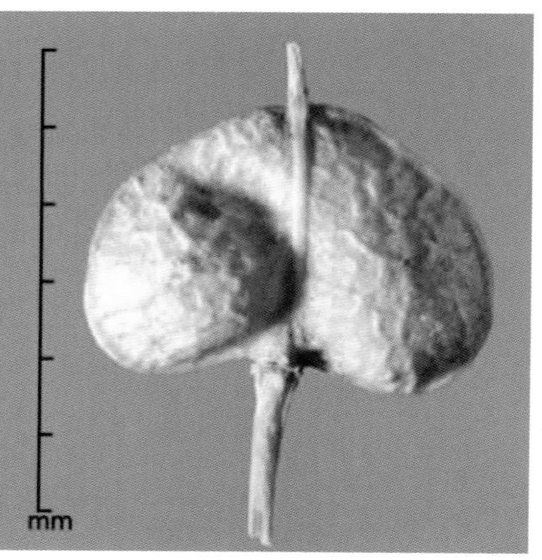

彩图 4–8　葶苈独行菜果实

彩图 4–9　葶苈独行菜茎和叶

彩图 4–10　印度草木樨花和花序

彩图 4-12　墙生藜花及茎

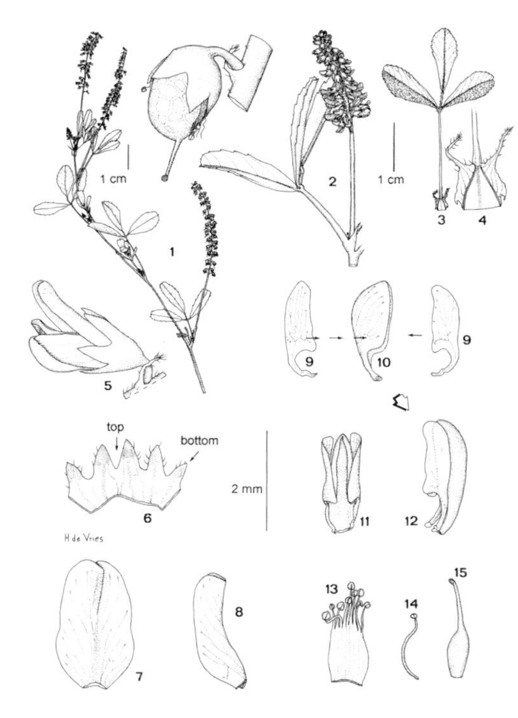

彩图 4-11　印度草木樨花朵解剖图

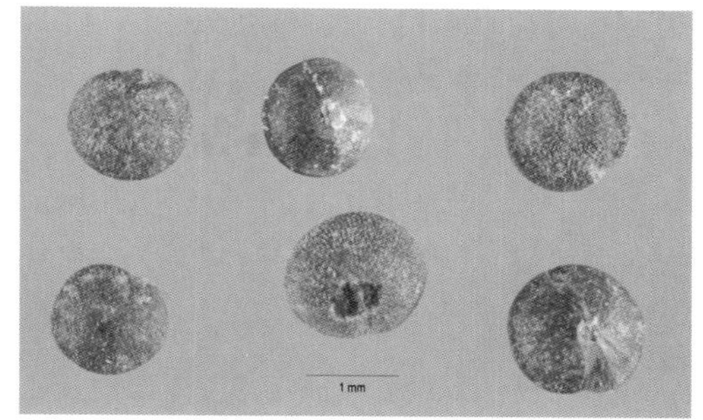

彩图 4-13　墙生藜种子

彩图 4-14　飞机草茎

彩图 4-15　飞机草花谢后种子

彩图 4-16　飞机草花

彩图 4-17　丛生的飞机草

彩图 4-20　南方菟丝子

飞机草　　紫茎泽兰

彩图 4-18　飞机草与紫茎泽兰的区别（左图为飞机草，右图为紫茎泽兰）

彩图 4-19　苜蓿菟丝子

彩图 4-21　南方菟丝子

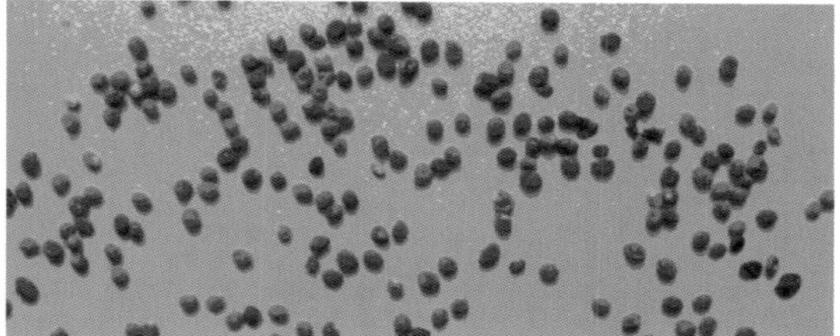

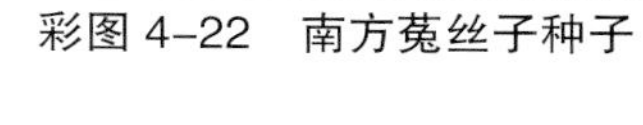

彩图 4-22　南方菟丝子种子

彩图 4-23　田野菟丝子

彩图 4-24　菟丝子（中国菟丝子）

彩图 4-25　寄生于新疆香料烟上的中国菟丝子（陈德鑫拍摄）

彩图 4-26　亚麻菟丝子

彩图 4-27　日本菟丝子

彩图 4-28　单柱菟丝子

彩图 4-29　五角菟丝子

彩图 4-30　向日葵列当

彩图 4-32　瓜列当

彩图 4–31　香料烟田的向日葵列当（陈德鑫拍摄）

彩图 4–35　烟株根部萌发的烟芽（陈德鑫拍摄）

彩图 4-33　分枝列当

彩图 4-36　出土的烟芽（陈德鑫拍摄）

彩图 4-34　锯齿列当

彩图 4-37　独脚金

彩图 4–38　苦苣苔独脚金

彩图 4–39　寄生烟草根部的苦苣苔独脚金（Chapman Koga）

彩图 4–40　苦苣苔独脚金寄生而为害的烟草

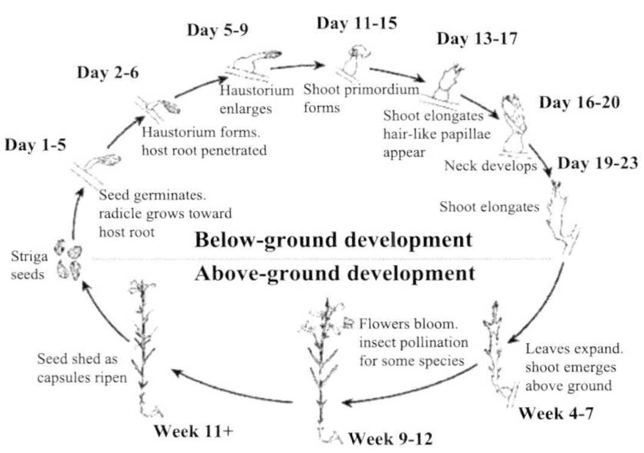

彩图 4–41　苦苣苔独脚金生活史

彩图 4–42　寄生苦苣苔独脚金的烟草品种 LR12

彩图 4–43　严重感染苦苣苔独脚金的烤烟品种 LR11

彩图 4-44　表现出一定的耐受性烤烟品种 K RK26

彩图 4-45　表现出一定的耐受性 T66

彩图 4-46　假高粱

彩图 4-47　假高粱果实

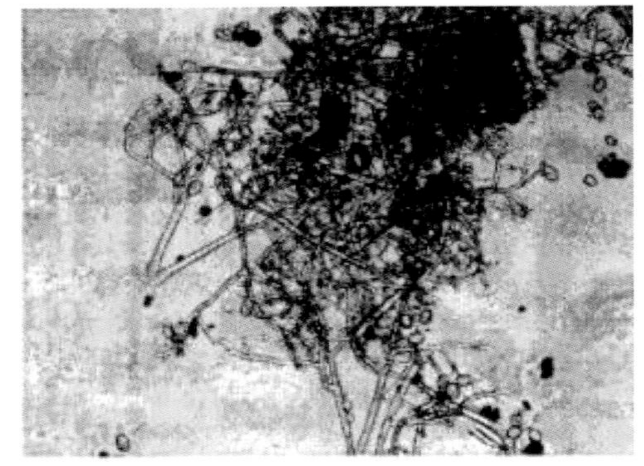

附录 A　烟草霜霉病显微镜镜检图（×10 物镜）

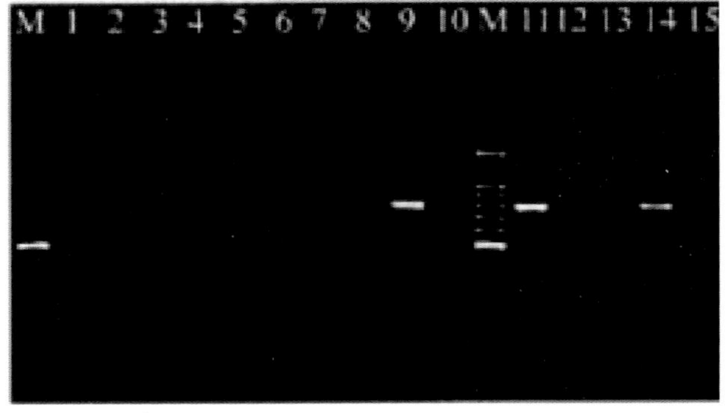

附录 B　烟草霜霉病 PCR 检测结果示例图

注：M 为 100bp 标准相对分子质量；泳道 9 和 11 为阳性对照；泳道 10 为阴性对照；其他泳道为待测样品